Anonymous

Maerkische Forschungen

Vol. 20

Anonymous

Maerkische Forschungen
Vol. 20

ISBN/EAN: 9783337292775

Hergestellt in Europa, USA, Kanada, Australien, Japan

Cover: Foto ©berggeist007 / pixelio.de

Weitere Bücher finden Sie auf **www.hansebooks.com**

Märkiſche Forſchungen.

SIEGEL DES VEREINS FUR GESCHICHTE DER MARK BRANDENBURG

Herausgegeben

von dem Vereine für Geſchichte der Mark Brandenburg.

XX. Band.

Berlin, 1887.

Ernſt & Korn.

Gropius'ſche Buch- und Kunſthandlung.

Inhalt.

Die Pfuel'sche Fehde.

Von v. Arnim-Densen.

Die Einrichtung des Reichskammergerichts und die Verkündigung des ewigen Landfriedens auf dem Reichstage zu Worms, am 7. August 1495, vermochten nur schwer und allmählig die in dem älteren germanischen Rechte und dem Rechtsherkommen des Mittelalters begründete Selbsthülfe, das Fehderecht, so wie im übrigen Deutschland, auch in der Mark Brandenburg zu beseitigen. (¹) Noch aus dem Ende des 16. Jahrhunderts liegen Zeugnisse vor, wie in der Mark, sogar von maßgebender Stelle, an den alten Anschauungen festgehalten wurde.

1586 (²) waren die Herzöge von Pommern in Hohen-Selchow, ein dem Johanniter-Herrenmeister Graf Hohenstein, welcher brandenburgischer Vasall war, gehöriges Dorf im Lande Stettin, eingefallen und hatten sämmtliche Einwohner als Gefangene abgeführt. Infolge dessen befiehlt Kurfürst Johann Georg dem Landvogt der Uckermark Bernd v. Arnim: „Wenn der Herrenmeister das Gegenspiel in die Hand nehmen wolle", demselben Beistand zu leisten, falls nicht die Angreifer binnen kurzem diesen Landfriedensbruch vollkommen gesühnt hätten. Doch solle er sich vorsehen, „daß nicht Schimpf eingelegt würde."

Selbst ein Landesherr wie Joachim I., der mit so großer Härte die Ausschreitungen des Faustrechts bei seinem Adel strafte, nahm doch wider Kaiser und Reich die ritterliche Selbsthilfe seiner Mannen in Schutz. Mehrere Mitglieder des Arnim'schen Geschlechts (³) waren in Fehde mit den Falkenbergs geraten und hatten ein diesen gehöriges Dorf in der Mark zerstört, bei welcher Gelegenheit ein Falkenberg gefallen war. Sie wurden infolgedessen 1511 wegen Landfriedensbruchs vor das Reichskammergericht citiert. Auf ausdrückliche Anordnung des Kurfürsten leisteten sie dieser Vorladung keine Folge

---

¹) Noch heute besteht als Rest der Selbsthilfe das Pfändungsrecht.
²) Beiträge zur Gesch. des Arnim'schen Geschlechts S. 229.
³) Ebenda S. 133.

1

und blieben unter dem Schutze ihres Landesherrn, der formell den Kompetenz-Einwand gegen die neue Behörde erhob, unangefochten in ihren Besitzungen, teilweise auch als Räte in dessen Umgebung.

Ebenso schlagend beweist die Rechtsauffassung Joachims sein Verhalten in einer Fehde Friedrichs v. Pfuel mit den Herzögen von Mecklenburg. Diese Fehde, welche ein mäßig begüterter märkischer Edelmann durch neun Jahre gegen souveräne Herren führte, und aus welcher er troß der über ihn verhängten Reichsacht, moralisch wenigstens, durch den Kurfürsten unterstüßt, schließlich als Sieger hervorging, zeigt uns nicht allein in Friedrich v. Pfuel einen energischen Mann, der, voll und ganz von seinem Rechte überzeugt, mit Gut und Blut für dasselbe eintritt, sondern sie bietet auch manche charakteristische Momente für die Beurteilung jener Zeiten dar, so daß eine ausführliche Schilderung derselben nach den Urkunden nicht ohne Interesse sein wird.

Friedrich v. Pfuel, ein Sohn Bertrams v. Pfuel auf Ranfft und Heiligensee und der Anna (v. Barfuß?), wurde 1462 geboren. Noch 1483 (¹) muthet für den Unmündigen sein älterer Bruder Heine; aber schon in demselben Jahre empfängt er persönlich die Belehnung.

Ludwig v. Pfuel hatte in Mecklenburg die im Lande Stargard gelegenen ehemals Pasedag'schen (²) Güter Groß-Schönfelde, Karpin, Bärenwalde und einen Anteil Hohenfelde von den Herzögen Heinrich und Ulrich erkauft. (³) Seine direkte Lehnsbescendenz starb mit Claus v. Pfuel ungefähr 1481 aus, und zogen infolgedessen die Landesherren die genannten Güter als erledigtes Lehen ein. Auf Verwendung des Markgrafen Johann vom 31. Oktober 1483 (⁴) jedoch verliehen sie dieselben von neuem an die Vettern Nickel und Friedrich v. Pfuel, Werners Sohn, sowie an die Brüder Heinrich und Friedrich, Bertrams Söhne, welche Erbansprüche erhoben hatten, und nahmen sie an ihren Hof und Dienst. Der Ritter Nickel Pfuel gehörte damals zu den angesehensten brandenburgischen Räten, und er war es, welcher die Verwendung Johanns herbeigeführt hatte. Der leßtgenannte Friedrich nun übernahm allein jene Besißungen, wurde dadurch mecklenburgischer Vasall und trat in den Hofdienst der Herzöge Magnus und Balthasar, in welcher Stellung, darüber bringen die Urkunden nichts. Noch am 14. Oktober 1496 (⁵) befindet er sich in ihrer Umgebung in Doberan; er gehört zu den Zeugen der dort erfolgten Belehnung Lubecke's v. Malßan mit Neverin. Bei Hofe nun lernte er ein Hoffräulein Anna v. Bibow (ausgestorbenes

---

¹) Königl. Staatsarchiv.   ²) Großh. Arch. Schwerin.   ³) Ebenda.   ⁴) Ebenda.
⁵) Lisch, Gesch. d. Malßans, Th. 4. S. 290.

mecklenburgisches Geschlecht) kennen und verlobte sich 1497 (¹) feierlich mit ihr, indem er sie „durch wesentliche Worte, per verba de praesenti zum Sakrament der heiligen Ehe nahm." (²)

Anna v. Bibow war aber zwei oder drei Jahre früher, wohl in sehr jugendlichem Alter, da ohne diesen Grund ein so langer, den damaligen Sitten nicht entsprechender Brautstand schwer erklärlich, von den Ihrigen in Gegenwart der Landesherren mit Heinrich v. Oldenburg „durch Ehestiftung der heiligen Kirche" versprochen worden. Friedrich v. Pfuel ließ demungeachtet durch zwei seiner Freunde, den mecklenburgischen Ritter Heinrich v. d. Lühe und den brandenburgischen Rat Dietrich v. Rohr, bei den Herzögen Magnus und Balthasar um die Hand ihres Hoffräuleins werben. Nach seiner Aussage hatte ihn die Angabe eines Geistlichen Johann Thim, welcher ihm die Zustimmung der Herzöge verheißen, sowie die Versicherung seiner Braut, sie habe letzteren vertraulich (bichteweise) Mitteilung von ihrer zweiten Verlobung gemacht, zu diesem Schritte bewogen. Die Herzöge lehnten in einem Schreiben vom 30. Juni 1497 (³) jede Einmischung ab, da es sich im vorliegenden Falle um eine kirchliche Angelegenheit handele, in der sie nicht Richter wären. Pfuel möge mit seinen Freunden beraten, in welcher Weise er sein angebliches Recht erlangen könne. Übrigens wären sie stets geneigt, ihm Gunst und Gnade zu erzeigen, auch sei es ihnen gleichgültig, wer die Braut heimführe. Die Richtigkeit der Angaben des Thim und der Anna v. Bibow bestritten sie jedoch. Scheinbar zeigten Magnus und Balthasar das Bestreben, sich als durchaus unparteiisch hinzustellen, im Grunde aber, wie wir später sehen werden, begünstigten sie Heinrichs v. Oldenburg Ansprüche gegenüber denen Friedrichs v. Pfuel.

Dieser, welcher die wahre Gesinnung der Herzöge wohl kannte, wandte sich nun als gleichzeitiger brandenburgischer Unterthan mit der Bitte um Fürsprache an den Kurfürsten Johann, der denn auch in einem Schreiben vom 9. August (⁴) diesem Gesuch entsprach und um Aufschub der Verheiratung der Anna v. Bibow mit Heinrich v. Oldenburg bis zum Austrag der Sache, sowie um freies Geleit

---

¹) Großh. Arch. Schwerin.

²) Das kanonische Recht hielt noch nach der Reformation im Konzil zu Trident (1545—1565) den sakramentalen Charakter des Ehegelöbnisses aufrecht, machte damals jedoch denselben von dem Abschlusse vor dem Pfarrer und der Gegenwart zweier Zeugen abhängig. Das deutsche Recht erkannte dem entgegen von jeher das Erbrecht der Eheleute unter sich erst nach der Beschreitung des Ehebettes an. Die Joachimsche Konstitution schweigt über diesen Punkt; die Konstitution des Kurfürsten Johann Georg von 1594 dagegen bestimmt ausdrücklich, daß es bei dem alten Gebrauche des deutschen Rechtes sein Bewenden haben soll.

³) Großh. Arch. Schwerin.   ⁴) Ebenda.

für Friedrich und seine Freunde bat. Pfuel weilte nicht mehr in
Mecklenburg, sondern hielt sich damals in der Mark auf, hauptsächlich
wohl, um bei Johann persönlich in seiner Angelegenheit zu wirken,
vielleicht aber auch, weil er sich in Mecklenburg trotz aller freundlichen
Worte seiner Herrscher nicht mehr vollkommen sicher fühlte. Diese
sagten unter dem 17. August (¹) freies Geleit zu, obgleich ein solches
dem Pfuel als ihrem Manne nicht von Nöten sei, verweigerten aber,
einen Aufschub der Ehe ihres Hoffräuleins zu veranlassen.

Vergeblich wiederholte der Kurfürst am 26. August (²) seine Bitte.
Zwei Monate später versuchte Friedrich v. Pfuel, für den der Geleitsbrief inzwischen eingegangen war, in einem direkten schriftlichen Gesuch
die Herzöge umzustimmen. Er bat darin, nur die Verheiratung seiner
Braut mit einem andern bis zum Eintreffen der Entscheidung des
Papstes, an den er sich gewandt habe, auszusetzen, „Anna nicht durch
Drangsal und andere Vornehmen zur Sünde (Bruch des Ehegelöbnisses mit ihm) zu zwingen" und übles Nachreden gegen ihn, der ja
nur sein Recht zu wahren suche, zu unterlassen.

Pfuels Forderungen erscheinen durchaus berechtigt. Die Mecklenburger hatten selber ihre Einmischung abgelehnt, da die Angelegenheit rein kirchlicher Natur; sie mußten also auch die maßgebende Entscheidung des Hauptes der Kirche abwarten, bevor sie Annas Verehe-
lichung zuließen. Friedrich hatte sich bisher gegen seine Lehnsherren
durchaus loyal benommen, wie dies auch die brandenburgischen Räte,
welche auf Veranlassung des Kurfürsten als seine Beistände fungierten,
ausdrücklich anerkannten, und es war kein Grund vorhanden, ihn
durch übles Nachreden in seiner Ehre zu kränken. Am 4. November (³)
antworteten die Herzöge Magnus und Balthasar. Sie lehnten
wiederum jede persönliche Einmischung ab und schoben alle Verantwortung auf die Verwandten Annas, unter Beifügung der Verlo-
bungsverhandlung derselben mit Heinrich v. Oldenburg. Die in
Gegenwart der Freunde Pfuels über ihn ausgesprochene üble Nach-
rede bestritten sie nicht, sondern hielten ihre Worte aufrecht. Wie
gereizt ihre Stimmung, beweist die gleichzeitige Versagung des Kon-
senses zur Aufnahme eines Darlehns von 300 fl. auf Friedrichs
mecklenburgische Lehne. Auch die Verheiratung der Anna mit dem
Oldenburg erfolgte sehr bald und zwar nach der in Gegenwart
der brandenburgischen Räte, des Propstes Johann Benedikt, des
Johann Schlaberndorff und des George Quast, gemachten Aussage der Mutter Bibow und des Vertreters ihrer Tochter, eines
Geistlichen Hermann Rundeschotes, infolge von Drohungen der

---

¹) Großh. Arch. Schwerin.　　²) Ebenda.　　³) Ebenda.

Herzöge. Wir ersehen dies aus einer nochmaligen Eingabe Friedrichs
an dieselben d. d. Berlin 19. Dezember 1497 (¹), in welcher er die
Beschuldigung Achims v. Blankenburg, die Herzöge verlästert zu
haben, bestritt. Zum Schlusse bat er in derselben nur, „mich armen
Gesellen nicht mehr mit Scheltworten in meiner Ehre und Glimpf zu
beleidigen, damit ich armer Knecht zur Rettung auch aus Notdurft
nicht ferner dazu reden darf, bin ich nun Ew. Fürstl. Gnaden zu
verdienen über meine Pflicht ganz gern willig.“

Man sieht, Friedrich trotzte in keiner Weise, sondern unterwarf
sich willig seinem harten Schicksal, nur seine Ehre wollte er gewahrt
wissen. Je demütiger er sich jedoch zeigte, um so schroffer traten die
Gegner auf. Die Antwort seiner mecklenburgischen Landesherren vom
24. Dezember (²) behauptete die Richtigkeit der Aussage Achims v. Blankenburg ohne Weiteres, bestritt aber alle gegen sie erhobenen An-
schuldigungen und untersagte jeden weiteren schriftlichen Verkehr.
Auch eine versuchte Vermittelung der angesehensten kurfürstlichen Räte,
des Propstes Johann zu Berlin, des Kanzlers Dr. Czerer und
des Hauptmanns der Priegnitz Dietrich v. Rohr, blieb ohne Erfolg;
sie erhielten am 31. Mai 1498 (³) einen abschlägigen Bescheid.

Infolgedessen sah sich der bis aufs Äußerste getriebene Friedrich
veranlaßt, zur Selbsthülfe zu schreiten, und erklärte am 8. Juni 1498 (⁴)
den Herzögen Fehde. Er entschlug sich des ihm gewährten freien Geleits und „sagte ab Frieden und jegliches Geleit seinen Feinden.“

Dem Wort folgte in nicht allzulanger Zeit die That. Am
15. August (⁵) überfiel Friedrich auf der Straße nach Schwerin Heinrich und Hans v. Rieben, nahm ihnen Waffen, Kleinoden, Geld,
Pferde, sowie Kleider und führte sie als Gefangene zu einem seiner
Freunde, Jasper Kerkow in der Mark. Er erklärte ihnen jedoch
ausdrücklich, der Angriff sei nur gegen sie als Unterthanen seiner
Feinde, der Herzöge von Mecklenburg, gerichtet gewesen. Nachdem
die Riebens die notwendigen Verschreibungen über ihr Lösegeld
ausgestellt hatten, wurden sie freigelassen. Sie richteten demnächst
aus dem herzoglichen Schlosse Weltfreden am 8. September (⁶) eine
Beschwerde mit der Bitte um Entschädigung an ihre Landesherren.
In derselben erwähnen sie noch, daß Heinrich, der ältere unter ihnen,
bei seiner Verteidigung schwer verwundet worden sei, er habe „einen
Speit (Spieß) in dat Lif gesteden.“ Die Herzöge nun ließen Friedrich durch Dietrich Viereck und Ludke Moltke am 14. Januar 1499 (⁷)
vor ein auf den 9. April (⁸) in Güstrow angesetztes Vasallengericht

---

¹) Großh. Arch. Schwerin.   ²) Ebenda.   ³) Ebenda.   ⁴) Ebenda.   ⁵) Ebenda
⁶) Ebenda.   ⁷) Ebenda.   ⁸) Ebenda.

laden. Er wird bei dieser Gelegenheit der Lästerung der Herzöge,
des Angriffs auf die Rieben, des Mordens und Brennens beschuldigt.

Eine solche nach unserer Auffassung rohe Form der Selbhülfe
war den damaligen Sitten entsprechend. Sie zeigte sich nicht allein
in Privatfehden, sondern trat auch in den Kriegen der Fürsten unter
sich zu Tage, welche nach Kräften bestrebt waren, durch Feuer und
Schwert, durch Ausplünderung und Gefangennahme der gegenseitigen
Unterthanen einander zu schädigen.

Weder dieser noch einer späteren Vorladung vom 8. April 1499 (¹)
leistete Friedrich v. Pfuel Folge. Er wußte vorher, daß die Ein-
ziehung seiner mecklenburgischen Lehne durch das Vasallengericht beschlossen und das ihm zugesicherte freie Geleit nur geringen Schutz
gegen die Angriffe der Riebens und ihrer Freunde gewähren würde.

Die Herzöge von Mecklenburg sandten nun zwei ihrer Räte, den
Comthur v. Mirow, Joachim Wagenschütz, und den Hofmarschall
Jürgen v. Biesewang, zum Kurfürsten, um ein Vorgehen desselben
gegen Pfuel und namentlich gegen dessen Helfer, welche ihn „hausten
und hegten", herbeizuführen. Joachim verweigerte jedoch einzuschreiten.

Da Pfuel inzwischen am 20. Juli (²) wieder in Mecklenburg
mit 15—16 Pferden eingefallen war und das zum Kloster Wanzka
gehörige Dorf Grönau niedergebrannt hatte, so wiederholten Magnus
und Balthasar am 20. August (³) schriftlich ihr Ansuchen, welches
sie einige Zeit darauf noch durch die Sendung ihres Dieners Els-
holz (ausgestorbenes Adelsgeschlecht) zum Kurfürsten nach Ruppin
verstärkten. Sie erhielten einen schriftlichen Bescheid, der sie jedoch
nicht befriedigte und unbeantwortet blieb.

Am 19. Oktober (⁴) endlich benachrichtigte Joachim die Herzöge,
daß Friedrich Pfuel bereit sei, sich vor ihm zu einem Verhörstage
zu stellen und alle Feindseligkeiten zu unterlassen, falls jene ihm und
seinen Helfern bis zum 11. November einen Geleitsbrief, welcher bis
zu Ostern des nächsten Jahres in Kraft bliebe, zugehen lassen wollten.
Der erbetene Geleitsbrief erfolgte und wurde bis Pfingsten ausgedehnt. Allein der Kurfürst unterließ es, mit Pfuel zu unterhandeln.
In einem Schreiben an Magnus und Balthasar vom 22. Juni
1500 (⁵) entschuldigte er sich mit Krankheit und Abwesenheit zum
Reichstage und schlug eine persönliche Zusammenkunft der Regenten
in Begleitung ihrer Räte zum Austrage der Sache vor. Gleichzeitig
bat er, das freie Geleit zu verlängern, wie dies schon seinerseits geschehen sei. Als Ort dieser Zusammenkunft brachte einige Zeit darauf am 7. November Markgraf Albrecht, in Vertretung seines ab-

---

¹) Großh. Arch. Schwerin. ²) Ebenda. ³) Ebenda. ⁴) Ebenda. ⁵) Ebenda.

wesenden Bruders, Wittstock in Vorschlag und als Zeit den 17. Januar 1501 (¹), verlegte jedoch am 6. Dezember 1500 diesen Tag auf
25. Januar. Wiederum wurde nichts aus der geplanten Zusammenkunft, doch bat am 15. Februar 1501 (²) der inzwischen heimgekehrte
Kurfürst die mecklenburgischen Herzöge um eine solche an dem genannten Orte auf den 28. März.

Aus allen diesen Verhandlungen ergiebt sich, daß Joachim die
Selbsthülfe Friedrichs v. Pfuel als eine nicht unberechtigte anerkannte; denn sein Bestreben ging dahin, die Fehde durch einen Vergleich zu Ende zu bringen, und hatte er es ausdrücklich abgelehnt,
gegen Pfuel als Friedensbrecher vorzugehen. Es scheint nicht, als
ob der mehrfach verschobene Tag zu Wittstock überhaupt abgehalten
worden sei; jedenfalls wurde in der Pfuel'schen Angelegenheit kein
Resultat auf demselben erzielt, wenn auch die Fehde thatsächlich einige
Zeit ruhte. Erst 1504 (³) kam sie von neuem zum Ausbruch; Friedrich fiel mit vier Pferden in Mecklenburg ein und brannte das
fürstliche Vorwerk Marnitz nieder. Die Herzöge machten dem Kurfürsten von dieser That Anzeige und verlangten die Bestrafung der
brandenburgischen Vasallen Claus Wuthenau, Achim Kröcher im
Lande Rynow und der Gebrüder v. d. Hane, welche den Pfuel nach
der That geherbergt hätten. Joachim lehnte in einem Schreiben vom
12. Oktober 1504 (⁴) eine solche Bestrafung ohne vorherige Untersuchung ab, erklärte jedoch, daß er an Friedrichs „Vornahme kein
Gefallen trüge", seinen Hauptleuten und seinen Unterthanen ernstlich
aufgegeben habe, denselben nicht zu hausen, sondern die mecklenburgischen Amtsleute auf ihr Anfuchen bei seiner Verfolgung zu unterstützen. Da auch magdeburgische Vasallen den Pfuel aufgenommen
hatten, so fand am 11. Dezember (⁵) eine eidliche Vernehmung mehrerer derselben durch die Räte des Erzbischofs statt. Claus v. Barby
zu Plothe sagt aus, daß Friedrich Pfuel einen Tag bei ihm gewesen,
Busso v. Schulenburg auf Sandow dagegen verneint, ihn gehauset
zu haben. Otto v. Plotho auf Jerichow giebt Pfuels Aufnahme
mit vier Pferden für die Dauer einer Nacht vor einem Jahre zu.
Hans v. Restorff zu Kammer erklärt, daß Fritz Möllendorf den
ihm unbekannten Pfuel vor anderthalb Jahren zu ihm gebracht habe.
Matthias v. Restorff sagt aus, es sei ihm zu Ohren gekommen, daß
vor anderthalb Jahren derselbe im Kruge zu Kammer gelegen. Achim
v. Treslow zu Stedeldorf hat ihn seit zwei Jahren nicht gesehen,
Rüdiger v. Treslow überhaupt niemals. Georg Rebekin zu Ferchland erklärt, vor einem Jahre sei Pfuel unter dem Namen Sparre

---

¹) Großh. Arch. Schwerin. ²) Ebenda. ³) Ebenda. ⁴) Ebenda. ⁵) Ebenda.

im dortigen Kruge mit vier Pferden gewesen. Christoph Briest zu
Bönen und Heinrich v. Klöden zu Ferchland bestreiten, ihn zu kennen
oder aufgenommen zu haben. Arndt Treskow zu Redekin hat ihn
in den Fasten vorigen Jahres gehauset. Die Gebrüder Holeweg zu
Mengersdorf geben an, er sei vor einem halben Jahre im dortigen
Kruge und vor einem Jahre bei ihnen mit fünf Pferden unter dem
Namen Sparre gewesen, später hätten sie demselben die Aufnahme
verweigert, doch sei am 24. August ein Knecht Pfuels zu Heinrich
Holeweg gekommen mit der Bitte, seinem Herrn zehn bis zwölf
Reiter auszurüsten, er habe denselben aber abschläglich beschieden.
Georg Hopkorff aus Seyda beschwört, daß sein Weib in seiner Abwesenheit den ihm unbekannten Friedrich Pfuel während der Nacht
beherbergt, welcher sich bei seinem Wegritt am Morgen zu erkennen
gegeben habe. Der Bruder des Obengenannten, Hans Hopkorff, hat
vor einem Jahre nur einen Knecht Pfuels aufgenommen, der Propst
von Jerichow endlich am 2. Februar den Herrn selber, welcher sich
für den ihm unbekannten Bischof von Havelberg ausgegeben habe.

Ob Seitens des Kurfürsten ebenfalls ein Verhör seiner beschul-
digten Vasallen angeordnet worden ist, darüber bringen die Urkunden
nichts; jedenfalls aber steht fest, daß der gegen Friedrich in dem
erwähnten Schreiben Joachims vom 12. Oktober 1504 ausgesprochene
Tadel entweder nicht sehr ernst gemeint gewesen, oder daß jener Gelegenheit gefunden, sich bald darauf vor seinem Landesherrn zu recht-
fertigen; denn dieser machte ihn zu seinem Schenken. Als solchen
finden wir ihn mit dem Kurfürsten auf dem 1505 abgehaltenen Reichstage zu Cöln, wohin letzterer in der zweiten Hälfte des Juni gereist
war und von wo er Ausgang August zurückkehrte. (¹)

Noch in demselben Jahre führte Pfuel ein gegen seine Feinde,
die mecklenburgischen Herzöge, gerichtetes Unternehmen aus, welches,
wenn auch erst nach jahrelangen Verhandlungen, den Abschluß eines
für ihn vorteilhaften Friedens bewirkte.

Zwei Söhne des angesehensten mecklenburgischen Rates, des Ritters Bernd v. Maltzan auf Penzlin, Joachim und Ludwig, studierten unter der Aufsicht des Licentiaten Magnus Hunth in Leipzig.
Sie nun entführte Friedrich, indem er angab, er käme im Namen
des Vaters, und brachte sie gefangen zu einem Freunde im „Gebirge."
Unter dem 8. November (²) bat infolgedessen Bernd v. Maltzahn
brieflich seine Landesherren, die Herzöge Balthasar und Heinrich,
um Vorschreiben an die Universität und den Rat von Leipzig, so wie

---

¹) Küster, Berlin III. 594. Senkenberg, ungedruckte wahre Schriften zu
Erläuterung der Gesch. v. Deutschland I. 173.
²) Lisch, Urkunden z. Gesch. der Maltzans IV. 365.

an die Kurfürsten von Sachsen und Brandenburg und an den Erzbischof von Magdeburg, um die Befreiung seiner Söhne zu erlangen.
Über den Verlauf der nun von dem Kurfürsten Joachim eingeleiteten Verhandlungen mit Pfuel erfahren wir das Nähere erst 1507.(¹)
Am 26. Februar dieses Jahres antworteten die Mecklenburger dem
Kurfürsten auf ein nicht mehr vorhandenes Schreiben, daß sie sich
über die Forderung Friedrichs von 4500 fl. (3000 fl. für seine
mecklenburgischen Lehne, so wie für das verschriebene Lösegeld der
Riebens, und 1500 fl. für die Befreiung der jungen Maltzans)
noch mit ihren Räten bereden müßten, doch erachteten sie schon jetzt
die verlangte Summe für zu hoch, da die Güter des Pfuel von demselben früher für 1800 fl. zum Verkauf gestellt worden seien. Am
1. März(²) gab Joachim einem Vetter des Friedrich (Melchior
v. Pfuel?) Kenntnis von den bisherigen Verhandlungen mit den
Herzögen und forderte ihn auf, Friedrich, seinen „lieben besonderen", zu veranlassen bis zum 31. Frieden zu halten, an welchem
Tage von den Räten beider Länder in Berlin eine Entscheidung getroffen werden solle. Dieser Termin wurde auf Ansuchen der brandenburgischen Räte vom 20. März wegen Abwesenheit ihres Herrn
verschoben, nachdem schon die mecklenburgischen Räte am 15. März(³)
zu Wismar sich für Annahme der hauptsächlichsten Bedingungen Friedrichs v. Pfuel ausgesprochen hatten. Die erste Stelle unter ihnen
nahm Bernd Maltzan ein, der natürlich vor Allem die Befreiung
seiner Söhne herbeiführen wollte. Seinem Einflusse ist es auch zuzu-
schreiben, daß Heinrich und Erich endlich sich in einem Schreiben vom
15. April(⁴) an den Kurfürsten zu der geforderten Zahlung, so wie
zur Erwirkung der Befreiung Friedrichs und seiner Helfer von der
über sie verhängten Reichsacht bereit erklärten. Nur über die Zah-
lungsmodalitäten bestanden Meinungsverschiedenheiten, welche noch zu
längeren Verhandlungen führten.

Am 18. April(⁵) wies Joachim seine Räte, den Marschall Georg
Flans und den Kanzler Dr. Czerer, an, den Pfuel zu veranlassen,
noch vierzehn Tage Frieden zu halten und forderte, durch ein Schreiben
vom 19. April denselben direkt hierzu auf, indem er gleichzeitig das
freie Geleit bis zum 16. Mai verlängerte. Unter dem 12. Mai(⁶)
schrieben der Kurfürst und sein Bruder Albrecht den Herzögen, daß
Pfuel vor ihnen erschienen sei und folgende Bedingungen gestellt habe:

erstens, gegen Herausgabe der Gefangenen Zahlung zu Johanni
von 1500 fl. baar in Berlin, zweitens für den Rest seiner Forderung
von 3000 fl. Bürgschaft des Domkapitels und des Rats von Magde-

¹) Staatsarch. Berlin.   ²) Ebenda   ³) Großh. Arch. Schwerin.
⁴) Staatsarch. Berlin.   ⁵) Ebenda.   ⁶) Riedel III. 3. 181.

burg, des Bischofs von Lebus nebst seinem Kapitel und des Hof=
meisters Dietrich v. Schulenburg, drittens, daß die Klage seines
Dieners Scheper gegen Bismar erledigt würde, viertens, Sicher=
heit, daß die Universität Leipzig nicht nach Abstellung der Fehde, wie
sie gedroht habe, die geistlichen Gerichte gegen ihn anrufe, endlich
fünftens, daß keiner seiner Helfer, namentlich nicht Heinrich v. d. Schu=
lenburg, nachträglich in Anspruch genommen würde. Die Herzöge
von Mecklenburg verweigerten unter dem 20. Mai die Erfüllung der
ersten Pfuel'schen Bedingung, sie erklärten sich nur bereit, bei der
Herausgabe der Maltzan'schen Söhne zu Johanni 1000 fl. und den
Rest Weihnachten zu entrichten. Die zweite, dritte und vierte Bedin=
gung wiesen sie ganz zurück, versprachen dagegen, die Befreiung von
der Reichsacht zu erwirken. Pfuel nahm letzteres Angebot an, ver=
harrte aber im übrigen bei seinen Forderungen, und machten am
26. Mai (¹) Joachim und Albrecht in Folge dessen den Herzögen
hiervon Mitteilung, welche dann endlich vier Tage später sich zu der
verlangten Zahlung bereit erklärten und gleichzeitig ihre Interven=
tion bei der Universität in Leipzig versprachen. Auf Wunsch des Kur=
fürsten wurde der auf den 24. Juni angesetzte Termin um fünf Tage
verlegt, und erinnerte dieser in dem hierauf bezüglichen Schreiben an
die Angelegenheit des Pfuel'schen Dieners Scheper, über welche die
Herzöge sich bisher nicht geäußert hatten. In ihrer Antwort baten
Heinrich und Erich um einen weiteren Aufschub. Am 29. Juni (²)
erwiderte ihnen Joachim, daß sich Pfuel zwar zu einer weiteren
Einstellung der Feindseligkeiten bis zum 18. Juli bereit erklärt habe,
auch an diesem Tage die Gefangenen in Berlin zur Stelle bringen
wolle, dann aber eine bestimmte Entscheidung verlange. Die Maltzan=
schen Söhne seien aus ihrem Gefängnis vom Gebirge herab ge=
bracht worden, wodurch ihm Kosten erwachsen wären. Überdies habe
er für die Entlassung der Knaben aus der Haft Gelder zugesagt,
und wenn diese nicht rechtzeitig eingingen, so müsse er befürchten,
die Gefangenen würden wieder in ihr altes Gefängnis zurückgeführt
werden. Diese Drohung hatte Erfolg. Schon unter dem 3. Juli (³)
antwortete Herzog Heinrich, er sei bereit, die Befreiung Friedrichs
und seiner Helfer von der Reichsacht bis spätestens zum 29. Septem=
ber zu erwirken und die Sache des Scheper ebenfalls auf einem Tage
vor dem Kurfürsten zur Entscheidung zu stellen. Dagegen bat er, den
ersten Zahlungstermin erst auf den 10. August anzuberaumen. Fried=
rich Pfuel war an einer Weiterführung seiner Fehde nichts gelegen,
besonders da der Kurfürst so energisch für ihn eintrat und er den

---

¹) Riedel III. 3. 185.   ²) Arch. Schwerin.   ³) Staatsarch. Berlin.

Einfluß Bernds v. Maltzan auf dessen Landesherren kannte. Diese zeigten denn auch bald den besten Willen. Sie verwandten sich, gleich wie Joachim und Albrecht, im gewünschten Sinne bei der Leipziger Universität und schickten ihre Räte Heinrich v. Plessen und den Kanzler Casper v. Schönaich am 9. August zum Kurfürsten. Endlich am 24. August ([2]) kam zu Berlin der Friedensvertrag zu Stande, die erste Zahlung erfolgte, und die jungen Maltzans wurden ihrem Vater zurückgegeben. ([3]) Da die Urkunde über die Aufhebung der Reichsacht, welche schon am 13. Juli in Kosinitz vollzogen war, immer noch nicht eingetroffen, so übernahmen es Joachim und sein Bruder Albrecht, allen Schaden zu ersetzen, der dem Pfuel aus dieser Verzögerung erwachsen könne, nachdem die mecklenburgischen Herzöge Heinrich und Ulrich den beiden ersteren gegenüber am 23. August ([4]) sich zur Entschädigung verpflichtet hatten. In diesem Friedensvertrage verhießen Heinrich und Ulrich die Zahlung der rückständigen 3000 fl., für welche sich der Kurfürst als Selbstschuldner verbürgt hatte, zu Weihnachten. Pfuel dagegen entsagte für sich und seine Nachkommen den mecklenburgischen Lehnen, versprach die Verschreibungen der Riebens über ihr Lösegeld, welche in den Händen eines seiner Vertrauten sich befänden, bis zum 11. November zu beschaffen und dem Kurfürsten zu übergeben. Als Bürgen stellten sich seine Vettern Melchior und Friedrich Pfuel, Werners Söhne, und verzichteten gleichzeitig auch für sich auf die mecklenburgischen Lehne. Alle drei verpflichteten sich zu einem ritterlichen Einlager mit je zwei Pferden und einem Knechte in Wittstock oder Perleberg, falls die erwähnten Verschreibungen nicht rechtzeitig zur Stelle wären. ([5]) Sie erklärten für alle Fälle schon jetzt die nunmehrige Ungültigkeit derselben.

Am 16. Oktober ([6]) hielt es der Kurfürst für nötig, die Herzöge an ihre Zahlungsverbindlichkeiten zu erinnern. Heinrich bat in Folge dessen am 24. desselben Monats Joachim, die 3000 fl. auszulegen und von dem Heiratsgute seiner Frau abzurechnen. ([7]) Der Kurfürst verweigerte am 5. November ([8]), da er selber zu Weihnachten kein Geld habe, die Erfüllung dieser Bitte. Die Herzöge beschafften nun in anderer Weise die benötigten Summen, und unter dem 7. Januar 1508 ([9]) bescheinigte Friedrich Pfuel den richtigen Empfang derselben, nachdem am 1. Januar die Lehnbriefe über Schönfeld nebst

---

[1]) Riebel III. 3. 188.   [2]) Lisch, Url. z. Gesch. d. Maltzans IV. 385—87.
[3]) Großh. Arch. Schwerin.   [4]) Riebel II. 6. 213.   [5]) Staatsarch Berlin.
[6]) Staatsarch. Berlin.
[7]) Ursula, die Schwester Joachims, geb. 1488, wurde 1506 mit Heinrich, Herzog von Mecklenburg, vermählt.
[8]) Staatsarch. Berlin.   [9]) Ebenda.

Zahl ... von ihm ausgeliefert waren und nochmals von ihm und seinen Vettern allen Ansprüchen auf die genannten Besitzungen entsagt werden. Mit einer Mahnung Joachims vom 10. Juni 1510[1] an Heinrich und Albrecht, Quittungen über die empfangenen Lehnbriefe zu senden, um welche Friedrich Pfuel mehrfach und zuletzt am 30. Mai 1510[2] vergeblich gebeten hatte, schließen die Acten über die Pfuel'sche Fehde.

Über das weitere Leben Friedrichs liegt wenig Urkundliches vor. 1510 erhielt er vom Erzbischof von Magdeburg für 2000 fl. auf sechs Jahre den Pfandbesitz von Jerichow. In dem betreffenden Vertrage wurde ihm und seinen männlichen Erben, „ob er deren gewönne, und nach derselbigen Tode seinem Weibe und seinen Töchtern" das besagte Pfandgut verschrieben: er war also damals schon verheiratet, hatte aber noch keinen Sohn. Es ist anzunehmen, daß seine Beehelichung mit Barbara v. Ballenfels vor Abschluß der mecklenburgischen Fehde, vielleicht 1507 — denn 1510 hatte er schon zwei Töchter — erfolgt ist; sein ältester Sohn Jacob erscheint zuerst 1531 10. Oktober[4] als volljährig. Nach einer alten Stammtafel erhielt Friedrich auch die Amtshauptmannschaft von Sandow: über das wann fehlen die Nachrichten 1527[4] war er schon verstorben; es erscheinen in diesem Jahre seine minderjährigen Söhne Jacob, Bertram, Georg, Christoph und Andreas unter der Vormundschaft von Melchior Pfuel und Joachim Quast als Gläubiger der Stadt Wriezen Außer diesen Söhnen hinterließ er noch eine Tochter Anna, vermählt mit Curt v. Burgsdorf auf Derzow und Mellenthin, Landvogt der Neumark. Sie starb 1551. Ihre Mutter Barbara Ballenfels war noch 1537 8. April[5] am Leben.

Friedrich Pfuel wurde im Dom zu Berlin beigesetzt, ein Beweis, daß er in angesehener Lebensstellung sich befand. Sein Leichenstein ist in neuester Zeit bei Bloslegung der Reste des früheren Doms in Berlin aufgefunden und steht jetzt in der Kirche zu Gielsdorf.

---

[1] Arch. zu Schwerin. [2] Arch. zu Magdeburg. [3] Riedel III. 2. 463.
[4] Ständisches Arch. Berlin. [5] Staatsarch. Berlin.

Eine Reise zweier württembergischen Prinzen nach Berlin im Jahre 1613.

Mitgeteilt von **Johannes Bolte**.

Welchen Wert die Schilderungen auswärtiger Reisenden (¹) für die innere Geschichte der Mark Brandenburg besitzen, bedarf an dieser Stelle keiner ausführlichen Darlegung. Sind die so aufbewahrten Eindrücke auch nur flüchtiger Art, haben auch das Naturell und bisweilen ein besonderer Zweck des Schreibers bestimmenden Einfluß gehabt auf die größere oder geringere Ausführlichkeit und auf die Abwägung von Lob und Tadel, immer erhalten wir doch ein aus voller, unmittelbarer Anschauung hervorgegangenes Bild, dessen einzelne Züge wir uns sonst mühsam zusammensuchen müßten. Aus diesem Grunde schien der vorliegende, aus dem Jahre 1613 stammende Reisebericht einen Abdruck zu verdienen, da er trotz der summarischen Trockenheit in der Aufzählung der Tageserlebnisse, welche nicht entfernt mit der liebenswürdigen Anschaulichkeit von Hainhofers Tage-

¹) Ich stelle kurz die mir bekannten Reiseberichte älterer Zeit über Berlin und die Mark zusammen: 1505 Johannes Trithemius, Opera historica ed. Freher 1601 2, 478--490 epist. 41—61. — 1579 und 1591 Hans v. Schweinichen, Denkwürdigkeiten herausg. von Österley 1878 S. 210 f. und 377 f. — 1585 Samuel Kiechel, Reisen herausg. von Haßler 1866 S. 6 f. — 1591 Michael Frank, vgl. P. v. Bülow im Bär 5, 44—46 (1879) und Märkische Forschungen 18, 292. — 1602—1609 Levin v. d. Schulenburg, vgl. Märkische Forschungen 15, 322 und 18, 297. — 1609 Daniel Eremita, Iter Germanicum. Lugd. Bat. 1637 und bei J. F. Le Bret, Magazin zum Gebrauch der Staaten- und Kirchengeschichte 2, 339—343 (1772). — 1617 Philipp Hainhofer, vgl. Baltische Studien 2, 2, 11—16. 116—126 (1834). — 1622 Gottfridus a Warnstedt, Marchiae Electoralis deumbratio, Tubingae 1622, bei Lüster, Collectio opusculorum hist. Marchiae illustr. 3, 70—72 (1727). Auch eine deutsche Ausgabe erschien Tübingen 1622. — 1632 und 1640 Martin Zeillerus, Itinerarium Germaniae nov-antiquae, Straßburg, 1632 S. 380 f. Desselben Werkes Continuatio, Straßburg, 1640 S. 203. — 1652 Matthäus Merian, Topographia Electoratus Brandeburgici, Frankfurt a. M. S. 26—29, vgl. G. Sello im Bär 2, 211—213. 221—223 (1876). — 1654 L. Coulon, Fidele conducteur pour le voyage d'Allemagne, Paris 1654, vgl. Baltische Studien 26, 146—148 (1876). — 1657 S. v. Birken, Hoch Fürstlicher Brandenburgischer Ulysses (Markgraf Christian Ernst zu Baireuth), Bayreuth 1669. 4°. S. 22 f. — 1658 Abr. Saur, Stätte-Buch fortges. von H. A. Authes. Frankf. S. 128. — 1669 Chappuzeau, L'Allemagne protestante ou Relation nouvelle d'un Voyage fait aux Cours des Electeurs et des Princes protestans de l'Empire. Geneue 1671. 4°. S. 411—445. — 1673 Charles Patin, Relations historiques et curieuses de voyage en Allemagne,

buch verglichen werden kann, dankenswerte Notizen über den Hof
Kurfürst Johann Sigismunds und über die damaligen Formen
des fürstlichen Lebens und Verkehrs enthält. Die bisher, wie es
scheint, nirgends erwähnte Handschrift liegt auf der Tübinger Universitätsbibliothek, wo ich im Juli 1886 auf sie aufmerksam wurde, unter
der Signatur Mh 454; eine Abschrift erhielt ich später durch das
gütige Entgegenkommen der Bibliotheksverwaltung. Das Original
umfaßt 14 von einer deutlichen Hand, in welcher wir ohne Zweifel
die des Sekretärs Andreas Ketterlin zu erkennen haben, beschriebene Blätter. Ebenso, nur etwas ausführlicher und geschickter, haben
die Sekretäre des Herzogs Friedrich von Württemberg (1557—1608),
Jakob Rathgeb und Heinrich Schickhart, dessen 1592 und 1599
unternommene Fahrten nach England und Italien geschildert und im
Druck veröffentlicht(¹); Ketterlin hat zum Überfluß seinen Namen
unter denen des fürstlichen Gefolges durch lateinische Lettern augen-
fällig gemacht.

Unternommen wurde die Reise nämlich von zwei Söhnen des
ebengenannten Herzogs, jüngeren Brüdern des regierenden Herzogs
Johann Friedrich von Württemberg (1582—1628). Der ältere
der beiden Prinzen, Ludwig Friedrich (1586—1631), welcher vier
Jahre später die Grafschaft Mömpelgard und Harburg erhielt, um
dann der Stifter einer neuen Linie zu werden, zählte damals 27 Jahre
und hatte schon manche fremden Länder besucht, Frankreich, Italien,

Angleterre, Hollande etc. in der Ausgabe Rouen 1686 S. 205—211. — 1673
J. A. v. Brand, Reisen durch die Mark Brandenburg, Preußen, Churland ꝛc.
herausg. durch H. C. v. Hennin. Wesel 1702 S. 1. 288. 307 f. — 1680 Justus
Apronius (Ad. Ebert), Reisebeschreibung von Silla Franca durch Teutschland, Holland ꝛc. (Frankfurt a. D.) 1723 S. 545—550. — 1681 M. Pitt, The English Atlas.
Oxford 2, 89 f. — 1687 Jacobus Tollius, Epistolae itinerariae ex auctoris schedis postumis recensitae studio H. C. Henninii, Amstelaedami 1700 S. 40—62. —
1687 Gregorio Leti, Ritratti historici della Casa serenissima et elettorale di
Brandeburgo, Amsterdamo 1687. 1, 67. 332—342. — 1706 Toland, Relation
von den Königlich Preußischen und Chur-Hannoverschen Höfen, aus dem Englischen
ins Teutsche übersetzet. Frankfurt 1706 S. 14—31. 53—71. — 1716 ff. J. M.
v. Loen, Kleine Schriften (1752) 1, 3, 22—38. 4, 378 f. 458—461. — 1747
J. C. Brückmann, Centuria epistolarum itinerariarum II. Wolfenbüttel 1749
p. 756—891 epist. 68—70. — 1755 Jonas Apelblad, Reise durch Pommern
und Brandenburg in J. Bernoullis Sammlung kurzer Reisebeschreibungen 3,
56—107 (1781). — 1771 Carl Burneys Tagebuch seiner musikalischen Reisen.
Hamburg 1773. 3, 55—176. — [J. H. F. Ulrich,] Bemerkungen eines Reisenden
durch die königlich preußischen Staaten in Briefen. 1. Theil. Altenburg 1779. —
Andres in G. H. Stucks Verzeichniß von Reisebeschreibungen, Halle 1784—87 und
in der kürzlich erschienenen Sammlung: Berlin im Jahre 1786. Leipzig 1886.
¹) In zweiter Ausgabe durch Erhard Cellius als „Wahrhaffte Beschreibung
Zweyer Reisen: welcher Erste die Badenfahrt genannt ꝛc." Tübingen 1604. 4⁰.

England ([1]), Schottland, wozu teils die angeerbte Reiselust, teils politische Zwecke Veranlassung gaben, da die protestantischen Reichsfürsten eine engere Verbindung mit dem englischen Hofe anstrebten. Ihn begleitete diesmal der achtzehnjährige Prinz Magnus (1594 bis 1622), welcher nachher in der Schlacht bei Wimpfen einen frühzeitigen Tod fand. Es war keine eigentliche Vergnügungsreise, welche die Prinzen anstellten, — Unterhaltung und Belehrung suchte man damals in andern Gegenden als in Brandenburg — noch traten dieselben als diplomatische Unterhändler auf: sie kamen, um ihre Patenpflicht bei der Taufe ihres Neffen zu erfüllen.

Das württembergische Fürstengeschlecht hatte sich vor kurzem mit dem brandenburgischen Herrscherhause auf doppelte Weise verschwägert, indem Herzog Johann Friedrich 1609 eine Tochter des Kurfürsten Joachim Friedrich, Barbara Sophia ([2]), heimführte, während im folgenden Jahre seine Schwester Eva Christine (1590—1657) seinem Schwager, dem Markgrafen Johann Georg von Brandenburg (1577—1624), vermählt wurde. Beide Hochzeiten wurden mit großer Pracht, mit Ringrennen und großen Aufzügen, Feuerwerk und Darstellungen englischer Komödianten, gefeiert, wie uns ausführliche Berichte von Zeitgenossen melden ([3]). Johann Georg war, wie erwähnt, der jüngere Bruder des Kurfürsten Johann Sigismund (1572—1619) und besaß seit dem Jahre 1606 die Grafschaft Jägerndorf, nachdem er früher (1592—1604) das Bistum Straßburg verwaltet hatte. Aus seiner Ehe mit der württembergischen Prinzessin ging 1611 eine Tochter hervor, die jedoch schon nach einem halben Jahre wieder starb. Desto größere Freude bereitete dem fürstlichen Paare die am 31. Januar (=10. Februar) 1613 zu Jägerndorf erfolgte Geburt des ersten Sohnes, welcher in der Taufe den Namen Georg erhielt. Wegen der Schwächlichkeit des Neugeborenen, der noch im zarten Kindesalter am 10. November 1617 starb, scheint der Taufakt bald nach der Geburt in aller Stille vollzogen zu sein. Dafür sollte ein Vierteljahr später, als Mutter und Kind zu einer Reise nach Berlin hinreichend gekräftigt waren, dort die versäumte Festlichkeit nachgeholt werden. Am 27. April traf die Markgräfin Eva Christina in Berlin ein, nachdem, wie aus den Hofkammer-

---

[1]) vgl. W. B. Rye, England as seen by Foreigners in the Days of Elizabeth and James the First. London 1865 p. 55—66. CXII ff. C. F. Sattler, Geschichte des Herzogtums Württemberg 6, 12—41 (1773).

[2]) Ihr widmete 1622 der S. 13 Anm. 1 genannte Gottfried v. Warnstedt seine Beschreibung der Mark.

[3]) F. C. von Moser, Kleine Schriften zur Erläuterung des Staats- und Völkerrechts 11, 341—427 (1764).

rechnungen hervorgeht, der Kurfürst selber ihr die letzte Wegstrecke entgegengereist war. Die geladenen Gäste waren zum größten Teil schon vorher angelangt, nur König Christian IV. von Dänemark, welcher 1595 der Taufe Georg Wilhelms beigewohnt hatte (¹), blieb diesmal aus und ließ sich durch den Kurfürsten vertreten. Außer diesem und der Kurfürstin Anna hatten die Patenstelle übernommen die beiden genannten Prinzen von Württemberg, Markgraf Christian von Kulmbach, Herzog Philipp Julius von Pommern, sämtlich nahe Verwandte des Markgrafen Johann Georg, ferner die schlesischen und brandenburgischen Stände. Was den fremden Fürstlichkeiten an Unterhaltung geboten wurde, war nur bescheidener Art: Besichtigung des Schlosses, des Marstalles und des Tiergartens, dann einige Jagden, das Anschauen einer „Fechtschule“ und Abends ein Tanz im Schlosse. Von prunkvollen Turnieren, Inventionen, Maskeraden, Feuerwerken, wie sie einst unter Kurfürst Johann Georg zu Berlin (²) und gleichzeitig am sächsischen, württembergischen und hessischen Hofe bei ähnlichen Veranlassungen stattfanden, war nicht die Rede; auch die englischen Komödianten, welche Johann Sigismund damals in seinem Dienste hatte, ließen sich nicht mit größeren Aufführungen sehen, vielleicht weil die eben erwähnte Fechtschule, die man sich wohl von ihnen vorgeführt zu denken hat, dem Geschmacke der fremden Gäste mehr zusagte. Der Mangel an außerordentlichen Festlichkeiten ist auch wohl die Ursache, weshalb unsre Berliner Chroniken zum Jahre 1613 von der Taufe des Markgrafen Georg gänzlich schweigen, während sie das Beilager des Fürsten Radzivil und den bald darauf vorgenommenen Übertritt Johann Sigismunds zur reformierten Lehre, das wichtigste Ereignis in der ganzen Regierung dieses Kurfürsten, erzählen. Ketterlins Reisebericht führt uns mitten hinein in das Hofleben während der letzten Jahre vor dem dreißigjährigen Kriege, in die fürstlichen Vergnügungen, unter denen das Reisen nicht die geringste war, und giebt uns trotz der Magerkeit seiner Notizen ein Bild von dem gastfreien Hofe zu Berlin, an welchem fast täglich Fremde kommen und gehen, und von dem glücklichen Familienleben (³), welches hier drei Generationen neben einander führten. Daß wir den Kurprinzen Georg Wilhelm (1595 bis 1640) nicht unter den fürstlichen Personen erwähnt finden, läßt

---

¹) Hafftitius bei Riedel, Codex diplomaticus Brandenburgensis D, 1, 155 f.

²) Geschildert von A. B. König, Versuch einer historischen Schilderung der Residenzstadt Berlin 1, 132--153 (1792) nach Angelus und Hafftitius.

³) Einen interessanten Blick in dasselbe verstattet die von L. F. Göschel herausgegebene Handschrift: Der Kinderkatechismus am kurbrandenburgischen Hofe zum Weihnachtsfeste 1611. Berlin 1851.

vermuten, daß er im Auftrage seines Vaters anderwärts verweilte, der ihn schon im vorangegangenen Jahre nach Frankfurt zur Krönung des Kaisers Matthias entsandt hatte und ihn am 1. Oktober 1613 zum Statthalter in den jülich-clevischen Landen ernannte. Auch der Kurfürst war erst am Mittwoch nach Lätare (= 17. März) aus Preußen nach Berlin heimgekehrt[1] und reiste bald nach der Taufe seines Neffen, am 20. Mai, nach Halle, um dort mehrere Wochen zu verweilen. Am 17. Juni hielt er sich noch, wie die Hofkammerrechnungen bezeugen, in Dessau auf und fuhr dann wieder nach Berlin, wo am 27. Juni, wie schon erwähnt, die Hochzeit des Fürsten Radzivil mit der Prinzessin Elisabeth Sophia gefeiert wurde.

Indem ich nun den Reisebericht selber folgen lasse, bemerke ich noch, daß die beigegebenen Anmerkungen sich absichtlich auf das beschränken, was zum Verständnis des auf die Mark bezüglichen Abschnittes notwendig erschien.

Kurze beschreibung der Berlinischen Reiß, von den Durchleüchtigen Hochgebornen Fürsten vnnd Herrn Herrn Ludwig Friderichen vnd Herrn Magno, Herrn Gebrüedern vnd Hertzogen zu Württemberg vnd Teckh, Grauen zu Mümppelgart, Herrn zu Heydenheimb etc. Im Früeling deß Sechzehenhundert vnd Dreyzehenden Jahrs glücklich verrichtet.

Den 13.ⁱ Aprilis, sind Ihre F. F. G. G. früe zue 6. Uhrn, mit vier Gutschen vnnd wenig Kleppern zue Stuetgardt auffgebrochen, Bey denen Sich nachuolgender Comitat von Adel vnnd andern Personen befunden, Alß Nämblich 1613

Ihrer Fr. G. Hertzog Ludwig Friderichs ꝛc. Hofmaister Hannß Jacob Wurmßer von Vendenheim. Ihrer Fr. G. Herzog Magni ꝛc. Hofmaister Hannß Ernst von Remchingen; Georg Friderich Rauchhaupt, Hauptmann. Hannß von Waldenfelß. Elias Hackh Stallmaister. Christoph Friderich von der Thann. Wernner Dietrich von Münchingen. Werner Dietrich von Plieningen. Thomas de Spinosa. Secretarius Andreas Ketterlinus. Friderich Pfeil, Otto von Geißberg, Christoph Schafeliczkhj, Hanß Heinrich von Böling, Edelknaben. Küchenmaister Michael Heffich. Mundtskoch Adam Krauß. Leibbarbierer Bernhard Blessing. Trometer Rudtgar Fleckh. Zween Cammerschneider. Furierer Hanß Rhod. Peter Fuchß Reutschmid. Drey Laggeyen. Deren von Adel Jungen, In allen auff etlich vnnd Vierzig Personen.

---

[1] Jacob Schmidt, Collectiones memorabilium Berolinensium 2, 8 (1727).

2

3. Denn erften Abftand Mittags haben Jhre F. F. G. G. zur Schorndorff Jm Fürftlichen Schloß erhalten, Alda den wahl, die Beftung, Kellerey vnnd Statt Kürch befehen.

2. Das Nachtläger im Fr. Württb. Clofter Lorch. Jn der Kürchen dafelbften die Sepultur Friderici I. Ducis Sueuiae, deß erften Fundatoris, vnd aller Herzogen von Schwaben Genealogiam biß auf Conradinum den legten diefes Stammens befichtigt.

3. Den 14.t. durch Schwäbifch Gmünbt Mittags zue Möckhlingen, einem Flecken Württemb., Ellwangifcher vnd Gmündifcher Jurisdiction.

4. Aufs Nachtläger nach Elnberg, einem Ellwangifchen Dorff.

1. Den 15.t. zue Mittag nach Dünckhelspühel (Reichsftatt); vnderweges hat der Rath dafelbften eine protestation, das ftrittige Gelaidt der angrenzenden betreffend, fchrifftlich einwenden laffen, Jft zur antwortt geben worden, Mann begehre Rheines Geleits. Jm würteshauß zur Kandten eingekhert, Alda der Rath 60 Kanten (1) mit wein, durch Jhren Syndicum praesentiren laffen, hat in Jhrer F. F. G. G. Namen Hofmaifter Wurmßer (wie fonnften auf der ganzen Raiß, wo man den wein Verehrt) respondirt.

3. Zue Nacht, gehn Riedt ann der Altmühl, einem Flecken, dem Bifchoff zue Eyftedt gehörig.

4. Den 16.t. Zue mittag nach Schwabach, Marggr. Anfpachifchen gebietes, Von bannen auß zwifchen drey vnnd vier Uhrn Nürnberg erraicht, beim Bifferholdt eingekhert, Darauff bald hernach zween von dem Magiftrat dafelbften abgeordnete, Alß Herr Leonhard Grundherr vnd Georg Bolckhmar, 42. Maß füeßes vnnd anderes weines fampt Zweyen Zübern mit fifchen neben vnderthöniger empfahung vnd bienfterbiettung praesentirt, vnnd find Sie beede felbiges Abendts zur Fr. Taffel berueffen worden.

Den 17.t. diß haben Jhre F. F. G. G. gemelte bede Herrn Morgens vmb 8 Uhr Zwey Vergulbte Pocal verehrt, hernach drey Gutfchen bringen laffen, darauff Jhre F. F. G. G. fampt bey fich habenben Ritterfchafft durch die Vornembften gaffen Zum Zeughauß gefüert, darinnen neben vilfeltigen Rüftungen vnnd gefchüg eine fonderbare alte Manier, fo vor erfindung der feierfchloß vblich gewefen, gezeigt. Jtem Korn, fo auff 266. Jahr alt, davon ein wenig mit Zuenemen gnedig beuollen worden, Von bannen hat man fich in St. Lorenz Kürchen verfüeget, felbige befehen, Alßdann Jn Herrn Cafpar Burdharbtes garten, barinnen ein fchöner Saal, mit allerley fchönen gemälben vnd Tapezerey zur Ziert, ein Künftlicher Delberg vnd Labyrinth

---

1) Kante, Kanne.

zuſehen. Ferners Jn Martin Bellers [Rollers?] behauſung, darinnen
ſchöne Gemach mit Khünſtlich gemahlten früchten, perspectiuen vnnd
anderen Bildern geſehen. Von dannen man widerumb nach dem
Loſament gefahren, vnnd beede herrn bey der Fr. Taffel behalten.

Nachmittag vmb 2. Uhren haben Jhre F. F. G. G. Sich wider=
umb zur Gutſchen vors Newe Thor begeben, Jn Hanß Gebhardts
gartten, darinnen von wälſchen früchten vnnd gemälden etliche ſachen
gezeigt worden, Weiter vor das Thiergartner Thor Jn herrn Scheut=
lens garten, darinnen gleichfals von bildern, gewächßen und waſ=
ſerwerch etwas zu ſehen. Nach diſem Jſt man auf die Burg gefahren,
ward beſchauet Albrecht Dürers Genealogia Aller Kayſer vom Hauß
Oſterreich, Jtem 2. antiquiteten von Kaiſer Neronis Zeiten her, Jn
gleichen ein Bronn auff 46. Clafftern tieff, wie auch der Vermeinte
Roßſprung Apollo von Gelgen([1]). Von dannen auffs Rathauß, da
man etliche Raths vnnd Regiments ſtuben beſichtigt, biß man Jn ein
Gemach Kommen, darinnen Collation auffgeſtelt, vnd etliche vorneme
herrn deß Raths einen Trunch vnderthenig praeſentirt, dabey man
ſich in zwo ſtund auffgehalten, vnd hernach Jhre F. F. G. G. von
obbemelten herrn widerumb biß zum Loſament begleittet worden.

Den 18.t ſind Jhre F. F. G. G. frue vmb 6. Uhr mit 8 Lehen=
gutſchen vnd 2 Kleppern, Jn allen 56. Perſonen, 34 Pferden auff=
gebrochen, vnd zue mittag nacher Vorcheim, dem Biſchoff von Bam= **5.**
berg ꝛc. zugehörig, wie auch Abendts gehn Bamberg verruckht. **4.**

Den 19.t zue Mittag nach Gleißen, einen Flechken Sächſiſchen **4.**
Coburg. Herrſchafft, ligt zwo meil von Coburg, da Jhrer F. G. G.
Herzog Johann Caſimir([2]) zue Sachßen Hofläger, vnnd ſind Jhre
F. F. G. G. voran, mit einer Gutſchen, alba zue Coburg durch
Paſſiert, vnd Herzog Magni ꝛc. Hoffmeiſter, den von Remchin=
gen abgeordnet, Selbige zu entſchuldigen, daß Sie eylfertigkeit we=
gen Sich nicht Perſönlich bei dero Hofläger anmelden Können; vor
Coburg herauß hat man etliche gehenchte wölff in Mans vnd weibs
Kleidern geſehen.

Das Nachtläger zu Neuſtatt, da ein New Jagdtſchloß zu bawen **4.**
angefangen. Jm wirtßhauß iſt ein großer Krebs auff eine Taffel ge=
mahlt, 5. Spannen lang, Jede Scheer 2 Spannen, hat gewogen 54 ℔,
Jſt gefangen zue Treümünda([3]) 2 Meil von Lübech a. 1602.
vnnd Herzog Johann Caſimir ꝛc. verehrt worden. Jhre F. F. G. G.

---

[1]) Über den Raubritter Eppelin v. Gailingen vgl. Grimm, Deutſche Sagen
Nr. 130 und K. v. Liliencron, die hiſtoriſchen Vollslieder der Deutſchen 1, 92 f.

[2]) Johann Caſimir (1564—1633), der Enkel des ſächſiſchen Kurfürſten
Johann Friedrich, erhielt 1572 Coburg.

[3]) Travemünde.

haben auch alda angetroffen ein sehr altes weib, der Würtin Groß-
muter vber hundert Jahr alt, doch etwas Kindisch.

4.   Den 20.ᵗ zue Mittag auf den Thüringer Waldt, zue Greuen-
3. thal Pappenheimisches gebietes; das Nachtläger zue Rudelstatt, den
Grauen von Schwarzburg zugehörig, hat ein schön Schloß alda.

4.   Den 21.ᵗ aufß Morgeneßen zue Jena, Fr. S. Weimmarisch,
Alda die Uniuersitet 12 Kandten mit Rheinwein vnderthenig vereh-
ren laßen.

4.   Den 22.ᵗ zue mittag nach Rippach einem Churfr. dorff, vnd
3. gegen Abendt nach Leipzig, da der Rath 16 halbstübgen mit süeßem
vnd andern wein vnderthänig praesentirt. Von dannen hat man den
Furierer sampt einem Reiß vnd FurierZedel nach Berlin abgefertigt,
vnnd Jhrer F. F. G. G. ankhunfft notificirt.

    Den 23.ᵗ ist man still gelegen, etliche Jndianische vnd andere
sachen besehen, vnnd eines theils erkhaufft.

3.   Den 24.ᵗ Mittags gen Eilenberg, Abendts nach Torgaw, da
3. man das Churfr. Schloß besichtigt, so vil schöner gemach, darinn viler
Potentaten, sonderlich Sächsische Contrafect, vnd der Sächßische Stamm
gar schön deducirt.

3.   Den 25.ᵗ zue mittag nach Pretzsch, einem Stättlin, so hannß
3. Lößern Churfr. S. Erbmarschalln zugehörig, Von dannen auff Wittemberg, vndterwegens ein halb stund dauon, Jn einem Dorff Pratt,
das Hauß, darinnen D. Faust (¹) sein vnseeliges end soll genommen
haben, gesehen, Jn der SchloßKürchen zue Wittemberg Friderici
Elect. Sax. vnnd Johannis Fridr. Elect. Epitaphia vnd effigies
wie auch Lutheri vnd Philippi, vnd an einer Taffel Clauß Narren (²)
Contrafect, Ain RisenRipp, Eine GreiffenKlawe, Jm Schloß eine form
der größe vnnd lenge deß heiligen Grabs vnnd etliche Gemach, Jm
Collegio D. Lutheri Mussaeum vnd die Dinten oben an der bünen,
Jn seiner Cell manu propria mit Kreiden geschrieben: Anno 1600.
Turci sunt futuri Domini Jtaliae & Germaniae, si ultimus dies
mundi non obstiterit. Ward zue dem Churfürsten Zue Sachßen ꝛc.
ein Bott mit einem entschuldigungs- vnd gruoßschreiben abgefertigt.

4.   Den 26.ᵗ zue mittag zue TreuenBrützen Churfr. Brandenburg.

---

¹) Pratt = Pratau an der Elbe. Das Ende des Schwarzkünstlers Johannes Faust verseßt zuerst das 1587 erschienene Faustbuch nach dem Dorfe Rimlich
„eine halb Meil Wegs von Wittenberg gelegen", während in der früheren Volkssage
meist das württembergische Dorf Knittlingen als der Ort genannt wird, wo Faust
das Licht der Welt erblickte und schließlich vom Teufel geholt wurde.

²) Claus Narr aus Ranstedt starb 1515 in hohem Alter als Hofnarr am
sächsischen Hofe. Seine wenig Wiß verratenden Reden wurden 1572 durch den Pfarrer
Wolfgang Bütner gesammelt.

Zue Nacht zu Sahrmont, alda Ihre F. F. G. G. von den Churfr.
Geleidtsleuthen vnderthänig empfangen vnd folgenden 27.ᵗ nach Berlin gleidtlich gefürt worden, Alß hieuon herr Hanß Georg([1]),
Fürst zue Anhalt, sampt seiner F. G. Gemahelin([2]) mit Sechs Gutschen von Berlin auß alda angelangt vnd mit Ihren F. F. G. G.
mittags MalZeit gehalten. Vndterwegs vngefahr ein Meil von Berlin find etliche Gutschen entgegen geschickht worden, vnder welchen
eine Lehre, darfür 6 Rappen mit weiffen Zeugen, für Ihre F. F. G. G.,
welche Sich nach angehörter eines von Schlieben([3]) oration auf
dieselbig begeben, vnd also sampt bey sich habenden comitat mit
12 Gutschen vmb 5. uhr glückhlich daselbst angelangt, vnd vom Margg-
graff Hanß Georgen zue Brandenburg ꝛc. im Schloßhoff freundlich empfangen worden.

Bey der Taffel ist im sizen folgende Ordnung gehalten worden:
Session Dinstags zu Abendt den 27.ᵗ Aprilis Ao. 1613.

Herzog Ludwig Friedrich.

Fraw Marggr. Eua Christina.([4])

Marggraff Christian([5])
Herzog In Pommern([7])
Vorschneider.

Der Churfürst([6])
Marggr. Christians gemahlin([8])
Herzogin In Pommern([9])

---

[1]) Fürst Johann Georg (1567—1618), der Stifter der Linie Anhalt-Dessau,
war durch seine Schwester Sibylla (1564—1614), welche den Herzog Friedrich
von Württemberg geheiratet hatte, der Oheim der beiden Prinzen.

[2]) Dorothea (1581—1631), eine Tochter des Pfalzgrafen Johann Casimir
von Simmern.

[3]) Wahrscheinlich ist der Schloßhauptmann Balthasar v. Schlieben
(1559—1639) gemeint. Küster, Altes und neues Berlin 1, 331 b u. 473 a. 3, 73.

[4]) Man beachte bei der Tischordnung, daß keineswegs bunte Reihe die Regel ist,
sondern daß die Damen zusammen auf einer Seite der Tafel sitzen.

[5]) Christian (1581—1655), ein Oheim des Kurfürsten, obschon um neun
Jahre jünger als dieser, seit 1603 Markgraf von Kulmbach (Baireuth).

[6]) Johann Sigismund.

[7]) Philipp Julius (1584—1625), Herzog zu Wolgast.

[8]) Maria (1579—1649), die zweite Tochter des Herzogs Albrecht Friedrich
von Preußen, 1604 mit Christian von Kulmbach vermählt.

[9]) Agnes (1584—1629), eine jüngere Schwester von Kurfürst Joachim
Friedrich und Markgraf Christian, seit 1604 an Herzog Philipp Julius von
Pommern vermählt.

Herzog Magnus.

Marggraff Hanß Georg.

Marggr. Georg Albrecht (³),
    Vorschneider.

Herr von Putliz.(⁵)

Herr von Kitliz,
    Vorschneider.

etliche Fr. Rath,

vnd Hofmaister.

(Ludwig.)

Die Churfürstin (¹)

Frewlein Sophia Elisabeth(²)

2 Churfr. Frewlein (⁴)

Hofmaister Wurmßer.

Hofmaister Remchinger.

Der von Stiffen.

Pommerischer Hofmaister.

(Castiglion. (⁶))

Die andern MalZeiten hat man, der session halber, variret, bißweilen auch drumb gespilt.

Den 28.t. Morgens im garten spaziert, von dannen auf der Sprew nach dem Stall gefahren, darinnen auf einem Saal Taffel gehalten, hernach der Fechtschuel (⁷) zugeschauet, etliche Beeren besehen, vnd biß zur abendt-MalZeit gespilt.

Den 29.t. vormittag in ihrer Churfr. G. gemach etliche schöne sachen besichtiget, dann In denn Thiergarten (⁸) gefahren, biß zur Mitagsmalzeit. Nachmittag ist der Obrist Matthias von Wachten-bondh zur erden bestattet worden. Die Leich ward in die Schloß Capell gestellt. Vor dem Marschaldh, dem die ganze anwesende Riterschafft gefolget, liessen sich 18 Trometer sampt der heerbaudhen hören, Vor der Leich 1 Fahn, 1 ClagPferdt, 1 Kürisser. Nechst der

---

¹) Anna, Tochter des Herzogs Albrecht Friedrich von Preußen. Vgl. Kirchner, die Kurfürstinnen und Königinnen auf dem Throne der Hohenzollern 2, 133 bis 180 (1867).

²) Elisabeth Sophia (1589—1629), gleich Agnes eine Tochter des Kurfürsten Johann Georg, also eine Tante Johann Sigismunds, damals verlobt mit dem Fürsten Janus I. von Radziwil.

³) Georg Albrecht (1591-1615), ein Sohn des Kurfürsten Johann Georg.

⁴) Wahrscheinlich Prinzessin Anna Sophia (1598—1659) und Maria Eleonora (1599—1655), Töchter des Kurfürsten.

⁵) Adam Gans v. Putliz war 1598 zum Hofmarschall bestellt worden; als 1616 Wedigo Reimar Gans v. Putliz an seine Stelle trat, wurde er Bicestatthalter in der Mark und wohnte als solcher 1620 der Taufe Friedrich Wilhelms bei. Vgl. Isaacsohn, Geschichte des preußischen Beamtentums 1, 15 (1874) und die Hofordnungen von 1615 und 1616 (Berliner Staatsarchiv R. 92, König 369).

⁶) Samuel v. Castiglione aus einer aus Mailand vertriebenen evangelischen Familie, brandenburg. Rat zu Jägerndorf. C. v. Rommel, Gesch. von Hessen 6, 453.

⁷) „28 Taler haben Ihre Churfürstliche Gnaden ann 24 Reichstaler den 28. Aprilis bey der Fechtschule verbrauchen lassen." Hofkammerrechnung von 1613.

⁸) Damals begann der Tiergarten noch unmittelbar hinter der heutigen Schloßbrücke. Vgl. v. Raumer, Der Tiergarten bei Berlin (1840) S 10.

Leich giengen 2. Churfr. CammerJunckhern, auf dieselben Ihre F. G.
Herzog Ludwig Friderich, Marggraff Christian, Herzog Philipps Julius zue Pommern, Herzog Magnus, Marggraff Hannß
Georg, Marggraff Albrecht vnnd Marggraff Sigmund(¹), Auf
dero F. G. folgeten Ihre Hofmaister vnnd andere officier In die
ThumbKirchen, dahin Er nach gehaltner LeichPrebigt begraben worden.
Den 30.t haben Ihre F F G. G. mit Dero Fraw Schwester (²) 2c.
mit freundlichen gesprächen zugebracht, vnd ist abermalen Mitags
vnd abendts gewöhnliche Taffel gehalten worden.

Den ersten Maij Ist man vormittag aufs Jagen gezogen (³),
Nachmittag in die Thumb Kürch Marggraff Johansen, Cardinal
Albrechts Herrn Vatter, Von Mößing schön erhabenes Epitaphium (⁴)
besehen; die größte glockh (⁵), so 15. Elen weit, 300 Centner wigt, auf
schrauffen stehet, Ist darauff Joachimi 2. Elect. vnnd Frawen Hedwigs auß Königlichen Stamm Polen, Namen vnnd wappen, Müeßen
10 Personen daran ziehen, wann Sie geleutet wirbt. Den Nacht
Imbiß haben Ihre F. F. G. G. eingenommen In Marggraff Hanß
Georgens gemach.

Den 2. Maij haben Marggraff Hanß Georg vnnd die Frau
Marggräfin In ihrer F. F. G. G. Herzog Ludwig Friderichs gemach beneben Herzog Magno gefruestückht. Nach 12. Uhrn Ist man
Im Saal zuesamen Kommen, da nach vollnbrachter Music ein hof-
Prediger Georgius Finckh(⁶) eine Prebigt von dem Sontäglichen
Euangelio gehalten; wie dieselbe baldt Zu ennd gebracht, giengen
Marggraff Sigmundt Vnnd Marggraff Albrecht hinauß, fuerten
Frewlein Sophia Elisabeth, so das Junge herrlein auff den armen
trueg, herein, giengen 9. vom Abel vorher, vnd folgete das Marggräufische Frawenzimmer hernach, ward die HeerPaucken geschlagen
vnnd der Trometenschall gehört, Darauff that der hofPrediger ein

¹) Siegmund (1592—1640), ein Sohn des Kurfürsten Johann Georg.
²) Eva Christina.
³) „1 Taler 12 sgr. (den Armen) alß Ihre Churfürstl. Gnaden den 1. Mai
hetzenn gewesenn.“ Hofkammerrechnungen von 1613.
⁴) Das 1530 von Johann Bischer zu Nürnberg gegossene Grabmonument der
Kurfürsten Johann Cicero († 1499) und Joachim I. († 1535). Vgl. Rabe,
Forschungen auf dem Gebiete der Vorzeit I. (1843). G. Sello, Lehnin (1881)
S. 29 f. F. Holze, Korrespondenzblatt der deutschen Geschichtsvereine 1885, 61 f.
⁵) In dem Glockenturme des alten Doms befanden sich neun kleine und drei große
Glocken (Küster, Altes und neues Berlin 1, 49 b. 1001 b). Auch Merian erwähnt
die große Glocke.
⁶) Salomo (nicht Georg) Finck (1565—1629) aus Königsberg i. P. war
erst 1612 aus seiner Heimat an den Berliner Dom zur Unterstützung des Hofpredigers
Sebastian Müller berufen worden. Er trat bald darauf mit dem Kurfürsten zur
reformierten Lehre über.

oration, zaigte Vrſachen an, warumb die KindtsTauff zu Jägern-
dorff vorgenomen werden müeſſen, vnnd ſtuenden die anweſenden
Fürſtlichen Perſonen ſamptlich beyſeicz; die Geuattern waren Khönig-
liche Maheſtät In Dennemarch, In deren Namen, wie auch für ſich
ſelbſten, der Churfürſt zue Brandenburg, Jhrer Churf. G. Gemahelin,
das Hauß Württemberg, Marggraff Chriſtian Herzog In Pommern
für Sich vnd die Schleßingiſche Stände, der Ritterſchafft vnd landtſchafft In Brandenburg Abgeſandte, Vnnd ward der ganncze actus
mit einem gebett für deß Jungen herrleins zeitliche vnnd ewige wohl-
fart beſchloßen, Hernach gieng man In die proceſſion zue der fraw
Marggräuin gemach, wurden ſtattliche praeſent verehrt vnnd durch
Härtwig von Stiffen abgedanckht.

Darauff ward Taffel gehalten, vnnd Im Sizen diſe ordnung:
Seſſion am Sontag Cantate zu Abendts den 2. Maij, nach
verrichteten ſolenniteten mit dem Jungen herrlein.

Churfürſt.	**Churfürſtin.**
Marggraff Chriſtian.	Frewlein Sophia Eliſabeth
Herzog Ludwig Friderich.	von Brandenburg.
Vorſchneider.	Marggr. Chriſtians Gemahelin.
Herzog In Pommern.	Herzogin In Pommern.
Herzog Magnus.	Marggr. Eua Chriſtina.
Marggraf Hanß Georg.	1.
Marggraf Georg Albrecht.	2. Churfr. Frewlein.
Marggraf Sigmundt.	3.
Junger Herr von Brandenburg. (¹)	Schlieben (²) der Riterſchaft
Herr von Dona. (³)	wegen.
Schullenburg. (⁴)	3 Abgeſandte der Landtſchafft
Vorſchneider.	Brandenburg.

---

¹) Vielleicht einer der jüngſten Söhne des Kurfürſten Johann Georg, Markgraf Johann (1597—1628) oder Johann Georg (1598—1637).

²) Neben dem Schloßhauptmann Balthaſar (vgl. S. 21 Anm. 3) kommt in
der Heforderung von 1615 ein Johann Ernſt und ein Adam v. Schlieben, letzterer
zugleich Cömtur zu Liezen, vor. Küſter 3, 233. Nachricht von einigen Häuſern der
v. Schlieffen (1784) S. 461—467.

³) Abraham v. Dohna (1579—1631) wurde 1613 Geheimer Rat und Auffeher
der märkiſchen Feſtungen. Vgl. Coſmar und Klaproth, Der geheime Staatsrat.
1805. S. 338. Erſch und Gruber, Allgemeine Encyklopädie 1, 26, 306. Auch
Hainhofer gedenkt ſeiner S. 117.

⁴) Joachim v. d. Schulenburg (vgl. S. 26 Anm. 1) „ſeßhafftigl auff Lübnaw
vnd Lübrow", wie ihn Georg Pondo 1610 in ſeiner gereimten Beſchreibung von

H. von Kitliz.
Dißlaw. (¹)
Göß. (²)

2 Polen, deß UnderCanzlers Abgesandte.

Hofmeister
Wurmber.

Hofmeister
Remchinger.

Nach volnbrachter MahlZeit ward ein Tanz gehalten.

Den 3.ᵗ Maij fuehren Ihre F. F. G. G. vor Mitag mit Zwo Gutschen in der Statt Spazieren, besahen vnder andern 3 schöner Linden (³), so einen ganzen Kürchhof bedeckhen. Ward ein Laggey Zum herrn Erzbischoff (⁴) nach Hall mit einem grueßschreiben vnd vertröstung Innerhalb 8 tagen S. F. G. zubegrießen abgefertigt. Nach-mittag hielt man Im Schloß eine Fechtschuel, vnd nach verrichter Abendtmahlzeit einen Tanz.

Den 4.ᵗ Maij sind die Anwesenden Fürsten (außgenommen Ihre Fr. G. Herzog Ludwig Friderich) beneben dem Churfürsten Nach-mittag vmb 12 Uhr Herzog Janussio Radziuil (⁵) entgegen gezogen, mit einer ansehnlichen Reuterey vnnd etlichen Gutschen. Im hinein Ziehen ist dise ordnung gehalten worden: Vor dem

Kurfürst Joachim Friedrichs Leichenfeier (Freud, Leid und Hoffnung. Bl. Biiija) bezeichnet, lebte von 1579 bis 1619. Danneil, Das Geschlecht der v. d. Schulenburg 2, 299—301 (1847).

¹) Hieronymus v. Dieslau, schon 1604 geheimer Kammerrat. Vgl. Küster 3, 251 und Isaacsohn 2, 25. 31. 337.

²) Sigismund v. Göße (1578—1650), Geheimer Rat, seit 1630 Kanzler. Vgl. Cosmar und Klaproth S. 318. Isaacsohn 2, 104—108.

³) Die drei großen Linden vor der Heiligengeist-Kirche, unter denen im Sommer Gottesdienst gehalten wurde, waren ein altes Wahrzeichen Berlins. Michael Frank und Hainhofer beschreiben sie gleichfalls, und Jakob Schmidt, Collectiones memorabilium Berolinensium 2, 28 f. (1727—1734) und Küster, Berlin 1, 684b wissen außerdem eine an sie angeknüpfte Sage von drei unschuldig eines Mordes angeklagten Brüdern zu erzählen, welche 1831 durch Cosmar weiter ausgeschmückt wurde und seitdem in viele Sammelwerke Aufnahme fand.

⁴) Christian Wilhelm (1587—1667), ein jüngerer Bruder Johann Sigismunds, seit 1598 Erzbischof von Magdeburg.

⁵) Fürst Janus I. v. Radziuil, Herzog in Birza, Dubinki, Slozco und Koyl (†1620), war der Verlobte der Prinzessin Elisabeth Sophia, mit der er zwei Monate später, am 27. Juni 1613, zu Berlin die Hochzeit feierte. Aus den Hofkammerrechnungen für 1613 notiere ich hier: „10 Taler an Dreyer (den Armen), alß Ihre Churfürstl. Gnaden folgendts den 4. Maij Fürst Janus Radziwiln eingeholet." Ferner: „28 Taler 18 sgr. so Anthonius abgeholet an Reichsgulden, alß Ihre Churfürstl. Gnaden alhier zum Berlin Sonntags den 20. Junij mit Fürst Radziwiln im garten gespielet."

Churfr. Hauptman alß dem Füehrer rit ein Trometer, Alßdann 10 glider Einspeninger vnnd Rayßige Knecht, Je drey vnnd drey mit weißen Röckhen schwarz verbrämt, denen folgeten 16 Churfr. Pferde mit schönen Deckhen, so beygefüert wurden, hinder denen die Stallmaister. Dann wurden 7 Pollnische Pferdt mit Dekhen beygefüert, auf die ritten 6 Trometter, 3 Marschälckh, 12 SpießJungen mit weißen federn vnnd gleichen Rossen, 3 vnd 3 Jnn Sametin Röckhen mit Silberin Porten, vnnd gestichten Sturmhauben, darauf 3 vom Abel, die Silbern heerPauckh, vnnd 16 Trommeter mit Silbern Trommeten, Ein Polnischer Marschalckh, auf den 5 glider Pollnische von Abel, Alßdann der Churfürst neben Herzog Janussio Radziuil, hinder Jhnen die anndern Fürsten Personen, auf dero Fr. Gn. die ganze Ritterschafft Troppenweiß in großer Anzahl, Darnach 7 Brandenburgische vnnd 15 Pollnische Gutschen, Nach diesen auff die Hundert Heybuggen in roten Röckhen, Rohr auf dem halß, Sebel an der seiten, beyhel in hännden, Vor ihnen ritt ihr Capitan, vnnd etwaß beßer dahinden Jhr Leutenant, Auf die warteten 12 mit 8 Spießen daran rote vnnd weiße fähnlein, Alßdann ein Trommelschlager vnnd 3 Schallmeyer vor Jhren Fahnen, so gelb vnd ein blawes Creuz dardurch, denen folgeten sie in ordnung Je 2 vnnd 2 für Jhres Herrn Losament, so Jm newen Stall zugericht war. Vmb essens Zeit fuehren Jhre Churfr. Gn. hinauß vnd holeten Jhn ins Schloß zur Taffel.

Den 5.t Maij khamen zue Berlin an Landtgraff Moriz zue Hessen(¹) vnd S. F. G. Gemahelin(²), denen die anwesenden Fürsten vnnd Herrn mit 10 Gutschen und etlichen Pferden gleichfals entgegen gezogen.

Den 6.t hezte man nachmittag Beeren, ward aber von ihrer Churfr. Gn. nur einer gefangen; darauf verfüegte man sich Jn den Saal zur

---

¹) Landgraf Moriz von Hessen-Kassel (1572—1632), ein hochstrebender, vielseitig gebildeter Fürst. Er war ein Kenner der italienischen und französischen Litteratur, ein Förderer der englischen Schauspieler und selbst als Dichter, Komponist und Architekt thätig. Berlin besuchte er in den Jahren 1596, 1609 und 1613. Daniel L'Hermite, der hier mit ihm zusammentraf, hebt neben seiner Liebenswürdigkeit auch hervor, daß er von dem Gefühle seiner Würde sehr eingenommen sei. Vgl. C. v. Rommel, Geschichte von Hessen 6, 388 f. (1837). Daß er dem hohen Spiele nicht abhold war, geht aus den Berliner Hofkammerrechnungen von 1613 hervor: „233 Taler 8 sgr. ann 200 Reichs Taler habenn Jhre Churfürstliche Gnaden vf dem Judicirhause den 10 Maij durch Anthonius Cammer Knechtenn abholen lassen, alß sie mit Landgraf Moritzenn vnd Jochim von der Schulenburgk gespielet.“ Weiter: „600 Taler Landgraf Moritzen zu Heßen, so Jhre Churfürstl. Gnaden Jhrer Fürstl. Gnaden vor Zwey Jahren zu Jüterbock vfm spiel schuldig verblieben.“

²) Die zweite Gemahlin des Landgrafen war Juliane (1587—1643), die Tochter des Grafen Johann von Nassau-Siegen.

Copulation deß von Röbern(¹), Brandenburgischer Junger Herrschafft Hoffmeisters, und ward nach dem Nachteffen widerumb ein Tanz gehalten.

Den 7.ᵗ die vberigen solenniteten des HochZeitlichen ehrenfestes volnzogen vnd fewrwerckh Abendts vmb 9 Uhr geworffen.

Den 8.ᵗ sind die Anwesenden Fürsten vnnd Herrn beneben den Fr. FrawenZimmern auff etlich vnd Zweinzig Gutschen, Jede mit 6 Pferden, aufs Jagen gezogen, Im wald vnder einem Gezelt Tafel gehalten, und ward die frewd mit Günterots Handel geendet.

Den 9.ᵗ hat man sich widerumb auf die Raiß praeparirt, Abschied genommen, Verehrungen außgetheilt, vnd sind ihren F. F. G. G. von Churfr. vnd Marggraff Hannß Georgen schöne Pferdt verehrt worden.

Den 10.ᵗ haben sich ihre F. F. G. G. widerumb auf den weg gemacht, sind zue mittag nach Sarmont vnd abendts nach Treuen Brützen begleitet vnd außgelöset(²) worden.

Den 11.ᵗ Zue mittag nach Bergfried auf derer von Hanen Gutschen, so ihrn F. F. G. G. vnterthänig aufgewartet; Ist Anhaltisch, vnnd sind ihre F. F. G. G. außgelöst worden.

Von dannen auff Deszaw, Ein halb stund dauor wurden Jhre F. F. G. G. von Fürst Hannß Georgen Zue Anhalt vnd Zweyen seiner F. G. Jungen herrn mit etlichen Gutschen angenommen vnd freundtlich empfangen.

Den 12.ᵗ Ist man alda verharret, Predigt gehört, das Schloß besichtigt, mit einander gespilt vnd freundtlich conuersirt.

Den 13.ᵗ nach gehaltener Morgen MahlZeit auf Hall zugereiset, vnnd sind von Herrn Erzbischof Jhrn F. F. G. G. etliche vom Adel selbige geleidtlich anzunemen entgegengeschickht, vnnd von Jhme Persönlich im Schloßhoff empfangen worden.

Den 14.ᵗ haben nach eingenommenen früestückh Jhre F. G. mit einander Im Balhauß gespilt, In der RüsstCammer neben andern ein ganz Silbern Rüstung, schöne Schlitten, Sattel, Zeug vnd Roßdeckhen besehen, Item die Rennbahn, darneben ein Reuthauß mit gemahlten Pferden geziert, darinnen man khan Zum ring rennen, von dannen In die Appotheck vnd Thiergarten spaziert biß zur essens Zeit. Nachmittag hat man die hof Capell vnd Kellerey besehen vnd biß zur abendtmalZeit mit freundtlichen discursen die Zeit vertriben.

Den 15.ᵗ war ein Jagen angestellt, Ist aber wegen stätigen Regen-

---

¹) Claus v. Rebern auf Schwentin war laut der Hofordnung von 1616 Hofmeister des Prinzen Joachim Sigismund; auch Hainhofer erwähnt ihn in seinem Reisetagebuche S. 125.

²) außlösen, im Wirtshause freihalten.

wetters zue ruckh gangen, Vnd haben Ihre F. G. sich mit spülen
vnnder einander belustiget.

Den 16.t. hat man vor·mittag In der Schloßkirchen Predigt
gehört, Nach eingenomener Mitagsmalzeit in der Thumb Kirch, von
bannen nach der Canzley gefahren, einen Sahl gesehen, darauff
Carolo V. der Landtgraff einen fueßfall gethan, soll In Jahr vnnd
tag sein gebawet worden, Von hierauß nach vnser Frawen Kürchen,
Dann Ins Salzthal, die Salzbronnen vnd Pfannen besichtiget.

Den 17.t. sind Ihre F. F. G. G. vmb mittag auffgebrochen (denen
der Herr Erzbischoff auff ein Meil.das geleidt geben) vnnd gegen
3. abendts zue Quernfurdt angelangt, da von dem Erzbischofflichen
Marschalckh vnnd Gleidtsleuthen auffgewartet worden, Alda ward in
der Kürchen gezeigt ein Keßel, darinnen die Kindlein, so alß Junge
hunde ertrenkht werden sollen, getaufft worden(¹), Item ein Paar
eysern Schuoch an einer Ketten, Zum gedächtniß eines Grafen, so
den andern warm zu halten gedrewet, vnd ein Meßings Epitaphium
fundatoris Eberhardi Domini Querfurtini.

4. Den 18.t. auff mittag nach Buttstadt, Sächsischer Weimarischer
Jurisdiction; wardt auf dem Rathauß Taffel gehalten, vnd 10 Stübgen wein, wie auch 10 Stübgen Naumburgisch bier verehrt.

4. Zue Abendt nach Erfurdt, da Ihre F. F. G. G. die große glockh,
15·Ellen weit vnnd 577 Centner wegendt, gesehen, Wurden 40 Kanb-
ten mit wein vnnd bier verehrt.

Von bannen ward Herzog Johann Ernsten(²) zue Sachßen
Ihrer F. F. G. G. an Khunfft durch einen Laggeyen significirt.

3. Den 19.t. Zue mittag nach Gotha, Alda die rudera der Vestung
Grimmenstein, so ganz geschlaifft, besichtiget worden.

3. Gegen abendts nach Eysenach F. S. hoflager, alda die her-
zogin(³) Im Schloßhoff Ihre F. F. G. G. empfangen, weil deren
Herr Gemahel sich bey einer Taglaistung(⁴) selbigen Nachmitags
etwaß vbertrunckhen.

3. Den 20.t. In aller frühe aufgebrochen, Mitags nach Fach an der
Werre, Alda von Landtgraff Morizen außgelöst worden.

---

¹) Grimm, Deutsche Sagen² Nr. 577, vgl. Nr. 521 und 564. Die Lais der
Marie de France hrsg. von K. Warnke und R. Köhler 1885. S. LXIV ff.

²) Herzog Johann Ernst von Sachsen-Eisenach (1566—1638) war der Bruder des S. 19 Anm. 2 erwähnten Johann Casimir.

³) Christine von Hessen-Kassel (1578—1658), eine Schwester des Landgrafen
Moriz.

⁴) Tagleistung, zunächst = Landtag, Verhandlung, dann in scherzhafter Übertragung = Schmaus, Gelage. In unserm Falle war das letztere wohl die einzige Leistung
des Tages.

Zue Abendts mit Zweyen Gutschen nach Ketten, Georg Friderichen von der Thann Zugehörig, da Ihre F. F. G. G. wohl tractirt, und Zwey ZwergOchsen gesehen.

Den 21.t zue mittag nach Neuenhof, Inns Stifft Fulda gehörig, alda die Gutschen alle widerumb zusamen Khommen.

Abendts gehn Sahlmünster, da einer von Hutten Kalte Kuch
vnd wein praesentirt.

Durch den waldt wurden Ihre F. F. G. G. durch 12 Hanawische
Soldaten begleittet.

Den 22.t Namen ihre F. F. G. G. vor ihre Gutschen zue Gelhausen (einer Reichstatt) frische Pferdt, desto eher nach Franckhfurt
zugelangen. Die vberigen Zogen hernach auf mitag nach Hanaw,
Abendts gen Franckhfurtt am Mayn.

Zue Franckhfurt haben Ihre F. F. G. G. frische Pferd vnnd
Gutschen biß nach Oppenheim genomen, Alda auf einem Rollwagen
abends vmb 8 Uhr biß nach Poppenheimb bey Wormß, Nachts
vmb 2 vhrn alda die Post genomen, durch Speyr, 6 Posten biß
nach Stuettgardten, da Ihre F. F. G. G. beneben Stallmeister
Hachen, Pfeil vnnd den Postilion am heiligen Pfingstag zue abendts
vmb 8 Uhr glücklich vnd wol angelanget.

Der vberig comitat Ist Pfingstags zue Franckhfurt still gelegen.
Den 24.t an der Bergstraß herauf, Mitages für Darmstatt für vber
nach Eberstatt, Abendts gen Heppenheim. Den 25.t durch Heidelberg, Mittag zue Leymen, Abendts zue Bnndereinßheim.
Den 26. mittags zue Maulbronn, Nachts zue Hochdorff vnnd den
27. mittags zue Stuetgarten ankhommen.

Rödenbeck und Preuß.

Mitgeteilt von **Ernst Graf zur Lippe-Weißenfeld**, Rittmeister a. D.

„Des großen Friedrichs Thaten wird staunend lesen der Enkel des Urenkels." So weissagte in dichterischer Begeisterung der schwäbische Friedrichsverehrer Schubart (1786). Treulich haben Rödenbeck und Preuß während vieler Jahre gesammelt, geschrieben, gestrebt, die Friedrichskunde zu mehren, zu erläutern, zu verbessern. Beide gehörten unserem Verein an; ihnen sind die folgenden biographischen Notizen — als Gedenkblatt anläßlich des Vereinsjubiläums — gewidmet.

Dem mit Johanna v. Lunitz verehelichten Amtsaktuar Rödenbeck, im Niederlausitzschen Städtchen Dobrilugk, ward am 22. November 1774 ein Sohn geboren, welcher die Taufnamen Karl Heinrich Siegfried bekam. Wie dem Poeten Schubart weckten die Erzähler des preußischen Waffenruhms auch unserem Rödenbeck schon als Knabe jene Fritzische Stimmung, welche später heranreifte zur Friedrichsverherrlichung.

Bitterlich weinte der lernlustige und lesebegierige Karl Rödenbeck, als das Schicksal ihm versagte „Studiosus" zu werden; aber nach und nach gewann er Neigung zum Kaufmannsstande. Als Vierzehnjähriger betrat Rödenbeck in Berlin diese Laufbahn. Auch während seiner „sechsjährigen" an Mußestunden kargen Lehrlingszeit war er, wie in Dobrilugk, autodidaktisch fleißig. Als köstlichen Fund bezeichnet Rödenbeck in seinen handschriftlich hinterlassenen Jugenderinnerungen ein in alter Makulatur entdecktes Lehrbuch über doppelte Buchführung. Das Aufsuchen und die Wertschätzung abseitsgekommener alter Schriftstücke ging in Rödenbecks Lebensgewohnheiten über.

Fünfzig Thaler jährlichen Gehalt empfing seit dem 1. Oktober 1795 der „Kaufmannsdiener" Rödenbeck. Wie verwendete er diese Einnahme? Der Ausgabevermerk am 1. Oktober 1796 besagt: 5 Thaler zum Geschenk an meine [seit 1782 verwittwete] Mutter, 5 Thlr. 20 Gr. für 5 Bücher moralischen, philosophischen und poetischen Inhalts; den Rest für Bekleidung. — Der Übertritt aus dem Spezereigeschäft in eine Tabakshandlung besserte Rödenbecks Lage. Jetzt lernte er

Englisch, vervollkommnete sich im Französischen, erneute seine dichterischen Versuche und schriftstellerte für den „Preußischen Volksfreund." Teils als Buchhalter, teils als Geschäftsreisender war Röbenbeck 1799—1801 thätig für eine Potsdamer Tabaksfabrik. Draußen hoch zu Roß unterließ er nicht, die Kampffelder von Liegnitz und Leuthen zu besichtigen; ein gefälliger alter Herr erläuterte ihm bei Kunersdorf den Schlachtverlauf.

Am 13 Juli 1801 öffnete Karl Röbenbeck in Berlin, an der Spandauer Brücke, zum ersten Male seinen eigenen Tabaksladen. Rührigkeit und Sparsinn, Ordnungsliebe und Zuverlässigkeit förderten Röbenbeck so, daß er nach Verlauf von 4 Jahren, zum Teil mit erborgtem Gelde, eine Berliner Tabaksfabrik übernehmen und 1817 sich als wohlhabender Mann „zurückziehen" konnte; die Börse besuchte er noch bis 1824. Den Rest seines Lebens widmete Privatus Röbenbeck dem Unterricht und der Erziehung seiner Kinder und — der Geschichtswissenschaft. Mit besonderem Eifer lag er dem Friedrichsstudium ob

Schwerhörigkeit, zufolge einer Erkältung im Wachtdienst als Nationalgarde-Feldwebel, behinderte Röbenbeck 1813, sich ins Heer einzureihen; jedoch der Ersten einer war er, die ihr Scherflein freiwillig zur Kriegsrüstung beisteuerten. Im Februar d. J. ist auf Röbenbecks Wunsch und Kosten ein aus Halberstadt gebürtiger Uhrmacher als Soldat eingekleidet worden. Röbenbeck leistete vierzig Jahre lang Volontairdienste im deutschen Geschichtsbereich.

Seiner Vorfahren Tauf- und Trauscheine bis ins 14. Jahrhundert zusammenzubringen, ist ein mühsam Werk; Röbenbeck vollführte dasselbe. Sein Bücherbesitz stieg bis auf 15000 Bände. Bis zum Jahre 1836 hatte Röbenbeck „weit über 1000" den großen König betreffende Schriften erkauft, nebst ungefähr 1000 Friedrichsbildern und einigen Hundert als „fliegende Blätter" ehedem verbreitet gewesene Gedichte und Volkslieder auf Friedrich den Großen. Fünfhundert in seinen Besitz übergegangene Originalurkunden konnte Röbenbeck benützen zu seinen, der Lebensbeschreibung des zweiten und dritten Preußenkönigs geltenden „Beiträgen." Auch auf Münzen und alte Berliner Stadtpläne erstreckte sich sein Sammeleifer. Eine kleine Steinsammlung verkaufte er schließlich an den „alten Marggraf."

Röbenbeck begann am 50. Jahrestage des Todes des großen Königs die Herausgabe vorerwähnter zwei Bände „Beiträge" nebst 3 Bänden „Geschichtscalender aus Friedrichs des Gr. Regentenleben." Der Königlichen Landesbibliothek überlieferte er 1846 einen handschriftlichen Katalog seiner eigenen Bücherei, und im Januar 1858 an das Königliche Hausarchiv einen Nachweis sämmtlicher von ihm

verfaßten Schriften. (¹) Ungedruckte Röbenbeck'sche Abhandlungen sind
aus des Verfassers Nachlaß ebenfalls ins Archiv des Königlichen
Hauses gelangt.

Röbenbecks Buch „Drei Aktenstücke zur Geschichte des großen
Kurfürsten" (Berlin 1851) hatte erneut König Friedrich Wilhelm IV.
auf dieses Autors Bücherschätze aufmerksam gemacht. Der Wunsch,
dieselben ungeteilt in anderen Besitz übergehen zu sehen, bewog
den greisen Eigentümer zu dem herben Opfer, schon bei Lebzeiten sich
von ihnen zu trennen. Er bot sie seinem Könige an. Dieser ließ
durch Geheimrat Dr. Märker den Kauf abschließen (1852) und ge-
währte Röbenbeck die Bedingung, 500 Bände zu lebenslänglicher
Benutzung ihm zu belassen, sowie auch andere Bücher, wenn sie zur
Zeit nicht im Gebrauch, aus dem Königlichen Hausarchiv leihweis
übersendet zu erhalten. Der gewissenhafte Röbenbeck hat schließlich
selbst noch jene 500 Volumina eingeliefert, nachdem er als Freund
des schönen Sprüchleins „Rast' ich, so rost' ich" von Neuem Bücher
und Landkarten gesammelt hatte, unter denen wiederum manche wichtige und interessante Fridericiana.

Während der letzten sieben Lebensjahre (in der Neuen Grün-
straße Nr. 20) beengte zunehmende Schwerhörigkeit nebst Kopfschmerz
und sodann auch ein am Ausgehen hinderndes Fußleiden Röbenbecks wissenschaftlichen Wirkungskreis. Eine unverehelichte Tochter
stand ihm, als hochbetagten Wittwer, helfend und pflegend zur Seite.
Am 24. Dezember 1860, Mittags, erlitt Röbenbeck vor seinem
Schreibtische sitzend einen Schlaganfall, der ihn zwei Tage später ab-
rief. Auf dem Dreifaltigkeitskirchhof ist seine Ruhestätte. Sein ältester
Sohn starb als Obertribunals-Rechtsanwalt, der zweite lebt als
Konsistorialpräsident in Magdeburg, der dritte als Kaufmann zu
Frankfurt a. O.

Röbenbeck war von kräftigem, untersetzten Wuchs. Er hatte
lebhafte braune Augen, ein kluges ernstes Gesicht. In seinem Wesen
lag gewinnende Freundlichkeit, Dienstwilligkeit und an Schwärmerei
grenzende Weichmütigkeit. Als Autor zierte ihn große Bescheidenheit;
sein Tagebuch aus Friedrichs des Großen Regentenleben nannte er
(S. 4 der Vorrede) „hauptsächlich nur das Werk seiner Augen und
Finger." Röbenbecks Sammelleidenschaft befaßte sich nicht mit Eitel-
keitssachen. Er vermied den Prunk schöner Bucheinbände. Fern lag
ihm Lüsternheit nach öffentlicher Auszeichnung.

---

¹) Mehrere derselben sind erwähnt in W. Koners „Berlin im Jahre 1845." Eine
Broschüre „Der Arbeiter ist seines Lohnes werth" galt dem unbesoldeten Assessor. Späterer Zeit gehört u. A. an „Eine Beleuchtung des Testaments Peters des Gr."

Als König Friedrich Wilhelm IV. unſerem alten Röbenbeck, dem er wiederholt Dank und Anerkennung kundgab, den Rothen Adlerorden überſenden ließ, mußte derſelbe ein Quittungsſchema ausfertigen. Man erſah hierbei, daß Röbenbeck zwei Jahre vorher ſein 50jähriges Bürgerjubiläum zu feiern unterlaſſen hatte. Magistratus richtete nun nachträglich, im Dezember 1853, an Herrn K. H. S. Röbenbeck einen aufrichtigen Glückwunſch, in welchem es heißt: „Unſere Teilnahme iſt um ſo lebhafter, da ſie einem Manne gilt, der ſeine Bürgerpflicht ſtets treulich erfüllt, hinſichtlich der vaterländiſchen Geſchichte durch treffliche Schriften und Aufſätze ſich verdient gemacht, die ehrenvollſten patriotiſchen Geſinnungen auch ſonſt überall bethätigt hat und auch jetzt noch ſeine Muße der Förderung gemeinnütziger Zwecke widmet.“

Die Oberlauſitzer Geſellſchaft der Wiſſenſchaften wählte 1827 Röbenbeck zum Ehrenmitglied. Aus Nürnberg erhielt er 1833 ſeitens der „Geſellſchaft zur Erhaltung der Denkmäler älterer deutſcher Geſchichte, Litteratur und Kunſt“ ein Einladungsſchreiben zu einer längſt gewünſchten allgemeinen Verſammlung deutſcher Geſchichts und Altertumsfreunde. Das Diplom eines korreſpondierenden Mitgliedes wurde 1836 von der „Schleſiſchen Geſellſchaft für vaterländiſche Kultur“ an Röbenbeck überſendet mit dem Wunſch, er möge darin einen kleinen Beweis der Anerkennung ſeiner hiſtoriſchen Forſchungen finden; im gleichen Jahre wurde Röbenbeck korreſpondierendes Mitglied beim „ThüringiſchSächſiſchen Verein für Erforſchung des vaterländiſchen Altertums“, ſowie auch Mitglied des Altmärkiſchen Vereins für vaterländiſche Geſchichte. Als Friedrichsforſcher ward Röbenbeck geehrt durch eine Einladung zur Enthüllung des Berliner Friedrichsdenkmals.

Brieflichen oder perſönlichen Verkehr hegte und pflegte der emſig thätige FriedrichsStudioſus mit Profeſſor Wippel, Leopold v. Ledebur, Fidicin, Geheimrat v. Meuſebach, Major v. Seydl, Louis Schneider und im Beſonderen mit Profeſſor Preuß, welcher wöchentlich mehrmals zu Röbenbeck kam, Bücher und Notizen mit ihm tauſchte.[¹] Man fand im Röbenbeck'ſchen Nachlaß einige Hundert Briefe von Preuß' Hand. Aus Gefälligkeit übernahm Röbenbeck die mühevolle und zeitraubende Anfertigung des alphabetiſchen Sachregiſters zu des Profeſſor Preuß neunbändigem Friedrichsbuche.

Geheimer Archivrat Riedel richtete, als derzeitiger Vereinsvorſitzender, den 10. Auguſt 1838 an den „Privatgelehrten Herrn Rö

---

¹) Vgl. Preuß, Lebensgeſch. Friedrichs d. Gr. Bd. I. Note 1 zu S. 423

denbeck" die Zuschrift: „Ew. Wohlgeboren haben sich so große Verdienste um die brandenburgische Geschichte erworben, daß es dem für
das Studium derselben zusammengetretenen Verein ganz besonders
wünschenswert sein muß, Sie zu seinen Mitgliedern zählen zu dürfen."
Röbenbeck nahm das beiliegende Diplom dankend an.

Sein Name bleibe bei deutschen Geschichtsfreunden in Ehren!

~~~~~~~~~

Goethe schrieb den 25. Oktober 1788 an Karl Ludwig v. Kne-
bel: „Den ersten Band der hinterlassenen Werke des großen Alten
habe ich gelesen. Es ist doch was einziges um diesen Menschen!" Ein
allen Friedrichsverehrern sehr wertvoller Ausspruch. Im Goetheschen
Sinn geschah's, daß Professor Preuß am 6. Januar 1837 wegen
der von ihm ersehnten echten und vollständigen Ausgabe der Fridericianischen Schriften sagte, keine lauterere Quelle, keinen klareren
Spiegel für die Thaten eines Monarchen, der als Kriegsfürst, als
Landesvater und als Mensch gleich groß und edel war, könne es
geben wie dessen eigene Geisteswerke.

Wenn endlich eine solche Ausgabe begonnen wurde, so verdankt
man dies der Rührigkeit und dem royalistischen Eifer des Mannes,
welchen in seinem Leben und Wirken zu skizzieren hier versucht sei.

Die Wiege des am 1. April 1785 geborenen Friedrichshistorio-
graphen Johann David Erdmann Preuß stand in dem Häuschen
eines schlichten Handwerksmeisters zu Landsberg an der Warthe, dessen
Ehe übrigens mit 6 Töchtern gesegnet war. Von dem Elternpaar
ist Preuß ausgerüstet worden für seine Lebensreise mit drei Dingen,
die ihn vorwärts brachten und zierten: Verzicht auf kostbare Lebens-
ansprüche, Freude an geistigen Genüssen, reger Sinn für Selbstver-
edelung. Als wackerer „Märker" giebt sich Preuß zu erkennen, indem er während seiner Abendjahre in einem Privatbriefe schreibt:
„Die mit Naturschätzen nicht reichlich ausgestatteten Bewohner des
brandenburgischen Landes sind darauf angewiesen gewesen, sich zu
tummeln und jede Kraft, die sie in sich selbst besaßen, auf ihren vollen
Wert zu bringen. Dies führt zu intensivem Leben . . . . ."

Glücklicher auf dem Schulpfade als sein nachmaliger Freund
Röbenbeck konnte Preuß das Gymnasium in Landsberg und in
Frankfurt besuchen, sodann auch hier ein Universitätstriennium beginnen und beenden, Theologie studierend und nebenbei seiner Neigung zur Geschichte folgend; freilich unter manchen Entbehrungen.

Im Jahre 1807 übernahm er auf Empfehlung des Rektors Heynaß
das Amt eines Erziehers und Lehrers bei den 5 Söhnen des verstorbenen Banquier Benede und den 2 Kindern ihres Vormundes
de Wilde in Berlin. (¹)

Das zwecks Mehrung der Sprachreinheit verfaßte Buch: „Die
schönen Redekünfte in Deutschland" (Berlin bei Maurer 1814 und
1816) sowie die „preußisch-brandenburgische Geschichte unter den Kö-
nigen" (1816) veranlaßte die Anstellung des cand. theol. Preuß
an der Berliner militärärztlichen Hochschule. Hier hielt er die Fest-
reden 1822 und 1845, zur Feier des 25jährigen Regierungsjubiläums
König Friedrich Wilhelms III. und zum 50jährigen Jubiläum des
genannten Instituts; 1856 veröffentlichte er seinen dort am Stiftungs-
tage, den 2. August d. J., gehaltenen Vortrag. Preuß blieb bis
Ende April 1860 in seinem akademischen Lehramt. Dasselbe hat ihn
den eigentlichen Beruf als vaterländischen Geschichtsschreiber finden
lassen. Seine Leistungen auf diesem Gebiet anerkannte die Breslauer
Universität durch Erteilung des Doktordiploms 1834. Vier Jahre
später (31. Juli) trat Professor Preuß in den Verein für Geschichte
der Mark Brandenburg.

Zum „Historiographen der brandenburgischen Geschichte" ernannt
(1841), schrieb Preuß nach Dresden an eine befreundete Familie,
diese Ernennung sei für ihn, als Mann der Öffentlichkeit, das interes-
santeste und wünschenswerteste Ereignis. „Es wird viel Neid und
Eifersucht verursachen und — ich werde durch Bescheidenheit die Versöhnung machen."

Eine kleine Schrift: „Ist Friedrich II., König von Preußen,
irreligiös gewesen?" (1832) war Vorläufer des Hauptwerks: „Friedrich der Große. Eine Lebensgeschichte" (9 Bde. 1832—1834),
das Ergebnis „vieljähriger ernster Beschäftigung mit einem erhebenden
Gegenstande." Im Jahre 1834 folgte als „Buch für Jedermann"
eine zweibändige Ausgabe der Friedrichsbiographie, und im Januar
1837 „Friedrich der Große als Schriftsteller. Vorarbeit zu einer
echten und vollständigen Ausgabe seiner Werke; der königlichen Akademie der Wissenschaften ehrerbietigst empfohlen." (²) Ein Ergänzungs-
heft wurde 1838 angefügt.

Nicht blos in der Politik und Kriegskunst solle man Friedrichs

---

¹) Die Zeitschrift für preuß. Geschichte und Landeskunde enthält 1868, aus Dr.
Potthast's Feder, eine Schilderung dieser 1³jährigen pädagogischen Thätigkeit und
den Nachweis der dieser Zeit angehörenden Preuß'schen Erstlingsschriften.

²) Vgl. im obengen. Volksbuche die Schlußworte des Bd. II.

„Einzigkeit" anstaunen, sondern auch ihn in seinen Beziehungen zu
Verwandten und Freunden kennen; hierfür gab Preuß ein neues
Friedrichsbuch (1838) heraus, mit dem der Schubart'schen Hymne
zum 24. Januar 1786 entnommenen Motto: „Einziger, nie aus-
gesungener Mann!" Den Cyklus dieser Arbeiten schloß (1839):
„Friedrichs des Großen Jugend und Thronbesteigung."

Mehrfach überwies Professor Preuß dem Militär = Wochenblatt
schätzenswerte Beiträge, so z. B. (1836) die biographischen Feldmar-
schallsskizzen. Seine echt patriotischen Bestrebungen sind 1837 durch
eine Ordensverleihung anerkannt worden.

Wir verweilen nicht bei einigen kleinen vaterlandsgeschichtlichen
Abhandlungen aus Preuß' Feder, sowie bei seinen 3 Friedrichstags-
Vorlesungen in der Berliner „militärischen Gesellschaft", welche ihn
zum Ehrenmitglied ernannte; wir wenden uns zu Preuß als intel-
lektuellen Urheber und als Redakteur der akademischen Ausgabe der
Oeuvres de Frédéric le Grand.

Beharrlich in dem Glauben, die Sache des großen Königs sei
eine gerechte, erneute Preuß seine Mahnung wegen des Fehlens einer
würdigen Ausgabe der Schriften dieses Monarchen. Jedoch erst nachdem seitens Sr. Königlichen Hoheit des Kronprinzen, Ende Juni 1837,
dem Kultusministerio die Benachrichtigung zugegangen, er „interessiere
sich" für die fragliche Angelegenheit, schwanden die Hemmnisse. Minister Freiherr v. Altenstein, welcher vorher schon geneigt gewesen,
des Professor Preuß patriotischen Wunsch zu berücksichtigen, schlug
im Dezember 1838 Sr. Majestät vor, „etwa 7 Bände" historische
Schriften Friedrichs des Großen herausgeben zu lassen und,
nachdem diese zum Druck vorbereitet, die Einleitung zur Herausgabe
der übrigen Werke zu treffen.

Der auf Königlichen Befehl mit Besorgung der Neuausgabe der
Fridericianischen Oeuvres betraute Ausschuß der Akademie der Wissen-
schaften befaßte sich am 2. Dezember 1840 mit Vorverhandlungen.
Die erste Redaktionskonferenz fand in diesem Gelehrteninstitut den
16. Dezember 1840 statt · Anwesend war Alexander v. Humboldt,
Eichhorn, Böckh, Friedrich v. Raumer, Ranke und Preuß;
Wilken fehlte wegen schwerer Krankheit. Nach 4monatlichem Archiv-
besuch begann Preuß seine Redakteurthätigkeit. Böckh lobte in einem
Akademiebericht 1841, die Genauigkeit und Sorgfalt die Arbeit des
„speziell mit Textredaktion beauftragten". Professor Preuß, sowie
dessen Begeisterung für den Heros des 18. Jahrhunderts. Eine,
vermutlich von Friedrich v. Raumer verfaßte Abhandlung: „Die
neue Ausgabe der Werke Friedrichs II." in den „Blättern für litte-

rarifche Unterhaltung", Januar 1847, erwähnte: Preuß habe bei
einer langen, fchwierigen Arbeit nur den Vorteil der Sache, nicht
den eigenen Ruhm vor Augen gehabt. Eine äußerft weitfchichtige
Angelegenheit erledigend, fei diefes wackeren Mannes Forfchen beharrlich, feine Mühwaltung unverdroffen.

Für Überfetzung der Noten, Vorberichte und Vorreden zu den
Oeuvres, ebenfo zur nochmaligen grammatifalifchen Durchficht ftand
dem Hauptredafteur zur Seite der „arbeitfame, fenntnisreiche, durch
einige frühere Publifationen befannte" franzöfifche Gelehrte Paul
Adermann (aus Neuchatel), welcher im März 1846 an einem heftigen Blutfturz erfranfte und, erft 34jährig, im Juli d. J. ftarb. Preuß
betrauerte diefen Verluft aufrichtig. An Adermanns Stelle — deffen
Überfetzungen der Avertiffements und Noten fich bis in den 15. Band
erftrecken — trat Profeffor de la Harpe, „ein geiftvoller, im Verkehr
angenehmer Mann."

Ausgefchloffen von der unternommenen Oeuvres - Herausgabe
waren planmäßig vorweg: Kabinetsordres und Staatsverwaltungs-
vorfchriften, politifche und militärifche Brieffchaften, Feldzugs - und
Schlachtberichte; diefe insgefamt blieben einem fpäter aufzurichtenden
litterarifchen Friedrichsdenfmal vorbehalten. (1) Der Abdruck der Re-
lationen von den Schlachten bei Chotufitz, Lobofitz und Prag, fowie
des Berichts über den Feldzug 1757 bis zur Prager Schlacht beruht
auf befonderer Urfach.

Mit Unterzeichnung der Anzeige vor der chronologifchen General-
tabelle zu den forgfältigft vor Druckfehlern behüteten 30 Bänden der
Oeuvres fchloß Preuß am 28. März 1857 feine redaftionelle Mühwaltung. Das geplante Sachregifter unterblieb wegen Rückreife des
dabei befchäftigten, von Heimweh befallenen Schweizers ......t und
wegen des Koftenaufwandes.

Genauigfeitsliebe, Streben nach Vollftändigfeit und die Gewiffen-
haftigfeit des Profeffor Preuß prägen fich in den Oeuvres ebenfo
aus, wie in den anderen Arbeiten diefes bienenfleißigen Gelehrten.
Spätere fcharfe Gefchichtsforfchung fonnte in den Oeuvres Kleinigfeiten
bemängeln, Einzelheiten berichtigen, ein Paar unechte Briefe verbannen;
gleichwohl entfpricht der Hauptfache nach die Leiftung des Redafteurs
allen billigen Anforderungen an eine riefige Aufgabe. Der Königliche Auftraggeber belohnte Preuß mit dem Roten Adlerorden 3. Klaffe

---

1) Vgl. L. v. Ranke, Briefwechfel Friedrichs des Großen mit Prinz Wilhelm IV. von Oranien. Berlin 1860. S. 2 der Einleitung. Sodann Oeuvres T. I.
p. XXVIII.

(1851) und dem Hohenzollernorden (1858), sowie auch durch huld-
volle Beschenkung mit einer Busennadel-Gemme, umrahmt von Höchst-
eigenhändig vorgezeichneten Arabesken aus kleinen Brillanten. [1]

Bei Anregung für das Entstehen einer Reiterstatue des großen Königs in Berlin beteiligte sich neben dem Kriegsminister
v. Boyen und dem Königlichen Historiographen Wilken auch unser
begeisterter und begeisternder Friedrichsmann Preuß. Dem ausführ-
renden Bildhauer, Rauch, ist er ein ebenso willkommener wie uner-
müdlich bereitwilliger Ratgeber gewesen, mündlich und schriftlich.

Pflege der historischen Wissenschaft war und blieb Kern und Stern
seines Lebens. In ihrem Dienst büßte Preuß die Sehkraft des
linken Auges ein, 1856; Gräfe rettete das rechte. Preuß hätte füglich
nach Beendigung der mühevollen Oeuvres-Redaktion und nach Niederlegung seines Dozentenamts (1860) Feierabend machen können; aber
er blieb schriftstellerisch thätig. Dem Begehr des Buchhändlers nach
einer zweiten Auflage der 4 Bände „Lebensgeschichte Friedrichs des
Großen" vermochte Preuß leider, seines nur halben Augenlichtes
wegen, nicht zu willfahren. Der Vossischen Zeitung übereignete er
für deren sogenannte wissenschaftliche Sonntagsbeilage mehrere Artikel
(1861—1868). Unvergessen sei seine biographische Bemühung, dem
Komponisten Graun ein Denkmal in dessen Geburtsort zu stiften.
Mit Freiherr v. Ledebur u. A. m. begründete Preuß 1864 die Zeitschrift für preußische Geschichte und Landeskunde, in welcher einige
seiner letzten Arbeiten gedruckt sind. Stets zugänglich für diejenigen,
welche bei ihm Rat und Belehrung in Friedericianischen Angelegenheiten
suchten, hat Preuß Manchem es erleichtert, ein Friedrichsbüchlein oder
einen Friedrichstagvortrag zustandezubringen. Brieflich oder persönlich
verkehrte Professor Preuß mit vielen ihm Wohlwollenden oder Be-
freundeten, die als Staatsdiener, Gelehrte, Künstler, Schriftsteller
hoch und sehr hoch standen.

Bis in sein spätestes Alter geistig frisch und körperlich rüstig,
zollte Preuß als Zweiundachtziger der Natur den schuldigen Tribut.
Er starb, ohne bettlägerig gewesen zu sein, den 25. Februar 1868
(Köthener Straße Nr. 33) an einem Herzschlage. Wie sein Freund
Rödenbeck ruht er auf dem Friedhofe der Dreifaltigkeitskirche. Die
nach Jena übersiedelte Witwe, eine geborene v. Kehler, ließ sich zur
täglichen Anschau der ihr so lieben Gesichtszüge aus carrarischem Mar-
mor durch Professor Hagen ein Abbild herstellen; eine fein ausgear-
beitete Büste mit vollster Portraitähnlichkeit.

---

[1] Die „Akademie" wählte den Professor Preuß nicht zu ihrem Mitglied und
zum Pour le mérite-Ordenritter.

Professor Preuß ist zweimal glücklich verheiratet gewesen; Nachkommen hinterließ er nicht. Seiner Leibeslänge nach hatte Preuß kein imponirendes Äußere; angenehm auffällig war an ihm eine gesunde Lebhaftigkeit, ein ungekünstelter Frohsinn. Briefe sind „Fenster der Seele." Zur Durchsicht mir anvertraute Preußische Privatbriefe bezeugen mannichfach sein reiches, vielseitiges Wissen und sein herzliches Zartgefühl.

Preuß ist der schon von Johannes v. Müller erwünschte Mann gewesen, „welcher sein Leben dem Leben Friedrichs weihe." Niemand kann die Geschichte unseres „großen Königs" studieren, ohne zu erkennen und bekennen, daß man dem hochverdienstvollen Pionier J. D. E. Preuß ein dankbares Andenken schuldet.

Zur Geschichte der Landesvermessung und des Kartenwesens in friedericianischer Zeit.

Von **E. Schnackenburg**, Major a. D.

Wenn Wissenschaft und Kunst der Landesvermessung und Kartographie sich erst in diesem Jahrhundert durch die Verbesserung der Instrumente und Darstellungsmethoden in einer Weise entwickelt haben, welche es möglich macht, ein wirklich naturwahres Bild der Erdoberfläche herzustellen, so gebührt doch dem vorigen, in Preußen vornehmlich der Regierung Friedrich des Großen, auch auf diesem Gebiete ein bedeutendes, nicht zu unterschätzendes Verdienst.

Die Anfänge des staatlichen Vermessungs-Wesens in Brandenburg-Preußen haben wir, soweit unsere Kenntnis reicht, unter der Regierung des Begründers der brandenburgisch-preußischen Heeresmacht, des Großen Kurfürsten zu suchen. Von jeher hatte, neben Schiffahrt und Handel, das Heerwesen an dem Besitz guter Kartenwerke das regste Interesse, da genaue Kenntnis des eigenen Landes nicht minder wie der benachbarten Staatsgebiete eines der dringendsten Bedürfnisse der Landesverteidigung ist. Mit welch' dürftigen kartographischen Hilfsmitteln die Kriegführung des 17. Jahrhunderts noch vorlieb nehmen mußte, lehren die zahlreichen, uns aus jener Zeit erhaltenen, meist im Auslande und auf privatem Wege hergestellten Karten des Kurfürstentums Brandenburg, als deren älteste die, neuerdings (bei Burchardt in Berlin) photolithographisch vervielfältigte Henneberg'sche Karte gilt. In Berlin entstand erst im Jahre 1650 die erste Buchhandlung, als deren Inhaber ein gewisser Rupert Völcker genannt wird; die Kupferstecherei lag hier noch so sehr nieder, daß ein geschickter Kupferstecher, Namens Albrecht Christian Kalle (1630 – 1670) sich, um zu leben, genötigt sah, einen Amts- und Kornschreiberdienst nachzusuchen.

Während des 30jährigen Krieges soll, der Überlieferung gemäß, ein schwedischer Offizier im Auftrage Gustav Adolf's die Mark vermessen haben; doch haben wir von dieser, wohl ältesten Landesaufnahme keine Kenntnis. Von erstaunlicher Flüchtigkeit in der Darstellung ist eine, jetzt ziemlich selten gewordene, in Amsterdam (damals Hauptverlagsort für Kartenwerke) erschienene Generalkarte der Mark und von Pommern: »Marchionatus Brandenburgi et Ducatus Pommeraniae tabula quae est pars septentrionalis circuli saxoniae superioris. Authore F. de Wit. Amstelodami.« Immerhin hat das seltsame Machwerk einen gewissen historischen Wert, da sämmtliche, auch die kleinsten Dorfschaften Aufnahme gefunden haben; das Flußnetz ist völlig verzeichnet, die Oder erscheint bis Schwedt aufwärts in zweimeiliger seeartiger Breite; ein Straßennetz fehlt gänzlich; eigenartig ist die Schreibweise der Ortsnamen, z. B. Poststen (Potsdam), Kustrinike (Küstrin), Suet (Schwedt), Mulleras (Müllrose); der damals kursächsische Ort Jüterbogk (Gutterbuck) erscheint durch fehlerhafte Zeichnung der Landesgrenze als kurbrandenburgische Stadt.

Es liegt auf der Hand, daß ein Bedürfnis vorhanden war, das Vermessungs-Wesen staatlich zu ordnen. Die Anregung hierzu gab der Aufschwung, welchen die Fortifikation in den kurfürstlichen Landen nahm, dann die nach dem Ende des großen Krieges erforderliche Revision des kurfürstlichen Domanial-Besitzes, dessen Grenzen von Neuem festgestellt werden mußten. Mit diesen Arbeiten wurden von seiten des Großen Kurfürsten Ingenieuroffiziere beauftragt, welche zu diesem Zwecke Bestallungen als „Landmesser" erhielten; als deren erster wird im Jahre 1642 Christoph Friedrich Schmidt genannt; 1664 wird ein gewisser Caspar Schrötter aus Preußen zum Landmesser ernannt „wegen seiner experience sowohl in rudio geometr., als auch mathemat., als auch sonst allerhand erlangten mechanischen Künsten." Er sollte daher auch fleißig anfertigen, „was ihm an Indianischem Holze, Elfenbein oder Schildpatt etwa aufgetragen würde." 1667 erhielt der Oberstlieutenant der Artillerie und Ingenieur Neubauer eine Bestallung als Landmesser für die Ländereien bei Zehdenick und Liebenwalde; 1706 wird ein refugirter Franzose, Jean françois de Mongo bei Anfertigung einer Karte der Crossener Gegend namhaft gemacht. Eine vollständige topographische Karte der Kurmark Brandenburg fertigte 1720 der Oberingenieur Peter v. Montargues; selbige hat allen späteren Aufnahmen zu Grunde gelegen. Sämmtliche Karten wurden, es ist dies charakteristisch für die Anschauungen jener Zeit, strengstens geheim gehalten.

Unter Friedrich Wilhelm I. beschränkten sich die Landesvermessungen auf die Aufnahme der Umgegend einiger befestigter Plätze, wie Stettin und Wesel, auch der Inseln Usedom und Wollin; zu einer Kartirung des Landes, nämlich zur Herstellung von Provinzialkarten, zog der König, der da wollte, daß sich die Wissenschaft in nützlicher

Verwendung für die Zwecke des Staates bethätige, die Berliner „Akademie der Wissenschaften" heran. Wir besitzen eine mit dem großen
Königlichen Wappen geschmückte „Land-Charte des Kurfürstenthums
Brandenburg, ausgefertiget von J. P. Fr. v. Gundling, Königl.
Geheimten Raht und Präsidenten der K. Sozietät der Wissenschaften;
mit Königl. Preußischem Allergnädigsten Privilegio." Dazu die Widmung: „An Seine Königl. Majestät in Preußen allerunterthänigst."
Diese im ungefähren Maaßstabe von 1 : 500,000 (Verhältniszahl feh-
lend) entworfene Karte muß in den Zwanziger Jahren entstanden
sein, da Gundling am 11. April 1731 starb. Der merkwürdige,
vielseitig gebildete Mann gab auch einen Pommerschen und Brandenburgischen Atlas, oder geographische Beschreibung des Herzogtums
Pommern und der Kurmark Brandenburg im Jahre 1724 heraus.
Erwähnte Karte enthält alles Schriftwerk in deutscher Sprache, die
Schreibweise der Ortsnamen ist die jetzt gebräuchliche; die Zeichener-
klärung unterscheidet Immediat-, Mediat- und Ritterstädte, Komtu-
reien, Dörfer, Ämter, Klöster, Universitäten und Postwege. Terrain-
erhebungen sind in der damals üblichen, perspektivischen Manier dargestellt. Diese Karte, obschon einen ziemlichen Fortschritt im Kartenwesen darthuend, dürfte unseren heutigen Ansprüchen freilich nicht genügen. Besser wie um die Landesaufnahme stand es um die Herstellung von Städteplänen, wie die zahlreichen, aus dem 17. und
18. Jahrhundert stammenden Pläne von Berlin beweisen; sie sind
allerdings zum Teil ebenfalls in perspektivischer Weise behandelt; der
bekannteste von ihnen ist der Memhardt'sche, welcher im Jahre 1652
für die Zeiler-Merian'sche Topographie der Mark Brandenburg gefertigt wurde.
    Mit der Thronbesteigung Friedrich des Großen begann, wie
für die Pflege der Wissenschaften überhaupt, so auch der geographischen
eine neue Zeit. Unter der Regierung Friedrich Wilhelm's I. war
in den Kreisen der Offiziere, wie König in seiner „Historischen Schilderung von Berlin" berichtet, die Unkenntnis der Geographie und
und des Kartenwesens so groß, daß man sich wunderte, wenn Jemand die Lage der Länder mit Kreide auf einer Tafel andeuten
konnte. Zwar hatte Friedrich Wilhelm bereits eine Anzahl von
Landkarten (der Grundstock zur nachmaligen Plankammer) gesammelt,
doch an militärisch brauchbaren, des eigenen wie der fremden Länder, herrschte fühlbarer Mangel. Bei Ausbruch des 1. schlesischen
Krieges beauftragte deshalb Friedrich den Ingenieurmajor Humbert, ihm gute Karten von Schlesien zu beschaffen. Dieser antwortete in einem Schreiben vom 28. Dezember 1740 (vergl. König
a. a. O. II. 5. S. 118) „daß es sehr an solchen fehle, dagegen seien

solche von Mähren (erschienen in der Hommanni'schen Verlagsanstalt
zu Nürnberg) vorhanden, welche der Kaiser durch geschickte Ingenieure
habe anfertigen lassen, auch die Karte des Fürstentums Teschen in
Oberschlesien sei gut und detaillirt, kein Ort sei vergessen, und sie sei
deshalb 1725 konfisziert worden." — Das Kartenmaterial,
mit welchem Friedrich zum ersten Male in's Feld rückte, waren die
Wetlandt'sche »Carta principatus Silesiae und die Schubert'sche Spe-
zialkarte von Schlesien", beides ziemlich unvollkommene Machwerke.
Nach dem Berliner Frieden ließ der König, in vollem Verständnis
dafür, daß gute Karten ein unentbehrliches Hilfsmittel der Heeres-
führung sind, alle vorhandenen Karten und Pläne durch Humbert
zu einer „Plan- und Kartenkammer" vereinigen, welcher im Potsdamer
Stadtschloße einige Zimmer angewiesen wurden. Derselben wurden
auch alle sonst irgendwo vorhandenen Modelle und wichtigen militärischen Schriftstücke zugetheilt; die Oberaufsicht übertrug der König dem
Hauptmann und Flügeladjutanten v. d. Ölsnitz, welcher bis 1755
an ihrer Spitze stand. — Eifrig bemüht, sich selbst in den Besitz guter
Karten zu setzen, war man hingegen eifersüchtig darauf hinaus, dergleichen nicht öffentlich bekannt werden zu lassen. Hier waltete dieselbe Geheimhaltung ob, wie bei dem Erlaß der militärischen Reglements und Instruktionen. Büsching versichert in seinem Werke
„Charakter Friedrich's II." S. 225, der König habe bei Beginn des
Krieges der erwähnten Homannischen Kartenwerkstätte den Vertrieb
der Karten von Schlesien verboten und ihn erst 1750 wieder frei gegeben, unter der Bedingung, daß sie im Lande selbst nicht weiter
verbessert, sondern nur so fehlerhaft, wie sie damals waren, ausgegeben würden. Auch habe es der König für eine unpolitische Unternehmung erklärt, als die Berliner Akademie der Wissenschaften eine
genauere und richtigere Karte der Mark Brandenburg herausgeben
wollte. Der König hatte Sorge, daß eine solche dem Feinde den Einmarsch erleichtern werde. Übereinstimmend hiermit weiß Thiébault
in seinem Memoirenwerke „Zwanzig Jahre meines Aufenthaltes in
Berlin", II. 128, von einer Unterredung des Königs mit dem Minister v. Massow zu erzählen, welcher Vorschläge zur Verbesserung der
Landstraßen und fehlerhaften Karten gemacht, und dem der König
erwidert habe: „Das Generaldirektorium wird Ihnen ebenso wenig
als der Akademie der Wissenschaften gestatten, die Karten zu verbessern." Die Veröffentlichung eines vom Major Humbert nach der
Molwitzer Schlacht aufgenommenen Planes vom Schlachtfelde, welchen
jener in Berlin in Kupfer stechen lassen wollte, verbot der König.
Dennoch müssen derartige Aufnahmen ihren Weg in das Publikum
gefunden haben, da der Verfasser der bekannten „Helden-, Staats-

und Lebensgeschichte Friedrichs des Anderen" in der Vorrede zum
II. Teile (erschienen 1747) angiebt, „er habe die Pläne der Bataillen
bei Molwitz und Soor vom Königl. Stenographen Werner und dem
Geographen le Ronge in Paris zu Händen gekommen, ingleichen
den Plan der Kesselsdorfer Schlacht, welchen der Ingenieur-Kapitän
Petri auf Befehl des Fürsten Leopold von Dessau aufgenommen,
auf einen größeren, als gemeinen Landkartenbogen habe prächtig in
Kupfer stechen, aber nicht publici Juris werden lassen." —
Karten verstorbener Offiziere, auch Pläne, welche diese selbst gezeichnet
hatten, mußten, wie dies auch mit den Reglements geschah, dem Könige eingeliefert werden, welcher den Hinterbliebenen den Geldwert ver-
gütigte (Vgl. Briefe an die Witwe des Generals v. Winterfeldt,
Preuß. Urk. B. V. 68). Als die Plankammer wegen Reparatur einiger Zimmer im Jahre 1774 zeitweilig verlegt werden mußte, machte
der König dem mit dem Transport beauftragten Quartiermeister-
Lieutenant v. Knobloch es zur Pflicht, „mit aller erforderlichen Ver-
schwiegenheit zu Werke zu gehen und diesen Auftrag als ein neues
Merkmal des Zutrauens anzusehen." (A. a. O. IV. 251).

Mit vermehrtem Eifer wurde nach dem zweiten schlesischen Kriege
an der Landesaufnahme gearbeitet. Am 6. Dezember 1746 bekam
der Ingenieurmajor Wrede Befehl, „eine sehr spezielle Karte längs
der Böhmischen Grenze zu verfertigen." „Sonsten approbire ich,
schreibt der König, daß Ihr den ganzen aufzunehmenden Distrikt nach
Eurem Vorschlage in deutliche Spezialkarten bringet und nach einem
kleinem Maaßstabe hiernächst eine besondere Generalkarte anfertiget,
auch solcher das gemeldete Register, welches allerdings nützlich und
nötig ist, beifüget" (Preuß. U. B. I. 37). Die Weyland'sche Karte
von Schlesien wurde durch St. Julien mittelst Croqui wesentlich verbessert und war im Jahre 1758 vollendet; mit diesem, auf einem
Maulesel transportirten Kartenmaterial hat sich der König den ganzen
7jährigen Krieg behelfen müssen. Genauere Aufnahmen einzelner
Landesteile in Schlesien bewirkten der Major Embers und Kapitain
Giese vom Ingenieurkorps, ersterer in der Gegend von Schweidnitz,
letzterer in Oberschlesien. Der König teilte beide deshalb bei Beginn
des 7jährigen Krieges als ortskundige Leute dem Hauptquartier des
Feldmarschalls Schwerin zu (Polit. Corresp. Friedr. d. Gr. XIII.
167). — 1748 wurde Oberstlieutenant v. Balbi beauftragt, unter
Zugrundelegung der Montargue'schen Karte, eine Karte der Mittelmark aufzunehmen; zu seiner Unterstützung wurden ihm 7 Offiziere
des Ingenieur-Corps und der Flügeladjutant v. d. Ölsnitz zur
zur Verfügung gestellt. 1751 wurde unter Wrede's Leitung die sächsische Grenze bei Naumburg, 1754 die schlesisch-polnische durch Kapi-

tain Giese aufgenommen. 1752 begann der Ingenieurmajor Petri einer der bedeutendsten Kartographen der friedericianischen Zeit (Isaak Jacob v. Petri, † als Oberst und Ritter des Ordens pour le mérite zu Freienwalde den 20. April 1776), seine große topographische Karte von Sachsen, welche insofern besondere Beachtung verdient, als auf derselben zum ersten Male die bisherige perspektivische Terraindarstellung verlassen und durch geschwungene Linien ersetzt wurde (es ist dies die später von Lehmann und Müffling verbesserte Strichmanier). Nicht allein die preußischen, sondern sämmtliche auswärtige Topographen folgten seinem Beispiele. — Es sei noch erwähnt; daß diese sämmtlichen Kartenwerke zunächst als Unika verfertigt und ihre Vervielfältigung streng untersagt wurde.

Ein weiterer, bedeutsamer Fortschritt auf dem Gebiete des Kartenwesens ist es, daß der König vermöge eines am 18. November 1747 eigenhändig vollzogenen Freiheitsbriefes der Berliner Akademie der Wissenschaften das ausschließliche Recht erteilte, alle für den Gebrauch des Publikums bestimmten Landkarten unter ihrer Aufsicht stechen zu lassen, solche aber, die nicht von ihr gut geheißen würden, zu verbieten. Friedrich nahm demnach die Ideen seines Vaters wieder auf. 1749 erschien ein See-Atlas in 13 Blatt nebst Instruktion, darauf ein Atlas von allen Ländern der Erde in 44 Blatt; 1761 eine Karte von Hessen, Waldeck und dem Eichsfelde in 4 Blatt. Einem gewissen Rhode, welcher der Akademie bei Herausgabe der Karten behülflich war, verlieh der König den Titel „Geographus der Akademie." — Um die Landesvermessung auf eine richtige mathematisch-geographische Basis zu stellen, entsendete ferner der König 1751 den General-Feldmarschall Graf Schmettau nach Kassel und dem Harz, um daselbst in Verbindung mit einigen Gelehrten Gradmessungen auf dem Weißenstein und Brocken vorzunehmen. Unter Schmettau's Leitung erschien auch ein im Jahre 1748 aufgenommener, vom Hofkupferstecher Schmidt gestochener Grundriß der Stadt Berlin in 4 Blatt.

In Friedrichs zum Unterricht für seine Offiziere bestimmten Lehrschriften betont derselbe wiederholt und nachdrücklich, daß die Offiziere sich mit dem Terrain bekannt machen und die Karten studieren sollen; in dem „Reglement vor die Königl. Preuß. Kavallerie-Regimenter" befiehlt er „auf das ernsthafteste, sich allezeit nach dem Lande, wo Krieg geführt wird, wohl zu erkundigen und sich die Gegend durch geographische Karten bekannt zu machen." In den „General-Prinzipien vom Kriege" (erschienen 1753) heißt es: „wenn man sich von einem bewaldeten und unübersichtlichen Terrain Kenntniß verschaffen will, so steige man auf einen der höchsten Berge, die Karte in der Hand. Friedrich selbst benutzte jede Pause im Verlaufe des Krieges, um seine Terrainstudien fortzusetzen. „Ich gehe morgen nach Leipzig, Weißenfels, Lützen und alle die Örter, um mir recht eine Idee von die Terrains zu machen", schreibt er an Winterfeldt am 22. November 1756 (Pol. Corresp. XIV. 69). — Feldprediger Küster berichtet in seinem „Bruchstück seines Kampagne-Lebens" über den Prinzen Heinrich, man habe besonders „der großen Stärke des Prinzen in der Landkarte es zu danken", daß es ihm gelungen sei, nach der Schlacht von Hochkirch der geschlagenen Armee einen großen Transport an Munition und Proviant zuzuführen. Die Adjutanten des Prinzen hätten ihm wiederholt gesagt, daß er oft den Boden des ganzen Zimmers mit Landkarten und topographischen Zeichnungen belegt und, auf den Knien liegend, mit dem Lichte in der Hand herumgekrochen sei, sich eine richtige Idee vom Kriegsschauplatze zu machen."

In der Zeit des 7jährigen Krieges wurden auch besondere, für den Gebrauch des zeitungslesenden Publikums bestimmte „Kriegskarten" (keine Erfindung der Neuzeit) in den Handel gebracht. Die Voßische Buchhandlung zeigt am 31. Dezember 1756 eine dergleichen, betitelt „Jetziges Kriegstheatrum in Sachsen, Böhmen und Schlesien" an. Im Homannischen Verlage zu Nürnberg erschien 1759 ein größeres Kartenwerk in 4 Blatt: „Kriegsexpeditionskarte von Deutschland, vom Jahre 1756 bis den 1. Januarii 1759, darinnen die Kriegsbegebenheiten der österreichischen, französischen, russischen und schwedischen einerseits, andererseits der preußischen und hannoverschen Armee von Tag zu Tag geographisch angezeiget wird. Nebst einem Erklärungsbüchlein in 8° und einer Dedikation an die Durchlauchtigste Republik Venedig, herausgegeben von Joh. Ant. Rizzi Zannoni, Cosmographo." Die Hin- und Hermärsche der verschiedenen Armeen sind durch Signaturen und Bezeichnung der Standquartiere, unter Beifügung des Datums, auf das Genaueste kenntlich gemacht.

Nach dem Frieden treten die Bestrebungen Friedrichs hinsichtlich der Weiterbildung seiner Offiziere mehr noch als vor demselben in den Vordergrund. Zu den dahin zielenden Maßregeln gehört es, daß der König gewisse geographische Kenntnisse von seinen Offizieren geradezu verlangt. „Diejenigen Offiziere, so am meisten Verstand und Ambition besitzen, müssen sich auch die Landkarten von den Provinzen und von ganz Deutschland bekannt machen, um dadurch eine genaue Kenntnis der Länder und deren Beschaffenheit zu erlangen", äußert er in der „Instruction für die Kommandeurs der Cavallerie-Regimenter", vom 11. Mai 1763. In den Lehrplan der zu dieser Zeit vom Könige neu eingerichteten sogenannten „Militär-Akademien" (Winterkurse für je 2 befähigte Offiziere eines jeden Infanterie-Regiments) wurde Unterricht in der Geographie mit aufgenommen, auch wurden den Offizieren Karten von Deutschland vom Könige verabfolgt, da, wie er sagt „die Kenntnis von der Lage der Länder und deren Beschaffenheit das vornehmste sei, was ein Offizier und General wissen muß und außerdem keiner ein rechter General werden kann" (Oeuvres militaires III. 295).

Diese königlichen Worte fanden in den Reihen des Heeres einen lebhaften Widerhall. „Aufnahmen und militärisches Situationszeichnen", sagt Ciriacy in seiner „Chronologischen Übersicht der Geschichte des preußischen Heeres", „wurden schon nicht mehr von den Ingenieur-Offizieren allein, sondern von jedem wissenschaftlich gebildeten Offizier gefordert." Mancher Offizier machte durch Fertigkeiten im Planzeichnen und Vermessungswesen sein Glück; so der spätere General-Adjutant und Günstling Friedrichs, General-Lieutenant Heinrich Wilhelm von Anhalt, ein natürlicher Sohn des Erbprinzen Wilhelm Gustav von Anhalt. Durch den General v. Hülsen dem Könige wegen seiner Geschicklichkeit auf diesem Gebiete empfohlen, übergab ihm der König am Tage vor der Schlacht bei Liegnitz die Aufsicht über die Feld-Plankammer. Der König ermunterte diese Bestrebungen in jeder Weise. Der nachmalige General der Infanterie Friedrich Wilhelm v. Zastrow († 1830) erhielt im Jahre 1778, zu jener Zeit Lieutenant in dem Berliner Infanterie-Regiment v. Braun (Nr. 13), für eine dem Könige eingereichte militärische Ausarbeitung nebst sauber gezeichnetem Plane den Orden pour le mérite. — Als der General v. Lossow, Chef des Husaren-Regiments Nr. 5, dem Könige im Jahre 1777 eine Anzahl von Plänen einsendete, welche die Offiziere seines Regiments selbst entworfen und gezeichnet hatten, dankte ihm derselbe mittelst eines höchst schmeichelhaften Schreibens, dem er eigenhändig die Worte hinzufügte: „Das haben die officier- Sehr hübsch gemacht und danke ihm vohr die Mühe, das er Sie so gut erziehet." — Derartige Einsendungen galten bei den Offizieren als ein Mittel, um dem in den langen Friedensjahren in's Stocken gerathenen Avancement aufzuhelfen; doch nicht Jedem glückte dies. Aus dem Todesjahre des Königs findet sich ein Brief vor (vergl. v. Taysen, die militärische Thätigkeit Friedrich des Großen während seines letzten Lebensjahres, 69). d. d. Potsdam, 26. Juni 1786, an den Lieutenant v. Koschenbahr: „Als ein Zeichen Eures Fleßes und Eurer Applikation im Dienste ist Mir die unterm 20. Dieses von Euch eingeschickte Zeichnung zwar lieb gewesen, Allein wenn Ihr Euch dadurch zum Avancement schon qualifizirt zu haben glaubt, so verlanget Ihr zu viel, zumal da dergleichen Zeichnung leicht kopirt werden kann."

Die Zöglinge der 1765 gestifteten „Académie militaire", des-

gleichen das Hofpagen-Corps in Potsdam erhielten gründlichen Unterricht im Aufnehmen, Planzeichnen und in der Geographie. Die
bezüglichen Arbeiten seines Generalquartiermeisterstabes überwachte
der König persönlich. Der durch die Ereignisse des Jahres 1806 bekannte Oberst v. Massenbach erzählt in seinen „Rückerinnerungen
an große Männer", der König habe ihn bei seinem Diensteintritt in
Potsdam einem strengen Examen unterworfen und ihm befohlen, ein
Croqui der Saarmunder Berge zu zeichnen. Der König sei zwar mit
seiner Arbeit zufrieden gewesen, habe aber doch gerügt, daß auf dem
Plane die zur Orientierung nach der Himmelsgegend dienende Signatur (Nordnadel) fehlte; „sonst macht derselbe seinen Kenntnissen viel
Ehre, dies begnügt ihn zu seiner Aufmunterung."

Die Landesaufnahme machte in der zweiten Regierungshälfte
Friedrichs gute Fortschritte. Alsbald nach dem Frieden wurde der
Oberst Regler vom Ingenieur-Corps mit Vermessung des schlesischen
Gebirges beauftragt. Die Erwerbung von Westpreußen gab Anlaß
zur Vermessung dieser Provinz; bei derselben wurden 40 Ingenieure
und Feldmesser beschäftigt. Da dem Oberpräsidenten v. Domhardt
diese Zahl noch nicht genügend erschien, bat er, ihm noch Offiziere
der dortigen Regimenter zur Aushülfe zu geben; doch der König lehnte
es ab mit dem Bescheide: „Meine officiers sind zum Dienste bei den
Regimentern, nicht aber zu Landesvermessungen bestellet" (vergl.
Preuß. Urk. B. V. 199).

In diesen Zeitraum fällt auch die erste Anwendung der Boussole
und des verbesserten Meßtisches. Bedeutend wie die Fortschritte im
Vermessungswesen während der Regierung Friedrichs waren, haben
sie dennoch nicht in ein die ganze Monarchie umfassendes, nach ein-
heitlichen Gesichtspunkten geregeltes System gebracht werden können.

Die von so erhabener Stelle gegebene Anregung hatte auch in
gelehrten Kreisen einen gewaltigen Aufschwung der geographischen
Wissenschaft und sehr namhafte Fortschritte auf dem Gebiete des Kartenwesens zur Folge. Von bedeutenden Geographen jener Zeit nennen wir in erster Stelle den bekannten Oberkonsistorialrat Büsching.
In den Jahren 1773—83 redigierte derselbe eine Zeitschrift: „Wö-
chentliche Nachrichten von neuen Landkarten, geographischen, statistischen und historischen Büchern und Sachen." Von seinen sonstigen
zahlreichen Schriften erwähnen wir nur die 1775 erschienene „Topographie der Mark Brandenburg", für deren Überreichung ihm der
König dankte und ihn ermunterte, auf diesem Wege fort zu fahren
(vergl. Büsching, Charakter Friedrichs II., 225). 1784 erschien
eine vortreffliche Topographie von Pommern von Konsistorialrath

Brüggemann, eine der Kurmark vom Kammerdirektor Burgstede,
eine vom Königreich Preußen von einem gewissen Goldbeck; von
Magdeburg und Mansfeld gab der bekannte Kartograph Oesfeld
eine solche heraus, welcher auch in den Jahren 1783—86 vortreffliche Kreiskarten der Mark Brandenburg in 9 Blatt erscheinen ließ;
eine Sektion derselben, umfassend die Gegend um Berlin und Potsdam, ist der Nicolaischen „Beschreibung der Königlichen Residenzstädte
Berlin und Potsdam" beigefügt. Die Oesfeld'schen Karten bekunden,
verglichen mit den Aufnahmen aus der Zeit Friedrich Wilhelm's I.
einen sehr hohen kartographischen Standpunkt. Einige Teile der Mark
sind von dem Konsistorial-Präsidenten Thomas Philipp v. Hagen
aufgenommen worden; vorzugsweise Mitglieder der höheren Geistlichkeit sind es demnach, welche sich um die Förderung der Kartographie
in diesem Zeitraume besondere Verdienste erworben haben. Für das
allgemeine Interesse am Kartenwesen spricht die von Nicolai (A. a.
O. II. 612) gemachte Angabe, daß im Jahre 1779 fünf Privatper-
sonen im Besitze bedeutender Kartensammlungen gewesen seien. Der
Bankier Daum wird als Besitzer einer Sammlung von 5000 Stück
genannt, „worin sehr rare und kostbare Stücke vorhanden sind."

Um die Litteratur des Planzeichnens und der Vermessungskunst
hat sich besonders der Ingenieur Müller durch zahlreiche Schriften
verdient gemacht; es ist derselbe auch Herausgeber des „Tableau's
der Siege Friedrich's", welches die Pläne aller Schlachtfelder der
drei schlesischen Kriege enthält.

Als Friedrich 1778 zum letzten Male zu Felde zog, kann es
dem preußischen Heere an gutem und ausreichendem Kartenmaterial
nicht gefehlt haben; auch von der früher geübten Geheimhaltung desselben hatte man Abstand genommen. Die Berliner Zeitungen vom
Jahre 1778 zeigen das Erscheinen einer vom Ingenieur-Lieutenant
v. Geyer entworfenen Karte von Mähren in 6 Blatt an, mit Königlicher Bewilligung. Die Schropp'sche Buchhandlung stellte eine
„Böhmische Karte" von Müller, in 25 Blatt, zum Preise von 50 Talern, eine desgleichen in 25 Blatt zu 30 Talern und außerdem noch
„einen bedeutend billigeren Nachstich" zum Verkauf. Selbst „Manö-
verkarten", im Buchhandel erhältlich, tauchen zum ersten Male auf.
1774 erschien ein „Plan von der sogenannten Insel Potsdam;" es
ist dies jenes klassische Terrain, auf welchem der König seine berühmten dreitägigen Potsdamer Herbstmanöver abzuhalten pflegte. 1785
endlich zeigt die Nicolai'sche Buchhandlung einen „Revueplan vor
dem Hallischen Thor, vermessen und gezeichnet von F. Wolf" an,
zum Gebrauch bei der alljährlich im Monat Mai stattfindenden
Generalrevue in der Nähe von Tempelhoff bestimmt; es war dies

4

die letzte Berliner Revue, welcher der König vor seinem Tode beigewohnt hat.

Bahnbrechend und fördernd hat Friedrich während seiner 46jäh-
rigen Regiernng auch in den hier in Rede stehenden Beziehungen gewirkt, wenngleich der Folgezeit erst die weitere Entwickelung und
Ausführung der in dieser Periode gelegten Grundzüge vorbehalten
blieb.

Ein Beitrag zu den Preußischen Regimentsgeschichten.

Von Dr. H. Droysen.

Vor einigen Jahren hatte der Verfasser dieser Zeilen Gelegenheit, eine Handschrift zu erwerben, über deren Inhalt und Wert hier einige kurze Bemerkungen gestattet sein mögen.

Auf 285 gezählten Seiten gelben Papiers ohne Wasserzeichen enthält dieselbe von Schreibershand ein „Verzeichniß wie die Regimenter nach dem Jahr als sie gestiftet auf einander folgen": auf ein Inhaltsverzeichnis folgt die Geschichte der einzelnen Regimenter, die Feldinfanterie (49 Regimenter, als deren erstes die Artillerie aufgeführt wird), Garnisoninfanterie (13 Reg.), Cuirassiere (13 Reg.), Dragoner (13 Reg.), Husaren (8 Reg.). Zusätze von verschiedenen Händen stehen im Inhaltsverzeichnis wie hinter einigen Regimentern, so steht hinter dem Regiment Anhalt: „1751 starb der Fürst Leopold von Anhalt und haben S. K. M. das Regiment von 3 Bataillions dem Erbprinz Leopoldt in seinem 10ten Jahr mit Capitänsrang accordiret"; daß durchgehends die Weiterführung beabsichtigt war, zeigt die größere oder geringere Zahl Seiten, die hinter jeder Regimentsgeschichte leer gelassen sind, sowie die 70 Seiten, die am Schluß ungezählt und leer folgen. Über das Jahr 1750 geht keine der von Schreibershand herrührenden Zahlen herunter: in oder nach diesem Jahr muß demnach die Handschrift geschrieben sein. Aber einige Angaben machen eine noch engere Umgrenzung möglich: am Schluß vom Regiment Nr. 2 heißt es: „ao. 1750 nach dem Absterben des General-Lieutenant v. Schlichting wurde das Regiment dem Obristen v. Canitz conferiret", was im Juni 1750 geschah, und das ehemals Bronikowski'sche Husaren-Regiment wird als unter dem Obersten v. Dewitz stehend aufgeführt, und dieser erhielt Oktober 1750 seinen Abschied. Also zwischen Juni und Oktober 1750 ist das „Verzeichniß" niedergeschrieben.

Aus der Handschrift selbst läßt sich über ihren Ursprung nichts entnehmen; wohl aber giebt ihr Einband eine Vermutung an die Hand: der Schweinslederband mit der Klappe und dem daran befestigten grünen Bande zum Umschnüren entspricht genau denen, in welchen die Instruktionen und Reglements dieser Zeit gebunden sind. Die Annahme liegt nahe, daß das „Verzeichniß" einen dienstlichen Ursprung gehabt und dienstlichen Zwecken gedient hat.

Was dem „Verzeichniß" noch eine weitere Bedeutung verleiht, ist sein Verhältnis zu den wenig jüngeren gedruckten Regiments-geschichten.

Den ersten Versuch, eine Geschichte der preußischen Regimenter von ihrer Stiftung an zu geben, machte die „Stammliste der Kö-niglich Preußischen Armee wegen Errict- und Stiftung derselben. Potsdamm den 2. April 1756. Frankfurt und Leipzig." Es folgte der Hallenser Professor Pauli, der in dem 1758 erschienenen ersten Band seines „Leben großer Helden" auf An-suchen einiger Freunde, wie er selbst sagt, die Biographien unterbrach und im zehnten Abschnitt eine „Historische Nachricht derer Kö-niglich Preußischen Regimenter" einschob. Zum Teil mit Benutzung dieser Arbeit, zum Teil auf Grund seiner seit 15 Jahren gesammelten Nachrichten lieferte der Auditeur des in Halle stehenden Infanterie-Regimentes Joh. Friedr. Seyfart eine ähnliche Arbeit, zuerst französisch als Mémoires pour servir à l'histoire de l'armée Prussienne continués jusqu'au mois de Jan-vier 1759; dann von ihm selbst übersetzt und vermehrt als Kurzgefaßte Geschichte aller Königlichen Preußischen Re-gimenter, welche bis in den Februar 1759 fortgesetzt; eine zweite verbesserte Auflage dieser deutschen Übersetzung erschien im Spätsommer 1762 und „ist bis in den May 1762 fortge-setzet." (¹)

Stellt man den Text des „Verzeichnisses" neben den der „Histo-rischen Nachricht", so ergiebt sich sehr häufig eine wörtliche Überein-stimmung, oft eine nur unbedeutende Abweichung in den Ausdrücken. Einige beliebig gewählte Beispiele genügen, dies Verhältniß anschau-lich zu machen.

---

¹) Seyfart hat noch eine Geschichte der preußischen Armee nach ihren Regimen-tern im größten Maßstabe geplant: Vollständige Geschichte aller Königlich Preußischen Regimenter von ihrer Errichtung an bis auf gegenwär-tige Zeit. Es ist dieses Werk aber nicht über 6 Stücke d. h. die Geschichte von 6 Infanterie-Regimentern (Lossow, Pr. Friedrich von Braunschweig, Kleist, Anhalt-Bernburg, Britzke, Nassau-Usingen), die 1767 erschienen, hinausgekommen.

Nr. 1. Haacke. Den eigentlichen Ursprung dieses Regiments
kan man vor gewiß nicht determi-
niren, soviel ist ausgemachet, daß
es schon zu George Wilhelms
Zeiten und noch vor mehr undenk-
lichen Jahren aus 3 Compagnien
Guarde bestanden, davon jede drei-
hundert Köpfe stark geweßen. 1656
hat diese Guarde aus einem gantzen
Regiment bestanden, in welcher
Qualite sie auch die berühmte
Schlacht bey Warschau mitgethan
nach welcher sie, so viele Nachricht
als zu haben ist, bis 1660 der
Generallieutenant und OberStall-
Meister v. Pölnitz, nach diesem
aber Wrangell gehabt, 1675 hat
sie der General Goltz bekommen,
1685 der General Schöning.
Dieses Regiment ist fast jederzeit
4 Battaillon, zu Schönings Zeiten
aber 1685, weil dessen Regiment
dazu gestoßen 6 Bataillons stark
geweßen. Da nun 1688 jedes Bataillon von denen Regimentern mit
einer Compagnie verstärket worden,
so ist dieses Regiment, weil es
6 Battaillons gehabt, auf 30 Compagnien angewachsen. 1691 erhielte es der Feldmarschall Flemming, 1697 der Feldmarschall
Barfuß und wurden 6 Compagnien davon reducirt, die 1699 wieder angeworben, so daß es bei
Absterben des Königs Friedrich I.
anno 1713 noch wirklich 3 Battaillons stark geweßen. 1702 wurde
es dem Feldmarschall v. Wartensleben conferiret; das Regiment
aber führte beständig den Nahmen
iner Guarde, bis 1713 bekam es

Pauli historische Nachricht.

Dieses Regiment hat von un-
denklichen Jahren und vielleicht
schon zu Georg Wilhelms Zeiten
aus 3 Compagnien Garde, jede
Compagnie 300 Mann stark, bestanden. 1655 war das Regiment
4 Bataillons stark und so hat es
1656 der Schlacht bey Warschau
beygewohnt. 1660 hat es der damalige General-Lieutenant und
Oberstallmeister v. Pöllnitz und
nach ihm der Obriste Wrangel
1675 der General v. Götze, 1685
der General v. Schöning gehabt
und weil des letzteren Regiment
dazu gestoßen, war die Garde 6
Bataillons stark, wozu 1688 jedes
Bataillon noch eine Compagnie
erhielt und sie also aus 30 Compagnien bestand. 1690 erhielt das
Regiment der Feldmarschall Graf
von Flemming, 1698 der Feldmarschall v. Barfuß, wobey zugleich aber ein Bataillon dem
Obristen v. Pannewitz ertheilt
ward. 1702 erhielt es der Feldmarschall v. Wartensleben. 1708
ward das damalige arnimsche Regiment herausgezogen und also die
Garde auf 3 Bataillons gesetzet.
1713 verlohr das Regiment den
Namen Garde und bekam den Namen von seinem Chef, zugleich aber
ward es auf 2 Bataillons gesetzt.
1723 trat der v. Wartensleben
es an den General v. Glasenap
ab; dieser überließ es 1742 dem
Obristen und Generaladjutanten
Grafen v. Haack u. s. w.

den Nahmen Wartensleben und
wurde auf 2 Bataillon gesetzet,
indem das Arnim'sche jetzt Bonin-
sche Regiment davon ausgezogen
worden. 1723 hat der FeldMarschall
Wartensleben dieses Regiment
an den GeneralMajor v. Glase-
napp, welcher es 1742 wiederum
an den Generaladjutant Obrist
v. Haacke abgetreten.

Nr. 4. Calnein. Einige von
denen alten Officiers haben dafür
gehalten, daß dießes Regiment mit
dem Feldzeugmeister Graff v. Dohna schon 1672 in Elsas gewesen,
noch einige geben Nachricht, daß
obgemeldeter Graff Dohna schon
ein Regiment in der Warschauer
Schlacht geführet, welches Regiment wohl mit abgedankt seyn
kan, weil der verstorbene Churfürst
Friedrich Wilhelm oft große
Reduktiones vorgenommen. Die
sicherste Nachricht ist, daß dießes Regiment anno 1671 oder 1672 von
dem Feldzeugmeister v. Dohna aus
der Cüstrinschen Guarnison, so ihm
ohnedem schon gehörte, in den Ber-
linschen Thiergarten auff 8 Compagnien gerichtet worden. 1677
ist es an den Obristen v. Barfuß
vergeben, 1688 wurde dießes Regiment mit 2 Compagnien verstärket. Nachdem der Obrister Barfuß die Guarde bekommen, erhielte
ao. 1697 Graff Christoph v. Dohna
das Regiment. Bei dem Riswick-
schen Frieden 1698 wurden 2 Compagnien vom Regiment abgedanket
und 1699 wieder errichtet. 1702
wurden 2 Compagnien zu Formi-

Einige wollen, daß dieß Regiment von dem Feldzeugmeister
Grafen v. Dohna schon 1656 in der
Warschauer Schlacht angeführet sey.
Andere sagen, es sei 1671 im berlinischen Thiergarten aus 8 Compagnien aus der cüstrinschen Garnison errichtet und dem Feldzeugmeister Grafen v. Dohna, der die
cüstrinsche Besatzung befehligte, ertheilt worden, und welcher es 1672
im Elsaß anführete. 1677 hat es
der Obriste Graf v. Barfuß bekommen, 1688 ist es mit 2 Compagnien verstärket. Als aber Barfuß die Garde Nr. 1 erhielt,
bekam das Regiment 1697 der
Graf v. Dohna, 1698 wurden
zwar 2 Compagnien abgedankt,
aber 1699 wieder angeworben.
1702 zog man 2 Compagnien zum
Albrecht'schen Regiment heraus,
stellte solche aber 1703 durch Wer-
bung wieder her. 1716 ward der
Graf v. Dohna als General der
Infanterie verabschiedet und das
Regiment dem Obristen Bechefer
ertheilt. 1729 bekam dieser das
arnimsche Regiment Nr. 5, dieses aber der Obriste v. Glaubitz,
1740 bekam solcher aber als

rung des Albert'schen Regiments
abgegeben, 1703 aufs Neue wieder
angeworben. Nachdem der Graff
Dohna als General von der Infanterie seine Dimision bekommen,
erhielte 1716 der Obrister v. Besch-
wer das Regiment, der nach-
mahlen Commendant in Mag-
deburg geworden, worauf 1729
der Obrist v. Glaubitz es bekommen, nach deffen Absterben
wurde 1740 es dem Obristen von
Gröben gegeben, der 1744 als
Generalmajor seinen Abschied genommen, worauf der Generalmajor v. Pohlentz das Regiment
bekommen, da bei der Ba-
taille bei Hohenfried der
Generallieutenant v. Truchses geblieben, bekahm der Generalmajor v. Pohlentz das Truchses'sche Regiment und der Generalmajor Graff Christoph v. Dohna
erhielte 1745 diefes Regiment, da
aber in dem Jahr der Generalmajor v. Blankenfee in der
Bataille bei Soor geblieben,
hat der Graff Christoph v. Dohna
des Blankenfee'schen und der Generalmajor v. Callnein diefes Regiment erhalten.

Generallieutenant den Ab-
schied, das Regiment hingegen der
Obrifte v. d. Gröben, auch diefer
erhielt als Generalmajor den Abschied 1744, worauf das Regiment
an den Obriften v. Polenz kam.
Da diefer als Generalmajor das
Truchses'sche Regiment erhalten,
ward diefes 1745 dem Grafen
v. Dohna und noch in eben dem
Jahr, da diefer Generalmajor
Graf v. Dohna das Blankenfee-
sche Regiment bekommen, diefes
dem Generalmajor v. Kalnein
ertheilt u. f. w.

Guarnifon Infanterie Nr. 1,
l'Hospital. Ift schon seit 1714
ein Guarnifon Battaillon in Memel geweßen, nachdem der Generalmajor l'Hospitall dahin ver-
fetzet worden, hat derselbe es erhalten, und da 1740 die meiste
Leuthe von diefem Bataillon fowohl als von dem Nattaillischen
aus Pillau zur Augmentation der

Seit 1714 stehet schon diefes
Garnison-Bataillon, welches von
memelschen Invaliden ge-
nommen und dem Obriften
v. Prior gegeben wurde. 1724
erhielt es l'Hospital, da 1740 die
meisten Leute von diefem und dem
pillauschen Bataillon zur Vermehrung der neuen Feldregimenter,
die der König stiftete, genommen

neuen Regimenter, die der König stiftete, genommen worden, ist dennoch ein Fuß davon geblieben und wiederum so viel neue dazu geworben, daß es als ein ganz Regiment auf 10 Compagnien stehet. Die Grenadier Compagnien stehen auf Feldetat.

Nr. 45. Sers Pionier. Ist 1741 vor den General Major v. Wallrawe Cheff des Ingenieurcorps in Schlesien zu einem Pionier Regiment errichtet. Die Grenadiers bei dem Regiment sind Mineurs und lauter Bergleuthe. Nachdem der General Wallrawe 1747 kassirt, hat der Obrist v. Sehrs das Regiment nebst dem Ingenieurcorps erhalten.

Artillerie. Ist seit vielen Jahren her als ein Corps bey dem brandenburgschen Hauße geweßen, und hat es 1686 der General Major v. Weyler commandiret, welcher 1698 gestorben, und der Obrist Schlund das Commando bekommen, der seinen Abschied genommen und in frembde Dienste gegangen, da es denn 1709 dem General Major Kuhl conferiret worden, welcher bei Strahlsund todtgeschoßen, worauf es 1715 der jetzige General von der Infanterie v. Linger erhalten. Die ganze Artillerie bestehet aus 4 Bataillons, davon 2 Bataillons in Berlin stehen, das erste unter dem General

wurden, blieb dennoch ein Fuß und wurden die übrigen zu 10 Compagnien dazu geworben. Überdies sind 1742 die Grenadiercompagnien auf Feldetat gesetzet u. s. w.

Pioniers. Im Jahre 1742 ward dies Regiment zu 10 Pionier- und 2 Mineurcompagnien zu Neiße errichtet. Letztere waren lauter Bergleute aus dem magdeburgischen und ward dies Regiment dem General Wallrawe gegeben. Da aber solcher wegen unerlaubter Streiche nach Magdeburg gefangen gesetzet ward, erhielt 1748 das Regiment nebst dem Ingenieurcorps der Obriste und jetzige Generalmajor v. Seers.

Artillerie. Im Jahre 1676 hat das brandenburgische Corps der Artillerie aus 300 Köpfen bestanden, die der Obriste v. Schurtz commandirte und welches Berlin und alle Bestungen besetzte. Schurtz dankte 1677 ab, worauf das Commando der Generalmajor v. Weyler erhalten. 1695 ward der Markgraf Philipp als Generalfeldzeugmeister Chef der Artillerie, der 1697 das Corps zu 1 Bombardier- und 9 Canoniercompagnien ungefähr 30 Mann stark formirte. Weyl Weyler durchgegangen, kam der Obrist Schlund an deßen Stelle. Dieser hatte Plans für frembde Mächte gemacht, daher ward

v. Linger, das 2te, so 1742 gestiftet, unter dem GeneralMajor
v. Bauvrey oder vielmehr unter
dem Obristen Holtzmann, das
3te Bataillon, so 1717 aufgerichtet worden, bestehet in 4 Compagnien, welches der Major Heinrich
commandiret und lieget in denen
Vestungen, als Wesell, Magdeburg,
Colberg, Stettin, Cüstrin, Driesen,
und in allen Schantzen an der Ostsee,
imgleichen in Pillau, Memell und
Friedrichsburg. Das 4te Bataillon
ist 1742 formiret, wird das Schlesische genannt und besetzet die Vestungen in Schlesien.

er vestgemacht und der Obriste
v. Kühl 1698 an seine Stelle gesetzt, der nach Markgraf Philipps
Tode 1711 Chef und Generalmajor, aber 1715 vor Stralsund erschossen ward, da dies Corps der
Obriste v. Linger bekam. König
Friedrich Wilhelm hatte solches
kurz vorher mit 40 Mann verstärkt. 1716 ward das Corps in
2 Bataillons getheilt. Das eine
blieb in Berlin und heißt das erste
Feldartilleriebataillon, das zweite
blieb in den Vestungen. 1741 ward
ein zweites Feldartilleriebataillon
errichtet, welches also bey diesem
Corps das dritte ist. Endlich kam
1742 das vierte oder schlesische Ar-
tilleriebataillon dazu u. s. w.

Cavallerie Nr. 1. Budden-
brock. Ist ao. 1666 von dem damahligen General von der Cavallerie Fürsten Johann George
von Anhalt gerichtet und auf 6 Compagnien formirt worden, nach geschlossenen Frieden aber zwischen
denen Generalstaaten und dem Bi-
schoff von Münster, da der Chur-
fürst Friederich Wilhelm viele
seiner Truppen reducirt und gar
abgedanket, auf 4 Compagnien jede
à 100 Mann gesetzet worden. Anno
1672 wieder auf 6 Compagnien,
deren 3 eine Esquadron, formiret.
1689 mit 3 Compagnien, wie alle
andere Regimenter verstärket worden. 1693 nach Absterben des vor-
erwehnten Fürsten von Anhalt hat
das Regiment der Graff v. Schlippenbach, so es einige Jahre nachher als Obrister commandiret be-

Im Jahre 1666 ward dies Regiment von dem damaligen General der Cavallerie Fürst Johann
Georg von Anhalt-Dessau gerichtet und auf 6 Compagnien gesetzt.
Da aber nach geschlossenem Frieden
zwischen den Generalstaaten und
dem Bischof von Münster Christoph Bernhard v. Galen der
Churfürst Friedrich Wilhelm
viele Völker abdankte, auf 4 Compagnien jede zu 100 Mann, 1672 aber
wieder auf 6 Compagnien, deren
3 eine Esquadron ausmachten, gesetzt, 1689 mit 3 Compagnien verstärkt. 1693 nach des Fürsten
Tode erhielt das Regiment der
Graf v. Schlippenbach, der es
einige Jahre als Oberst comman-
dirt. 1697 ward es auf 3 Esqua-
brons zu 2 Compagnien reducirt, 1699 aber mit 2 und 1702

kommen, 1697 bis auf 3 Esquadrons reduciret, 1699 wieder mit 2 und 1702 noch mit einer Compagnie verstärket, und weil seit 1697 zwei Compagnien allzeit eine Esquadron formiret, so ist dieses Regiment wieder auf 3 Esquadrons gesetzt worden; 1718 ist es wie alle andere Regimenter mit 2 Esquadrons oder 4 Compagnien augmentirt, wovon 2 von dem Regiment selbst abgegeben und dazu geworben, 2 aber von dem Heyden'schen Regiment genommen und damit verstärket worden. 1722 nach Absterben des General von d. Cavallerie Graffen v. Schlippenbach hat es der General Major v. Bredow bekommen, so es aber 1724 mit Königlichem Consens an den damahligen Obristen jetzigen Feldmarschall v. Buddenbrod abgetreten.

Nr. 11. Nassau (Dragoner). Ist ao. 1741 von dem Könige in Schlesien auf 5 Esquadrons neu aufgerichtet und dem aus sächsischen Diensten kommenden Generalmajor v. Nassau conferiret worden.

Nr. 5. Rusch (Husaren). Ist ao. 1741 im Lager bey Gettien in Berlin von österreichschen Deserteurs von dem Obristen v. Mackerott auf 10 Esquadrons gestiftet. Der Fuß sind 2 Esquadrons vom Zythen'schen Regiment, die bey dem Observationscorps des Fürsten von Anhalt zurückgeblieben. Ao. 1743

mit einer Compagnie verstärkt. 1718 ist es wie alle übrigen mit 2 Esquadrons oder 4 Compagnien verstärkt, davon 2 das Regiment selbst gegeben und dazu geworben, 2 aber von dem Heyden'schen Regiment gekommen sind. Als der General der Cavallerie Graf von Schlippenbach gestorben, erhielt das Regiment der Generalmajor v. Bredow, der es 1724 mit des Königs Erlaubniß dem damaligen Obristen und nachmaligen General-Feldmarschall v. Buddenbrod abtrat u. s. w.

Im Jahr 1741 ward dies Regiment in Schlesien aus lauter Schlesiern angeworben und dem aus sächsischen Diensten kommenden Generalmajor v. Nassau ertheilt, der auch die meisten Officiers dazu aus Sachsen mitbrachte.

Dies Regiment ward in der Mark auf 5 Esquadrons formirt, wozu die Brunikowsky'sche Esquadron, die 1741 aus Preußen ins brandenburgische Lager ging, den Fuß ausmachte, wo sie sich auf 2 Esquadrons setzte. 1742 wurde das Regiment in Schlesien auf 10 Esquadrons vermehrt und dem

bat der aus östereichschen Diensten kommende Obrister v. Rusch
nach des v. Mackeroth Tode das
Regiment erhalten.

Obristen v. Mackroth gegeben.
Als solcher 1745 verstorben, er-
hielt es der aus österreichischen
Diensten gekommene österreichische
Obriste v. Ruisch.

Hiernach war die Grundlage von Paulis „Historischer Nachricht"
ein „Verzeichnis", das sich von dem hier besprochenen nur dadurch
unterschied, daß es weiter und regelmäßig fortgeführt war, das Pauli,
abgesehen von stilistischen Änderungen, bisweilen entweder zusammen-
gezogen oder durch Zusätze erweitert hat, die, wie die Vergleichung
ergiebt, sehr häufig aus der „Stammliste von 1756" herübergenom-
men sind, aus der auch Seyfert, obwohl er sie als fehlerhaft bezeichnet, die historischen Rekapitulationen in seiner „Kurzgefaßten Geschichte" größtenteils entlehnt hat.

Gelänge es, ein „Verzeichnis" zu finden, das bis 1758 oder
1759 fortgeführt wäre, so würde sich ohne weiteres feststellen lassen,
wieviel in der „Historischen Nachricht" demselben entnommen, was
Zuthat ist, genau so wie sich in der Regimentsgeschichte des „Versuches
und Auszuges" vom Herzog August Wilhelm von Braunschweig-
Bevern der aus Pauli übernommene Grundstock, die vom Herzog
entweder aus Seyfart oder aus eigner Kenntnis dazugefügten Ein-
lagen und Verbesserungen haben scheiden lassen (Märkische Forschungen XIX.). So wird es nur möglich sein, diese Trennung bis zum
Jahre 1750 durchzuführen. Auf jeden Fall wird fortan Paulis
„Historische Nachricht" nicht mehr den Anspruch erheben dürfen, zu
den durchweg originalen oder „primären" Quellen der preußischen
Regimentsgeschichten gerechnet zu werden; nicht einmal in ihren Zu-
thaten und Abweichungen kann sie durchweg als selbständig gelten.

Vergleicht man die Regimentsgeschichten des „Verzeichnisses", der
Stammliste von 1756, der „Historischen Nachricht", der „Kurzgefaßten
Geschichte", nimmt man noch den „Zustand der Königlich Preußischen
Armee", der 1778 zuerst erschien, hinzu, so ergiebt sich ohne weiteres
eine Thatsache: allen diesen liegt eine gemeinsame Quelle zu Grunde,
die in den einzelnen verschieden überarbeitet, gekürzt oder erweitert
(letzteres am meisten bei Seyfart durch Hinzufügung einer Menge
von Einzelheiten) erscheint. Vielleicht giebt für die Feststellung derselben der Hinweis auf das „Verzeichnis" der eingehenden Untersuchung dieser Frage einen Anhalt.

Chronologische Notizen über das Königliche Domänenamt Königshorst im Kreise Osthavelland.

Von **Zägler**, Geh. Regierungsrat.

Nach Bd. 1, S. 56 2c. der Märkischen Forschungen besaß der Königliche Domänenfiskus im großen Havelländischen Luche 600 Morgen Wiesen und den v. Lütcke'schen Anteil an den Ahrendshorsten, als König Friedrich Wilhelm I. den schon vom Großen Kurfürsten gehegten Plan zur Entwässerung der von Rohrbeck bei Spandau, an Nauen vorbei bis hinter das Ländchen Friesack, 7 Meilen lang sich erstreckenden Sümpfe

1714 wieder aufnahm.

Er ließ dieses Sumpfterrain vermessen und kartieren, die beteiligten Ortschaften und das Gefälle ermitteln und

1718 2c. unter Leitung seines Oberjägermeisters v. Hertefelt zwei große Abzugsgräben herstellen, von welchen der bei Rohrbeck und dem Brieselang beginnende als großer Hauptkanal unterhalb Rathenow in die Havel, der bei Börnicke am Glien beginnende als kleiner Hauptkanal in den Rhin fließt.

1719 wurden die Flatow- und Staffelde'schen Anteile an den Ahrendshorsten hinzugekauft und auf der bis dahin unbewohnten v. Lütcke'schen Ahrendshorst ein Vorwerk erbaut, welchem der König bei höchsteigener Besichtigung den Namen Königshorst beilegte. Zur Verbindung dieses inselartig im Bruche belegenen Vorwerks mit dem Belliner und Havelländischen Festlande, sowie mit den höher gelegenen Punkten des Luchs wurden, zur Förderung der Entwässerung, nach den beiden Hauptkanälen zahlreiche Nebengräben gezogen.

1720 wurde das Gebiet des neuen Amts Königshorst durch Flächenaustausch arrondiert und umgrenzt, die zwiefache Werft bei Börnicke gerodet, die Cremmener Bärhorst angekauft und von dem neuerworbenen Gute Berge die Berghorst dem Amte Königshorst zugeteilt. 371 Ochsen und 570 Hammel wurden in Weide ge-

nommen und dem Kronprinzen-Regiment in Potsdam der Heu-
bedarf für die Pferde geliefert.

1721 wurde auf der Kuhhorst das Vorwerk gl. N., auf der Bergischen
Stuthorst das Vorwerk Hertefeld und auf der zwiefachen Werft
nach Ablösung der Weideberechtigungen von Grünefeld und Börnicke das Vorwerk Rienberg errichtet, zu Königshorst ein Brau-
haus und Krug, zu Seelenhorst und Dreibrück an beiden Enden
des vom Belliner Ländchen durch das Luch nach dem Havellande
führenden Prinzendamms ebenfalls Krüge erbaut und auf allen
Vorwerken Tagelöhner etabliert.

1722 wurde nach Ankauf von Friesländischen und Holsteinschen Kühen
ein Holländischer Meier zur Einrichtung einer Molkerei berufen
und die Ablieferung von Butter an die Königliche Hofküche für
3 Groschen das Pfund angeordnet.

1723 wurden Kuhhorst und Rienberg verpachtet, im Übrigen die Selbst-
bewirtschaftung fortgesetzt, die Fehrbelliner Amtswiesen bei Brunne,
Betzin, Carwesee, Dechtow und Hackenberg, desgleichen die Dienst-
bauern aus Betzin, Carwesee und Hackenberg dem Amte Königshorst überwiesen. Nach einem Etatsentwurfe des Oberjägermeisters v. Hertefelt sollten von 1100 Ochsen 8800, von
400 Kühen 2000, vom Acker 240, durch Heuverkauf 500, von
den Krügen 39, von den Tagelöhnern für Weide und Wiesen-
nutzung 84 und von den Zinswiesen bei Brunne, Betzin, Carwesee, Dechtow und Hackenberg 1542 Thlr. 18 Gr., zusammen
13205 Thlr. 18 Gr. einkommen, es wurden aber nur 9357 Thlr.
7 Sgr. 2 Pf. erwirtschaftet.

1724 wurde der Flächeninhalt des Amts auf 5776 Morgen à 400 rhein-
ländische □R. und die Summe der Einrichtungskosten auf 158030
einschließlich 26500 Thlr. Baugelder festgestellt. Der Oberjägermeister v. Hertefelt trat von der Verwaltung zurück, welche
der König nunmehr selbst leitete.

1732 wurden die Vorwerke Nordhof am Prinzendamm und Deutschhof
auf der Schafhorst angelegt.

1733 wurden Pflanzer berufen und Wohnungen für 30 Tagelöhner-
famlien erbaut.

1736 wurde das Vorwerk Lobeoffund mit einem Holländischen Meier
angelegt, die Zahl der Tagelöhnerfamilien um 10 vermehrt,
der Milchviehstand auf 1000 gebracht und zu Königshorst, an
der von Sr. Majestät mit einer Stange bezeichneten Stelle, eine
Kirche nebst Pfarr- und Küsterhaus erbaut. Als Küster wurde
der bisherige Schullehrer, Schneider und Tierarzt Thymen angestellt.

1737 wurde der Kandidat **Bartsch** aus Charlottenburg als Prediger berufen, die Kirche am 7. Juli eingeweiht und die Mühle auf der Sandhorst errichtet, welche

1739 an den bisherigen Pachtmüller G. **Kabelitz** in Erbpacht gegeben wurde. Die Fläche der 7 Vorwerke Königshorst, Kuhhorst, Nordhof, Deutschhof, Lobeossund, Hertefelt und Kienberg wurde durch Vermessung auf 4002 M. 67 ☐R. Acker, 7491 M. 18 ☐R. Weide und 3383 M. 91 ☐R. Wiesen, zusammen auf 14876 M. 176 ☐R. ermittelt. Außerdem gehörten zum Amte umfangreiche Zinswiesen und Hütungskoppeln, welche für 1080 Thlr. an die Nachbardörfer Linum, Tietzow, Flatow, Börnicke, Grünefeld, Paaren, Behlefanz und Gr. Ziethen ausgethan waren. 42 Tagelöhnerwohnungen wurden mit Familien aus den übrigen Märkischen Ämtern besetzt.

1741 wurden 784 Kühe gehalten und die Auflösung des Vorwerks Deutschhof in Aussicht genommen.

1746 wurde der Leineweber J. F. **Blankenberg** aus Bornicke als Schullehrer in Kienberg angestellt.

1747 waren 61 Tagelöhnerwohnungen unbesetzt.

1748 sind 14 Kolonistenstellen zu 90 Morgen in Mangelshorst, 8 auf dem aufgelösten Vorwerke Deutschhof und 4 zu Hertefelt errichtet und an Pfälzer Emigranten in Erbpacht gegeben. Bei jedem dieser Dörfer wurden noch 3 Morgen Schulzenland angewiesen.

1749 wurde an Stelle des nach Hackenberg versetzten **Bartsch** der Informator am Großen Friedrichshospital zu Berlin E. H **Hahne** als Prediger eingeführt.

1752—1762 ist gegen den Etat von 11752 Thlr. von der Administration durchschnittlich nur ein Ertrag von 8756 erzielt worden.

1753—1771 ist das Vorwerk Hertefelt an die Gemeinde Gohlitz verpachtet gewesen.

1775 ist die Holländische Wind- und Wassermühle zu Kienberg dem Müller Fr. **Pfefferkorn** in Erbpacht gegeben.

1762 wurde dem Küster **Schuber** (Nachfolger des **Thymen**) dessen Sohn adjungiert.

1763 ist das ganze Amt Königshorst an den Amtsrath **Ganzer** gegen das Meistgebot von 13000 Thlr. und unentgeltliche Lieferung von 2500 Pfund Butter an die Königl. Hofküche in Generalpacht ausgethan.

1765 erhielt derselbe das Vorwerk Kuhhorst, wo auch 6 Büdnerstellen eingerichtet wurden, mit 1482 M. 151 ☐R. für den Anschlagspreis von 1112 Thlr. in Erbpacht. An Stelle des 2c. **Hahne** wurde der Rektor an der Potsdamer Garnisonschule Drake zum Prediger berufen.

1768 cedierte Ganzer Generalpacht und Erbpacht für 9719 Thlr. dem Amtsrath Sack, in dessen Familie sie bis 1802 geblieben sind.

1769 wurden die Bauern zu Paaren aus dem Amte Oranienburg nach Königshorst überwiesen.

1774 wurde der Krüger Musehold in Dreibrück erblich etabliert,

1775 die Pietzkute, jetzt Ribbeckshorst, dem Planteur Pelkmann vererbpachtet.

1779 wurden auf dem Amte einschließlich Kuhhorst 1066 Kühe gehalten.

1780 folgte dem nach Hackenberg versetzten Drake der Feldprediger Schröder aus Treuenbrietzen, und wurde dem Planteur und Obergärtner Steinert in Rheinsberg die Sandhorst hinter der Windmühle mit 206 Morgen zur Anlegung einer Baumschule,

1788 den Büdnern zu Kuhhorst, Rollinsruh, Rolandshorst, Behse und Schenk zu Kienberg, Zerbst und Neustädter in Lobeoffund ihr Besitztum in Erbpacht gegeben.

1793 wurde der Küster Thon aus Eichstädt, ein gelernter Schneider, Schullehrer in Königshorst.

1799 erhielt Förster Brand das später mit der Pietzkute vereinigte Steinert'sche Planteuretablissement zu Deutschhof in Erbpacht. Der frühere Prorektor Weißer vom Friedrichs-Werderschen Gymnasium in Berlin wurde zum Prediger berufen; seine Vorgänger waren Troll (1782—1797) und Ließmann (1798—99).

1799—1800 betrug die Pacht für Königshorst, Nordhof, Lobeoffund, Hertefelt und Kienberg 12907 Thlr.

1800—6 wurden diese Vorwerke neu veranschlagt, wobei auf die Vorwerke Königshorst, Nordhof und Lobeoffund 7452 Thlr. 14 Gr. 9 Pf. trafen.

1802 trat der Oberamtmann Meyer aus Eldenburg,

1805—08 dessen Sohn, der spätere Amtsrath Meyer, in die Generalpacht ein.

1809 wurde der frühere Feldprediger Kägler zum Prediger in Königshorst berufen, welcher daselbst 1836 starb.

1810 wurden die Dienste der Kolonisten zu Mangelshorst, Deutschhof und Hertefelt durch Geld abgelöst.

1819 wurde Thiedecke als erster Lehrer in Königshorst angestellt.

1837 wurde der Prediger Talkenberg zu Königshorst eingeführt.

1864 wurde bei der Grundsteuerregulierung zu Deutschhof mit Dreibrücken von 921,78 M. ein Reinertrag von . . . . 921,78 Thlr.

Hertefelt, Gemeinde, mit Rolandshorst von
953,32 M. ein Reinertrag von . . . . 786,26 Thlr.
Hertefelt, Gutsbezirk, von 4340,97 M. ein Rein-
ertrag von . . . . 4488,05 „
Rienberg, Gutsbezirk, von 3041,74 M. ein Rein-
ertrag von . . . . 2928,30 „
Königshorst, Gutsbezirk, mit Nordhof, Ribbecks-
horst, Sandhorst u. Seelenhorst von 5917,15 M.
ein Reinertrag von . . . . 6381,25 „
Kuthorst, Gutsbez., mit Rollinsruh von 2061,01 M.
ein Reinertrag von . . . . 1652,54 „
Lobeossund, Gutsbezirk, von 2054,95 M. ein
Reinertrag von . . . . 1999,10 „
Mangelshorst, Gemeinde, von 1433,45 M. ein
Reinertrag von . . . . 1484,99 „
angenommen.

Die hier aufgeführten Ortschaften bilden auch den in Folge der
Kreisordnung vom Jahre 1872 formierten Amtsbezirk und die Pa-
rochie Königshorst.

Ein schwedischer Obrist auf der Festung Peitz.

Von Dr. Reinhold Brode.

Der Einbruch der Schweden in die Kurmark, Ausgang 1674, Anfang 1675, ist ein Begebnis, welches sich in seiner wunderlichen Eigentümlichkeit schwer charakterisieren läßt: es erscheint ohne Analogie
in der modernen Geschichte. Zu seiner Würdigung hat denn auch die
Objektivität des historischen Urteils noch keineswegs das letzte Wort
gesprochen.

Zugleich an Frankreich und an Kurbrandenburg gebunden, an
jenes durch die Allianz vom 14. April 1672, an dieses durch die vom
11. Dezember 1673, stand die Krone Schweden während des Jahres
1674 in einer peinlichen Position zwischen dem Gewalthaber an der
Seine und den brandenburgisch-kaiserlichen Verbündeten. Die Sub-
sidien des französischen Hofes konnte sie nicht missen, wenn sie anders die Zerrüttung der Finanzen, wie solche unter dem vormund-
schaftlichen Regimente der verwitweten Königin Hedwig Eleonore
Platz gegriffen hatte, nicht ins Bodenlose steigern wollte; und einen
selbstthätigen Schritt zu Frankreichs Gunsten durfte sie ebensowenig
wagen, solange sie sich vertragsmäßig dem Kurfürsten Friedrich Wilhelm verpflichtet wußte. Und nun erfolgte in dem zuletztgenannten
Jahre, im Spätsommer und Herbst, unter einer verheißungsvollen
Wendung der deutschen Dinge (die Winterkampagne des Großen Kurfürsten von 1672 auf 73 war kläglich gescheitert) der zweite Ausmarsch der brandenburgischen Truppen auf den westlichen, diesmal
oberrheinischen Kriegsschauplatz.

Durfte ein Eingriff der Krone Schweden in den Gang der Begebenheiten vermutet, von den Parteien je nach ihrer Stellung erhofft oder befürchtet werden?

Der Großneffe Gustav Adolfs war mittlerweile majorenn geworden. Das Übergewicht der französischen Sympathien, welche im
Reichsrate der Regentschaft die Mehrheit beherrschten, hatte zunächst
auch die Haltung des jugendlichen Königs bestimmt. Noch wissen wir
nicht, ob der äußerst nachlässig erzogene, aber eigenwillige und leicht-

fertige junge Fürst nur verleitet oder selbständig an den geplanten Unternehmungen interessiert war, in wie weit etwa persönliche Initiative das offensive Vorgehen beschleunigte; ein derartiger Anteil würde sich erst aus den Akten auf schwedischer Seite, aus einem Schriftwechsel des Königs mit seinen hervorragendsten Ratgebern, aus den Instruktionen seiner zahlreichen, namentlich auch an den Höfen deutscher Kleinfürsten residierenden Gesandten beleuchten lassen. Soviel jedoch ist gewiß: noch ganz in des französenfreundlichen Reichskanzlers Magnus de la Gardie Händen ließ Karl XI. — bei großer Unklarheit in den Entschlüssen überdies auch im Schoße der Regierung ([1]) — den Einbruch geschehen, ohne sich der Tragweite eines Krieges auf deutschem Boden bei veränderten Machtverhältnissen auch nur annähernd bewußt zu sein.

Ist das Drängen der französischen Anhängerschaft ein Argument, wenn auch kein ausreichendes, zur Erklärung der nunmehr in Scene gesetzten Aktionen, so tritt diesem ein anderes sehr gewichtiges an die Seite, welches die Hohlheit der damaligen schwedischen Verhältnisse, die Halbheit der administrativen Maßregeln dieser Krone, ihre gegenstandslos gewordene Rechtsstellung in Deutschland auf Grund der alten Verträge allerdings auf das grellste illustriert: stimmführende Truppenchefs selber wünschten, wo nicht den Krieg, so doch eine Bewegung ihrer militärischen Massen. Der Reichsfeldherr der Krone, Graf Karl Gustav Wrangel, wollte die Armee, die in Vor- und Mittelpommern nicht mehr Platz hatte — man nehme die von dem französischen Botschafter Feucquières selbst den ganzen Herbst hindurch mit nervöser Hast betriebene Überfahrt immer neuer Milizen an die pommerische Küste hinzu — Graf Wrangel wollte die Armee einfach beschäftigt sehen. ([2])

Unter diesem Gesichtspunkte gewinnt die schwedische Invasion den Charakter einer Einquartierung in großem Stil, an welchem man sogar im Sinne ihrer Rechtfertigung festhielt, und auf Grund dessen man schwedischerseits alles Ernstes darüber streiten konnte, ob dieser Überfall in Wahrheit eine „Ruptur" zu nennen sei, ob daraufhin eine „Gegenruptur" des Kurfürsten überhaupt zu gewärtigen stünde. Ohnehin schien dieser nicht zu fürchten. Schickte er sich doch eben in einer Bedrängnis ohne gleichen das Elsaß zu räumen an, während seine von Truppen so gut wie entblößten Marken einer fremden Militärmacht offen lagen.

---

[1] „Mich dünkt, es mangelt am Besten und an Resolution." Krockow an den Kfn. d. d. Stockholm 18. August 1674.

[2] Des Verfassers Ergebnisse, deren Begründung in diesen Zusammenhang nicht gehört, werden an anderer Stelle breitere Behandlung finden.

Diese Ausführungen geben in knappen Strichen den Untergrund, auf welchem die folgende unscheinbare Episode sich abhebt. Aber wie im historischen Leben das Einzelne erst zu vollem Verständnis kommt durch die stete Beziehung auf das Allgemeine, so wird dieses wiederum belebt und veranschaulicht durch jene kleinen Züge, welche aus dem breiten Bilde des allgemeinen Ganges ihr rechtes Licht empfangen.

Aus der Reihe der schwedischen Offiziere, welche in der gezeichneten Richtung durch Wort und Bewährung die Kriegslust schürten, tritt der Obrist Bernhard Christian Wangelin(¹) hervor. Der Mann interessiert uns hier wegen seiner auf märkischem Sande erlebten Abenteuer. Einer ursprünglich mecklenburgischen Familie angehörig, hatte er als Militär und als Diplomat in schwedischen Diensten Verwendung gefunden. Er war mehrere Jahre Gesandter in Berlin gewesen. Er hatte noch zuletzt den Kurfürsten — der brandenburgische Hof pflegte auch im Felde ein diplomatisches Corps in seiner Umgebung zu haben — nach dem Elsaß begleitet und sich erst in Straßburg verabschiedet, als die Gegensätze sich schärfer zugespitzt hatten; möglich auch, daß den Gesandten eine direkte Ordre, wie im Kriegsfalle üblich, zur Übernahme seines Regimentes in die Heimat beschied. Nach dem Eindruck, den die Protokolle seiner Konferenzen hinterlassen, nach allen sonstigen Äußerungen, die seine Berliner Wirksamkeit hervorrief, muß er dem Kurfürsten mindestens nicht mißliebig und auch keiner der unbedeutenderen Geschäftsträger gewesen sein.

Ende 1674 stand der Oberst in Pommern an der Spitze seines, vor Ausbruch der Feindseligkeiten noch in verschiedene Garnisonen verteilten Dragonerregiments. Nach erfolgtem Einmarsch — am 15. Mai 1675 war laut dem Haager Protokoll von den Alliirten der Krieg erklärt worden — begegnet er, in der allgemeinen Überschwemmung durch die fremden Völker, an der Havellinie; Mitte Juni in Rathenow, das er als einen wichtigen Punkt der schwedischen Kolonnenkette zwischen Havelberg und Prizerbe besetzt hielt. Eilend — die Armee hatte von Schweinfurt bis Rathenow zwanzig Tage gebraucht — rückte der Souverän des Landes mit seiner in den Winterquartieren Frankens notdürftig gestärkten Truppe heran: es war eine bewunderungswürdige Marschleistung. Über Magdeburg näherte er sich der Frontstellung der Schweden. Ein glücklicher Griff brachte ihm alsbald die ummauerte Stadt in die Hände: am 25. Juni kapitulierten die feindlichen Kompagnien nach tapferer Gegenwehr, nachdem in der

---

¹) Nicht von Wangelin. Die in allen Teilen noch dürftig angebaute Personalgeschichte des siebzehnten Jahrhunderts wußte von ihm bisher wenig zu melden; in den Korrespondenzen der Zeit wird er viel genannt.

Frühe des Tages von der einen Seite her der Obristlieutenant
v. Kanne und der Generaladjutant v. Canowski([1]), von der anderen die Dragoner des Feldmarschalls Derfflinger eingedrungen
waren. Wangelins Regiment, bestehend aus 6 Kompagnien schwedischer Nationalvölker, „eitel Schweden und Finnen", ward zum größten Teil niedergehauen; auch die Bürgerschaft von Rathenow schlug
tapfer zu. Der Befehlshaber selbst wurde mitsamt seiner Gema-
lin([2]) gefangen genommen. Sein Obristwachtmeister, ferner der
Obristlieutenant Wrangel, ein Verwandter des Kronfeldherrn, drei
Kapitäne und eine große Anzahl Gemeiner teilten das Loos ihres
Führers. Während der Kurfürst den Siegeszug nach Fehrbellin antrat, blieb Obrist Graf Dönhoff mit 300 Musketieren zurück, die
Kriegsgefangenen zu überwachen, den Platz zu schirmen.([3])

Obrist Wangelin mußte seine Briefe einer Musterung unter-
werfen.([4]) Alsbald ward er auf die Festung Peiz abgeführt.

Ohne von den Einzelheiten seiner dortigen Haft Kunde zu haben,
kann man doch erkennen, daß es ihm daselbst nicht sonderlich behagt
hat. Wenigstens zeigt er später, zum zweitenmale gefangen, eine ent-
schiedene Abneigung sich wieder gerade in Peiz einsperren zu lassen.
Aber die Behandlung, über welche er Klage führt, wenn sie wirklich
härter gewesen ist, als man sie Kriegsgefangenen von seinem Range
in jener Zeit angedeihen ließ, war nicht unverdient. Bei den Märkern hatte sich der Obrist durch Gewaltthätigkeit, durch harten hab-
gierigen Sinn verhaßt gemacht, und es ist begreiflich, daß diese Züge
den Unwillen des Kurfürsten in hohem Maße erregen mußten. Klageschriften und Schuldforderungen von dem Obristen zeugen davon,

---

[1]) So nennen ihn übereinstimmend die Quellen.

[2]) Sie war eine Deutsche, eine Tochter des in schwedischen Diensten befindlichen
Generallieutenants More. Über ihr Geschick nach der Erstürmung der Stadt vergleiche
Tagebuch Dieterich Sigismunds v. Buch (in der Übersetzung von G. v. Kessel.
1865. Bd. 2. S. 119.

[3]) Vgl. Anlage A. — Hauptquelle für die Einnahme Rathenows ist das Buch'sche
Tagebuch. 2, S. 116 bis 118. Eine detaillierte Schilderung bei v. Witzleben-
Hassel. Fehrbellin, 1875. S. 74 bis 77. Die Glaubwürdigkeit der Rathenower
Chronik mag auf sich beruhen; für die Geschichte Wangelins sind ihre Nachrichten
in unserem Text nicht aufgenommen worden.

[4]) „Es wird dafür gehalten, daß Wangelin viele Korrespondenz am brandenburgischen Hofe gehabt, davon vielleicht einige Schreiben bei ihm mögen vorhanden
gewesen sein. — — — Seine Briefschaften sind alle durchsucht; man hat aber keinen
Brief, der zeithero 1654 geschrieben gewesen, bei ihm gefunden." Friedrich v. Heim-
burg an den Herzog Rudolf August von Wolffenbüttel d. d. Magdeburg,
17. 27. Juni 1675.

weſſen man ſich von dem hochmütigen Schweden zu verſehen gehabt
hatte. (¹)

Für diesmal freilich ging Wangelins Haft recht raſch und ohne
Fährlichkeit für ihn vorüber. Die Gefangenſchaft des brandenburgiſchen Generalmajors v. Götze (der geriet bei Wittſtock einige Tage
nach der Rathenower und Fehrbelliner Affaire in ſchwediſche Hände)
war es, welche ſeine baldige Entlaſſung einleitete. Der Kurfürſt
ſchickte dem Peizer Feſtungskommandanten Befehl, den ſchwediſchen
Obriſten in das Hauptquartier des Reichsfeldherrn paſſieren zu laſſen,
damit er dort gegen ſeine eigene Loslöſung die Freiheit Götzes er-
wirke. Auf Wangelins ſelbſtgeäußertes Verlangen nach einer Unterredung mit Wrangel war dieſe Weiſung geſchehen; aber nur mit
dem Beding des Tauſches hatte der Kurfürſt das Geſuch genehmigt. (²)
Und der Tauſch ward vollzogen Seitdem erſcheinen ſowohl Götze
wie Wangelin wieder im Dienſte ihrer Kriegsherren. — Das iſt
klar. Hätte nicht der Kurfürſt etwas auf den Gefangenen gehalten,
ſo hätte er ihm nicht vertrauensvoll jene Miſſion erteilt.

Weiter tobte der Kampf. Immer tiefer nach Norden waren die
Schweden zurückgewichen. Sie hatten die Mark aufgegeben, ja ganz
Pommern, zunächſt mit Ausſchluß der Inſeln, Stralſunds und Stettins,
dem nachrückenden Kurfürſten überlaſſen. In den Frühlingsmonaten
des Jahres 1676 belebten ſich die Gewäſſer der Oſtſee: ſchwediſche
Schiffe ſegelten herüber und hinüber; die Fregatten der von ihrer
Höhe herabgeſtürzten baltiſchen Großmacht ſah man mit Fahrzeugen
des aufſtrebenden Seeſtaats Kurbrandenburg teils im Einzelkampfe,
teils zu größeren Maſſen in häufigem, hitzigen Begegnen; und bald
erſchien Benjamin Raules kleine Flottille, deren Eingreifen man die
Eroberung Stettins ſpäter weſentlich mit zu danken hatte.

Auch Obriſt Wangelin — wir wiſſen nicht, wann und aus welchem Anlaß er inzwiſchen nach Schweden zurückgekehrt war — wollte
wieder das pommeriſche Feſtland gewinnen (³) Der König hatte ihm
aufgetragen, nach Stralſund zu ſegeln. Kaum jedoch war er am
Abend des 23. Juni auf der Rhede von Yſtadt an Bord gegangen,
als am Morgen des nächſten Tages das Schiff — es war die ſchwediſche Galliote „Maria" — auf der Höhe von Jasmund von einem

---

¹) Dieſe Eigenſchaften Wangelins hat auch J. G. Droyſen, Geſchichte der
preußiſchen Politik, III., 3. 2. Aufl. S. 349 für die Darſtellung verwertet. Dazu
die Äußerung des Mannes: „5000 Schweden würden 50,000 Brandenburger Ferſen-
geld zahlen lehren."

²) Siehe die beiderſeitigen Reverſe Anlage B. C.

³) Wangelin an den Grafen Königsmark in Uſedom d. d Kolberg 17.
27. Juni 1676 (intercip. Schr.)

brandenburgischen Schooner erblickt, verfolgt, angehalten und endlich
durch die Fregatte „Berlin“, die inzwischen avisiert worden, in den
pommerischen Hafen in Gewahrsam gebracht wurde. Am 25. Juni
traf der Obrist vor Kolberg ein. Es war derselbe böse Tag, der ihn
genau im Jahr zuvor dem Kurfürsten ausgeliefert hatte. Da widrige
Winde bliesen, mußten die Insassen noch einige Zeit auf der Rhede
verweilen, ehe sie am Orte Aufnahme fanden. (¹)

Im Verfolg der Ereignisse hatte man die schwedische Invasion
je länger je mehr in ihrer wahren Bedeutung erkannt. Man war auf
brandenburgischer Seite inne geworden, wie sehr, selbst nach glänzenden
Erfolgen, auch vereinzelte Umtriebe Vorsicht erheischten. Es ergab
sich demnach von selbst, daß man jetzt auch die Gefangenen mit wach-
samerem Auge in Obacht nahm. Der Antrieb dazu, namentlich hinsichtlich Wangelins, wurde durch eine Besorgnis verstärkt, welche
dieser selbst durch sehr übereilte Kundgebungen hervorgerufen. Er
hatte nämlich den Kommandeur der brandenburgischen Milizen in
Pommern, den Freiherrn Bogislav v. Schwerin, in dringenden Ausdrücken aus seinem Feldlager an der Swine nach Kolberg gefordert,
um ihm eine Eröffnung von allergrößter Wichtigkeit zu thun. Er
war, als Schwerin Folge geleistet, mit dem eigenmächtigen Vorschlage
eines Separat-Friedens zwischen Schweden und Brandenburg herausgekommen, mit dem Bemerken zugleich: Karl XI.
müsse es dann mit Dänemark versuchen, wenn es mit dem Kurfürsten
nicht geschehen könne. (²) — Noch war dessen Bund mit dem Kaiser,
den braunschweigischen Fürsten, mit Dänemark, mit Spanien und den
Generalstaaten nicht gelockert; ein Partikularvertrag auch nur eines
der Alliirten mit der feindlichen Krone konnte zu den bedenklichsten
Konsequenzen führen; Wangelins Andeutungen mochten weitere
Mitwissenschaft nach dieser Richtung argwöhnen lassen.

Der Kurfürst war entrüstet über die Meldung. Wer weiß, ob
er in seiner weitgehenden Nachsicht den ehemaligen Gesandten wieder
nach Peiz befördert hätte. Jetzt war kein Zweifel: der inhaftierte Obrist
mußte zum zweiten Male, indes seine Mitgefangenen in Kolberg zu-
rückblieben (³), auf die Festung wandern. (⁴) Über Pyritz, Königs-

---

¹) Das Faktum wird durch eine Reihe von Schreiben notifiziert.
²) Schwerin an den Kfn. Geh. Staatsarchiv.
³) Dem Sekretär Buchner gelang es, aus der Stadt zu entkommen.
⁴) „Ich habe zur Bezeugung meiner Sincerität und Treue nötig erachtet Ew. Kais.
M. sofort davon Part zu geben, und daneben gehorsamst zu berichten, wie daß ich
diese, des Wangelins Proposition, so wenig geachtet, daß ich sofort darauf Ordre
ertheilet, denselben nach der Peiz zu führen, damit er so viele weniger Gelegenheit haben möchte einige schädliche Korrespondenz zu pflegen.“ Kf. an

berg i. N., Küstrin, woselbst man ihm seine Papiere nahm — auf
Briefe zu fahnden war damals eine in weitestem Umfange befolgte
Maßregel (¹) — ging die Fahrt. Ein Lieutenant vom Regiment An-
halt leitete den Convoi.

Betreffend die Beschlagnahme der Briefschaften Wangelins —
auch die Frau Obristin spielt mit ihrem Anteil hinein — liegen zahlreiche Korrespondenzen vor. Genug, daß erhellt, mit einem wie ge-
fährlichen Konspiranten man es zu thun zu haben glaubte.

Desgleichen knüpfen sich längere Verhandlungen an eine Urlaubsreise, welche der Gefangene alsbald im Laufe der folgenden Monate
wiederholt nachsuchte. Er beabsichtigte in Hamburg Privatangelegen-
heiten zu ordnen: in der Nähe überdies, in Buxtehude, woselbst sich
eine schwedische Besatzung häuslich eingerichtet, hatte seine Gattin bei
ihren Eltern Wohnung genommen. Wenn auch nach längerem Zö-
gern, so ward doch in den letzten Dezembertagen Wangelins Bitte
höheren Orts gewährt. Wieder wie das erste Mal handelte es sich
um Freigebung eines brandenburgischen Offiziers: der Generalmajor
Lütke und der Obrist Wangelin „sollten gegen einander auf eine
Zeit von drei en Monaten relaxiert und auf freien Fuß gestellet
werden." (²) Gegebenes Ehrenwort verpflichtete zur Wiederkehr zum
festgesetzten Termine. — Erst freilich wollte der Kurfürst den Gefangenen in Berlin noch einmal vor sich sehen. Ausgang Januar 1677
befindet sich Wangelin dort. (³) Er empfängt seine Privatschreiben
zurück. Er trifft die für die Weiterreise notwendigen Dispositionen.
Daß ihm der Kurfürst Audienz erteilt hat, wird durch kein direktes
Zeugnis bestätigt; indes kann dies Faktum wohl kaum bezweifelt werden, denn es ist nicht anzunehmen, daß der Gefangene Berlin berührt haben würde, ohne dem deutlich ausgedrückten Wunsche des Kurfürsten willfahrt zu haben.

Mit diesem letzten Aufenthalte in der Hauptstadt verschwindet der

Kaiser Leopold d. d. Feldlager bei der Peenemünder Schanze 3. Juli 1676. — In
ähnlichem Sinne an die anderen Alliirten.

¹) Schreiben aus Frankfurt a. O., 6. Februar 1675. „So oft ich betrachte, wie
sehr einem jeden die Ohren nach Zeitungen und Briefen jücken, sonderlich in welchen
sie was von denen Schwedischen Böllern vermuthen, und also gar leicht ein Brief möchte
unterschlagen werden, so oft werde ich erfreut, daß Mrs. Schreiben wohl und
ungebrochen an mir befördert."

²) Kf. an den Kommandanten Ritter d. d. Potsdam $\frac{29.\ Dezember\ 1676.}{8.\ Januar\ 1677.}$

³) Hans Heinrich v. Schlabrendorff d. d. Friedrichswerder 12. 22. Januar 1677
meldet Wangelins gestriges Eintreffen in Berlin. Kf. antwortet sogleich, daß
Schlabrendorff ihn nicht mehr als Gefangenen halten könne, stellt ihm aber vor,
ihm den Besuch bei ihm (dem Kfn.) nahe zu legen.

Schwebe aus dem Gesichtskreise seiner Bedränger. Er ist nicht wieder-
gekommen. Das Übermaß bewilligter Freiheit hat es ihm möglich gemacht sich der Peizer Haft zu entziehen.

Als die Frist der drei Monate abgelaufen, und Wangelin sodann durch zweimaliges Reskript zu schleuniger Gestellung zitiert worden war, ohne daß er sich eingefunden hätte: schritt der Kurfürst,
trotzdem von ausländischer Seite mannigfach für den Schweden in-
tercediert wurde, zur Einsetzung eines Kriegsgerichtes, welches unter
Mitwirkung brandenburgischer, anhaltischer und braunschweigischer
Offiziere unter dem Präsidium des Kaiserlichen Feldmarschalls Freiherrn Hilmar v. Knigge in Funktion treten sollte.[1] Aber auch
die dritte peremptorische Citation verhallte ohne Wirkung. Der brandenburgische Resident in Hamburg — ihm war die Einhändigung der
Urkunde zu bewerkstelligen befohlen — sah sich in der Lage dem Kurfürsten unterbreiten zu müssen:[2] die Obristin Wangelin sende das
Dokument zurück — sie wisse den Aufenthalt ihres Mannes nicht —
sie leugne überdem, daß ihr Mann „Parole von sich gegeben."

Zu einem Urteilsspruche des Kriegsgerichtes haben es, soviel zu
ermitteln steht, die alsbald eingeleiteten Friedensverhandlungen in
Utrecht nicht mehr kommen lassen.

Als Kuriosum mag angemerkt werden, daß Wangelins erste
Gefangennehmung einen Studiosus der Frankfurter Hochschule in Mit-
leidenschaft zog.[3] Ein Verwandter der Frau Wangelin, hatte er
von dieser Zuschüsse bezogen, die einer tüchtigen Ausbildung im Französischen zu gute kommen sollten. Indes scheint der junge Musensohn
einen lebhaften Widerwillen gegen diese Sprache empfunden zu haben.
Seine Rechtfertigungsbriefe an Wangelins Sekretär, der sich im
Auftrage der Obristin schriftliche Verwarnungen wegen seines (des
Studenten) Unfleißes erlaubt hatte, wurden von den brandenburgischen Spähern suspekt befunden, und der Arglose eines Einverständ-
nisses mit den Schweden bezichtigt. Die Angelegenheit nahm einen
beinahe scherzhaften Verlauf. Durch den juristischen Professor Rhe-
tius ließ der Kurfürst den Studenten vernehmen: natürlich verfügte
er, da sich die völlige Unschuld desselben herausstellte, ihn dem Wunsche
seiner Angehörigen entsprechend Ende Sommer 1675 unbehelligt in
die Heimat abreisen zu lassen.

---

[1] Die kaiserliche Erlaubnis zur Übernahme des Präsidiums durch Knigge d. d.
Wien 4. April 1678.

[2] Otto v. Guericke an den Kfu. d. d. Hamburg 17. 27. April 1678.

[3] Studiosus Heinrich Wilhelm Majohl aus Buxtehude. Er war zu Frankfurt am 24. Juli 1674 immatrikuliert worden (laut der Frankfurter Matrikel, deren
Herausgabe von der bewährten Hand Ernst Friedländers demnächst zu erwarten steht).

Noch sind die Akten über Wangelin nicht geschlossen. War er wirklich ein eigenmächtiger Konspirant? Oder war er ein Schwindler, der wie manche ähnliche Äußerung, wie sie aus seinem Munde berichtet wird, so auch jene den Separatvertrag betreffend nur in der Absicht gethan hatte, sich durch Vorspiegelungen, welche die Not eingegeben, die verlorene Freiheit zurückzukaufen?

Bei den Zeitgenossen hat seine zweimalige Gefangennehmung viel Anteil erweckt. Das Zusammentreffen der beiden Daten begeisterte den kurfürstlichen Archivar, welcher damals die bezüglichen Akten einzuordnen hatte, Johannes Görling, zu einem Poëm, das für Stil und Geschmack der Zeit charakteristisch ist. Die Wortspiele entziehen sich einer Wiedergabe in deutscher Zunge. Mögen daher die Verse — ein dem Gefangenen in den Mund gelegter Monolog — für sich selber sprechen:

In reiteratam et anniversariam
Tribuni Suecici Wangelini
captivitatem.

Qui certa esse negat fatalia tempora nobis,
exemplo doctus discat id ille meo,
quem Vito (¹) sacrata dies bis dira recurrens
invitum et nudum vincla subire videt:
ante annum Rateo à captivum sistit in urbe,
in rate nunc praedam me iubet esse mari;
et ne quis dubitet, mens id praesaga futuri
dicit, emunt posthac haec quoque fata rata.

Anlagen.

Die einfache Datierung ist stets neuen Stils. In Orthographie und Regestierung folgen wir durchaus den Prinzipien der „Urkunden und Aktenstücke zur Geschichte des Kurfürsten Friedrich Wilhelm von Brandenburg."

A.

Zeitung aus Rathenow. Dat. 15./25. Juni 1675.

Gedr. v. Witzleben-Haffel, Fehrbellin. Unter den Beilagen.

Offizieller Bericht. Entwurf mit Korrekturen von Franz Meinders' Hand.

---

¹) Der heilige Veit. Sein Tag der 15. (25.) Juni.

B.

Die beiden Reverſe des Kommandanten von Peiz und des Obriſten Wangelin.

Wangelin: „Nachdem S. Ch. D. zu Brdbg. gnädigſt mir vergönnet, auf 4 Wochen zu S. hohen Exc. und Gnd. dem Herrn Reichsfeldherrn Wrangeln zu reiſen, umb zu ſehen, ob ich des Herrn Generalmajor Göße Befreiung der Ends beförbern könnte, ſo verſpreche ich hiemit und kraft dieſem, en homme d'honneur et de parole, daß ich innerhalb der geſetzten Zeit der 4 Wochen a dato an mich hier wieder einfinden will, ſo ferne nicht inmittelſt S. Ch. D. mich gänzlich auf freien Fuß ſtellen werden, und ſo weit ich nicht durch Gottes Hand und menſchliche Gewalt augenſcheinlich davon behindert bin. Wesfalls ich dieſen Revers in Händen des Churfürſtl: Obriſtl: und Commendanten H. Rittern von mir geſtellet.

So geſchehen in der Veſtung Peiß den $\frac{\text{24. Juli}}{\text{3. Auguſt}}$ 1675.“

C.

„Nachdem von Sr. Ch. D. zu Brandenburg, meinem gnädigſten Herrn, eine gnädigſte Ordre zugeſchicket worden, daß der jüngſthin in Rathenow gefangene Obriſter Tit. H. Wangelin, gegen Ausſtellung eines Reverſes, auf 4 Wochen eine Reiſe zu dem Feldherren Wrangel Exc. zu thun, aus hieſiger Veſtung ſoll erlaſſen werden: als habe ich wolerm. Herrn Obriſten dieſen Paß ertheilen und zugleich manniglich respective dienſt und freundlich bitten wollen, ihn allerorten nebenſt Diener und Sachen frei, ſicher und ungehindert paß und repaſſiren zu laſſen. Das iſt man in dergleichen auch anderen Begebenheiten hinwieder zu verſchulden erbötig.

Veſtung Peiß den 24. Juli 1675.   (L. S.)

Churfürſtl. Brandenburg. Beſtellter Obriſter   **Carl Ritter,**
Lieutenant und Vice Comendant hieſelbſt.   mppria.“

Reisebericht des stud. jur. Adam Wolradt Volckershoven (1680—1681).

Mitgeteilt von **Dr. Ernst Fischer**, Professor.

Einleitung.

Das Manuskript, Eigentum des Herrn Geh. Regierungsrates Dr. Hassel zu Dresden, befindet sich in einem in rotem Leder gebundenen Notizbuche, das mit Seitentaschen und einer Klappe versehen ist. Die Schrift ist gefällig, aber wegen häufiger Abkürzungen und Schnörkel zuweilen etwas unleserlich, überdies sind die ersten Blätter durch Wurmstiche verletzt. Am Schluß sind Recepte für „Allerhandt Rare Speisen, Brühen, Confitüren" u. s. w. eingezeichnet, welche der Verfasser in der Schweiz kennen lernte, außerdem findet sich eine „Specification Was die Reise von Genf bis Berlin gekostet. A. 1681", nämlich 47 Thlr. 22 Gr. Der Reisebericht schließt mit den Worten: „16. Juny zu Deffau, Wittenberg, treuen Britzen und Saarmund. 17. Juny zu Berlin Postgeldt 2 Thl. 21 pf.

Noch zehrung 2 „ —."

Über den Verfasser, der seinen Namen nicht nennt, erfahren wir aus der Handschrift, daß er aus Quartschen stammte, in Frankfurt a. O. studiert hatte und mit seinem Vetter „Bertram" eine Reise nach Basel unternahm, um daselbst zu promovieren. Der Weg führte die jungen Gelehrten zunächst über Anhalt und die thüringischen Lande nach Nürnberg, von dort nach Ulm, Schaffhausen und Basel. Hier wurde der Vetter am 29. August, der Schreiber selbst am 13. September einem Examen unterzogen, am 8. beziehungsweise 22. Oktober disputierte man. Nachdem beide am 22. Februar 1681 promoviert waren, traten sie am 26. d. Mts. die Rückreise an und gelangten über Straßburg, Heidelberg, Mainz, Frankfurt a. M., Marburg, Kassel, Gotha, Merseburg und Berlin wohlbehalten wieder in die Heimat. Zu Halle bewunderten sie noch die Ehrenpforte und vier Brunnen, aus denen während der Huldigungsfeier roter und weißer Wein vier Stunden lang geflossen war. Im Jahre 1683 befand sich der Verfasser im Gefolge des Freiherrn v. Schwerin, „welcher in

Ambassade Von Sr. Churf. Durchl. nach dem kahſ. Hoff geſendet.“ Das Itinerar dieſer Wiener Reiſe hat er ebenfalls ſeinem Taſchenbuche einverleibt (11. Januar bis 2. Februar Hinreiſe — 21. März bis 6. April Rückreiſe). Später machte er auch einen Ausflug nach Emden.

Der Güte des Herrn Profeſſor Dr. Jakob Wackernagel zu Baſel verdanke ich folgende Mitteilung: „Laut der Baſeler Matrikel wurde am 6. Auguſt 1680 unter dem Rektorate von J. J. Buxtorf immatrikuliert:

Adam Wolradt Volckershoven Marchicus. Er zahlte eine Gebühr von 2 M. 5 Schilling. Derſelbe wurde am 22. Februar 1681 „D. Simone Battiero promotore“ Doktor der Rechte. Gleichzeitig mit ihm wurde immatrikuliert und zum Doctor juris promoviert „Henricus Bertram Juliacus“, der bei der Immatrikulation 1 M. 2½ Schilling zahlte. Außer Volckershoven hat ein Märker in den Jahren 1676—1681 in Baſel nicht ſtudiert. Da überdies die Daten der Matrikel mit den Angaben des Taſchenbuches übereinſtimmen, ſo haben wir in ihm den Schreiber der Reiſeſchilderungen und in dem Jülicher Bertram ſeinen Vetter zu erkennen.

Einen Abſchnitt des Tagebuches veröffentlichte Herr Amtsgerichts- rat Kuchenbuch zu Müncheberg im Sitzungsbericht des dortigen Ver- eins für Heimatskunde (8. März 1881). Im folgenden gelangen ſämmtliche auf die Mark bezüglichen Stellen zum Abdruck.

(I) Reiſe von Cüſtrin uf Baſel.

Nachdem nun der völlige Abſchied genommen, begleitete Uns ein ettwa erbahrer KirchenVorſteher von N. N., ſo ſich ohngefehr für 6 gr. ein gerſten wambß gekauffet, welcher, unangeſehen des Weges ſehr bekande, dennoch auß meinung, ob Er Vielleicht unß einige ge- ſellſchaft leiſten könnte, Weiter als eine Halbe meile von Cüſtrin erſt- lich auf Rattſtock und hernach uf Reutwin, dahin Er ſeinen Weg genommen, und Weiter alſo uf Frankfurt gieng.

Den ſelbigen abend kamen wir noch in Müncheberg, uf dieſen Wege Begegneten unß viele leute ſo zu Müncheberg zu marckt ge- weſen, unter andern auch ein Wagen Voller Beſoffener Pauern nebſt einer vollen Bauersfraw, welche alle übereinander lagen wie die volle ſäue in ihrem ſtalle; Nahe für Müncheberg lag ein Voller bawer mitten im Wege, welchem alle Leute, wo Sie nicht ihn überfahren wollten, nothwendig fürbeyfahren mußten. Zwar erinnerten wir einige ſeiner mitgeſellen, daß ſie ihn alß ihren trewherzigen ſauffbruder auf- wecken und mit nach Hauſe ſchleppen möchten, ob ſolches geſchehen,

konten wir nicht abwarten, auß furcht, wir möchten Berschloffen werden, weil es finstre nacht wahr. (2) Alß wir nun ohne einigen auf-
halt hinein kamen, daß auch der Wachtmeister (Welches officium der
ordnung nach auf eine alte fraw gekommen war) mit vollen Lauf
unß bewillkommend, schleunigst aufmachte, und hinter unß wieder zu-
bandt, damit ja kein Hund über das thor springen oder unten durch
kriechen könte. Dennoch aber verhinderte die späte nacht, daß wir
dieses thor nicht recht betrachten mochten, außer dem daß ich sahe,
wie fleißig und für allen einfall es sicher gebawet war, daß es unten
und oben und auf beyden Seiten offen, daburch der mit finstern
Wolcken belegte Himmel zu sehen war. Die Häuser in der Statt
wahren so herrlich mit nebenbey stehenden großen Plätzen gebawet
alß wenn mann Biel schlösser neben einander mit darzugehörigen weitläuftigen Hofmauern gesehen hätte, nurt eines war zu observiren,
daß keiner von solchen plätzen mit dem Hause selbst in einer mauer
beschlossen, sondern darmit Sie jenes Philosophi dictum wohl in
acht nehmen möchten, wie andere Zwey Nachbahren ihre sachen pro
indiviso, wie die jungen die Vogelnester, also gieng es hier auch zu,
und achteten Sie es unter einander nicht, wenn einer des anderen
Hoff mit seinen übrigen Excrementis beschwerte. (3) Hierauf wahren
wir höchst bekümmert, wo wir zur Herberge einkehren möchten, weil
wegen noch währenden jahrmarckt alle logiamenter voll wahren, endlich kamen wir an ein Hauß, in welchem die Leute erstlich aufgewekt
werden mußten, in währender Zeit hörten wir eine schöne abendmusic,
mit einer Fiol, Flöten und Polnischen bock, diese wahr sehr lieblich
anzuhören, daß auch einige auß den betten heraußgelockt werden hätten
können, wenn Sie nicht abgehalten die unsicherheit auf den Gassen,
so in großen Städten oft fürzufallen pfleget, doch giengen ettliche fürr-
bey, die unß mitten uf der Straaßen haltende mit licht betrachteten,
alß eine Kuh ein new thor so sie noch nicht gesehen, ob aber solches
geschah daß selten geringe leute zu passiren pflegten in ansehung des
Ortes nurt hohe standespersonen wohneten, kann ich nicht eigentlich
sagen, ich möchte Sie sonst mit unter die Herrn von schilda rechnen,
welche zwar mit gutem Willen, aber mit schlechtem Verstande besalbet
wahren. Nachdem nun unser Fuhrmann durch Vielfältiges anklopfen
unß die Herberge procuriret, fuhren wir von hinten uf den Hoff
welcher ganz voller Pferde und Vieh. Hier aber sahe man ganz keinen
unterschied unter Ställen Hauß und Scheune, sogar nach einem Mo-
del war alles gebawet. Eine Stunde lang (4) mußten wir Verharren
ehe das geringste Licht in das Hauß gebracht wurde, nachdem aber
solches Vorhanden, war doch schwerlich zu erkennen wo wir hingeführt
wurden, ob es das Bohrhauß, die Küche ob: das Brawhauß gewesen.

Bald hierauf presentirte sich die Wirthin in ihrem nachthabit ganß
unlustig und schlaafftrunden, dieselbe Befriedigten wir so gut wir
konten und Baten umb Vergebung der begangenen unhöflißkeit wegen
Verstörter Ruße, aber dieses schlaraffenbild wahr so bescheiden und
so buttDrieste, daß, da Sie unß dieses hatte verziehen sollen, noch
vielmehr anfieng zu keifen und sich so familiar erwieß, alß wenn wir
mit der groben Jlse die Gänse zusammen gehütet hätten; Alsobald
forderten wir einen tisch, denn in der stube mochten wir nicht logiren,
weil alles Voll von allerley Leuten, unser Begehren ward erfüllet,
aber nach langer Verzögerung, und brachte die Wirthin einen tisch
so einer fleischbanck oder Hackkloze ähnlicher alß einem tische im Wirths-
hause, diesen setzte sie bey dem fewerherbe, auf welchen wir Kien
legten auß mangel des lichtes, nun waren auch schemmel von nöthen,
indem wir von der Reyse sehr milde, aber hier war keiner zu sehen
ob: zu finden, Einer setzte sich auf einen Zerbrochenen stuhl von
stroh geflochten, der andere aber auf ein klötzgen, und also fiengen
wir nach (5) gethahnem Gebeth an zu essen. Die Frau Wirthin leistete
unß die ganze Zeit über fleißige gesellschaft, und erzehlete mit großem
eifer, wie ihr Bürgermeister so ungerecht mit anlegung der Contri-
bution Verführe, welchen Sie nicht im geringsten Verschonte mit vielen
anzüglichen reden anzugreiffen; nach diesem auch wahr Sie dermaßen
unverständig daß Sie gar ihrer Obrigkeit nicht schonte, indem die-
selbige gar zu gütig währe, daß Sie sich von ihren Rähten bereden
ließe und das armuth nicht ansehe. Dergleichen unverständige Reden
führte sie mehr alß nöhtig waren, so auch wegen dessen nicht zu no-
tiren. Die person selbst, welche unß ihre angenehme Gegenwart
stets gönnete, zu beschreiben, will kurz zusammenfassen, daß Sie dermaßen affabel wahr, man hätte sie vielmehr in den Hanff setzen
mögen, zum scheuzeichen für die Vögel, und daß die Sonne ihr gesicht
von dem unflat gesäubert hätte. Nach vollendeter Abendmahlzeit
logirte Sie unß in eine scheune ohnfern von dem misthauffen und
schweinstalle; diß hieß nun in der frischen luft gelegen, weil wir in
der stuben nicht schlaaffen mochten auß furcht vor allerley inficirte
luft, der vielen einlogirten fremdden Leute. Diese nacht ward, ungeachtet des schönen logiaments, in sanffter Ruhe zugebracht. Und
reyseten Wir mit dem anbrechenden tage (6) in Gottes nahmen Weiter
fort. Unter Wegens Begegneten Unß noch allerhand Marcktleute,
worunter einige ganze familien zu seyn schienen, indem einer ein
Bett, der andre einen Großen Lehnstuhl, der dritte gar das Kind
mit der Wiegen auf seinem Puckel zu marckte trug, Ich will aber
dahingestellet seyn lassen, ob es Colonien ob: gemeine passagirer
gewesen. Alhier hatten wir einen angenehmen Weg, alß wenn es

eine schöne allee gepflanzt wäre; Jn währender Zeit erblickte ich eine
große Holztaube, hier bekam ich gelegenheit zum ersten meine Flinte
zu lösen, aber da der schuß geschehen solte, ward ich gewahr daß
in der ordentlichen Confusion zu Müncheberg der stein davon sich
verlohren, alsobald suchte ich einen stein so gut Er zu finden, darauf
gieng ich in vollem epher fort, da aber die Taube zu bekommen vermeinte, mußte ein Quackfalber ob: Circumforaneus mir solches Verhindern, denn anfangs selbigen für einen Vohrnehmen Mann sonst
angesehen, und also war diese Lust auch hin. Darauf trieb der Kut-
scher die Pferde wieder an, daß wir auf den (7) Mittag zu Taßdorff
ankamen, alhier fanden wir einen Weinhändler so von Frankfurt am
Mahn Reinischen Wein eingekauft nach Jrankfurth an der Oder selbigen liefern mußte, dieser gab unß gute nachricht von den örtern
auf Welche wir unsern weg nehmen mußten, auch wie wir mit den
Pässen durch selbige örter zu verfahren hätten.

<hr />

**Kürtzere Zusammenfaßung obgedachter Reyse auß der ChurMarck
Brandenburg in das SchweizerLand, so von zwey guten Freunden
angestellt worden im Jahr 1680 im Monat Junio.**

Den 21. Juny Wir von Quartßchen abgereyset, und nachdem
Wir zu Cüstrin von den guten Freunden abschied genommen (Welche
unß, absonderlich die verwittwete Fr. Pfarrin Hoffnerin (?) libera-
liter und magnifice tractiret) noch selbigen tag zu Müncheberg angelanget, aber nichts sonderlichs zu sehen, alß daß es nurt Jahr-
markt wahr; weswegen Unß auch noch im frischen gedachtnüß, mit
waß für logis in mangel des ordinaire daselbst accommodiret worden. Den andern tages alß den 22. dito Haben unsere Reyse in
verwünscht lustig Wetter durch schöne und schattigte Wälder fortgesetzet,
und zu Mittag (8) in Taftorff, des abends zu Berlin angelanget,
und daselbst bis den 25. Juny bey H. Vettern (so aber nicht zu Hause
gewesen) eingekehret, almo unß von der fr. und Jfr. Nichten inmit-
telst sonderbare Ehre widerfahren. Nächst diesem seyndt mit dem bekannten fuhrmann Stielern (?) auß Zerbst abgefahren; den ersten
abend wir zu Newendorff pernoctiret, ich aber aufm Wagen. NB. die
tausenderley poßen, so zwischen Mons. Eckebrett und Biedermann
fürgangen, in specie auch, da sich interponendo eingelaßen, der
Bewußte Horribilicribifax so nothwendig ihm ein ansehen machen
mußte, doch hiernach piano gangen; Nurt daß er die Arcana aller
Kriegerischen practicmacher Haarklein und mehr dann offenherzig daher
erzehlte. Den 26. Juny haben Unß bey frühem, schönem Wetter wieder
aufgemachet; Der Herr Vetter Bertram aber mit dem Deffauischen

Jäger das Churfürſtl. Schloß Potdsbam zu ſehen etwas zur Zeit
fürauß ſpazieret, alwo bann ſonberlich die neu erbaute Churf. Glaß-
hütte für dem Schloß zu obſerviren wahr, auch der wohl eine halbe
ſtunde gehend lang über die maßen ſchöner, mit zum Schloß zu mit
Bier Reyen Bäume beſtehenber Allee. In dieſes mitten ſtehet das
zierliche Churfſl. Hundehauß. Zur ſeiten im Thiergarten (alwo der
H. Vetter Bertram die übrige Compagnie abgewartet) wahren auf
ein ſchönen, großen (9) unb ebenen plan die fortificationsExercitia,
ſo in allerhanb fortificandi modis den Churfürſtlichen Printzen vor-
gezeiget, unb mit approchiren canoniren unb ſtürmen eingenommen,
luſtig zu ſehen. Dieſen morgen haben wir, durch den Churfl. Thiergarten paſſirend im Schmeertruge (?) refrichiret unb frühſtücket,
des Mittags zu Brück geſpeiſet.

NB. Den vorgebachten Jäger unb Mons. Badofen (?) Eodem
des abends zu Belzig pernoctiret, der H. Vetter Bertram ufm
Wagen. NB. die böſe Wirthin. Den 27. Juny in Mebewitz, auf
welchem Wege die gantze compagnie mit auf unb abſteigen unb bann
flückung der Heybelbeeren den Wagen ziemlich tarbiret, welches boch
der Fuhrmann nicht ändern konnte; an dieſem weil es ſehr warm
Wetter, hatte unſern Wagen mit Birkmayen beſtochen; So boch nicht
beſtänbig, ſonbern nurt repariren verurſachte. Zu gebachtem Mebewitz kamen eben umb die Zeit an, da man balbe in Kirche gehen
ſollte, ſo näherte unß ſich der Pfarrer (angeſtochen mit newen leber-
nen Hoſen) unbt labete Bohr auffteigung der Cantzell ſein Hertz mit
einem halben Stübichen Bier, den auch die an der Wanb Hengen-
bes, abgenommenes unb geſtrichenes Viol bey dem Bier im mittelſt
bermaßen ergötzte, daß Er ſeine Zunge auß ſich Sächſiſch zimblich rüh-
rete, unb unter anbern Zeitungen auch ſeines zu Wittenberg ſtudi-
renden Sohnes Brieffe herfürzuge ſeine Novellen zu amplificiren:
Unb ob wohl Er unß zu ſeiner Predigt invitirte, ſo hat (10) boch
(in Betracht der ſchlechten devotion, ſo wir in der Kirchen verüben
würden, welche wegen Vorhergegangener Comoedie alß ein interlu-
dium erfolgen dürfte), die mittags Uhr unß davon abgehalten, unb
haben unß barauf Zerbſt genähert.“

————

1681.

(S. 51) „(16. Juni) kamen abends umb 5 uhr nach trewen
Briezen, von hier ſtracks auf einer anbern poſt wieder fort, unb in
der nacht umb 12 uhr zu Sarmundt, So ein Churfürſtl. Bran-
benburgiſches Amt. Von hier geſchwinbt aufgeſeſſen ub kamen alſo den
17. Juny morgens um 5 Uhr in Berlin. Unb nachbem unſere päſſe

approbieret, giengen nach genommenem abschied von einander, und zwar ich ufm Friedrichs Werder bey Hr. Löckeln logieren. Indessen wolte umb mich abzuholen nach Hause schreiben, es persuadirte mich aber Hr. Vetter Löckel, daß ich bei ihm bliebe, biß er mit mir zugleich abreysete den 20. Juny mit Postfuhre, und zwar den (s. 52) ersten tag kamen wir zu Mittags nach Rüderstorff, woselbst bei dem Hr. Ambtmann speisete, Weil aber die bestellte Postfuhre sich Verweilete, seyndt wir des abends vmb 12 Uhr erstlich nach Arnsdorff kommen. D. 21. Juny früh fuhren wir fort und kamen umb 7 Uhr nach Malnow, all hier ettwas gefrühstückt, und den Mittag nach Cüstrin kommen; Woselbst beim Hr. Oberaufseher zu Mittag gessen, und dann vollends nach Quartschen gangen, alwo auch abendt glücklich angelangt. Habe gleichfalls meine l. Eltern bei guter Gesundheit wieder gefunden." —

Im Anschluß an die launige Beschreibung des ersten Nachtquartiers, teilte Herr Amtsgerichtsrat Kuchenbuch freundlichst über die Zustände zu Müncheberg im 17. und 18. Jahrhundert folgendes mit: Die Bewachung der Thore machte dem Rate, wie das Protokollbuch von 1709 noch ergiebt, viel Sorge und ließ manches zu wünschen übrig. Die alten Thore wurden erst im Anfange des 19. Jahrhunderts entfernt. Da 1641 die Stadt durch Feuersbrunst bis auf wenige Häuser zerstört worden war, mag es 1680 noch übel genug ausgesehen haben. Nach dem Brande wurden die Häuser mit den Giebeln nach der Straße gesetzt und mit Schindeln oder Stroh gedeckt, noch 1709 wird auf die Entfernung dieser Bedachung gedrungen. Um 1680 gab es in Müncheberg schwerlich gut ausgestattete Wirtshäuser, in einem Rezeß aus diesem Jahre wird erwähnt, daß Durchreisende fast kein Unterkommen finden, aber auch auf keinem Dorfe bleiben könnten. Nach 1718 wurde der Magistrat angewiesen, für Herstellung ordentlicher Gasthäuser zu sorgen, in denen fremde reisende Leute gegen billige Bezahlung aufgenommen und bewirtet werden könnten. Es erklärten sich der Ratsverwandte und Accise-Kontroleur Samuel Püschel und Anton Gottfried Wildschütz bereit, solche anzulegen, auch die Fremden und Standespersonen „nach hiesiger Ortsgelegenheit mit notdürftigem Futter und Mahl zu versorgen, da sie genügende Stallung hätten." Ersterer wählte zum Schild einen goldenen Stern, jetzt das Hotel zur Stadt Berlin, dessen Lage auf die Beschreibung Boldershovens paßt, Wildschütz hingegen den schwarzen Adler, doch ist sein Gasthof wieder eingegangen.

Das Wappen der Stadt Prenzlau.

Von Dr. Ernst Friedlaender, Geh. Staatsarchivar und Archivrat.

In einem Aufsatze „zur Geschichte Seehausens" (¹) handelt der Verfasser, der um die Märkische Geschichte wohlverdiente Archivar Dr. Sello
in Magdeburg, im dritten Kapitel von dem Siegel der Stadt und
spricht dabei in lehrreicher Weise über die Märkischen Stadtsiegel überhaupt. Er erwähnt dabei auch das neuere Prenzlauer Stadtsiegel,
welches eine selten vorkommende Querteilung aufweist, nämlich oben
einen behelmten Adler und unten einen Schwan darstellt.

In den folgenden Zeilen sollen nun die Akten des Geheimen
Staatsarchivs erzählen, wie der Schwan in das Prenzlauer Wappen
gekommen ist, oder vielmehr, da Seckt in seiner Geschichte von Prenzlau (²) darüber Mitteilungen bringt, wie die Stadt gerade zu dieser
Gestalt ihres Wappens gelangt ist.

Die schöne Lage der Uckermärkischen Hauptstadt, deren stattliche
Thürme sich nach Süden zu in den klaren Gewässern des Uckersees
spiegeln, während im Norden nicht fern der Stadt der Blindowsee
liegt, war von jeher dazu angethan, zahlreiche Schwäne und andere
Wasservögel anzulocken, welche sich im Frühjahre auf den blinkenden
Wasserspiegeln einfanden und stark vermehrten. Sehr verlockend war
es daher, auf diesen schönen Gewässern die Jagd auszuüben, „wie
dergleichen in Deutschland fast nirgends zu finden, also daß die Stadt
Prenzlow darin etwas besonderes vor gantzen Provinzien und Ländern hat." So kann es nicht Wunder nehmen, daß auch König Friedrich I. im Jahre 1704 bei einem Besuche seiner getreuen Stadt
Prenzlau auf dem Uckersee „eine Schwanen-Pflege und Jagd" abzuhalten beschloß, „durch welche die Stadt weit und breit noch mehr
alß vor diesen bekannt worden ist." Die näheren Umstände der ám
11. August vorgenommenen Jagd und die Festlichkeiten, welche die
Stadt ihrem Landesherrn veranstaltete, beschreibt Seckt in seiner

---

¹) XXI. Jahresbericht des Altmärkischen Vereins für vaterländische Geschichte und
Industrie. Salzwedel 1886. S. 31.

²) Versuch einer Geschichte der Uckermärk. Hauptstadt Prenzlau. 1785, II. S. 132.

no: 1.

no: 3

no 2.

no: 5

no: 4

No 6.

Chronik des Näheren. In der Stadt aber lebte man seitdem der
frohen Zuversicht, daß „Seine Königl. Majestät noch weiter der Stadt
die hohe Gnade erzeigen und dergleichen Königliches divertissement
daselbst zu exerciren allergnädigst Gefallen tragen werden" und man
beschloß, die der Stadt gewordene Auszeichnung sogleich zu verwerten
und ein bleibendes Andenken daran zu erbitten. Der Gedanke, den
die Väter der Stadt hatten und dem Könige am 21. Juni 1705 vortrugen, giebt Zeugnis von einem gewissen idealen Sinne, der für die
damalige nüchterne Zeit immerhin bemerkenswerth ist. Denn sie erbitten nichts, was der Stadt zum unmittelbaren Nutzen und From-
men hätte gereichen können, sondern was sie begehren ist ein rein
äußerlicher Schmuck, der auch bei fernen Geschlechtern noch Freude
an der Eigenart der Vaterstadt und dankbare Erinnerung an den
Landesherrn erwecken soll. Bürgermeister und Rathmannen schrieben
dem Könige nämlich, die Uckermärkische Hauptstadt habe zum Wappen
im schwarzen Felde einen rothen Adler, welcher anstatt des Kopfes
einen Helm und darauf einen Flügel habe; „nun sei ihr unterthä-
nigstes Suchen und Bitten, ob Seine Königl. Majestät nicht in per-
petuam rei memoriam Allergnädigst erlauben wolle, besagtes Stadt-
Signet dergestalt anzufertigen, daß entweder ein Schwan das gantze
Signet auf seinen Rücken zwischen den beyden Fliegeln halte, diese
aber anstatt der telamonen([1]) dienen möchten, oder aber ob nicht
auff dem Helm zur rechten ein Schwan, zur linken aber der Fliegel
postiret werden dörffe, oder aber auch brittens, ob nicht allergnädigst
gestattet werden wolle, daß der Adler zwey Helme anstatt des Kopfes
habe, auff deren einem ein Schwan, auff dem anderen aber der bisherige Fliegel gesetzet werden dörffe." — Daß dieses Wappen, der
rothe Adler im schwarzen Felde, nach den gewöhnlichen Regeln der
Heroldskunst unheraldisch war, da niemals Farbe auf Farbe oder
Metall auf Metall angewendet werden darf, das ahnte der Magistrat
vorläufig nicht. — Das Gesuch fand indessen beim Könige ein geneigtes Gehör; ja, es mochte ihm recht gelegen kommen, hatte er doch
eben in Berlin das Heroldsamt eingerichtet! so ließ er von einem
Mitgliede des neuen Amtes ein Gutachten ausarbeiten, welches hier
unverkürzt mitgeteilt werden soll, da es nach mehreren Richtungen hin
bemerkenswerth ist. Der Verfasser desselben ist nämlich der erste
bürgerliche([2]) Ober-Heroldsrat, der Dr. med. Christian Maximilian
Spener, „Hof- und Academiae medicus, Professor Heraldicae,
Genealogicae et Physices bei der Fürsten- und Ritter Akademie,

---

[1]) Schildhalter.
[2]) Es gab adelige und bürgerliche Räte bei dieser Behörde.

wie auch der Kaif. Aca-lemie und K. Preuß. Societät der Wiffen-
schaften Mitglied", ein Sohn des berühmten Philipp Jakob Spener.
Er war der gelehrte Verfaffer eines großen genealogischen Werkes,
„Schauplatz K. Preußischer und Kurlüneburgischer Hoheit", worin „Seine
Königl. Hoheit der Kronprinz durch 160 differente Tafeln von Karl
dem Groffen her deduciret wird", „eine laboriöse und groffe Arbeit
von etlichen Alphabeten in Folio, so ihm mehrere Jahre Zeit und
viele Spesen gekoftet". (¹) — man wird daher seinen Auffatz, namentlich die Worte über die Verwandelung des filbernen Schildes in einen
schwarzen, über die Symbolik der heraldischen Farben u. a. m. nicht
ohne Intereffe lesen. Seine „unmaßgeblichen Gedanken wegen Veränderung des Prentzlauischen Stadt-Wappens" lauten folgendermaßen:

„Umb von diefer Materie heroldtsmäßige Gedanken zu entwerffen,
finde zweyerley zu betrachten: Eines Theils, das alte Wappen der
Stadt; andern Theils, wie solches gebehtener Maaffen zu ziehren und
zu vermehren seye. Das erfte betreffendt, wundert mich gar sehr,
wie die Stadt Prenzlau zu einem Wappen gekommen, welches wieder
die Regeln der Heraldique ift, daß nemlich Farbe auf Farbe ftehe;
vielleicht ift hierunter der Irrthum vorgangen, so mit einigen anderen passirt zu seyn mir nicht unbekannt, daß weil die Städte ihr
Wappen selten mit Farben gemahlet, sondern nur in sigillis gebraucht
und vermuthlich der Stadt-Wappen ein rohter Adler im Silbern Feldt
mag gewesen sein, die Farben aber ihr Couleur behalten, in Gegentheil das Metall nach Beschaffenheit seines Grundes, worauf es
geleget, einen andern Schein annimmt, kan solches Silberne Feldt,
durch Länge der Zeit, wie es gerne thut, einen schwartzen Schein angenommen haben, worauß der Irrthum entftanden, alß ob der rohte
Adler im schwartzen Feldt sein müffe. Dann vermuthlich diefe alß
die Hauptftadt der Uder-Markt, von einem Landes-Herrn mit dem
rohten Märkischen Adler im Silbern Feldt mag begnadiget und nur,
um solchen von andern, wie gewöhnlich, zu unterscheiden, mit einem
Helm bewaffnet worden seie. Sonften werden dergl. Wappen, da
Farbe auf Farbe ftehet, Wappen welchen nachzufragen, auch falsche
Wappen (armes pour enquérir, fausses) genanbt, Mr. de Varen-
nes spricht, wie Mr. Geliot in seiner Science des armoiries an-
führet: Couleur sur couleur sont armes pour enquerre, mais qui
n'appartiennent qu'aux Princes. Abfonderlich aber ift die Coul-ur,
wann roht und schwartz beysammen, (wo man anders denen Farben

---

¹) C. M. Spener hat diefes Werk dem Kronprinzen „felbft überreicht, allein
nicht die geringfte Gnade davon genoffen, so daß er große Unkoften und Arbeit um-
fonft gethan hatte."

einige Bedeutung beilegen will) gar ein schlechtes Ehren-Zeichen: derowegen einige dem Adam einen schwartzen Apffel im rohten Felde
andichten ad peccati turpitudinem demonstrandam; solchem nach
hat der Magistratus zu Prentzlow Ursach von E. Kön. Majestät Con-
firmation oder Allergnädigste Permission auszubitten, daß Sie ihr
schwartzes Feldt in ein Silbernes verwandeln dürffen; es seye denn,
daß sich in ihrem Archiv eine besondere Ursach fände, warum sie den
rohten Adler im schwartzen Feldt ehemahls erhalten und bißhero geführet. — Waß nun die begehrte Veränderung betrifft, ist nicht un-
eben, daß zum Andenken der daselbsten E. Kön. Majestät zum plaisir
angelegten Schwanen-Pflege und Jagt von der Stadt ein allergnäd.
Zeichen ins Wappen gebehten wird. Selbst die Figur eines Schwanen
im Wappen zu führen, hat, wie alle Authores zusammen stimmen,
gar sonderlich gute Bedeutungen; denn es candorem, concordiam
und amorem artium andeutet; ob nun zwar sich solchen Schwahn
zum Ehren-Zeichen sich auszubitten gantz gut, so sind doch die drey
vorgeschlagene Modi nach der Herolds-Kunst nicht passabel: denn
das Schildt dem Schwahnen aufn Rücken zu geben, ist nicht gewöhnlich: die andere beyde Ahrten würden das Schildt deform machen;
derowegen mein Vorschlag, daß, weil es ein Gedächtniß- und Ehren-
Zeichen sein soll, der rohte Adler im Schildt bleibe, oben drüber ein
rohtes oder blaues Schildes-Haupt (chef) gesetzet werde, worinnen
ein schwimmender Schwahn zu sehen. Die Schildes-Häupter werden
in sich vor Figuras honorabiles gerechnet, kommt also um desto mehr
hier zu pass. Zum Überfluß könte, wenn E. Majestät allergnädigst
·beliebet, noch neben das Schildt ein Schwahn, als ein Schildhalter
gesetzet werden, doch nicht auf beyden Seiten, alß welches keiner Stadt
zukomt, wie wir dessen auch das Exempel sehen an denen dreyzehn Schwei-
tzerischen Cantons, welche allerseits nur einen Schildhalter haben. Solte
diese Arth E. Kön. Majestät nicht belieben, könte der Schwahn mit
dem Adler in ein gespalten oder zertheiltes Schildt gesetzet werden.
Wann nun E. Kön. Majestät eine von dieser Arth allergnädigst belieben und solchem Wappen ein darzu gebührender Helm gegeben werden solte: würde gar zierlich stehen, so auf den ohnedas bißher von
der Stadt geführten rohten Adlers-Flügel, ein schwimmender Schwahn
aufgeleget würde. Dieses sind meine unmaßgebliche Gedanken, ohne
jemand, so etwan bessere Reflexiones haben möchte, dadurch etwaß
zu praejudiciren oder vorzugreiffen.

  Berlin, den 14. Juli 1705.   C. M. Spener, mp."

  Wenige Wochen nach der ersten Eingabe, während Speners
Gutachten noch dem Könige vorliegen mochte, sandte der Magistrat
ein zweites Schreiben ab, worinnen Bürgermeister und Rat dem Kö

nige vortrugen, daß sie zwar „ohnlängst drey verschiedene, ihrer Meinung nach guhte, jedoch ohnmaßgebliche Vorschläge, auff was ahrt
ein Schwan dem Stadt=Wappen mit einverleibet werden könte", gemacht hätten, jetzt aber von „denen artis heraldicae peritis in der
Residence erführen, daß die Vorschläge nicht denen regulis heral-
dicis gemäß seien, sondern den Wappen eine deformität veruhrsachen
würden"; sie bäten daher, daß „sie der Heraldique gemäß das schwarze
Feld in ein silbernes verwandeln und die deformität dadurch vermeiden dürfen, daß eins der beigelegten Wappen, welche der Heraldique Erfahrene projectiret hätten, womöglich Nr. 2, gewählt werde."
Die dem Könige eingesandten 5 farbigen Zeichnungen liegen den Akten
bei; sie sind auf der nebenstehenden Tafel verkleinert und in Umrissen
mitgeteilt (¹) und geben recht interessante Proben zu Vorschlägen für
eine heraldisch richtige Wappenvermehrung.   Der Magistrat schließt
sein Gesuch mit der captatio benevolentiae, sie möchten gern „ihren
Zweg erreichen, so einzig und allein dahin gehet, daß sothanes Ew.
Königl. Majestät vor anderen Puissancen in Teutschland von Gott
gegönnetes Regale nebst dessen vorgewesener ersten Exercirung gleich-
sahm verewiget undt der Posterität davon ein stettiges Andenken
bleibe."

Und die Hoffnung des Magistrates sollte nicht getäuscht werden.
Welche Freude mag in der Stadt Prenzlau geherrscht haben, als nach
einigen Monaten alle Wünsche Erfüllung fanden!   Es ward ihr nicht
nur ein feierlicher Wappenbrief verliehen und ausgefertigt, sondern
sogar der Vorschlag, das Wappen Nr. 2 zu wählen, war angenommen
und dieses in schönen Farben ausgemalt in der Mitte des Diploms
zu schauen.   Wir teilen zum Schlusse diesen Wappenbrief, der immerhin
als eine Seltenheit zu bezeichnen ist, da derartige Diplome für städ-
tische Gemeinwesen nicht häufig sind, in seinem vollen Wortlaute mit:

„Waapen=Brief für die Stadt Prenzlau.

Wir Friderich von Gottes gnaden König in Preußen ꝛc. tot.
tit. Bekennen öffentlich mit diesem Brief und thun kund Jede(r)männig-
lich: Daß, ob Wir zwar aus Königl. Hoheit und würde, darein Unß
der Allerhöchste nach seinem göttlichen willen gesetzet hatt, wie auch
aus angebohrener clementz und mildigkeit allzeit geneigt seind, aller
und jeder Unserer unterthanen und getreuen Ehre, nutzen, aufnehmen
und Bestes zu beobachten und zu befordern, Wir dennoch gegen diejenige eine besondere allergnädigste propension haben, welche für anderen

---

¹) Als Nr. 6 ist dort noch ein anderer den Akten beiliegender Entwurf zur Anschauung gebracht.

sich angelegen seyn laßen, Unß Jhre alleruntertḣänigste devotion, treü
unb gehorsam zubezeigen: Nachbem Wir Unß nun in nechstabgewichenem
1704 ten Jahr zu Prenzlau, Unserer HaubtStadt in der Uckermarck
befunben, unb benachrichtiget worben, welchergestalt wegen berer zu
bepden seiten ber Stadt belegenen Blinboischen und UckerSeen nebst
anberem geflügel die Schwaanen uff selbigen jährlich in zimlicher anzahl einfallen unb sich vermehren, inmaßen Wir baselbst zu Unserem
besonberen Bergnügen eine SchwaanenPflege unb Jacht gehalten,
bep welcher Unß ber bortige Magistrat burch bie zu Unserer recreation
unb sonsten gemachte gute veranstaltung Jhre alleruntertḣänigste devotion verspühren zu laßen, epfferigst bemühet gewesen; baß Wir zum
immerwehrenben anbencken beßen ber Stadt Prenzlau Waapen, so
bem vermuhten nach burch bie länge ber zeit corrumpiret worben unb
mit nahmen ist: ein Schwarzer Schild, in welchem ein rohter Abler
mit einem silbernen offenen turnierHelm stat bes Kopfes unb barauf ein gülbener flügel, nachfolgenber gestalt geenbert, vermehret
unb verbeßert, nemlich: baß bie Stadt von nun an unb hinführo an
stat bes Schwarzen einen in ber Mitte überzwerch getheileten Schild,
bas untertheil roth, barinnen ein aufm Waßer schwimmenber, bie flügell
aufwärts haltenber Schwaan, bas obertheil weiß ober Silberfarb, barinnen ein rohter Abler mit ausgestreckten flügeln unb Schenckeln auch
offenem turnier helm stat bes Kopfes unb barauf einen rohten flügel,
beßen Sachse rechtwerts gekehret, wie solches waapen sambt beßelben
enberung, zierung unb verbeßerung in mitten bieses gegenwärtigen
Unsers Königl. Briefes gemahlet unb mit farben eigentlicher ausgestrichen, zu führen unb zu gebrauchen fueg unb macht haben solle.
   Wir verleihen, thun unb geben bemnach mit wolbebachtem Muth,
gutem raht unb rechtem wißen mehrbesagter Unserer Stadt Prenzlau
vorbeschriebenes geenbertes unb verbeßertes Waapen zum immerwehrenben anbencken Unserer baselbst gehaltenen SchwaanenJacht, also
unb bergestalt, baß ber bortige Magistrat von nun an unb hinführo
zu ewigen [zeiten] sich beßen bep Jhrem raht, gerichten unb versammlungen, in allen unb jeben hanblungen, so gerichtlichen alß außergerichtlichen, Sieglen, Petschafften, zeichnungen unb anberen geschäfften gebrauchen, solches an Jhre raht unb Stabthäuser, Thore,
Mauren unb gebäube, wie ingleichem auf fahnen, Drommeln, Servicen, Krieges unb anberen Instrumenten mahlen unb zeichnen
laßen, unb sich beßen bep aufzügen, Musterungen, Deputationen unb
in allen anberen vorfallenheiten bebienen möge, gestalt Wir ban
allen unb jeben Unseren geistlichen unb welblichen unterthanen von
Praelaten, graffen, herren, ritteren, auch abellmäßigen leühten unb
Vasallen, ingleichem allen von Unßbestelleten Obrigkeiten, Stabthal

tern, regierungen, Cammer-, hoff- und andern Gerichten, Landräh-
ten, Landes- und Ambtshaubtleüthen, Voigten, Verwehseren, Land-
richtern, Krieges- und Steuer-Commissarien, Castnern, Schößern,
Ambtleüthen, Burggraffen, Schultheyßen, Bürgermeisteren, richtern,
rähten, Bürgern, gemeinden und sonsten jedermänniglich in Unserem
Königreich, Chur-, herzog- und fürstenthümeren, graff-, herrschafften
und landen, waß würden und Standes die seyn mögen, hiermit allergnädigst und ernstlich anbefehlen, mehrberührte Unsere Stadt Prenzlau
bey solchem aus habender Königl. souvrainer höchsten macht, vollkommenheit und gewalt Ihr Verliehenen Waapen zu schützen und zu
handhaben, sie darinnen nicht zu hindern noch zu irren, hierwieder
nichts zu thun, noch jemanden anders auf einigerley weise solches
zuthun zu Verstatten, alß lieb einem jeden ist, Unsere ungnade und
eine Straffe von funfzig Marck lötiges goldes zu vermeyden, die ein
jeder, so offt Er freventlich hierwider thäte, Unß halb zu Unserer
hoffrenthey und den andern halben theil offtbenanter Stadt Prenzlau unabläßig verfallen seyn soll, doch andern, die vielleicht dem
vorgeschriebenen Waapen gleich führten, an derselben Waapen und
rechten unvergriffen und unschädlich.

Deßen zu urkund ist dieser brief mit anhängung Unsers Königl.
Insiegels von Unß eigenhändig unterschrieben; So geschehen und gegeben zu Cölln an der Spree, den 21. October 1705."

So ist durch die Fürsorge des Magistrates die Stadt Prenzlau
mit einem für alle Zeiten wertvollen Zeichen königlicher Huld begna-
digt worden.

Das Kriegsbuch des Markgrafen Albrecht von Brandenburg, ersten Herzogs in Preußen.

Von Dr. Max Jähns, Oberst-Lieutenant a. D.

Die kriegswissenschaftliche Litteratur der Deutschen des 16. Jahrhunderts ist reicher und besser als gewöhnlich angenommen wird; allerdings darf man sie nicht lediglich nach den gedruckten Büchern beurteilen; denn diese stellen nur einen Teil und zwar im Allgemeinen den schlechteren Teil des Vorhandenen dar; der Schwerpunkt liegt in den ungedruckten Werken, und unter diesen wieder steht wol keine zweite Arbeit höher als das Kriegsbuch jenes ausgezeichneten brandenburgischen Fürsten, welcher der letzte Hochmeister des deutschen Ordens in Preußen war, dann aber (wie ein Zeitgenosse rühmt) „das schwarz dunkel Creuz, so außen an dem Mantel, hingelegt vnd das rot pluetfarb Creuz Christi inwendig an sein Herz geschmiegt", d. h. Preußen der Reformation gewonnen und die Regierung des Landes als erster Herzog angetreten hat. Dieser Enkel des heldenhaften Albrecht Achilles lebte von 1490 bis 1568. — Das von ihm verfaßte „Kriegsbuch", eine großartig angelegte und mit bewunderungswürdiger Sorgfalt vollendete Lehrschrift, befindet sich in der königl. Bibliothek zu Berlin. (Ms. boruss. fol. № 441). — Der Herzog hat sein Werk, teils auf Grund älterer Arbeiten, teils auf Grund eigener Erfahrung, wie er sie in seiner Jugend unter Maximilian I. in Italien, später in den Kämpfen gegen Polen gewonnen, wohl schon in den vierziger Jahren im Wesentlichen fertig gestellt. Als er zu Königsberg den Besuch seines Lehnsherrn, des Königs von Polen Sigismund, empfing, legte Albrecht diesem das Kriegsbuch vor, erklärte jedoch, als der Monarch dasselbe zum Geschenk erbat: es sei eines Königs noch nicht würdig, und unterzog es einer neuen Bearbeitung. Diese sandte er dann später mit einer huldigenden Widmung vom 10. August 1555 nach Warschau.

In dem Berliner Exemplare steht auf der Rückseite des mit Ornamenten deutschen Rengissancestils farbenprächtig verzierten Vortitels der Namenszug: »Georgius Albertus Marchio Brandenburgensis«;

es ist der des Markgrafen Georg Albrecht von Brandenburg-Bayreuth (1619—1666), und so ist wohl anzunehmen, daß das Exemplar eine ursprünglich für Kulmbach angefertigte Kopie ist. Es befand sich übrigens schon i. J. 1668 in der kurfürstlichen Bibliothek zu Berlin.

Dem Vortitel reiht sich der in Reimen gefaßte Haupttitel an:

Kriegsordnung bin ich genannt;   All sein Schlachtordnung machen bald,
Wer kriegt vnd ist in mir bekannt,   Auch brauchen manchen Vorteil gut,
Der kan nach der zeit vnd gestalt   Dem feindt zu stille sein vbermut.

Daran schließt sich die Dedication des Buches an Johann Sigismund von Polen, die zugleich als Einleitung dient. „Ich hab in meinen jungen jaren", sagt Markgraf Albrecht, vilmals gehört vnd auch erfaren, daß man hoch veracht, wenn einer kriegsbücher vnd andere gelesen vnd daraus mit kriegsleuten geredt. Da hat man jn denn ainen bücherkriegsmann gehaißen. Vnd die jugend hirmit dahin gefüret, daß sie zur lehre keinen lust noch willen gehabt." Solchen Auffassungen tritt der Herzog entschieden entgegen; ja in den wissenschaftlichen Anforderungen, welche er an Befehlshaber stellt, schießt er wohl über das Ziel hinaus, wenn er das Studium nicht nur der Geschichte, der Meß- und Rechenkunst, sondern namentlich auch das der Theologie und der Jurisprudenz von ihnen verlangt. „Denn ist nit, wie dann jetzunder leider oft beschiht zu thun, daß ein kriegsmann spricht: Wer mir Gelt gibt, dem dien ich! Nein, er muß auch wissen, daß mit Gott vnd recht gedienet werde! Sol er nun das wissen, Volget, daß er auch die Recht verstehen sol."

Albrechts „Kriegsbuch" beschäftigt sich aber nicht mit solchen Hilfswissenschaften, sondern ausschließlich mit dem Kriegswesen an und für sich. Der Widmung an den König, „volget fast der ganze Inhalt dieses buchs in einer vorrede, Reimweis gestellt." Diese sog. Vorrede ist jedoch ein kriegsdidaktisches Gedicht älteren Ursprungs, nämlich die aus den siebziger Jahren des 15. Jhdts. herrührende „Lere, so (dem) Kayser Maximilian in seiner ersten jugent gemacht vnd durch eyn trefflichen erfaren man seiner kriegsräth jm zugestellt ist." Die „Lere" stammt wahrscheinlich aus den Kreisen des Markgrafen Albrecht Achilles und ist einem weisen Alten in den Mund gelegt, der den jungen König unterrichtet und ermahnt. (¹) Da sie eine allgemeine Übersicht des ganzen Kriegswesens bietet, konnte der Verfasser des Kriegsbuches sie gar wol als „Vorrede" verwenden. — An sie reiht sich ein wirkliches Inhaltsverzeichnis „aller fürnehm-

---

¹) Das Gedicht ist mehrfach gedruckt worden, zuerst (im Vereine mit Verdeutschungen des Frontin und des Onesander) zu Mainz 1524 u. 1532.

ften Stück, darauf dies buch gefunditet ift", aus welchem fich nach-
ftehende Anordnung ergiebt:

I. Stadt (d. h. status) vnd Regiment einer gantzen Be-
fetzung der Schlöffer. Abfchnitt 1—12. Dies ift keine eigene
Arbeit Albrechts, fondern eine Wiederholung des I. Buchs der fog.
alten deutfchen „Kriegsordnung", welche von Michael Ott v. Ach-
terbingen, Feldzeugmeifter Maximilians I., und feinem Lieutenant
Jakob Preuß verfaßt worden ift und deffen ältefte Handfchrift v.
J. 1526, welche eine fehr intereffante politifche Einleitung aufweift, die
kgl. Bibliothek zu Dresden befitzt. (')

II. Stadt und Regiment der Arklarey. Abfchn. 13—36.
Dies ift das II. Buch der alten „Kriegsordnung." Geändert find, u.
zw. nur ganz unwefentlich, Reihenfolge und Namen der Gefchützar-
ten; hinzugekommen aber find zwei wertvolle Abfchnitte: 19) „Tafel,
zu dem großen Gefchütz, darin angezeigt wird, zu jedem einzelnen
Stück, wie viel es Raum und Platz muß haben" und 36) „Summa
alles Raum und Platz der Arklarey mit aller Zubehörung.

III. Der Ritterfchaft Regiment. Dazu bemerkt Verf.: „Von
dem Regiment der Ritterfchaft vnd jren hohen emptern wer wol vil
zufchreiben; ... es wil fich aber allhier nicht fchreiben oder melden
laffen: Vrfach halben: vorgemelte hohe empter endern fich von Jar
zu Jar; auch hat fie ein ietzlicher Kriegsherr nach gelegenheit feiner
Rüftung." Diefe Zurückhaltung entfpricht ganz der alten „Kriegsordnung", welche die Reifigen eigentlich völlig ignoriert. Das thut
Albrecht nun doch nicht, fondern widmet ihnen immerhin 7 Abfchnitte: 37) Einleitung; 38) die Ämter der Ritterfchaft; 39) Unkoften
derfelben; 40) Ihre Wagen; 41) Summa der Unkoften famt den Wagen auf einen Monat; 42) Raum und Platz der Reifigen famt ihren
Wagen; 43) die Tafel der Reifigen, d. h. ihre taktifche Anordnung.
Daran fchließt fich 44) eine Notiz über die bei den figürlichen Dar-
ftellungen angewendeten Verjüngungen.

IV. Stadt und Regiment eines gewaltigen Fußvolks. Die
14 Abfchnitte diefes Teiles lehnen fich auch wieder an die Ott'fche „Kriegsordnung" an, find aber in einigen Punkten durch Zufätze erweitert
und endlich in derfelben Weife, wie das „Regiment der Ritterfchaft"
durch eine taktifche Tafel bereichert. Abfch. 59 erläutert: „Was der
Sel vnd Ruthen, auch die Läng eines Werkfchuhs."

In diefen vier Teilen ift der Herzog, der Hauptfache nach, alfo
lediglich Wiederholer und Ergänzer; in den nun folgenden der hö-

---

') Dies Buch ift zuerft unter dem Titel „Kriegsordnung" (ohne Ort und
Jahr) etwa im Jahre 1529 gedruckt worden, doch unter Fortlaffung der militärpoli-
tifchen Einleitung.

heren Taktik gewidmeten Abschnitten tritt er jedoch durchaus
selbstständig auf, und hier gewährt das Werk ein höchst eigenartiges
und bedeutsames Interesse. — Bevor indes darauf eingegangen werden kann, ist es notwendig, eine kurze Darstellung der formalen
Taktik des Herzogs zu geben, und zwar nicht nur auf Grund des
bereits erwähnten III. und IV. Kapitels, sondern, vorausgreifend,
auch unter Heranziehung des VII. Kapitels.

Über die Elementartaktik des Fußvolks enthält zunächst der
Abschnitt 58 eine „Tafel der Fußknecht, darin man findet Raum
vnd Platz, auch wievil in ein Glied vnd wievil Glieder hintereinander" — also einen taktischen Rechenknecht von folgender Einrichtung:

Ganz Summa der Knecht (die vorhanden)	Wievil Knecht in ein Glied		Länge des Platzes an einer Seiten.	
	neben	hinder		
	einander		Sel (')	Ruten.
448	32	14		7
525	35	15		7¼
. . .	. . .	. . .		. . .
5800	116	50	2	5
60375	375	161	8	— ¼
. . . .	. . .	. . .		. . .

Wie Tartaglia-Reiff (1546) so rechnet auch Herzog Albrecht auf jeden Mann 7 Fuß in die Länge (d. h. Rottentiefe), nämlich 1', auf dem er
steht, 3' vor und 3' hinter sich, dagegen für die Mannesbreite von Achsel zu
Achsel 3'. — Den Gebrauch der Tafel erklärt er wie folgt (etwas abge-
kürzt): — „Ich sprich, ich hab 5800 Fußknecht, die will ich in ein rechte gevierte
Ordnung stellen; so suche ich bei meiner ersten Column bei der linken Hand,
dann gehe ich zwischen denselben Zwerchlinien (Querlinien) in die ander Column gegen der rechten Hand; da find ich 116 gesetzt, bedeut, daß ich 116 in
ein Glied nebeneinander muß stellen. In der dritt Column, da find ich 50 gesetzt, bedeut, daß 50 Glied hintereinanderstehn und giebt mir eine rechte gevierte
Ordnung. In der vierten Column, da find ich 2 gesetzt, bedeut 2 Sel, in der
fünften steht 5, bedeut, daß der Platz, darauf vorgemelt Summa Knecht in der
Ordnung stehe 2 Sel und 5 Ruten an einer Seiten lang muß sein und auch
ebenso breit." — Die Fußvolkstafel Albrechts ist also nicht auf das sonst
üblichere „Mannsviereck" eingerichtet, sondern auf die „Vierung Lands",
d. h. auf ein geometrisches Quadrat, während das „Mannsviereck" ein arith-
metisches Quadrat war, bei dem ebenso viel Leute im Gliede, wie in der Rotte
standen, was denn natürlich zur Folge hatte, daß die „Vierung" mehr als noch
einmal so tief als breit ward.

') 1 Sel (Seil) = 10 Ruten; 1 Rute = 14 Werkschuh; ein Werkschuh (Fuß)
= 30,5 cm. — 180 Sel machen eine deutsche Meile aus.

Da begreiflicherweise nicht jede denkbare Mannschaftssumme in der Tabelle stehen kann, so giebt der Herzog noch folgende Anweisung: „Wenn einer sein Summa nicht gleich fände in der ersten Column, so soll er die nächste drüber oder drunter nehmen; denn es seind die Summa in der Tafel dermaßen gesetzt, daß sie zu Zeiten 50 oder 100 Knecht überspringen; da man solche Haufen selten mit 50 vermehret, sondern gemeiniglich mit 100 oder mit gantzen Fähnlein . . . Wolt man aber die Ordnung überlengt (d. h. tiefer als breit) haben, so mag einer ein Knecht 10, 15, 20 oder wieviel er will weniger in ein Glied stellen, so wird die Ordnung überlengt. Will er aber die Ordnung überbreit (d. h. breiter als tief) haben, so mag er mehr Knecht in ein Glied nehmen.“ Letzteres ist nun offenbar im Sinne des Herzogs selbst; denn nicht wenige der im Grundrisse dargestellten Haufen seines Kriegsbuches sind keine Quadrate, sondern Rechtecke von doppelter Breite wie Tiefe.

Das 69. Kapitel enthält „11 Figuren, dardurch alle andern gevierte ordnung vnd hauffen verordnet, auch geduplirt, verminderet oder vermehret, desgl. überlengt oder überbreitet, auch in die Rundung oder halbrundung, desgl. in einen Driangel oder in ein rauten, auch inwendig hol vnd sunst in allerley furm vnd spitzen gebracht mag werden, vnd geschieht alles aus einem rechten grund, nämlich aus einem rechten gevierten quadrat, der mit roten Linien in diesen nachfolgenden figuren allemal gezeichnet ist.“

1. Figur, „in welcher 6 gerechte vierung in einander sein gerissen vnd helt sich allemal eines gegen den andern geduppelt in ir Größ vnd Proportion.“. (Diese Figur dient als Maßstab für die folgenden).

2. Figur: „Fünf gerechte Quadrate auseinandergezogen, vnd ist in iglicher vierung (Hohlcarré) der weiße Platz inwendig (der leere Binnenraum) gleich so groß, als der mit Knechten auswendig herum bestellet ist.“ Jede Vierung ist außen so groß, als in der nächst kleineren der innere Platz. Das kleinste Quarré ist voll. — Die Herstellung des Hohlvierecks schildert Herzog Albrecht wie folgt: „Es wirt von erst geordnet ein geuirter (voller) hauff, er sey groß oder klein. . . . Solchen hauffen wil ich in wendig auf die helfft hol machen. Dem thue ich also: Ich sprech, ich hab 12000 knecht in meinem geuirten hauffen, so wil ich die 6000 in der mitten in irer rechten ordnung herausfuren, also das der hauff auswendig vnuerruckt bleib. Dem thue ich also: ich gehe in die taffel der knecht vnd besich, wieuil knecht in ein glidt werden gestelt, auch wieuil glider hindereinander (bei 6000 M.) Souil glider las ich in der mitt aus obgemeltem hauffen, welcher 12000 stark ist, in guter ordnung vornen herausziehn, so bleiben mir an jeder seitten 22 glidt stehn vnd hinden 21 glidt; so nimm ich die 11 glidt von hinden vnd las mit den andern hiefür ruden, vnd zuuorderst müssen sie stehn bleiben; so bleibt der erst hauff in seiner groß vnd der ander auch in seiner ordnung, vnd hat der groß inwendig einen raumen blaz, der gleich groß ist als der kleiner hauffen vnd helt ieder hauff 6000 knecht.“ — Der Herzog ist ein ausgesprochener Freund der hohlen Vierecke und äußert sich folgendermaßen über die Vorzüge derselben: „Man sol sich aufs höchste befleißen in allen schlachtordnungen, das man das meiste volck zum angrif vnd

treffen bring vnd die hauffen aufs größt mache. . . Auch kan man in solchen
hauffen noch einen sehr großen fortheil zum angriff zuwegen bringen, sofern als
man geschickte kriegsleut hat. Nemlich mit dem großen Geschütz, welchs man gantz
verborgen in einem jtlichen hauffen kan fortbringen, so solche hauffen . . durch
geschicklichkeit der kriegsleut wissen, sich im angrif dermaßen von einander zu thun,
das das gewaltige Geschütz in der feinde rechte ordnung vnd angrif mag treffen . .
vnd hernach mit freuden angegryffen wirdt, hab ich des sigs gar kein zweiffel nicht."

3. Figur: „Fünf Rundungen auseinandergezogen." Genau dasselbe
Prinzip, das bei der 2 Figur auf das Viereck bezogen worden, auf den Kreis
angewendet.

4. Figur: „Fünf Halbkreise" desgl. — Die runden Formen werden
warm empfohlen, weil sie den Feind sehr „irren"; sie seien auch gar nicht so
schwierig zu ordnen, wie man meine, vielmehr machten sie sich durch Abstump-
fung der Ecken fast von selbst.

5. Figur: „Wie die Fußknecht in der Zugordnung ziehen und aus derselben in die gevierte Schlachtordnung rücken (aufmarschieren) sollen" (u. zw. zum
vollen Viereck). — Entspricht genau dem 2. Kapitel der von Reiff verdeutsch-
ten taktischen Abhandlung des Tartaglia (1546), auch hinsichtlich der Verteilung der Hakenschützen, was mit des Herzogs sonstigen Angaben über die Anordnung der Schützen in vollem Widerspruche steht.

6. Figur: Zweites Beispiel dazu.

7. Figur: Umgestaltung eines quabrierten Haufens in einen
halb so tiefen rechtedigen durch Rechts- und Links-Aufmarsch der hinteren
Hälfte des vollen Vierecks.

8. Figur: Umgestaltung eines Quadrats in einen „Spitz."
„Ich nimm die helffte der glider auff jeder seitten von vorn, so daß im 1. Glied
nicht mehr als 1 Mann stehen bleibt, ziehe die beiden Spitz von vorn über ort
(diagonal) hinweg vnd setz zu hinderst auf beiden Seiten der Ordnung wieder
an." — (Die Verwendung keilförmiger Fußvolks-Schlachthaufen war übrigens
zu Albrechts Zeiten thatsächlich längst veraltet).

9. Figur: Umgestaltung eines Quadrats in 3 sonderliche
Quadrate. Von jeder Ecke wird ein Dreieck abgelöst und diese werden zu zwei
kleineren Vierecken rechts und links des alten Quadrats formiert. Das letztere
steht demgemäß „über ort" d. h. mit einer Ecke nach vorn.

10. Figur: Umgestaltung eines Quadrats in ein kleines, über
Ort gestelltes mit je zwei Dreiecken rechts und links.

11. Figur: Umgestaltung eines Quadrats in eine dreispitzige
Schlachtordnung durch Herauslösen einzelner Frontteile und Ansetzen derselben
an die Flanken des Vierecks.

„Solche Figuren", schließt der Herzog, „wären noch on zal zu
machen! Ich wills aber um kürtz willen underlassen." Daran hat
er recht gethan, denn schon die drei letzten Formationsveränderungen
gehören unzweifelhaft in das Gebiet der taktischen Spielerei und sind
vielleicht niemals wirklich ausgeführt worden. — Sehr interessant ist die
von Herzog Albrecht beliebte Verwendung der Schützen. Im

Texte spricht er sich zwar nicht näher über dieselbe aus; sie erhellt jedoch mit zweifelloser Genauigkeit aus den später zu besprechenden 42 Darstellungen seiner Schlachtordnungen. Da zeigt sich nämlich, daß die Schützen fast ausschließlich als ganz selbständig formierte Haufen auftreten. Gewöhnlich sind sie mit der leichteren Reiterei dem 1. Treffen zugewiesen, u. zw. bilden sie durchweg volle Vierecke, welche meist kleiner sind als die Spießer-Vierungen und nicht wie diese Banner und Fähnlein führen. Nur sehr selten sind Schützen einem Spießerhaufen angehängt; aber auch in diesem Falle bilden sie niemals einen Saum, d. h. eine die Außenseiten des Vierecks umschließende „Garnitur"; sondern es sind stets völlig in sich geschlossene „Flügel" von derselben Rottenzahl wie der Spießerhaufen, (so bei den Schlachtordnungen 13 und 27); oder die Schützen sind (Nr. 39) in selbständigen Haufen hörnerartig rechts und links vor die Front der Spießervierecke vorgeschoben. Offenbar hat man es also bei Herzog Albrecht noch mit derselben Formierung der Schützen zu thun, wie sie z. B. um 1480 bei Phil. v. Selbenek und 1536 bei einem Wiener Provisioner, d. h. einem auf Wartegeld stehenden Offizier, dargestellt ist.

Demnächst fesselt die warme Empfehlung der Hohl-Formationen. Sie sollen dazu dienen, möglichst viel Leute zur wirklichen Waffenverwendung kommen zu lassen, und ferner dazu, die Artillerie ungesehen heranzubringen, die dann, nach plötzlicher Öffnung des Vierecks oder Kreises, den Angriff desselben durch überraschendes Feuer vorbereitet. Etwas ganz ähnliches bezweckte schon della Valle 1521 mit seinem hohlen Rechteck zwischen zwei Pikeniertreffen und mit seiner Kreuzformation, und nicht minder du Bellay-Langey 1542 mit seiner Anordnung des Fußvolks in einem hohlen Viereck, vor dessen Front die Enfants perdus schwärmen, während auf den Flügeln die Gendarmerie hält.

Die einsichtsvolle Auffassung der Taktik, welche Albrechts Werk auszeichnet, tritt am wenigsten hinsichtlich der Reiterei hervor; ja sie versagt hier eigentlich. — Während bis in die dreißiger Jahre die alte Hauptform der deutschen Reiterei, der „Spitz" oder „Keil" als Angriffsanordnung neben der Form in „Schwadronen", d. h. in Vierecken vorgeschrieben wird, ist zur Zeit des Herzogs bereits die letztere Formation zur Alleinherrschaft gelangt, und demgemäß giebt das Kriegsbuch für die Kavallerie eine ganz gleiche Ordnungstafel, wie für die Infanterie. Beträgt z. B. die Summe der „Reutter" 338, so ist die Zahl der Glieder nebeneinander 26, hintereinander 13 und ist die Länge jeder Seite 7,5 Ruten. — Eine Masse von 30258 Pferden wird mit 246 in der Front, mit 123 in der Tiefe aufgestellt und hat eine Seitenlänge von 7 Sel.

Auf die Artillerie geht Markgraf Albrecht nicht näher ein: wohl aber widmet er der Wagenburg sorgfältige Auseinandersetzung, u. zw. nicht nur im Sinne einer Lagerbefestigung, sondern auch in dem einer Marschdeckung, bzgl. einer Flügelanlehnung im Gefechte. Der Herzog erläutert: „Wie man die wagen allemal in ezliche zeilen führen soll, damit man sie zu einem itzlichen beschluß mag mit geringnr müße einführen." Er knüpft die Betrachtung darüber an 10 anschauliche Figuren.

1) Zwölf Reihen Wagen, auf jeder Seite 6, und in der Mitte ein „raumer plaz" von 4½ Sel Breite, in welchem die Truppen sammt Artillerie und Troß marschieren. Auf jeder Seite nimmt die Länge der Wagenzeilen von Außen nach Innen beständig ab, so daß also der Binnenraum vorn in der Front etwa dreimal so breit ist als das Minimum von 4½ Sel, somit genügt, um eine Schlachtordnung darin aufzustellen, deren Flügel dann durch die Wagenburg gedeckt sind. Allerdings wird der Marsch in solcher Ordnung nur selten möglich sein; denn er erfordert 700 bis 800 Schritt Front.

2) Aufmarsch aus 4 Zeilen in ein Quadrat oder Rechteck mit doppeltem Wagenschutze.
3) Aufmarsch aus 4 Zeilen in ein großes doppeltes Dreieck.
4) Desgleichen in einen doppelten Kreis und
5) in einen „oberlengten runden Plaz", d. h. in ein doppeltes Oval.
6) Aufmarsch aus 6 Zeilen in ein doppeltes Sechseck und
7) in ein doppeltes Achteck.
8) Aufmarsch aus 6 Zeilen in einen „vierkantigen Plaz" (großes Biereck),
9) in einen „plaz mit sechs spitzen" (aus- u. einspringenden Winkeln) und
10) in einen „plaz mit acht spitzen."

Will man einen überlegenen Feinde gegenüber in der Wagenburg marschieren, so führt man „von den eußersten Zeilen von einer zu der anderen einen Wagen neben den anderen vnd schließt dieselbigen mit ketten, oben durch die lettern oder durch die fassung zusammen. So faren sie sametlich zugleich allgemach fort. Des einen Fuhrmanns pferdt geht neben des andern Fuhrmanns wagen, also daß die reder aufs nechst beisammen sind." Auf diese Weise ist also die ganze marschierende Truppe von der eng geschlossenen fahrenden Wagenburg umgeben und dadurch allerdings, namentlich gegen Reiterei, vollkommen geschützt.

Das Aufmarschieren der Wagen zum Lager bezeichnet Herzog Albrecht als „gedoppelt einführen und beschließen." — Eine „Tafel zur Wagenburg" bringt eine genaue Übersicht der Verhältnisse von Raum und Seitenlänge des Lagers zur Zahl der Wagen bei einfachem, doppeltem und dreifachem Beschlusse in folgender Form:

Länge der platz an einer seitten. Sel.	Größ des ganzen gevierten platz. Sel.	Wagen des einfachen Beschluß.	Wagen d. doppelten Beschluß.	Wagen d. 3fachen Beschluß.	Ganz Summ der Wagen aller 3 Beschluß.
1½	22½	68	76	84	228
5	250	208	216	224	648
33	10890	1328	1336	1344	4008

Dann folgt unter der Überschrift „Wie man sich mit einer ganzen Kriegsrüstung im feldt vor dem feindt lagern soll" eine nähere Ausführung der drei aus den vorher erläuterten Aufmärschen 8, 9 und 10 aus sechszeiligen Wagenburgen hervorgehenden Feldläger:

ad 8. Vierkantiger Platz mit einem Mittelplatz (Alarmplatz). In jeder der 4 Seiten ein Thor, das von der inneren Wagenreihe her durch schräg gestellte Geschütze unter Feuer genommen wird. Im Übrigen ist die Artillerie zwischen der äußeren Wagenreihe verteilt.

ad 9. Platz mit sechs Spitzen. Hier liegen an den einspringenden Winkeln der von den Wagenreihen gebildeten Tenaillen je 3 Geschütze zum Bestreichen der Tenaillenseite. Jede dieser Batterien hat eine Wache als Partikularbedeckung, u. zw. die eine Knechte (Fußvolk), die andere Reisige (Reiter), so daß an jedem einspringenden Winkel beide Waffen vertreten sind. In einigen dieser Winkel liegen dann auch die Thore.

ad 10. Platz mit acht Spitzen ist ganz entsprechend angeordnet.

Nunmehr gehen wir zu denjenigen Abschnitten über, welche sich mit der höheren Taktik beschäftigen.

V. „Reisig und Fußknecht mit sampt jren Emptern und Befehlichen, wie dieselbigen in Ordnung und bei der ganzen Artlarey im Feldtzug ziehen sollen."

60. Kurzes Resumé der Ämter und Anweisung, wofür Küchenmeister, Futtermarschall, Schenk und Backmeister bei einem Feldzuge zu sorgen haben. — 61. Wie Reuter und Knecht in der Zugordnung ordentlich ziehen sollen. Eine Übersicht der Marschordnung:

A. Vorzug. a) Vorderstes Vortraben (50 Pferde) Vortraben mit dem Fähnlein in geviertem Haufen (290 Pfde.), rechts und links derselben je ein Nebentraben von 30 Pfd. — b) Verlorener Haufen: 2000 Knechte in gevierten Haufen, dem auf jeder Seite 200 Hakenschützen als Flügel anzuhängen, 8 Falkonetlein und 1 Wagen mit Doppelhaken samt ihren Böcken und den dazu gehörigen Personen. — c) Rennfahne: 1000 oder 1200 Pferde nebst einigen Schützen und leichten Pferden zur Streife. — d) Zwei Haufen Fußknechte, jeder zu 3000 Knechten nebst Hakenschützen in angehängten Flügeln. — Das Feldgeschütz samt der Munition und den Bruchwagen, soweit sie in den „Vorzug" geordnet sind, dazu die Schanzbauern und einige Doppelhaken mit ihren Böcken. — e) Der Feldmarschalch und der Zeugmeister mit 300 Schanzbauern und andern Werkleuten, Quartiermeistern, Wagenburgmeistern u. s. w. Speiswagen, Gezeltwagen und Wagenburgwagen. — f) 4000 Reisige Pferde, womöglich in gevierter Ordnung. — g) 10 000 Fußknechte, geviert, samt etlichen Feldgeschütz. Dies alles gehört zum Vorzuge.

B. Gewaltige Haufen: a) Das gewaltig Geschütz samt aller Munition, Reservegespannen und Schanzbauern. — b) Der gewaltig Reisig Hauf, geviert, Paniere und Fahne in der Mitte. — c) Der gewaltige Haufen Fußknecht in gevierter Ordnung; sofern Raum dazu ist. — d) Troß, Hurn und Buben.

C. Nachzug, der Gelegenheit nach wie der Verzug zu ordnen: Unter allen Umständen 400 Pferde nebst einigen Schützen.

62. Wie man sich mit Vortheil lagern und wie man sich in demselbigen Lager halten soll:

Geschickte Auswahl eines geeigneten Platzes durch kundige Kriegsleute. Genaue Schätzung des Raums auf Grund der in den Kapiteln II.—IV. gegebenen Summen und Maßen. Bestellung der „Schlatt" (Lagerwachen) aus Reisigen und Fußvolk. Lagerbefestigung durch Graben und Wagenburg. Sicherung der Thore durch Geschütz. Austeilung der Plätze und Gänge im Lager für jede Waffe besonders. Abschließung der Artilerei und ihrer Munition durch eine eigene Wagenburg. Daneben der Platz der Schanzbauern u. s. w. Geregelte Ordnung für den Fouragierungs= und den Wachtdienst. Zur guten Nacht und des Morgens ist Geschütz zu lösen: „giebt den Feinden Verdrieß und den Freunden Trost."

63. Vormarsch gegen den Feind:

a) Gegen feindliche Befestigungen: Heimliche Annäherung. Aufforderung. Verbrennen der Vorstädte ꝛc. Erwägung der Angriffsart (beschanzen, beschießen oder bestürmen). Wahl des Lagerplatzes. Einschließung. — b) Im freien Felde. Marschordnung, wie oben auseinandergesetzt. Trifft man auf den Feind, so wird der gewaltige Haufen an den Vorzug herangezogen; der Troß und sämmtliche Wägen bleiben dagegen hinter allen Haufen.

64. Die Ordnung zum Treffen. In diesem interessanten Abschnitt will der Herzog nicht sowohl maßgebende Vorschriften machen, sondern „ein Register und Denkzettel geben." Zu beachten sind vor Allem Sonne, Wind, Staub, Wasser und Gebirg. Ja nicht vergessen solle man, welchen Nutzen die Artillerie gewähre.

Wer das groß Geschütz zu rechtem Gebrauch und Treffen bringt, der hat die Schlacht schon halb gewonnen. „Denn es geht einem jeglichen Kriegsherrn der größte Unkoft auf die Arklarey und Geschütz, und wird doch zu Zeiten wenig oder gar nichts damit ausgericht, ja es wird wohl gar dahinten gelassen."

Sehr merkwürdig ist es, daß Markgraf Albrecht den Angriff auf den linken Flügel des Feindes u. zw. in schräger Schlachtordnung, durchaus im thebanisch-alexandrinischen Sinne empfiehlt.

Er rät nämlich, die besten Kriegsleute, Reiter, Knechte und Schützen, auf den rechten Flügel zu ordnen, den linken Flügel dagegen, weit vom Feinde und wohl in die Länge gestreckt, zurückzuhalten. Dann soll „allemal der Flügel bei der rechten Hand der Feind Flügel bei der linken Hand angreifen und sich mit der Stirn des gewaltigen Haufens aufs nähest zum Angriff hinanstrecken." Dies gewähre großen Vorteil; denn so komme der Angriffsflügel dem Feind „in die Blöß", und dieser „muß sich alles über den Arm wehren." Hiebei müssen sich die Obersten und Hauptleut selbs persönlich stetigs sehen lassen. Während so der gewaltige Haufen den linken Flügel des Feindes anpackt, soll der Vorzug (nämlich Rennfahne und verlorener Haufen) die feindliche Schlachtordnung mehr nach der Mitte zu, aber zu gleicher Zeit angreifen. Vortraben und Nebentraben dagegen sollen umherstreifen und sich überzeugen, daß der Feind nirgends einen Hinterhalt gelegt habe. Gegen einen solchen ist dann der Nachzug einzusetzen. Andernfalls mag der Nachzug an die Vorhut oder gegen die rechte Flanke des Feindes herangezogen werden; „denn jemehr Volks zum Angriff wird gebraucht, je mehr Hoffnung des Sieges."

Müsse der Rückzug angetreten werden, so sei dieser womöglich so einzurichten, daß man die Wagenburg rechtzeitig zwischen sich und den Feind bringe, um unter ihrem Schutze abzuziehen. Dabei müssen die leichten Pferd immer mit dem Feind scharmutzeln, damit das Geschütz und anderes desto leichter davonzubringen sei. — Gewinne man dagegen den Sieg (65), so möge man vorsichtig nur mit geringsten Pferden nachsetzen; mit dem gewaltigen Heerzug aber in geschlossener Ordnung auf der Wahlstatt bleiben.

Dann danke man Gott und verteile ordnungsmäßig die Beute. Von dieser gehören dem Kriegsherrn zum Voraus alle Gefangenen und das große Geschütz. Letzteres soll er jedoch von dem Zeugmeister um den dritten Pfennig, so es wert ist, lösen. Nachdem so die Beute je nach Gebühr verteilt worden, ist durch das ganze Lager ein Monat Sold zu zahlen; denn mit der Schlacht geht allen Kriegsleuten ein Monat aus und an.

Bleibt dann der Feind im Weichen, so soll man mit dem Lager allgemach aufbrechen, die Flecken, Städt und Schlösser in der Feinde Land einnehmen und, wenn nötig, besetzen und sich das Volk schwören und die Urkund geben lassen. So kriegt der Kriegsherr das Geld zum Unterhalt seiner Kriegsleut.

Zwei Abschnitte (66 und 67) handeln von der Verproviantierung.

Das Heer, wie es vorher bei der Zugordnung angenommen, wird (einschl. der männlichen Nichtstreitbaren) auf 90 801 Mann berechnet. Davon bekommt

jeder täglich ein 2pfündiges Brot, deren 40 von einem Scheffel Roggenmehl ge-
backen werden. Um das Mehl oder Brot für die ganze Armee auf einen Tag
mitzuführen, bedarf man 98 Wagen mit ebenso viel Fuhrknechten und 396 Pferden, was 122½ Gulden kostet; das macht für 5 Tage: 490 Wagen, 1980 Pferde,
612½ Gulden Fuhrlohn. Zu diesen Brotwagen kommen nun aber noch 33 Wagen mit 2000 Speckseiten, 100 Wagen mit 600 Tonnen Butter, 50 Wagen zu
400 Tonnen Salz, 90 Wagen zu 20 Last Erbsen und 10 Last Grütze, 100 Wagen zu 100 Fudern Wein, 333 Wagen zu 1000 Faß Bier. Brot und Bier
beanspruchen also die Hauptmasse des Proviantträins.

An Pferden zählt der Heerzug alles in allem 45 664. Dafür bedarf man
als Tagesfutter 190 Last Hafer (täglich ½ Scheffel für jedes Maul). Wirft
man auf jeden der 1500 Wagen der Wagenburg ½ Last, so führt man 750 Last
Hafer, also einen Vorrat für vier Tage mit, der als eiserner Bestand gelten
muß. Die Tagesration ist von 286 Wagen zuzuführen, welche im Stande sind,
allemal auf 2 Tag und 2 Nächt Fütterung zu laden. Diese Wagen brauchen
1144 Pferde und kosten täglich 357½ Gulden Fuhrlohn.

„Wo man in wilden Orden (Gegenden) zu Felde leit, ist alle Macht
an Nachholung der Proviant gelegen." Daher ist es notwendig, an geeigneten Stellen Magazine anzulegen. Der Transport auf Wasserstraßen ist natürlich der beste und billigste. Es ist auf die Mitnahme von Mühlen, Backöfen
u. dgl., je nach Gelegenheit des Landes, Rücksicht zu nehmen.

VI. Zweiundvierzig verschiedene Schlachtordnungen,
Figuren samt Berichten (68). — Dies Kapitel ist von besonderem
Interesse. Die großen farbigen Zeichnungen sind mehr in mathema-
tischem, als in malerischem Stile gehalten, wenngleich die Truppen-
formen nicht nur im Grundrisse, sondern in perspektivischer Andeu-
tung dargestellt sind. Der Verf. legt aber Nachdruck darauf, daß man
mit Hilfe der von ihm gegebenen Maßstäbe im Stande sei, überall
genau festzustellen, welchen Raum die einzelnen Abteilungen auf dem
Schlachtfelde einnehmen und welche Zahl von Mannen und Pferden
diesem Raum entspricht. — Es ist nicht möglich, hier all' die 42 Ordnungen in ihren Einzelheiten zu charakterisieren; nur auf die Haupt-
grundzüge und auf einige der interessantesten Muster kann hingewiesen
werden.

Fast durchweg ordnet der Herzog sein Heer „dreischichtig", d. h. in drei
Treffen an. Wiederholt hebt er hervor, daß es zweckmäßig sei, breite Fronten zu entwickeln und daß man zu dem Zwecke viele kleine Haufen bilden solle,
„auf daß man desto mehr Volks zum Angriff und Treffen kann bringen." In
den Räumen zwischen diesen Haufen möge man die Artillerie derart verteilen,
daß sie möglichst lange maskiert bleiben und im günstigen Augenblicke zu über-
raschender Thätigkeit gebracht werden könne. Dabei empfehle es sich, das Geschütz „fürwärts zu schleffen; dann können die Pferd in geschwinder Eil abge-
nommen werden und die Büchsenmeister ein Schuß oder etliche thun. Alsdann
die Pferd wieder fürlegen und immer fortrücken."

Überaus merkwürdig ist die 6. Figur, welche die Anordnung eines großen Angriffsflügels darstellt; sie ist, auch was die Waffenmischung betrifft, wahrhaft alexandrinisch: In erster Linie eine starke Schützenabteilung, von zwei Reisigengeschwadern rechts und links soutieniert. Dann ein großer Haufe Küraffiere, auf jedem Flügel eine Batterie, die wieder von Reisigen gedeckt wird. Hierauf ein gewaltiger Fußknechtshaufe mit Artillerie auf den Flügeln, als deren Soutiens hier kleinere Landsknechtshaufen dienen. Hinter dem gewaltigen Haufen eine große Batterie, die, völlig dem Auge des Feindes entzogen, je nach Umständen rechts oder links gegen eine Überflügelung oder zum Zwecke einer Flankierung vorgezogen werden kann. Dasselbe gilt von dem 3. Treffen, welches, aus Schützen, Reisigen und Artillerie zusammengesetzt, den Charakter einer leicht beweglichen Generalreserve hat.

Fig. 7 stellt eine zum Widerstande nach allen Seiten bestimmte Massierung dar, wobei die Reiterei vier „Hörner" bildet, um Angriffen auf die vier Fronten, vor denen die Artillerie aufgefahren ist, durch flankierende Attacken zu begegnen. — Ähnlich ist die Disposition der 8. Figur. Hier sind 2 aus Schützen und Reisigen gebildete Hörner vorgebogen: Catos und Vegezens -forceps!- Herzog Albrecht weiß das wohl; denn er sagt: „Und hat man durch solche Ordnung vor Zeiten bei den Alten viel ausgericht, wie es heutigen Tages auch wol geschehen kunt."

Fig. 12 stellt wieder eine „dreischichtige" Schlachtordnung dar: im 1. Treffen hohle Vierecke, welche Artillerie bergen, im 2. Schützen und Küraffiere, im 3. Fußknechte und Reisige. — Fig. 14 ist ebenfalls dreischichtig; hinter dem einen Flügel aber sind Reisige und Schützen gesammelt, welche eintretenden Falls diesen Flügel verlängern können, sei es, um einer Umfassung zu begegnen, sei es, um selbst zu umfassen.

Fig. 24 zeigt die Stellung in einer Wagenburg, deren eine Seite jedoch offen gelassen ist, um hier dem Feinde entgegentreten, namentlich dem etwa Stürmenden mit Schützen und Reitern in die Flanke fallen zu können. — Die Figuren 28 und 36 lehren, wie man sich neben einer (runden oder viereckigen) Wagenburg aufzustellen und von ihr als Flankenbeckung Nutzen zu ziehen habe. In mehreren andern Figuren (31, 32, 39) dient die Wagenburg als Reduit des Heeres.

Fig. 25 hat eine keilförmige Gestalt, die Seiten des Dreiecks sind durch Kriegshaufen verschiedener Waffen gebildet, die sich zum Teil überflügeln, so daß der Angriff in doppelten Echelons mit einer frontal geordneten Reserve erfolgt.

Überall ist der größte Nachdruck auf das Zusammenwirken von Schützen und Reitern gelegt; überall empfiehlt der Verf. in immer neuen Wendungen, das Geschütz thätig zu verwenden und es entschlossen einzusetzen. (¹)

VII. Elementartaktik. 69. Elf Figuren, dadurch alle gevierte Ordnung und Haufen (für Fußvolk wie Reiterei) verändert mögen werden in andere Formen. — 70. Zehn Figuren zu den Wagenburgen,

---

¹) Bei manchen Figuren ist noch des Feindes Aufstellung als „Gegenfigur" angegeben, u. zw. ist der Feind als „Türke" gedacht, weshalb ihm stets Kameele zugeteilt sind.

wie man die ordentlich einführen soll und beschließen. — 71. Tafel zu den
Wagenburgen. — 72. Dreierlei Figuren der Läger mit Wagenburgen.—
(Der Inhalt dieses Kapitels ist bereits oben besprochen worden).

VIII. Bericht des türkischen Kaisers Schlachtordnung.
73. Eine kurze Zusammenfassung des osmanischen Kriegswesens, an
welche sich einige Desiderata anschließen, die zum Teil militärpo-
litischen Inhalts sind und sich speziell auf den Türkenkrieg beziehen,
der ja um die Mitte des 16. Jhrbts. die Deutschen so dringend be-
schäftigte. Einige dieser Prinzipienfragen sind aber auch von
ganz allgemeinem Interesse, z. B.:

Ob die viereckigt Ordnung, so gemeinlich von uns gebraucht, wider
des Türken Ordnung bequem sei? — Weil auch bei den alten Römern die Le=
gions gehalten, dieselb auch ungefährlich 6000 stark gewesen, ob nicht besser
sei, solche Legiones von neuem wieder anzurichten und die Ordnung nach Weise
der alten Römer zu halten?([1]) — Item, daß die Disciplin dester leichter sei,
ob nicht verträglicher, der Ständ und Hauptleut Unterschied zu machen, wie vor
alters die Römer gehalten, auch unser Feind der Türke thut?([2]) — Ob nützer
wäre, daß die Landesknechte gerüstet wären (d. h. geharnischt) und nit
also zerschnitten([3]), Umkehrens und Wendens willen, daß in einem gestechten
Haufen durch solche zerschnittene Kleider und der Degen Hochgürtung gar selt=
sam verhindert. — Ob auch nit besser wäre, durch alle Stände die Legiones als
Regiment zu erhalten und sie in steter Übung und mit gewisser und son=
derlicher Speise gewöhnet, als in anliegenden Nöthen einen jeglichen anzuneh=
men." Dies Desiderium wirft die Frage des stehenden Heeres auf.

Diese Inhaltsangabe von Albrechts Werk dürfte einen Begriff
von dem hohen Werte desselben geben. In taktischer Hinsicht ist
es unzweifelhaft die bedeutendste Schrift des ganzen 16. Jahrhunderts, Machiavellis sette libri nicht ausgenommen. — Welchen
Rufes Albrechts Kriegsbuch genoß, lehrt der Umstand, daß ein vor-
derasiatischer Fürst, Herakllides Jacobus Basilicus, despota
Sami, Pari etc. princeps, dasselbe kannte und benutzte.

Basilicus widmete dem Kaiser Maximilian II. Artis militaris libri
IV. (K. k. Hofbibl. zu Wien ms. No. 10980), und mit besonderer Erwartung
schlägt man den Anhang dieser Schrift auf, welcher eine Turcarum acierum
descriptio enthält; man erhofft hier von dem unmittelbaren Nachbarn der Türken
Aufschlüsse über die Kriegsweise seiner Besieger. Erstaunlicherweise jedoch gesteht
der samische Despot ein, daß er in Bezug auf dies Thema nichts Besseres kenne,

---

[1]) Es ist derselbe Gedanke, welcher François I. zur Einrichtung der französischen
Legionen führte.

[2]) D. h. Gliederung nach dem Dezimalsysteme.

[3]) Es sind die aufgepufften Wämser und Hosen gemeint, die lange Schlitze hatten,
durch welche das farbige Unterfutter hervorquoll, die tolle Modetracht der Zeit: „Zerhauen und zerschnitten nach adelichen Sitten."

als das betreffende Kapitel aus des Herzogs von Preußen „Kriegsbuch", und so hat er sich begnügt, dies einfach in's Lateinische zu übersetzen.

Auch König Sigismund wußte wohl, welchen Schatz er in Albrechts Buch besaß und beeilte sich, denselben seinen slavischen Volksgenossen zugänglich zu machen. Er beauftragte den Mathias Strobicz mit einer Übersetzung der Kriegsordnung in's Polnische, die denn auch mit allen Figuren in einer äußerst prachtvollen Handschrift i. J. 1561 zu Stande kam. Der König hegte die Absicht, diese Übersetzung drucken zu lassen; aber er starb darüber.

Die polnische Übersetzung ist in folgende Kapitel abgeteilt: 1) De castellis, atque arcibus munitis. 2) De armamentariis bellicis et horreis. 3 et 4) De ordine et disciplinae militaris equitum peditumque. 5) De ratione agminis. 6) XLII modi aciei instruendae. 7) De castris locandis. 8) Notitia brevis de militari disciplina exercitus Turcarum. — Der polnische „Codex Albertinus" kam im 17. Jhrdt. in die Hände des Heerführers Johann Chodkiewicz, später in die des Königs Jana's III. Sobieski, bis ihn Stanislaus August der Bibliothek Zaluskich überwies. Diese wurde bald darauf aus Polen entführt; ein Zufall aber brachte den Codex Albertinus in den Besitz des Tabbeus Czackiego, nach dessen Tode er mit der Bibliothek Porycka von dem Fürsten-Palatin Czartoryski erworben ward. J. J. 1858 wurde nach diesem Exemplar eine sehr reich und schön ausgestattete Ausgabe dessen veranstaltet, „quae Poloni lectoris interesset cognovisse." Das ist nun freilich überraschend wenig; denn diese zu Berlin hergestellte, doch zu Paris herausgegebene Edition der Alberti marchionis Brandenburgensis Libri de arte militari bringt nämlich nur die Vorreden des Übersetzers und des Autors, die Widmung an den Polenkönig (darauf kam es an!), die Lehr Kaiser Maximilians (in polnischen Versen), das Inhaltsverzeichniß und einige schöne Schriftproben. — Neunzehn Jahre vor Veröffentlichung dieses Bruchstücks erwähnte General v. Gansauge, daß Anzüge aus Albrechts Kriegsordnung in polnischer Sprache erschienen seien, die er aber nicht gesehen habe. Auch mir sind sie unbekannt geblieben.

Von dem deutschen Texte des Berliner Exemplars sind abgedruckt worden: die wichtigen Kapitel V., VI. u. VII. im 2. Hefte der nun auch schon äußerst selten gewordenen, „von einigen Offizieren des Kgl. Preuß. Generalstabes herausgegebenen Denkwürdigkeiten für die Kriegskunst und Kriegsgeschichte" (Berlin 1817), sowie „Albrechts Anforderungen an die militärwissenschaftliche Vorbildung eines Heerführers (Kenntnis der Theologie, Jurisprudenz, Arithmetik, Geometrie und Mathematik), von Blatt 6 des Manuskriptes in v. Gansauges Schrift „das Brandenburgische Kriegswesen um die Jahre 1440, 1640 u. 1740. (Berlin 1839.)

Eine Veröffentlichung der „Kriegsordnung wäre in hohem Grade wünschenswerth; denn das Werk des Herzogs Albrecht von Preußen bildet den Höhepunkt der deutschen Kriegswissenschaft des 16. Jahrhunderts.

Zur Stammbevölkerungsfrage der Mark Brandenburg.[1]

Von Direktor Dr. W. Schwartz.

Die Frage nach der Art der Germanisierung Brandenburgs
sowie Mecklenburgs und Pommerns, welche fast gleichzeitig
zur Zeit Heinrichs des Löwen und Albrechts des Bären eintritt, ist immer noch eine z. T. ungelöste.

Zwar haben an verschiedenen Stellen Europas ähnliche Grenz-
regulierungen zwischen verschiedenen Nationalitäten gleichfalls wie
dort unter dem Einfluß hinzukommender religiöser Gegensätze stattgefunden. Araber wie Türken haben im Süden, die einen Spanien,
die anderen die Balkanhalbinsel überflutet und den Ländern mit ihrer
Herrschaft und einer damit verbundenen Organisation, die namentlich
in Ortsnamen reflektiert, ihren Charakter aufgedrückt, bis im Laufe
der Jahrhunderte eine rückläufige Bewegung eintrat und ein Landstrich nach dem anderen ihnen wieder entrissen wurde. Wenn aber
hier die unterworfene Bevölkerung, als die Wogen der Fremdherrschaft
zurückgedrängt wurden und sich zu verlaufen anfingen, ihre Stelle
gleichsam geschichtlich wieder einnahm und das alte Volkstum wieder
herauskehrte, so kommt ein solches Moment den früher slavischen Verhältnissen gegenüber scheinbar in Wegfall. Nichtsdestoweniger tritt,
als die einzelnen slavischen Herrschaften zusammenbrachen, „in der
Masse der Bevölkerung des ganzen Landes selbst" ein Umschwung im
deutschen Sinne in fast phänomenaler Weise hervor.[2] Wie plötz-

---

[1] Mit einer Karte.

[2] Das Phänomenale der Sache präzisiert Jagic im Archiv der slavischen Phi-
lologie Berlin 1880. IV., wenn er in Rücksicht auf die Gegensätze in der Auffassung,
wie sie neuerdings besonders scharf slavischer wie stellenweise deutscher Seits übertrieben werden, p. 78 sagt: „Nach der letzteren steht man in der That vor einem
„statistischen" Wunder, welches mit den Slaven im VII. und VIII. Jahrhundert geschah,
daß sie auf einmal halb Europa inne hatten, während man einige Jahrhunderte vorher
ihnen kaum die Ebenen zwischen Dniester und Don einräumt (Rösler, Hehn u. A.);
nach der ersteren wieder muß man sich die Deutschen wirklich als Slavophagen denken,
um den Untergang der Slaven in allen jenen Gegenden begreifen zu können, wohin
sie z. B. von einem Sembera als Autochthonen versetzt werden."

lich erscheinen namentlich die bis dahin von Slaven be-
wohnten weiten Strecken zwischen Elbe und Oder und zum
Teil noch über die Mündungen der letzteren hinaus von
deutscher Bevölkerung erfüllt. Die Slaven treten in Stadt
und Land mit einem Male nur in verschwindenden Minoritäten auf,
und meist nur an den Grenzen finden sich kompaktere Centren, namentlich im Süden in der Lausitz, im Norden im Kassubenlande, an
Stellen, wo sie noch heute nach siebenhundert Jahren ihr Volkstum
mehr oder minder bewahrt haben.

Dieser eigentümliche, rasche Wechsel in der Masse der
Bevölkerung hier ist eben das Phänomen, welches erklärt sein
will und eine Frage für sich bildet neben der, wie nach der Zertrüm-
merung der heidnischen Slavenherrschaften überhaupt eine christlich-
deutsche Organisation dem Lande aufgeprägt wurde.

Wenn wir bei Helmold u. a. lesen, daß in dem Kampf christ-
licher und heidnischer Welt an der Elbe, repräsentiert dort durch sächsische, hier durch slavische Herrschaft, gelegentlich einzelne wüst gewordene Striche in Holstein, Mecklenburg und dem von Albrecht dem
Bären schon besetzten Teile der Mark durch deutsche Kolonisten aus
Westfalen und vom Niederrhein her bevölkert wurden, auch von der
Besiedelung neuer Städte oder alter, in den Kämpfen wüst gewor-
dener selbst in der Altmark die Rede ist, ebenso gelegentlich später noch
in Urkunden, besonders bei Begründung von Kirchen und Klöstern,
die Ansetzung von Kolonisten überhaupt erwähnt wird: so läßt sich
dies doch nicht so „ohne Weiteres" auf die ganzen weiten Landes-
strecken, um die es sich hier handelt, so übertragen, wie wenn dieselben in ihrer ganzen Ausdehnung menschenleer gewesen wären und
eine ganz neue Bevölkerung erhalten hätten. Eine solche Verallge-
meinerung ist eben nur eine Hypothese, die auch schon v. Werlebe in
seinen „Niedersächsischen Colonien." Hannover 1815. eingehendst bekämpft hat, und bei der neben anderen Unwahrscheinlichkeiten schon
ein Moment vor Allem auffallen würde. — Wenn nämlich wirklich
auf der ganzen Linie eine derartige radikale Germanisierung, gleichsam eine vollständige Neubesiedelung des Landes stattgefunden hätte,
wie kam es, daß dabei die ganze frühere Organisation desselben, wie
sie sich in den slavischen Formen der Ortsnamen (z. T. ja noch bis
auf den heutigen Tag) abspiegelt, damals in der Tradition festgehalten wurde und nicht überall neue deutsche Namen auftauch-
ten, wie wir es in den Territorien finden, wo eine vollere Kolonisation nachweisbar ist, namentlich dann in den jenseits der Oder
liegenden Landschaften. Das zeugt von einer gewissen Kontinuität in
den Lebensverhältnissen während des Wechsels der Herrschaft, wobei

zunächst allerdings unbestimmt bleibt, wer die Träger derselben gewesen. Es regt nur eben den Gedanken an, ob nicht neben den überall zurückweichenden und mehr und mehr verschwindenden Slaven auch noch Menschen anderen Schlages dagewesen, die dafür eine Anlehnung geboten hätten.

Auf dieselbe Annahme wird man aber auch geführt, wenn man sich überhaupt den Prozeß des sogen. Schwindens der Slaven klar machen will. Waren alle die Länder, um die es sich dabei handelt, in allen den Städten und Dörfern, mit denen sie doch, abgesehen von einzelnen wüsten Strecken und einzelnen Neugründungen, ähnlich besiedelt waren wie später, nur von Slaven besetzt, wo sind diese Massen mit Weib und Kind auf der ganzen Linie geblieben, so daß mit einem Male nur von geringen, vereinzelten Minoritäten die Rede ist? Mögen auch die Grenzkriege ihre Reihen gelichtet haben, so bleibt es doch in der Ausdehnung, wie es auftritt, unverständlich, würde aber auch leichter wieder zu erklären sein, wenn, wie bei den Arabern und Türken, auch sie nur im ganzen als Herren des Landes und nur stellenweise in kompakteren Massen aufgetreten wären, so daß bei einer neuen Organisation des Landes mit einer anderen Sprache und Religion, zumal wenn andere Volkselemente dem noch entgegengekommen, sie leichter in ihren Überresten absorbiert worden wären, ev. nach den erwähnten Endpunkten in Anlehnung an polnisches oder böhmisches Land sich zurückgezogen hätten, wie Schritt für Schritt die Araber und Türken und auf slavischem Gebiet ähnlich auch ihrer Zeit die Mongolen.

Von ähnlichen Erwägungen ist überall da, wo die einzelnen kleineren slavischen Territorien von der Ostsee hinunter bis Schlesien allmählich aufgelöst und germanisiert worden sind, der Gedanke schon seit dem 16ten Jahrhundert bei Darstellung der betr. Verhältnisse aufgetaucht: „Slaven hätten nicht allein die Länder erfüllt, sondern es seien noch aus den Zeiten der Völkerwanderung „deutsche" Überbleibsel auf dem Lande zurückgeblieben, die in einer Art Hörigkeit unter den slavischen Herren gelebt, ja sogar als Heiden gewissermaßen sympathisch mit ihnen gegen die christliche Kirche mit ihren Zehnten u. s. w. gefühlt hätten.[1]

Von diesem Standpunkt aus würde sich der Prozeß, der sonst nach allen Seiten hin Zweifel erregt, überall leichter lösen. Es wäre

---

[1] Die reiche Literatur der dahin schlagenden Schriften giebt Platner in seiner Abhandlung „Über Spuren deutscher Bevölkerung zur Zeit der slavischen Herrschaft in den östlich der Elbe und Saale gelegenen Ländern", in den Forschungen zur deutschen Geschichte. Göttingen 1877. Bd. XVII. p. 413 Anm.

ein ähnlicher, nur unter anderen Umständen und in minder starker
Weise hervortretender Prozeß, als er sich jetzt z. B. im Elsaß zeigt,
wo auch latentes deutsches Volksleben deutscher Herrschaft entgegen-
kommt und die einwandernden Deutschen an jenem Fühlung suchen
und finden, und umgekehrt.

Die Schwierigkeit bei einer solchen Annahme bestand nur darin,
Beweise für dieselbe zu finden. L. Giesebrecht, der in neuerer Zeit
besonders für das Ostseeland für dieselbe eingetreten ist, stützt sich
namentlich auf das Zeugnis des Ordericus Vitalis, eines normän-
nischen Historikers, der unter den dänischen Hülfsvölkern, welche die
Angelsachsen gegen Wilhelm den Eroberer unterstützen sollten,
auch Liutizer vom Ostseestrande erwähnt, die Heiden gewesen und noch
Guodenen et Thurum Freamque verehrt hätten. Für die Mark schienen aber drei Stellen in der Chronik Pulkawas zu sprechen, der von
der alten Zeit redend, dieselbe als eine solche schildert, wo in der
Mark noch eine gens adhuc permixta Slavonica et Saxonica, also
eine gemischte slavisch-deutsche Bevölkerung, gesessen hätte.

Sonstige historische Zeugnisse unmittelbarer Art fehlen. Den
gleichzeitigen Schriftstellern tritt mehr die christliche Organisation in
den Vordergrund, die übrige Geschichte nur, insofern sie zu dem Verständnis derselben gehört, geschweige denn, daß sie Interesse für die
Erörterung des volkstümlichen Charakters der ländlichen Massen der
Bevölkerung gehabt hätten.

Platner hat nun neuerdings in der eingehendsten Weise die Frage
wieder und z. T. von allerhand neuen Gesichtspunkten aus für das
ganze dabei zur Sprache kommende Terrain, also auch für Sachsen
und Schlesien, insofern auch dort Momente dafür hervortreten, behandelt. [1] Er acceptiert für Mecklenburg und die Mark die oben
erwähnten Zeugnisse des Ordericus und Pulkawa, bringt eine Fülle
von Beispielen herbei, die wahrscheinlich machten, daß die häufig an
der Grenzlinie vorkommenden Ortsnamen wie Nimtsch und ähnliche
„deutscher Ort" in slavischem Munde bezeichnet hätten und so von älteren deutschen Ansiedlungen Zeugnis abgäben. [2] Auch die Sagen,
namentlich die vom Harlunger Berg in Brandenburg, zieht er heran,
um das Fortleben deutschen Wesens unter der Slavenherrschaft nachzuweisen, und findet namentlich in den nördlichen Gegenden im Havellande Überreste der alten Heruler.

---

[1] In dem schon vorhin erwähnten XVII. Bde. der Forschungen zur deutschen
Geschichte. Göttingen 1877.

[2] Niemiec, Njemec und Njemc ist nämlich der Name der Deutschen bei Polen,
Böhmen und Wenden, indem er dieselben als „Stumme" bezeichnet, d. h. als Leute,
mit denen man nicht sprechen kann.

Dagegen hat aber Wendt(¹) Widerspruch erhoben, auch, wie man gestehen muß, nicht ohne Grund Bedenken gegen die Berechtigung erhoben, die Stellen des Odericus und des Pulkawa für die Sache ins Feld zu führen, aus dem Harlunger Berge Schlüsse zu ziehen, wie Platner gethan, so daß von dieser Seite die Ansicht wieder erschüttert ist.

Andrerseits hat man neuerdings vom Standpunkt der Körperbildung die Frage nach dem Stammcharakter der Bevölkerung ins Auge gefaßt, und Virchow hat z. B. in der letzten Anthropologen-Versammlung zu Stettin auch östlich von der Oder einen besonders vorwiegenden Typus blonder Rasse, die als germanisch anzusehen, festgestellt. (²)

Das ist höchst interessant, löst die Frage aber nicht, ob die betreffenden Centren von deutschen Überresten herrühren, welche die Slavenherrschaft überdauert hätten, oder von Kolonisten.

Von einer anderen Seite lassen sich jedoch ethnologische Schlüsse ziehen, jedenfalls Fakta beibringen, welche höchst bedeutsame Schlaglichter auf die Verhältnisse werfen und speziell die Bevölkerung zwischen Elbe und Oder in ihrem Mittellauf und an ihren Mündungen z. T. unter einem Gepräge wie noch zur Heidenzeit erscheinen lassen, so daß dies die Geltung einer historischen Thatsache beanspruchen kann.

Als ich nämlich mit Kuhn die Sagen, Gebräuche und den ganzen Volksaberglauben in den Marken und angrenzenden Landschaften im Anschluß an Grimms Mythologie von Dorf zu Dorf wandernd sammelte, ergab sich nicht bloß je länger je mehr in unmittelbarer Anschauung, daß in den Traditionen des Landvolks noch, wenngleich unbewußt, die primitivsten und ursprünglichsten Vorstellungen des alten heidnischen Glaubens in ihrem Anschluß an die Natur fortlebten, — was ich dann unter dem Namen „der niederen Mythologie" in die mythologische Wissenschaft einführte, da es sich zugleich als die volkstümliche Grundlage der ideal-nationalen Götterlehre erwies (³), — sondern daß auch, wie die Sprache in den Dialekten eine gewisse kartographische Gliederung der betr. Volkskreise ermögliche, es ebenso in jenen mythischen Traditionen sei. Wenn J. Grimm schon gelegentlich auf die letztere Erscheinung in Betreff des übrigen Deutsch-

---

¹) Die Nationalität der Bevölkerung der deutschen Ostmarken vor dem Beginn der Germanisierung. Göttingen 1878.

²) Korrespondenzblatt der deutschen Gesellschaft für Anthropologie, Ethnologie u. s. w. 1886. Nr. 9.

³) cf. Schwartz, Der heutige Volksglaube und das alte Heidentum mit Bezug auf Norddeutschland, besonders die Mark Brandenburg und Mecklenburg. 1849; II. Aufl. Berlin 1862.

lands hingewiesen hatte, so trat es hier in einer fast frappierenden
Weise hervor, so daß man, wie an dem Dialekt, an dieser oder jener
mythischen Tradition, namentlich an den in ihr hervortretenden Namen gespenster- oder zauberhafter Wesen sofort den heimatlichen Kreis,
dem sie entstammt, erkennen konnte. Die Thatsache ließ sich inzwischen
dann weiter im Prinzip über ganz Deutschland verfolgen, nachdem
überall fast Sagensammlungen entstanden, aber nirgends tritt es so
charakteristisch als eben in den uns interessierenden Gegenden hervor,
wo allerdings auch die einzelnen Volkskreise in besonderer Weise zu
allen Zeiten durch Wasser, Sumpf und Wald geschützt in einer rela-
tiven Isoliertheit sich befanden und auch länger das Heidentum als
die übrigen Deutschen und fast alle herumwohnenden Völker be-
wahren konnten.

War einmal diese ethnologische Seite der Sache erkannt, so lag es
nahe, Schlüsse auch für den Charakter der Bevölkerung zur Heidenzeit und in Betreff ihrer Sitze in derselben zu ziehen. In diesem
Sinne hat Kuhn und ich auch die Frage über die Stammbevölkerung
der Marken, wie sie sich uns faktisch aufdrängte, gelegentlich gestreift.([1])

Zwar hat Platner in seinem erwähnten Aufsatz auch diesen
Punkt in Rücksicht auf die Resultate der märkischen und norddeutschen
Sagen behandelt, doch hat er Manches hineingezogen, was die Haupt-
fakta nicht scharf hervortreten läßt, überhaupt die Sache in einer Weise
verallgemeinert, daß mich dies noch einmal zu der nachfolgenden besonderen Behandlung derselben veranlaßt hat, als an mich die Aufforderung herantrat, auch einen Beitrag zur Jubelschrift des Vereins für die brandenburgische Geschichte zu liefern.

Zunächst ein paar Beispiele, die klar machen, wie in den Sagen
und Gebräuchen des flachen Landes, denn von dem ist hier nur
die Rede, sich gleichsam eine mythologisch-ethnologische Karte
über ganz Deutschland ausbreitet.

---

[1]) Als wir erst angefangen zu sammeln, und die Thatsachen noch nicht so voll
sprachen, namentlich die Frigg von uns noch nicht aufgefunden, war Kuhn noch geneigt, diese Überreste des Heidentums mit den deutschen Kolonisationen in Verbindung zu bringen; allmählich aber, je mehr die Eigenart und die landschaftliche Gruppierung uns entgegentrat, gab er dies auf und trat auch voll für die durch diesen Aufsatz
gehende Auffassung ein. cf. Märkische Forschungen. Berlin 1841. I. p. 146. III. v. J.
1847 p. 377. Nordd. Sagen XXIV. — Ich habe die Sache berührt in den Märkischen Forschungen Bd. VIII. p. 32, so wie in der Vorrede zur II. Aufl. des „heutigen
Volksglaubens" u. s. w. p 9 ff.; weiter ausgeführt in einem Vortrag für die Wander-
versammlung des Vereins für die Geschichte Berlins zu Frankfurt a O. am 24. August
1874 (abgedruckt in meinen „Bildern zur Brandenburgisch-Preußischen Geschichte" v.
J. 1875), sowie in einer dahin schlagenden Debatte auf der Anthropologen-Versammlung zu Stettin 1886 (s. Korrespondenzblatt der deutschen Gesellschaft für Anthropologie
u. s. w. 1886. S. 106 ff.)

Jede Gegend hat z. B. ihren „besonderen" Hexenberg. „Norddeutschland", sagt J. Grimm. Myth. II.² p. 1004, „kennt den Brocken,
Brocks- oder Blocksberg, des Harzes höchste Spitze, als Hauptver-
sammlungsort der Hexen." (Auch für die Mark, Mecklenburg und
Pommern gilt dies, wenngleich je weiter ab, desto mehr in abge-
schwächter Weise.) „Bei Halberstadt nennt man den Huiberg; in
Thüringen fahren sie zum Horselberg bei Eisenach oder zum Inselberg
bei Schmalkalden; in Hessen zum Bechelsberg oder Bechtelsberg bei
Ottrau; in Westfalen zum Köterberg bei Corvei oder zum Weckings-
stein bei Minden; in Schwaben zum Schwarzwald, zum Kandel im
Breisgau, oder zum Heuberg bei Balingen; in Franken zum Kreiden-
berg bei Würzburg, zum Staffelstein bei Bamberg. Im Elsaß werden
Bischenberg, Büchelberg, Schauenberg und Kniebiß, auf den Vogesen
Hupella genannt."

Erklärt sich diese mannigfache Gruppierung schon in diesem Falle
aus den lokalen Beziehungen, so tritt doch eine solche ebenso z. B. beim
Namen des Wilden Jägers oder noch charakteristischer, da bei jenem
oft historische Anknüpfung einen Halt giebt, bei dem Namen für den
Alp und das sogen. Alpdrücken hervor, wo die Homogenität der
Bezeichnung nur eben aus Stammesgemeinschaft oder einer dieselbe
ersetzenden Beziehung zu erklären ist.

Die Bezeichnung Alp, Alpdrücken ist überall mehr oder weniger bekannt, doch mehr in den von der Litteratur beeinflußten
Kreisen. Wie nun die Schweden den Geist, der den Menschen angeblich
des Nachts drückt, Mara, die Dänen Mare nennen, so tritt als volks-
tümlicher Name dafür in Pommern, Mecklenburg und der Mark meist
gleichfalls das einfache die Mahre, die Mahrt auf; Mahrtdrücken ist
allgemeine Bezeichnung für den Zustand. Wie in Masuren aber dafür
die slavische Zmora eintritt, so erscheint im Südosten von Berlin bei
Teupitz, Wendisch-Buchholz und Fürstenwalde schon die lausitzer Murraue (Murawa), zu der sich dann die böhmische Můra stellt und an
welche auch noch die sächsische Mòre erinnert. In Niedersachsen, Schles-
wig-Holstein und Westfalen heißt sie dann gewöhnlich de nacht-
märte, die Nachtmahr, entsprechend dem belgischen Nacht-Maer und
dem englischen Night-Mare; im Oldenburgischen und Ostfriesland
die Walriderske. In Süddeutschland treten dafür die verschiedensten
Namen anderer elbischer Geister auf. Im Elsaß und der Schweiz nennt
man den Alp Doggele, Doggeli oder Doggi, aber auch mit dem
Namen des elbischen Geistes „Schrat" in Diminutivformen, die in
der Mythologie sehr häufig sind: Schrätzmännel, Rätzel, Letzel,
Letzekäppel, ähnlich wie in Schwaben Schrettele oder mit allgemeiner und von der Zeit des Auftretens oder der Sache hergenom-

mener Bezeichnung Nachtmännle, Drückerle, wie im Eichsfelde Markdrücker. In Baiern ist der auch sonst noch in Süddeutschland vorkommende Name Trude üblich.

Die mythischen Elemente aber nun, welche in dem Lande zwischen Elbe und Oder „ethnologisch" besonders bedeutsam werden, beziehen sich vor Allem auf „drei" Momente: die wilde Jagd, gewisse Erntegebräuche und den Umzug altmythischer Wesen zur Mittwinterzeit, den sogen. Zwölften, die von Weihnachten bis Großneujahr (6. Januar) jetzt dem Gebrauch nach gerechnet werden.

Der wilde Jäger oder die wilde Jagd ist noch in ganz Deutschland, namentlich in waldreichen Gegenden, unter verschiedenen Namen bekannt. Eine Übersicht giebt in dieser Hinsicht Wuttke in seinem deutschen Volksaberglauben (Berlin 1869. p. 16), wenn er sagt: „Der wichtigste Überrest der Wodansmythe ist der durch ganz Deutschland, (nicht in den rein slavischen Gebieten) gehende und schon im 12ten Jahrhundert bezeugte Glaube vom Wilden Jäger oder (mehr in Süd- und Mitteldeutschland) vom „Wütenden Heere" (Mittelalter: Wuotunges Heer). Der wilde Jäger heißt u. A. in Westfalen Woejäger" (genauer im Osnabrückschen: Woe- oder Jöh- oder Jöljäger, im Münsterschen: der Hodenjäger, der Jäger de Jon oder Jäger Goï, in Ostfriesland übrigens: Woïnjäger oder Wöjenjäger), „in Niedersachsen und den angrenzenden Teilen Westfalens der Helljäger, Hackelberg, Hackelberend, Hackelmann und Hackelblock. Die wilde Jagd heißt in Baiern auch „wildes Gejage oder Gejaid" oder das „Nachtgeleit", in Schwaben das wilde Heer, Muotesheer (nur dialektisch von Wuotesheer verschieden), in Thüringen wütendes oder „wüteninges" Heer u. s. w."

Die Sagen, die sich daran schließen, zeigen nun deutlich, daß die Vorstellung sich ursprünglich an das Gewitter als eine dahinjagende Jagd oder einen losbrechenden Heereszug dort oben angeschlossen, an dessen Spitze der Sturmesgott Wodan gestanden, auf dessen hüllenden Wolkenmantel z. B. der Name Hackelberend, der z. T. geradezu an seine Stelle getreten, noch erinnert. (¹)

So zieht der wilde Jäger namentlich im Frühling und Herbst einher, wovon eine Fülle von mythischen Bildern in den Sagen der verschiedenen Landschaften Kunde geben und sich zugleich erklärt, daß der betr. Gott nicht blos Jagdglück und Sieg, sondern auch Fruchtbarkeit der Saaten zu verleihen schien, sodaß er auch in den Erntegebräuchen eine Hauptrolle spielte. Zur Seite tritt ihm dann oft, um

---

¹) s. das oben S. 108 Anm. 3 citierte Buch „Der heutige Volksglaube" u. s. w.

dies gleich der späteren Untersuchung halber hier anzureihen, ein
weibliches Wesen, wie es namentlich in den Sagen von der thüringischen Frau Holle am prägnantesten uns noch entgegentritt, aber
auch anderweitig in analoger Gestaltung auftritt. Bald ist es die
„Sonne" als „himmlische Wolken = und Wasserfrau", unter deren
Händen, wenn sie gnädig ist, sich alles in Gold wandelt, die dann
aber auch, wenn der Sturm daher gebraust kommt und sie mit sich
fortreißt, zur wilden Windsbraut wird, die mit ihm dahintost und
so einen bösen, hexenartigen Charakter bekommt, gerade wie die grie-
chischen Sonnentöchter Kirke und Medea den beiderseitigen Charakter,
den schönen wie hexenartig = bösen abspiegeln. (¹)

Im Kultus nun wandelt sich dieser an die momentanen Natur-
erscheinungen sich anschließende Charakter allmählich. Aus den „Na-
turwesen" wurden mit der Zeit allgemeine „anthropomorphisch gedachte
Götter". Die Vorstellung einer umziehenden Gottheit, deren Einzug
dem Lande Segen schafft, konnte sich so mit allen Festen der Jahres-
wenden, mit den sogenannten Quatembern, wie mit dem Fest der
Sommer = und Wintersonnenwende, welche Zeiten überall in Deutschland zur Heidenzeit festlich begangen wurden, verbinden, wie auch
die Übertragung von Sagen und Gebräuchen von der einen Zeit zur
andern bestätigt. Bekam Johannis und Michaelis aber, um die Zeit
kurz zu bezeichnen, durch die realen Verhältnisse mehr einen Bezug
auf die Ernte, so galt neben den Frühlingsfesten die Zeit der Wintersonnenwende, wo nach langer Dunkelheit die Tage wieder länger
werden, d. h. heidnisch gedacht, die lichteren Mächte sich wieder der
Erde zuwandten, als eine besonders zu feiernde. Je höher hinauf,
desto mehr machte sich jener Gegensatz und jene Wandlung zum Bessern in der Natur dann fühlbar, und fand in Gebräuchen ihren Ausdruck: die sogen. Zwölften, d. h. die zwölf Tage von Weihnachten bis
Großneujahr, die besonders zwischen Elbe und Oder noch in der Tra-

---

¹) S. „heutigen Volksglauben" u. s. w. II. Aufl. Desgl. meine prähistorisch-
anthrop. Studien. Berlin 1884. p. 18 Anm. 3 und über die ganze Vorstellung „Urspr.
d. Myth.", sowie „Indogerm. Volksglauben", besonders unter Sonnentochter und Wollen-
wasserfrau. Daß man speziell den Charakter der betr. Göttin als Sonne und himmlische Wolken = und Wassergöttin verkennt, kommt daher, daß man sich noch immer
an die Stelle des Tacitus klammert, wo dieser die im Norden Deutschlands verehrte
weibliche Göttin (für deren angeblichen Namen Hertha J. Grimm den Namen Nerthus
eingeführt hat) als eine „Erdgöttin" — terra mater — bezeichnet, was doch nur eine
Deutung im Sinne des klassischen Altertums ist, das die weiblichen Gottheiten gern
so faßte. Mit unserer Auffassung stimmt z. T. auch Mannhardt, wenngleich
er die Konsequenzen nicht voll zieht. Die sagenhaften Umzüge der Frick, Harke u. s. w.
(vergl. weiter unten S. 125 f.) sind deutlich nur Residua einer ähnlicher Art, wie der
von Tacitus beschriebene, nur unter dem bäuerlichen Reflexe der niederen Mythologie.

dition als eine heilige Zeit fortleben, und das Julfest in Schweden legen dafür das beredteste Zeugnis ab; sie gelten der kommenden neuen Zeit als eine Art Vorfrühlingsfest, wie der Bauer es noch heutzutage in seiner Weise ausdrückt, wenn er sagt, „in den Zwölften werde der Kalender des nächsten Jahres gemacht" und mechanisch die die Witterung nach den einzelnen Tagen auf die Monate des nächsten Jahres dann überträgt.

Die hier entwickelten Hauptzüge der niederen Mythologie, wie sie überall in Deutschland noch mehr oder weniger hindurchschimmert, treten nun fast am charakteristischsten, wie sich bei den Wanderungen uns ergab, noch in dem Lande zwischen Elbe und Oder auf; und zwar gelang es, neben dem schon bekannten Namen des Wodan als Träger jenes Aberglaubens, noch den seiner Gemahlin, der Freia oder Frigg, geradezu dabei zu entdecken[1], indem diese in den entsprechenden Gebräuchen die thüringische Frau Holle sowie die süddeutsche Berchta vertritt, aber in ihrem Namen noch charakteristisch eine ältere Ursprünglichkeit bekundet.

Während nämlich in Holstein, Mecklenburg und Pommern der Wode als wilder Jäger und in den Zwölften einziehend auftritt, tritt an seine Stelle in der Uckermark zunächst in beiderlei Beziehung die Frick, an die sich dann südlich in der Mittelmark, abgesehen von dem schon beim Alp mit der Murraue als wendisch gekennzeichneten Strich, als Substitut der Frick speziell für die Zwölften eine Frau Harke oder Herke anschließt, die sich dann südlicher bis nach dem Harz verfolgen läßt, wo noch einmal oasenartig der Name der Freia eintritt[2], dann aber, wie schon erwähnt, Frau Holle an ihrer Stelle erscheint.

Im Einzelnen stellt sich die Sache so: W. Müller, Altd. Religion (Göttingen 1845) p. 120 berichtet, wie man in Schweden sage „Oden far förbi", heiße es in Holstein, Mecklenburg und Pommern „de Wode tüht" (zieht). Er beruft sich auf Adelungs Wörterb. u. d. W. „wüthen", wo eine weitere Quelle nicht angegeben. Müllenhoff hat nun zwar für Schleswig, Holstein und Lauenburg (Schl. Holst. Sg., Kiel 1845) den wilden Jäger und die Zwölften (als alte heilige Zeit) nachgewiesen, aber nur im Lauenburgischen tritt bei ihm

---

[1] Im Königreich Sachsen wie in der Neumark ist der mythische Gehalt der Sagen, ganz abgesehen davon, daß sich solche bedeutsame Überreste wie in der Mark und nördlich gar nicht finden, überhaupt ein verblaßter. Das weist eben darauf hin, ebenso wie ja auch der Dialekt, daß wir es hier mit anderen Potenzen zu thun haben. cf. Platner a. a. O. p. 501 ff.

[2] Berliner Zeitschrift für Ethnologie 1886 p. 527.

[3] Nordd. Sagen S. 180 und das. die Anm.

der Name „der Wode" direkt in beiderlei Hinsicht hervor, und um
Eutin herum (im alten Wagrien) finden wir ihn noch als „Wohl-
jäger", sonst wird er in Korrumpierung des Namens der Au, Aug
oder Auf genannt (p. 369 ff. cf. XLV.).

Mecklenburg und Pommern tritt voller in dieser Hinsicht ein.
In betreff des ersteren ist zunächst zu erwähnen: David Franck in
seinem Buche „Alt- und Neues Mecklenburg" (Güstrow u. Leipzig
1753 p. 55), der zwar mehr vom kirchlichen Standpunkt aus die
Sache behandelt, aber doch immerhin interessante Notizen liefert. Er
spricht zuerst in dem X. Kapitel von „Wodans Andencken" und meint,
„dahin gehöre, daß wenn sich etwa des Nachts ein Geschrey von Hun-
den und Jägern hören lässet, man sogleich saget: „Dat is de Woden." — „Ja man weiß in allen an der Ost-See liegenden Ländern
noch ein vieles von Woden und dessen Jägerei zu erzehlen. — Es
hat aber in Mecklenburg fast ganz aufgehöret, nachdem durch Einführung der Glas-Hütten die mehresten Holtzungen des Adels sehr
bünne gemacht worden."

Nachdem Franck dann auf „die Zwölften" übergegangen, streift er
zunächst Holstein, indem er sagt: „In Holstein wird diese Zeit über,
wie ich es selbst gesehen, gar nicht gesponnen, auch kein Flachs auf
dem Spinn-Rocken gelassen. Frägt man: Warum? so ist die Antwort: der Wode jage da durch. Da wissen sie auch genug zu erzehlen,
wie Woden hier über den Hof, da durch die Küche, dort, ich weiß
nicht wohin, gejaget." „Das hören die Kinder", setzt unser ehrwürdiger
Pastor und Präpositus entrüstet hinzu, „und bekommen dadurch einen
fürchterlichen Eindruck von Gespenstern."

Etwas ruhiger, aber immer noch ärgerlich handelt Franck dann
von dem Gebrauch der Frauen in Mecklenburg, am Mittwoch „an keinen
Flachs zu arbeiten"; das sei „greuliche Tagewählerei", aber ein alter
heidnischer Gebrauch, denn der Mittwoch sei Wodens Tag (engl. Wed-
nesday)." Er tröstet sich aber gewissermaßen damit, daß früher es
noch schlimmer gewesen und man sogar im 16. Jahrh. dem Woban
noch Opfer bei der Ernte gebracht. Die Stelle ist sehr interessant und
lautet: „Vom Woden sagte man: daß er allenthalben auf dem Felde
herum jage; dahero auch die Ackerleute, um ihn zu versöhnen, bei
Hinterlegung der Erndte, einen kleinen Winkel mit Korn auf dem
Felde stehen liessen, „damit Woban Futter für sein Pferd hätte", und
brachten ihm also die Letzlinge, gleichwie die Israelten dem wahren
Gott die Erstlinge; üm solches Häuflein sprungen sie lustig herum
und sungen:

Wode! Wode! hal dinen Rosse nu Boder,
Nu Distel und Dorn, ächter Jahr beter Korn."

„Nikolaus Gryse oder Chrisens (wie er also die Form. Con-
cordiae Ao. 1580 zu Rostock unterschrieben) bezeuget, daß solches
annoch zu seiner Zeit gebräuchlich gewesen. So habe ich auch
selbst alte Leute gesprochen, welche sich dieser Feld-Lust noch aus ihrer
Jugend erinnern konnten. Und ist bis zu dieser Stunde noch das
Wodelbier gebräuchlich, so den Ernte-Meyern, wann der Roggen
ab ist, auf etlichen Adelichen-Höfen gereicht wird. So lange hat man
unter Christen noch einige Sorge für Wodens Pferd gehabt."

Ich habe die Stelle ausführlich wiedergegeben, nicht bloß, weil
sie zeigt, daß man in der Mitte des vorigen Jahrhunderts noch in
direktem Kampf mit derartigen heidnischen Überresten in Glauben und
Gebrauch stand, sondern vor allem, weil sie eine Übersicht giebt über
die hauptsächlichsten Momente des Wodankultus in der niederen Mythologie überhaupt und mit dem hinzukommenden Zeugnis Gryses
eine bedeutsame Kontinuität für dieselben nachweist, zumal da noch
neuere Berichte aus den letzten Jahren es z. T. bestätigen, und so
die betr. Traditionen über drei Jahrhunderte aufwärts bezeugt werden.

Denn wie schon Beyer und Bartsch bei Behandlung der Sache
aussprechen: David Franck hat sich getäuscht, wenn er s. Z. meint,
„es habe in Mecklenburg mit dem Wode fast ganz aufgehört"; noch
bis in die neusten Zeiten ist es gelungen, eine Fülle daran sich schlie-
ßender, höchst interessanter Sagen aus den verschiedensten Teilen des
Landes zusammenzubringen und mit denselben den ganzen Reichtum
der dahin schlagenden Traditionen aufzudecken.

Als J. Grimm nämlich im J. 1835 seine Deutsche Mythologie
herausgab und mit derselben die Aufmerksamkeit auf die alten Sagen
und Gebräuche, als die Überreste jener, lenkte, fing man auch in Mecklenburg an dieselben zu sammeln. Mussäus, Pastor in Hansdorf, war
der erste, der eine prächtige Sage vom Wode berichtete, dann kamen
andere. Auch Kuhn und mir gelang es, als wir bei unseren Wanderungen die Grenzen Mecklenburgs streiften, 6 Variationen des Namens des Wode, als in der Volkstradition noch vorhanden, festzustellen, bei denen der eine oder andere Bezug der Wodans-Mythen
noch hervortrat. Systematisch behandelte dann die dahin schlagenden
Volksüberlieferungen Beyer im 20sten Bde. von Lischs Jahrb. in
einem Aufsatz vom Mecklenburger Volksglauben, während Niendorf
1858 in seinen Volkssagen Mecklenburgs und besonders Bartsch in
umfassend wissenschaftlicher Weise den Sagengehalt Mecklenburgs in
seiner Sagensammlung 1879—80 feststellte. Ethnographisch in unserm Sinne wurde es freilich nicht spezieller bis jetzt verfolgt.

Im allgemeinen stellt sich die Sache, nach den vorliegenden Be-

richten, so: Im Norden überwiegt mehr die Form Wode, an der
Elbe erscheint, wie Beyer und Bartsch berichten, Fruh Wôd d. h.
Frô (Herr) Wode, in den südlicheren Gegenden tritt daneben mit
einem Vorschlag von G und der gewandelten Auffassung des Wesens als
eines weiblichen, da die männliche Form »Frô« oder »Fruh« für
„Herr" dem Sprachbewußtsein abhanden gekommen, eine Frau Gode,
ein. (¹) Wir fanden bei unseren Wanderungen die letztere in der Gegend von Neu-Strelitz bis Röbel, außer ihrem vielfachen Auftreten
in der Priegnitz, wovon nachher noch wie von dem vorgeschlagenen G
des Besonderen die Rede sein wird.

Im Einzelnen ist anzumerken: (²) de Wode im Lauenburgischen
und in der Schweriner Gegend (wo uns auch daneben die Form Frü
Wôd berichtet wurde), namentlich in Ostdorf, dann auch in Gan-
schow und Gerdshagen sowie in Schwiesow bei Bützow. De Wool
heißt es in Heinrichshagen, Frü Was oder Wasen in Thymen und
und Gobendorf, Frü Wagen in Mechow an der mecklenburgisch-
uckermärkischen Grenze. Mit dem Übergang des langen o in au gemäß
dem mecklenburger Dialekt, wovon Beyer des ausführlicheren handelt, sagt man »de Waul«, »de Waud«, de Wauld« oder »Waur«
(Wauer, Wor) auf der Insel Poel, in der Bucht von Wismar,
dann in Christinenfelde, Warnkenhagen und Brook, in der Gegend
von Klütz, in Striesenow, Lüningsdorf, Drölitz, Pölitz, Gutow und Cons-
rade sowie in Plate bei Schwerin. Frü Wauer heißt es in Suckow
bei Kriwitz. Frau Gôde hingegen speziell, wie schon oben angedeutet,
in den Ämtern von Eldena, Grabow, Wredenhagen und Mirow, ·
sowie namentlich in Gorlosen, Dömitz, Conow und Bresegard und
Neu-Stetow bei Röbel, daneben auch oft Frü Gaue, Frü Gaude,

---

¹) Bekanntlich lebt die Form »Fro« noch im Namen des Fronleichnamsfestes, als
eines Festes des Leichnams des Fro, d. h. „des Herrn", fort. Zur Sache selbst, daß ein
männlicher Frô Gode zu Grunde liegt, vergl. Grimm M.², pag. 142. Anm. Auch der
Herr Gode in der Altmark, von dem nachher noch die Rede sein wird, spricht dafür,
wie auch in einzelnen Sagen es noch hindurchbricht, daß ursprünglich ein männliches,
kein weibliches Wesen zu Grunde liegt. Wenn z. B. bei Niendorf III. p. 191 (cfr.
Bartsch I. 18) Frü Wauer die „weißen Weiber" (d. h. die Wolken) verfolgt, so ist
es nach allen Analogien des gesamten deutschen Aberglaubens der wilde Jäger, nicht
ein weibliches Wesen.

²) In betreff der Einzelangaben über das Auftreten des Wod, wie später der Frick
und Frau Harke, ist zu bemerken, daß die aufgeführten Orte, wie sie auch auf der
Karte ihren Ausdruck gefunden haben, nur gleichsam Repräsentanten eines allge-
meineren, auch sonst in weiterem Kreise auftretenden Glaubens sind, indem bald hier
eine besondere Form des Namens, bald eine ganz neue Sage an der erwähnten Stelle
ihre spezielle Aufzeichnung veranlaßte. Erst in der letzten Zeit fingen Kuhn und ich an,
auch das bloße Vorkommen der betr. Namen als mythologisch-ethnologisches Moment zu verzeichnen.

Frü Gauden, Frü Gauer, Mutter Gauerken, Frü Gòr oder de Gòr, besonders in Spornitz, Neustadt, in Kritzow zwischen Lübz und Plau, in Gr. Laasch, Rankendorf und Grevenstein. (¹)

An Mecklenburg schließt sich auf der einen Seite Pommern, auf der andern die Priegnitz und der nördliche Teil der Altmark mit analogen Erscheinungen an. Auf Usedom und Wollin hatten wir in den Nordd. Sagen »de Waud« festgestellt; die Redewendungen »de Wôd' tüht, de Wôd' trekt, de Wôd' jöcht« für die wilde Jagd in Pommern überhaupt hat Höfer in Pfeiffers Germania I. 101 ff. beigebracht. Dazu stellt Ulrich Jahn, der wohl demnächst die Sache noch weiter ethnologisch verfolgen wird, in seinen trefflichen „Pommerschen Sagen 1886" den Wôde speziell in Rügen und Neu-Vorpommern (Camitz und Grugel), in Kieder im Kreis Naugard, daneben auch an den ersteren beiden Orten die Formen Waul, Waur, Gauden und Gauren; den Waur in Steffenshagen, überhaupt im Kreis Greifswald, daneben auch den Waul. Die Formen Gauden und Gauren finden sich ferner wieder in den Kreisen Grimmen und Demmin, in letzterem auch der Waudke oder Wôdke, so wie die Form Gaur, in Naugard heißt es noch de Wôd, in Kratzig im Kreise Fürstenthum Wôtk, in Tempelburg (Kreis Neustettin) Wod oder Wùid. (²)

In der Priegnitz gelang es uns für die Zwölftengottheit resp. Wilde Jagd folgende Namen festzustellen. Ziemlich allgemein ist, wie wir schon in den märkischen Sagen beibrachten: Frau Gôde, daneben heißt es Frü Gôdke in Wilsnack, de Gôdsche, Frü Gôdsche oder Mutter Gôdsche in Heiligengrabe, Frü Goëd in Perleberg und Möblich bei Lenzen, Frü Goïk in Bendwisch und überhaupt bei Wittenberge. Kinderlieder haben dann, wie Mannhardt ausführt, Frau Rose daraus gemacht.

Auch über die Elbe in den nördlichen Teil der Altmark zieht sich der Glaube. Wenn in den Zwölften Hede auf dem Wocken bleibt, haben wir in den Norddeutschen Sagen p. 414 notiert, „kommt Frü Goë", dagegen in Schrampe bei Arendsee Frü Gôden, ebenso in Bühne bei Calbe a. M.; Frü Gôsen in Thüritz, Frü Wäsen in Kalbe a. M.

Das betr. mythische Element tritt hier aber noch in anderer Weise bedeutsam hervor. Wie man nach Franck in Mecklenburg das

---

¹) Im Lande Stargard heißt der wilde Jäger der Jenner.

²) Wenn der Haekelberg dafür in Mesiger (Kreis Demmin) und in Sievertshagen (Kreis Grimmen) auftritt, so möchte ich dies speziell als Tradition von Kolonisten aus Niedersachsen halten, wo dieser Name zu Hause, welcher Wodan als „Mantelträger", d. h. als den in die Wetterwolke gehüllten Sturmgott bezeichnet.

Erntebier Wodelbier nannte, fanden wir hier, neben einem dem dortigen ähnlichen Erntegebrauch, als Bezeichnung für die letzten stehenbleibenden Ähren, welche alsdann mit einer gewissen Feierlichkeit zum Schluß abgemäht wurden, die Bezeichnung Vergodendêlatrûfs oder kurzweg Vergodendêl, womit dieselben als der dem Herrn (Frô) G(w)ode zukommende „Teil" ursprünglich gekennzeichnet wurden. Jetzt freilich deutet man es als „Vergütigungsteil", sprachlich wie sachlich natürlich ohne Berechtigung. Auch das ganze Erntefest heißt Vergodendêl. In den Märkischen Sagen konnten wir es von der Umgegend des Klosters Diesdorf berichten, z. B. in Rohrbeck, dann in Bonese, wo der Erntekranz im Liede „der Vergutenteilskranz" heißt. In den Norddeutschen Sagen waren wir im Stande hinzuzufügen, daß sich der Name südlich bis in die Gegend von Brome, von Boize etwa bis Bartwedel hinziehe, im übrigen nur noch z. T. der Gebrauch herrsche, der Name Vergodendeel aber noch außer in Mellin, in Neuermark an der Elbe und nördlich in der Umgegend von Arendsee hervortrete. In den Westfälischen Sagen (II. 178) konstatierte Kuhn ihn noch für die Gegend zwischen Wittingen und Ülzen.

Ist es so eine weite Linie, in der von hier aus durch die Priegnitz, Mecklenburg, Pommern, die Insel Poel, sowie die Inseln an der Odermündung die Überreste des Wodankultus noch in der Tradition sich, wenngleich in mit der Zeit zerbröckeltem Zustande verfolgen lassen, so wird die Sache noch bedeutsamer, daß in den angrenzenden Teilen der Mark, in der Ucker- wie Mittelmark noch kompakter Ähnliches und zwar unter anderen und ebenso oder noch charakteristischeren Namen auftritt. In keinem Teile Deutschlands waren zusammenhängende Überreste des Friggkultus aufgetreten, als es uns, wie erwähnt, gelang, solche in der Uckermark zu entdecken, weshalb auch J. Grimm, freudig überrascht, es direkt in einem Nachtrag zur II. Aufl. der Mythologie nach der ersten mündlichen Mitteilung noch hervorhob.(¹) Die Frigg (Wodans Gemahlin) hat sich nämlich hier als Zwölftengottheit und auch als wilde Jägerin noch landschaftlich erhalten. Ich gebe die Grenze in ersterer Beziehung nach unseren in den Nordd. Sagen p. 414 abgedruckten Reisenotizen: „In der ganzen Uckermark, von Angermünde bis Thomsdorf an der mecklenburgischen Grenze, sowie nördlich von Prenzlau bis Straßburg und südlich bis Templin heißt es, wenn man in den Zwölften spinne, oder auch bis zum heiligen Weihnachtsabend nicht abgesponnen habe, so komme „de Fuik." Dies ist die gewöhnliche Form, namentlich im Westen, weiter östlich zwischen Gramzow und Angermünde, z. B.

---

¹) p. 1212. Nachtrag zu S. 281. Auf die Vermittlung durch die erste mündliche Mitteilung ist es zu schieben, wenn er daselbst die Form Fruike anführt.

in Mürow und an anderen Orten sagt man „de Fúi", auch „der
Fúi." Doch jenseit der Oder in Nieder = Kränig bei Schwedt heißt
es wieder „de Fúik." Ein Bäckergesell aus Templin sagte „die
Fricke", ebenso ein Bauer aus Cunow; der erstere fügte noch hinzu,
daß man auch denen, welche Sonnabends spinnen, damit drohe. —
In den Westfälischen Sagen kommt Kuhn noch einmal auf die Frick
zurück (II. p. 4) und führt sie auch noch an von Angermünde über
Krüſſow, Stolpe a. O. hinüber zur Neumark, über Saaten, Kränig,
Grabow bis nach Bahn. Ebenso giebt sie Jahn a. a. O. noch an
im Greifenhagener Kreise, desgl. in Penkun im Kreise Randow, wo
sie Fuik heißt, und im Kreise Regenwalde, wo man sie dei Fû oder
dat Fû nennt; W. v. Schulenburg führt sie in seinem Wendischen
Volkstum (1882) p. 134 noch in Glasow und Zollen bei Solbin an.

In der Mittelmark tritt statt der Frick nun namentlich in
den Zwölften Frau Harke ein, die sich dann in einzelnen Spuren
südwestlich bis zum Harz verfolgen läßt. Der Name ist wahrscheinlich, wie schon Walther (Singularia Magdeburgica. Magdeburg
1737 p. 768. cf. 752. 763) ausführt, ein Diminutivum von Frau
Here. Wir haben nämlich eine alte schon aus dem Anfang des
XV. Jahrhunderts stammende Notiz, daß bei den Sachsen eine solche
verehrt sei und man in den Zwölften gemeint, sie fliege durch die
Luft (vro Here de vlughet) und gebe Überfluß an allen zeitlichen
Dingen (s. Grimm, Myth. [2] p. 232).

Frau Harke hat nun deutlich hier in der Mark eine Rolle ge-
spielt wie Frau Holle in Thüringen. Bei Kamern liegt der Frau-
Harken-Berg, da ist ihr Jagdrevier in demselben beschlossen. Da
klingen noch allerhand uralte mythische Züge in der Form der Lokal-
sage wieder. Wie man verschiedentlich in deutschen Landen z. B. von
der „Überfahrt" der Zwerge erzählt, dasselbe im Saalthal dann von
Frau Berchta und ihren „Heimchen" wiederkehrt, die sich mit ihnen
„übersetzen" läßt und „fortzieht", — es sind dies uralte mythische
Vorstellungen, die sich an die vorüberziehende, tief gehende Gewitter-
wolke knüpfen, in der die Himmlischen dort oben in ihren „Nebel-
kappen" dahinzufahren schienen, — so schließen sich analoge Sagen an
Frau Harke und ihren Auszug, lokalisiert an der Arneburger Fähre,
wo die geheimnisvolle Überfahrt stattgefunden haben soll. [1] Es war,

---

[1] Die Sage von der Zwergüberfahrt hat sich merkwürdiger Weise bis in die
neuesten Zeiten auch noch dicht bei Berlin, bei Tegel, erhalten, wo man noch genau die
Übersetzstelle und das Fährhaus bezeichnet, wo jene über die Havel stattgefunden hat.
„Sie mieteten den Fährkahn, und da hat es die ganze Nacht getrippelt und getrappelt;
gesehen hat sie aber Niemand." Nach Mitteilung des Herrn Dr. Bolle in Tegel.
cf. v. Schulenburg, Wendisches Volkstum. 1882. p. 169. Anm.

heißt es, ihr unheimlich geworden im Lande. Vergeblich sollte sie sich,
wie andere Sagen berichten, an den entstehenden christlichen Kirchen
versucht haben. Trotzdem sie deren Türme in manchem Unwetter mit
Blitz und Donner bedroht; es hatte nichts geholfen, oder wie die Sage
sich ausdrückt, vergeblich hatte die (titanisch gedachte) Himmelsgöttin
gewaltige „Felsstücke" gegen den Dom von Havelberg und Brandenburg im „rollenden" und „krachenden Donner" geschleudert: ihre
Zeit war um. Nur wo sich gewaltige Felsblöcke noch in der Gegend
jener Dome finden, ist an ihnen die Erinnerung an den Kampf haften
geblieben, den nach dem Glauben der Heiden ihre Göttin gegen
den neuen Gott und seine Tempel geführt, in ähnlicher Weise, wie
man dann allgemeiner im Mittelalter dem Teufel eine solche Rolle
zuschrieb, so daß analoge Sagen von ihm vielfach umgehen. (¹)

Ragt so in dieser Hinsicht die mythische Gestalt der Frau Harke
wie ein Torso einer untergegangenen Zeit noch in der Tradition hervor, so findet der sich einst an sie knüpfende Glaube noch eine breite
Unterlage namentlich in dem an die Zwölften sich knüpfenden Aberglauben. Zu dieser Zeit muß jede Arbeit ruhen, vor Allem darf
nicht gesponnen werden; findet sie bei ihrem angeblichen Umzug Flachs
auf dem Wocken, so zerzaust sie den Mädchen die Haare und dergl. mehr.

Die Grenzen, in denen dieser Aberglaube uns noch mehr entgegentrat, haben wir, nachdem wir in den Märkischen Sagen die Sache
schon allgemein konstatiert hatten, ziemlich genau in den Norddeutschen
Sagen, S. 414 f., angegeben, namentlich in Rücksicht auf die Punkte,
wo sie sich mit der Frick, Frau Gode und Frau Holle auf der einen
und der entsprechenden slavischen Murraue auf der anderen Seite

---

¹) In dieser Bedeutung faßt es auch z. B. Platner p. 489 wenn er sagt: „Die
deutsche Göttin Frau Harke verschwindet, als sie sich dem siegreich vordringenden Christentum gegenüber machtlos fühlt, als sie den Bau des Havelberger Domes nicht mehr
hindern kann. Sollen wir annehmen, daß eine solche Sage von christlichen Ankömm-
lingen aus der alten Heimat mitgebracht oder in der neuen erst ausgebildet worden
sei? Sie haftet zu deutlich am Boden selbst und beweist eine unterbrochene Fortdauer
deutsch-heidnischer Traditionen auf diesem Boden, wo dieselben früher in ungebrochener
Kraft bestanden und geblüht hatten; sie konnte nur aus den Überlieferungen der zum
Christentum bekehrten Söhne heidnischer Deutschen, aus dem für wertlos erklärten und
doch noch mit Liebe gehüteten Erbteil der Väter derselben sich entwickeln. Es scheint
uns also in dem bloßen Vorhandensein dieser Sage ein nicht unwichtiges Zeugnis zu
liegen, daß in der Gegend, wo sie entstehen und sich fortbilden konnte, eine deutsche
Bevölkerung bereits vor der Bekehrung zum Christentum, somit noch unter slawischer
Herrschaft seßhaft gewesen." Daß dies noch bedeutsamer bei dem ganzen mythischen
Untergrund hervortritt, den wir für Frau Harke im Folgenden geben können, und
wonach sie sich als der Mittelpunkt der heidnischen Überreste im Havellande ergibt, ist
natürlich. Was die von mir oben gegebene Deutung der Sage auf das Gewitter an-
betrifft, so stimmt derselben bei Simrock in seiner deutschen Mythologie. 1878. p. 238.

berührt. „In einigen Dörfern im Süden der Uckermark, in Lichter-
felde, Chorinchen, Golze, Alt-Hüttendorf, in Falkenberg und Tornow
bei Freienwalde sagt man, wenn am Weihnachtsabend nicht abgesponnen ist, kommt Frü Herken und verunreinige den Wocken (dieselbe
tritt in Groschwitz bei Torgau zur Faßnachtszeit auf); südlicher in
Lanke bei Biesenthal sagt man der Hak, in Prenden: Frü Harke.
Die letztere Form ist auch die gewöhnliche in der Grafschaft Ruppin
und dem Havellande, und an der Grenze ersterer grenzt dieser Name
(jedoch in der Form Frü Harfen) in Buchholz bei Fürstenberg nach
Mecklenburg hin mit Frü Gode in Wesenberg, nach der Uckermark hin
mit der Frick in Templin. Die nördliche Grenze des Namens Frü
Harke gegen die uckermärkische Frick läuft demnach etwa in einer
südlich von Templin nach Angermünde sich erstreckenden Linie, dagegen
fällt die Grenze zwischen Frü Göde und Frü Harke auf dem rechten
Elbufer im ganzen mit der Südgrenze der Priegnitz zusammen; auf
dem linken Elbufer in der Altmark fanden wir Frü Harke nur in
Staffelde bei Stendal, während in der ganzen nördlichen Hälfte Frü
Göde gilt und wie im südwestlichen Teil derselben die heiligen drei
Könige oder „de Kön" an ihre Stelle getreten. Die Ostgrenze der
Frau Harke südlich von Berlin geht etwa auf Potsdam, Jüterbog,
Wittenberg und Torgau zu, (wie weiter unten die Angaben über die
Murraue zeigen,) und gegen Süden läuft sie, sich von der thüringisch-
hessischen Frau Holle scheidend, in der Linie vom Petersberg bei Halle
zum Harz, über den sie bis in die Gegend des Brockens sich erstreckt;
von hier aus läßt sie sich, wie die Angaben weiter unten zeigen,
etwa noch bis zum Elm verfolgen, es umschließt aber ihr Gebiet zugleich die zwischen Halberstadt und Ilseburg auftretende Frü Freen,
Frü Frien oder Frü Freke. — In diesem weiten Gebiet wechseln
die Namensformen mehrfach: in Rahmitz bei Lehnin sagt man, in den
drütteijenten ziehe Frau Arke um und besudle den faulen Mägden
den Flachs; in Utz bei Potsdam: der Haken; in Barnewitz und Hohen-
Nauen bei Rathenow, Neuermark a. E., Hohen-Göhren a. E., Staffelde bei Stendal: Frau Harfen; in Deetz und Gortz bei Brandenburg, Sandow und Kamern bei Havelberg, Ferchesar bei Rathenow,
Lenzke bei Fehrbellin, Jüterbog, Löbejün am Petersberge, Ballen-
städt, Suderode, Pansfelde am Harz, Heteborn bei Halberstadt; Rö-
derhof bei Huyseburg, in den Dörfern zwischen Zerbst und Magdeburg:
Frau Harke; in Sargstädt und Aspenstädt bei Halberstadt, in Wer-
nigerode, in Stapelburg und Abbenrode bei Ilseburg, im Klipperkrug
und in Harzburg, in Bodemen, in Langeleben, Königslutter, Supplin-
gen am Elm: de olle Haksche, wobei jedoch zu bemerken ist, daß in
den zuletzt genannten Dörfern am Elm das Verbot, in den Zwölften

nicht zu spinnen, sich gewöhnlich nicht findet und man nur unartigen
Kindern droht: wart, de olle Haksche kommt. —

Das war das Ergebnis unserer Wanderungen für Frau Harke;
J. Grimm hatte in seiner Myth. ² p. 232 sie daneben für Jessen
an der Elster unweit Wittenberg konstatiert, und Sommer in seinen
Sagen aus Sachsen und Thüringen. 1846 sagt: „In Gutenberg bei
Halle hütet man sich, in den zwölf Nächten zu spinnen, weil sonst
Frau Harre kommt und den Rocken besudelt. In Pfützenthal wird
sie Frau Harren, in Rothenburg (anderthalb Meilen von Pfützenthal)
Frau Harfe, und in Neglitz (eine halbe Meile von Gutenberg) Frau
Archen genannt. In Löbejün sagt man, Frau Motte kommt und
verdirbt das Garn.“ (¹) „Die Namen Harre und Arohen, setzt Som-
mer S. 168 hinzu, machen es unzweifelhaft, daß Harke und Herke
nur „Diminutivformen“ sind. Auch die verwandte Berchta wird
Berchtel, Prächtelderli genannt und das schweizerische Posterli und
die Sträggele gehören zu demselben Kreise von Göttinnen.“ In den
Westfälischen Sagen konstatiert noch Kuhn „Frü Harfen“ in Prützke
bei Brandenburg. W. v. Schulenburg giebt in seinem „Wendischen
Volkstum“ p. 134 noch an: Döbbernitz bei Sternberg.

Dies ist die aus den Traditionen des Landvolks sich ergebende
ethnologische Übersicht, die jedenfalls als eine historische Thatsache anzusehen ist, der Rechnung zu tragen. Die ländliche Bevölkerung zeigt also innerhalb der angegebenen Grenzen in den Überresten
des heidnischen Volksglaubens und den sich daran schließenden Gebräuchen ebenso wie in ihren Dialekten eine Kontinuität, welche
in ihrer eigentümlichen Gestaltung und Gruppierung in das

---

¹) Wenn Wuttke in der II. Auflage seines Volksglaubens p. 23 für das Auftreten der Frau Harke außer Brandenb. auch Sachsen anführt, so bezieht sich letzteres
nur auf die oben erwähnten Punkte in der Provinz Sachsen. Wenn auch dabei steht
Rhein, so ist das wohl apokryph oder bezieht sich höchstens auf allerhand Versuche verschiedener Gelehrten, nach der in den fünfziger Jahren üblichen Methode, aus gewissen
Analogien des Namens der Harke in jenen Gegenden Anknüpfungspunkte für dieselbe
auch dort zu finden, denen auch Simrock in seiner deutschen Mythologie nachgegeben
hat. Vielleicht liegt auch direkt ein Irrtum zu Grunde. Wuttke ist sonst zwar sehr
zuverlässig in Wiedergabe der Berichte, die ihm auf Veranlassung des Hamburger Kir-
chentags aus den verschiedenen Landesteilen zugingen, aber wie er in der I. Ausgabe
wohl im Anschluß an den Irrtum W. Müllers in seiner „Altdeutschen Religion“ die
Frau Harke speziell in der Altmark (!) auftreten läßt und dann noch selbst Mecklenburg (!) hinzufügt, indem er für beides unsere Nordd. Sagen als Quelle anführt,
sprechen auch die Citate an der erwähnten Stelle der II. Aufl. in der Anmerkung dafür, daß auch hier wieder in der Zusammenstellung nicht alles stimmt.

deutsche Heidentum zurückgreift. Sie scheidet sich gerade hier vor allem in mehr oder minder kompakteren Massen von den Landstrichen, wo nachweislich längere Zeit noch wendische Kreise in gleicher Weise bestanden haben oder noch bestehen. Vor allem erscheint die Uckermark mit der sonst in dieser Weise in Deutschland nicht vorkommenden Frick bedeutsam, dann auch der westliche Teil der Mark, in dem Frau Harke auftritt. Der nördliche Landstrich von dem nördlichen Teile der Altmark an bis zu den Kassuben in Hinterpommern zeigt in den an Wode sich schließenden Traditionen auch deutsches Wesen, aber etwas modifiziert zunächst in einem gewissen Anschluß an Holstein. Wenn man versuchen wollte, hier denselben von einer Kolonisation von dort, verstärkt durch Westfalen und Seeländer, abzuleiten, so spräche doch auch hier dagegen die charakteristische und mythologische Selbständigkeit der dabei zur Sprache kommenden Sagenmassen.(¹) Namentlich ist aber dabei neben der an die Frick und Frau Harke sich anschließenden Gruppierung noch ein Faktum von großer Bedeutung. Die Form Gode mit G, welche im nördlichen Teil der Altmark als Zwölften- und Erntegottheit so bedeutsam hervortritt, setzt sich, abgesehen von dem dazwischen liegenden Wendenland um Havsador links von der Elbe und um Jabel rechts von derselben in mehr oder minder kompakter Weise durch die Priegnitz und das südliche Mecklenburg, wie wir gesehen, fort, und bietet darin wieder eine neue für die heidnische Zeit geltende und die jetzige Bevölkerung mit ihr verknüpfende Gruppe.

Jener nördliche Teil der Altmark wird dabei für das Zu- oder Absprechen einer Kontinuierlichkeit ur deutschen Wesens noch besonders bedeutsam, wenn auch hier immerhin wendische Niederlassungen sich daneben vereinzelt gefunden. Er zeigt z. B. in der Lokalisierung der Sage vom Nobiskrug noch spezifisch in anderer Weise altdeutsch heidnisches Wesen in gleichsam „seßhafter" Art, und zwar getragen von dem noch fortdauernden Gebrauch, dem Toten ein Geldstück unter die Zunge zu legen, weil sonst derselbe in der Unterwelt nicht Aufnahme fände und als Nachzehrer umgehen und andere nachziehen müsse. Nobiskrug läßt sich nämlich litterarisch noch bis ins vorige Jahrhundert als Bezeichnung für Unterwelt und Hölle, für das Wirtshaus, das der Teufel da hält, nachweisen, und wie man für sterben die Redeweise findet nach Nobiskrug fahren, so heißt es in jenem Teil der Altmark, wenn einer stirbt, noch: „de is nu all hin nach Nobiskrug", oder mit Rücksicht auf den erwähnten Gebrauch

---

¹) Die Sagen vom wilden Jäger sind z. B. charakteristischer und mannigfacher noch als die holsteinischen.

ächt bäurisch: „in Nobiskrug müssen die Toten ihren letzten
Sechser verzehren", und deshalb lege man ihnen einen solchen
unter die Zunge. Die Lage des Ortes Nobiskrug, den man an der
Rand des sumpfigen, grundlosen Drömling in einem daselbst liegenden Dorfe des Namens lokalisiert hat, das höchst charakteristisch
auch Ferchau d. h. Seelenau genannt wird, rückt auch noch die Sache
in die alte heidnische Zeit hinauf, denn gerade an solchen grundlosen Stellen glaubten auch die Römer z. B. den Hinabstieg in die
Unterwelt zu finden. (¹)

Dieser so bestimmt auch hierin sich aussprechende altertümliche
und sonst in dieser volkstümlichen Weise nicht hervortretende Sagen-
zug und Gebrauch reflektiert nun auch auf die hier so charakteristisch
hervortretende Form des Namens des Frö Gode, der sich in der Priegnitz und im südlichen Mecklenburg wie erwähnt in derselben Weise als
Fruh Gode oder Frau Gaude fortsetzt, indem er den heidnisch-deut-
schen Hintergrund der Traditionen hier noch in besonderer Weise hervorhebt. Sehen wir nämlich von den oben angeführten sogen. Wend-
dörfern im Hannöverschen und in der Jabelheide ab, die sich zwischen
geschoben, so kommt eben dieser Landstrich so ziemlich auf einen Teil der
alten Sitze der Longobarden (des IV. Jahrh.) hinaus, auf welche
gerade die Form mit dem vorgeschlagenen G. hinweist. (²) Denn, wie
ich schon in der Vorrede zu meinem Buche „Der heutige Volksglaube
und das alte Heidentum" u. s. w. (1862. p. X.) erwähnt, führt Pau-

---

¹) Märkische Sagen p. 21 (30). Norddeutsche p. 131 f. das. Anm., so wie mein
Buch über den Ursprung der Mythologie. Berlin. 1860. p. 265 u. 273, wo an letzterer Stelle die merkwürdige Thatsache beigebracht wird, daß auch im Havellande
bis in die neueste Zeit die Sitte sich erhalten hat, dem Toten ein
Geldstück unter die Zunge zu legen. Die Sage vom Nobiskrug vibriert auch
sonst noch in Holstein, wie in der Mark verschiedentlich nach, indem sich nur andere
mythische Bilder an sie knüpfen, die aber auch wieder auf die mythische Hölle hin-
weisen als die Totenwelt, die im Gewitter am Horizont heraufkommt und dann im
krachenden Donner wieder in die Tiefe sinkt.

²) Besonders ergiebt sich der nordwestliche Teil der Altmark mit dem sogen. Hans-
Jochen-Winkel um Diesdorf u. s. w. mit dem Vergodendeel und dem übrigen als
altes longobardisches Centrum, dem sich dann die Priegnitz und der südliche Teil
Mecklenburgs homogen zeigt. Zu jenem Resultat kommt auch v. Werseße (p. 454 f.),
wenn er zur Sonderung der alten Stammesgrenzen auf die Scheidung des Verdenschen
und Halberstädtschen Sprengels zurückgreift und sagt: „die Grenze beider ging aber in
schräger Richtung quer durch die jetzige Altmark und wurde durch die Flüsse Milde,
Biese und Aland bis zur Elbe gebildet. Alles was von dieser Linie gegen Nordwesten
liegt, gehörte zum Stifte Verden und wahrscheinlich zum ehemaligen Bardengau; wie
denn insbesondere Salzwedel, Arendsee, das Kloster Diesdorf u. s. w. bekanntlich in
der Verdenschen Diözese belegen waren." Die Grenze, welche hier v. Werseße aus
historischen Zeugnissen ableitet, spiegelt sich nun auch höchst charakteristisch in den
mythischen Traditionen wieder.

lus Diakonus in seiner Geschichte der Longobarden an, daß sie den
Wodan mit vorgeschlagenem g Gwodan nennen. Wenn sie dies einst
z. B. von den Angeln und Sachsen schied, wie z. B. auch Hengist, als
er mit seinen Angelsachsen nach England hinüberging, dem König
Vortiger erklärte, sie hätten in ihrer Heimat den Mercur, den sie
Woden nennten, verehrt, so klingt dieser Unterschied noch heute in
den an den Namen Wode sich anschließenden Formen nach, mit denen
die Holsteiner und ihre Nachbaren gleichsam indirekt noch von dem
alten Gotte reden, gegenüber den südlicher wohnenden Stämmen, die
dem Namen das charakteristische G vorschlagen und noch von Froh
Gode erzählen.

Wenn eine solche Anknüpfung direkt historischer Art schon an und
für sich höchst merkwürdig wäre, so gewinnt sie bei dem ganzen Hintergrund der Untersuchungen, an die sie sich anschließt, noch besonders an Bedeutung. Wie sie uns in den betr. Gegenden noch auf
wenn auch etwas versprengte Überreste der Longobarden hinweist,
von denen Tacitus hier schon an der Elbe berichtet, so mehrt sie
auch die Berechtigung, den Umzug der Frick und Frau Harke
zum Vorfrühlingsfest der Wintersonnenwende „wenigstens in eine
Parallele" zu stellen mit dem feierlichen Umzug einer fruchtbringen-
den Göttin, von der gleichfalls Tacitus im nordöstlichen Deutschland berichtet, obwohl man die betr. Stämme, bei denen sie auftritt,
etwas nördlicher an der See suchen muß. Setzt er gleich denselben
mit dem „Bade" der Göttin in eine andere Jahreszeit (¹), so stimmt
doch neben dem erwähnten gleichartigen Charakter des Festes auch die
Art der Feier überraschend überein. Wie in den Zwölften jede Arbeit noch ruhen muß, „sonst der Wode, die Frick und Frau Harke
kommt, zürnt und straft", sagt Tacitus (c. 40) von der Feierzeit seiner
Göttin, daß man glaube eam intervenire rebus hominum, invehi
populis. — laeti tunc dies, festa loca, quaecunque adventu hos-
pitioque dignatur. non bella ineunt, non arma sumunt, clausum
omne ferrum; pax et quies tunc tantum nota, tunc tantum
amata, donec sacerdos satiatam conversatione mortalium deam
templo reddat. Freilich erscheint das Ganze, wie auch natürlich, nicht
in der verkümmerten Form einfach bäurischer Verhältnisse, die nur im
Anschluß an das gleichzeitige christliche Weihnachtsfest sich gewohnheits-
gemäß erhalten haben, sondern in dem Glanze eines heidnisch-natio-
nalen Umzugs, wie auch das Herumführen des heiligen, mit einem

---

¹) Wie Frau Harke auch zur Fastnachtzeit in Jessen auftritt, so finden sich auch
sonst noch eine Menge solcher Umzüge im Volksgebrauch namentlich am Rhein und in
Süddeutschland zur Frühlingszeit, die dann zum Teil in die Fastnachtfeier mit ihren
Vermummungen und dergl. übergingen.

Gewande bedeckten und von Kühen gezogenen Wagens den Römer an
das Fest der mater terra, der Rhea oder Cybele erinnert, das nach
Ovid in Rom gerade ebenso vor sich ging, wie es auch entsprechend dem
tacitäischen invehi populis, von jener bei Lucrez (II. 605 f.) heißt:
magnas invecta per urbes Munificat tacita mortales muta
salute. Mannhardt hat den von Tacitus geschilderten Gebrauch
in seinem „Baumkultus" p. 567 ff. des ausführlicheren behandelt,
und ich schließe mich in den Hauptpunkten, wie Tacitus' Bericht zu
verstehen, vollständig ihm an, aber ebenso wie Mannhardt den Umzug des nordischen Freyer als Analogon anführt, verdient auch der
merkwürdiger Weise in der unmittelbarsten Nachbarschaft fortlebende
und in solchem Umfang auftretende analoge Aberglaube mit allen
seinen Gebräuchen, wie wir sie geschildert, auch eine Berücksichtigung.
Erwägt man zumal, daß nach historischen Zeugnissen hier Wodan
Frigg (und Thor) die Hauptgötter waren und gleichartige Überreste
von beiden gerade in den betr. Aberglaubenskreisen hervortreten, so
kommt man nach allem fast zu der Vermutung, daß durch irgend welche
Verschiebung im Laufe der Zeiten der jetzige Zustand eingetreten, wir
aber speziell in der Frick-Zone, um diesen Ausdruck zu gebrauchen,
nach direkten Beziehungen zu der tacitäischen Göttin zu suchen hätten. (¹)

Doch wie dem auch sei, die ausgeführten Untersuchungen dürften
in ihrer Gesamtheit in betr. der Beurteilung der Stammesver-
hältnisse der ländlichen Bevölkerung der betreffenden Gegenden nicht

---

¹) Es ist zu bedauern, daß in Hinsicht der tacitäischen Stelle unser Wissen lücken-
haft, indem wir bei den späten und meist mangelhaften codices nicht sicher wissen,
was für ein Wort vor l. e. terram matrem zu lesen ist. Früher las man meist Herthum, das ist aber nur Konjektur, J. Grimm führte dafür im Anschluß an die Les-
arten der mss.: in commune neithum, neuthum, neethum, Nerthum, Nohertum
u. s. w. zu einer Zeit, als die oben ausgeführten mythologischen Resultate noch nicht
vorlagen, besonders man von einer Frick hierf. nichts wußte, eine Göttin Nerthus ein,
indem er sie mit dem nordischen Njördhr in Beziehung brachte. Wenn dies zuerst blen-
dete, ist es doch je länger je mehr zweifelhaft geworden, zumal je mehr man einsah, daß
nicht sofort aus jedem nordischen Gott auf einen entsprechenden deutschen zu schließen sei.
Uhland verteidigte schon Herthum, indem er das vorgeschlagene no als eine Korrup-
tion der mss. ansah, die aus der Wiederholung der letzten Silbe von commu-ne entstanden. Haupt äußerte sich dem Herthum nicht abgeneigt. Bei der Wiederbehand-
lung der Stelle behufs dieser Arbeit hat sich mir ein Gedankengang gebildet, den ich
wenigstens anführen will. Sehen wir sämtliche Stellen an, wo Tacitus von deutschen
Göttern spricht, so hält er stets den römischen Standpunkt fest, der seine oder ihm bekannte Götter in deren anderer Völker nach allerhand Accidentien wiederfand und die
fremden danach bezeichnete. So berichtet Tacitus bei den Deutschen von Mercur, Mars,
Hercules, den Dioscuren, der mater deorum wie der angebliche Isis, bei der das Schiff
ihm eine Hauptrolle zu spielen schien, indem er hinzufügt, daß dieses signum auf eine
advectam religionem hinweise, dem entsprechend er nachher (c. 43) bei den Zwillings-
göttern der Naharnavalen, die er „interpretatione Romana" Castor et Pollux nennt,

bedeutungslos sein. Freilich werden zur Vervollständigung des Bildes, welches wir uns von der Entwicklung der ganzen Verhältnisse in dieser Hinsicht zu machen haben, noch Forschungen anderer Art das ihrige beitragen müssen. Namentlich wird aus kranologischen und ähnlichen sich daran schließenden Untersuchungen, ferner aus der Art des Hausbaues, namentlich aber der Flureinteilungen und dergl. noch mancher Schluß gezogen werden können. Ebenso wird eine topographische Zusammenstellung der nachweisbaren niederländischen Kolonien unter Fortführung der von Werse be angestellten Untersuchungen sowie eine Zusammenstellung der in Mecklenburg wie in der Mark noch vielfach lange neben deutschen Dörfern bestehenden slavischen, die sich durch den Zusatz „wendisch" oder „Klein-" gegenüber einem desselben Namens mit der Benennung „deutsch" oder „Groß-" unterscheiden, das Bild im Einzelnen modificieren, aber mit den aus den Traditionen des Volksglaubens, der noch direkt die Brücke zum Heidentum schlägt, sich ergebenden Thatsachen muß behufs endgültiger Feststellung der Dinge ebenso gerechnet werden; in ihnen prägt sich auch ein Stück Geschichte aus, das um so bedeutsamer wird, je weniger wir sonst über die innerliche Entwickelung der Verhältnisse des Volkstums in den betreffenden Zeiten wissen. Jene Momente einmal eingehender und einheitlicher dargestellt zu haben, ist der Zweck dieser Arbeit gewesen, die zunächst also von ihrem Standpunkt aus in dem Resultat gipfelt:

---

hinzusetzt „nullum peregrinae superstitionis vestigium." Zu alledem paßt doch sehr wenig ein kurzes Nerthum i. e. terram matrem, da wir schwerlich glauben werden, Tacitus habe sich auf eine deutsche Etymologie eingelassen, wie auch Ernesti sagt: denique Tacitus terram matrem interpretatur more loquens Romano, non subtilitate grammatica usus et etymologiam secutus. Das bloße terra mater giebt ferner keine Personifikation, wie das spätere auch an sich schon verständliche mater deorum. Wenn jene Beziehung also nur durch die Schilderung der analogen Feste, wie wir sahen, hervorgerufen wurde, andererseits aber eine Übersetzung eines angeblich vorangehenden Namens nicht wahrscheinlich ist, so spitzt sich Alles fast darauf zu, einen den Römern bekannten Namen dahinter zu suchen, der durch i. e. terram matrem spezialifiert, und dessen Anwendung so gerechtfertigt wurde. Sollte etwa Uhland in betreff der Auffassung des ue Folge zu geben und dann in rthum ein Rheam zu suchen sein? Wurde gleich die terra mater gewöhnlich Idaea mater oder mit Bezug auf die lärmende Seite des Kultus, die Taurobolien u. s. w. Cybele genannt, so nennt sie doch nicht bloß Ovid auch Rhea, sondern auch z. B. in der bei Preller R. M. [1] p. 739 angeführten Inschrift eines Taurobolienaltars schon v. J. 370 n. Chr. heißt es: Μητρὶ τῇ πάντων Ῥέῃ τεκέων τε γενέθλῃ, Ἄττει δ' ὑψίστῳ καὶ συνιέντι τὸ πᾶν, τῷ πᾶσιν καιροῖς Δημιουργέῳ πάντα φύοντι etc. Wenn nun aber der Name Rhea dem Tacitus (oder seinem Gewährsmann) für den ganzen Kult, wie er ihn schildert, besser gepaßt hätte, als Cybele, so wäre es andererseits nicht auffallend, daß bei den mannigfachen sonstigen Beziehungen der betr. Gottheit er sie durch den Zusatz i. e. terram matrem gerade in dem Sinne hätte kennzeichnen wollen, in dem er sie heranzog.

„In dem ländlichen Volkstum der Mittelmark, dann aber auch der nördlich angrenzenden Landschaften vibriert noch ein dem niedersächsischen Stamm nahe stehendes aber doch selbständiges Heidentum hindurch, das in seiner organischen Gliederung zu der Annahme nötigt, daß wir es hier zum Teil mit Nachkommen einer gewissermaßen ost-sächsischen, noch in verschiedenen Gruppen auftretenden Bevölkerung zu thun haben, welche in einer Art Hörigkeit die Wendenherrschaft ihrer Zeit überdauert und beim Zusammenbruch derselben der unter christlichem Banner eintretenden Germanisierung und den sich daran schließenden Kolonisationen entgegengekommen.(¹)

Nur ein paar Bemerkungen noch vom Standpunkt dieser Untersuchungen aus in betreff der „mit jener Wandlung" verbundenen Kolonisation. Man muß nach Allem also bei denselben wohl unterscheiden zwischen flachem Lande und der Anlage oder Neubesiedelung von Städten, dies Wort zunächst im allgemeinen Sinne gefaßt. Auf letzteres ist entschieden der Hauptnachdruck zu legen. Wir lesen zwar bei Helmold, daß den Wenden Wagrien entrissen und, indem sie nur auf einen kleinen Strich beschränkt werden, holsteinische und westfälische Kolonisten das übrige in Besitz nehmen, daß ebenso Ratzeburg

---

¹) Mit diesem Resultat stimmt auch die Betrachtung der in den erwähnten Gegenden herrschenden Dialekte. „Wäre die deutsche Sprache", sagt Fabricius, „erst (besser wohl „allein") durch Kolonisation in Mecklenburg und Pommern eingeführt, so würde, da diese Einwanderer aus verschiedenen Gegenden kamen (Niedersachsen, Westphalen, Flamland u. s. w.), ohne Zweifel ein verdorbener Mischlingsdialekt sich gebildet haben. Dies ist aber nicht geschehen. Das Idiom, welches uns in deutschen Urkunden und Chroniken entgegentritt, ist das sächsische in voller Reinheit. Die noch jetzt im Volke lebende Sprache, das Plattdeutsche, ist nicht ortweise, sondern nur nach großen Landstrichen verschieden, und diese Verschiedenheit läßt sich nicht auf die Grenzen einzelner Territorien, die sich bei Einführung des Christentums bildeten, zurückführen, sondern weist auf weit frühere Volksverschiedenheiten hin. So herrscht durch Holstein, Mecklenburg, Rügen und Neu-Vorpommern bis an die Peene, also gerade in den Ländern, die vor der slavischen Zeit von Warnern und den anderen sechs verwandten Stämmen bewohnt wurden, fast durchaus derselbe Dialekt, der von dem alt-vorpommerschen wieder ebenso verschieden ist, wie dieser vom hinterpommerschen und vom uckermärkischen. — Auch das lüneburgische und westfälische Plattdeutsch, also die beiden eigentlich sächsischen Dialekte, sind wieder sehr von jenem abweichend. S. meine Bilder zur Brandenb.-Preuß. Geschichte, S. 88 f. — Derselbe selbständige Charakter tritt aber auch im Plattdeutschen in der Mark, namentlich außer in der Uckermark im Havellande hervor, während je mehr nach Osten oder aber nach Sachsen zu, also in den nachweislich mehr germanisierten Strichen, die Eigentümlichkeit der Sprache verhältnismäßig schwindet oder sich ändert.

(d. h. der bischöfliche, jetzt mecklenburgische Anteil) kolonisiert wird,
daß Albrecht der Bär die Wische und den Fläming deutschen Kolonisten überläßt, ebenso wie in Urkunden in Mecklenburg und auch sonst
oft noch bei Belehnungen das Recht Kolonisten anzusetzen erwähnt
wird; das trifft aber nur mehr oder weniger gewisse Distrikte, namentlich die neuen Anlagen an wüsten Strecken, erschöpft aber nicht
die neue Organisation des gesamten Landes. Und mag bei dieser
auch die Revision der Besitzer der festen Plätze resp. die Belehnung
sächsischer Edler mit denselben für den Heerbann der neuen Fürsten
bedeutsam gewesen sein, hauptsächlich beruhte das Germanisierungs-
werk und die Verpflanzung deutschen Kulturlebens neben der Wirksamkeit von Klöstern und Kirchen doch vor allem in den überall erste-
henden, mit sächsischem Recht ausgestatteten Städten, wie es auch für
die Altmark ausdrücklich von Helmold hervorgehoben wird und sich
dann naturgemäß immer weiter nach Osten verpflanzte. Die Städte
wurden vor allem neben den Fürsten die Träger der neuen staatlichen
Verhältnisse; und daß die Bevölkerung diesen meist aus dem übrigen
Norddeutschland zugeströmt, ersehen wir nicht bloß, neben einzelnen Berichten, aus der Art ihrer Organisation, ihren Handelsgenossenschaften
und Gewerken und den verschiedenen Zweigen der Industrie, die sie
aus dem übrigen Deutschland hereverpflanzten: sondern auch in dem
Verhältnis zu dem Wendentum, wo es sich noch hielt, tritt dies deutlich hervor. Während sonst, wo nicht die Kirche oder die transalbin-
gischen Sachsen — von der Mark aus geredet — den Gegensatz ge-
schürt, mehr oder weniger friedlicher Verkehr zwischen Deutschen und
Wenden stattgefunden hatte, auch noch lange auf dem flachen Lande
überall Dörfer beiderlei Art neben einander bestanden, tritt speziell
in den neu konstituierten Städten sofort ein scharfer Gegensatz hervor.
Es knüpft sich wohl eben an den so zu sagen mehr fremddeutschen
Charakter derselben. In ihnen bildete sich durch die Kolonisierungen
und die neue Organisation ganz naturgemäß ein schärferer Gegensatz
heraus. Der aus dem übrigen Norddeutschland dort sich ansiedeln-
den Bevölkerung war bei dem voller ausgeprägten kirchlichen und na-
tional-deutschen Bewußtsein die wendische Art doppelt fremd. Sie
wollten sie nicht in ihren Gewerken und Genossenschaften dulden. Mit
der sächsisch-christlichen Occupation beginnt nämlich nicht bloß eine Herrschaft überhaupt, wie ihrer Zeit die wendische, sondern eine bewußte,
religiös-soziale Kulturarbeit, die ein christlich-deutsches Volk in deutschem Geiste hier zum Ausgangspunkt und Ziel hatte. Aber woraus
das Material der ganzen Bevölkerung dabei sich zusammensetzte, ist,
wie schon oft betont, eine Frage für sich. Und wenn wir so den eingewanderten Elementen namentlich in den Städten die treibende Kraft

zuzugestehen geneigt sind, so erklärt andererseits es gerade den verhältnismäßig raschen Erfolg, wenn wir durch Thatsachen darauf geführt
werden, auch auf dem Lande Überreste altdeutscher Art anzunehmen,
die dem Prozeß entgegenkamen und ihn zu verbreitern halfen. Kolonisationen hat speziell die Mark im Laufe der Zeiten noch vielfach erfahren und sie haben oft einen recht bedeutsamen Einfluß im Einzelnen ausgeübt, aber der ganze Menschenschlag, mit dem die Hohenzollern ihren deutschen Staat hier aufzubauen angefangen, trägt ebenso
wie der mecklenburgische und pommersche in Sprache und seiner ganzen Volkstümlichkeit den Charakter einer ursprünglich deutschen „Eigenart" an sich, der nicht zu übersehen. Während das deutsche Reich sich
in welthistorischen Kämpfen fast aufrieb, konsolidierte sich seine noch
naturwüchsigere und von Kultur noch weniger zersetzte Kraft in zäh-
gestählter Arbeit unter Führung straffer Fürsten und in neuen Lebens-
formen in aller Stille zu dem Centrum, von dem beim Zerfall des
alten Reiches die Wiedergeburt Deutschlands ausgehen sollte. Und
bei solchem Prozeß spielt der Charakter der Bevölkerung auf dem flachen Lande auch seine Rolle; denn wie sich eine solche stets in ihrer
ländlichen Arbeit mit jedem Geschlecht wieder verjüngt, so ist sie auch
gleichsam das Reservoir, aus dem die Volkskraft in Krieg und Frieden immer wieder neuen Lebenssaft zieht. In diesem Umstand beruht eine bedeutsame politische Seite der angeregten Frage.

Ein Projekt von 1658 den großen Kurfürsten zum deutschen Reichsadmiral zu erheben.

Mitgeteilt und eingeleitet von

Gustav Schmoller.

Daß die wirtschaftliche Politik des großen Kurfürsten in dem Gedanken gipfelte, seine Lande zu einer See- und Handelsmacht nach
dem holländischen Vorbilde zu erheben, daß er deshalb immer wieder
um Pommern, Stettin und die Odermündung kämpfte, daß er der
deutsche Erbe des schwedischen »Dominium maris baltici« werden
wollte, daß die Ostsee damals noch die Mutter aller Kommerzien hieß,
daß Friedrich Wilhelm dann mit Hülfe Benjamin Raules eine
Flotte schuf und Kolonien erwarb, — das weiß heute schon jeder
Knabe. Aber von dem ganzen Zusammenhang und allen Einzelheiten
jener Pläne des Kurfürsten und seiner Räte hat uns die ältere Ge-
schichtsforschung doch nicht allzuviel mitgeteilt.[1] Auch Droysen ist
in seiner preußischen Politik diesen Dingen nicht näher nachgegangen,
so sehr er ihre Bedeutung erkennt. In einzelnen der bis jetzt erschienenen Bände der Urkunden und Aktenstücke zur Geschichte des großen
Kurfürsten ist zerstreut ein dankenswertes Material enthalten, hauptsächlich im dritten Bande, der die Beziehungen zu den Niederlanden
behandelt. Und der Herausgeber dieses Bandes Dr. H. Peter hat
auch in selbständiger Weise, gestützt auf das Berliner Staatsarchiv
„die Anfänge der brandenburgischen Marine 1675—81" zur Dar-

---

[1] Pauli, allg. preuß. Staatsgesch. VII., 483—528 (1767) gibt eine freie
Übersetzung der Abhandlung Minister v. Hertzberg's von 1755; sie bezieht sich auf
die Gründung der Flotte von 1675 an, auf die Raule'sche Kompagnie und die
Erwerbung der afrikanischen Kolonien; Stuhr Dr. P. F. die Geschichte der See- und
Kolonialmacht des großen Kurfürsten Friedrich Wilhelm von Brandenburg in
der Ostsee, auf der Küste von Guinea und auf den Inseln Arguin und St. Thomas,
nach archivalischen Quellen dargestellt. Berlin 1839, 174 S., bezieht sich ausschließlich
auf denselben Gegenstand, druckt wichtige Aktenstücke ab, genügt aber doch nicht; Or-
lich, L. v. Geschichte des preuß. Staates im 17. Jahrh. 2, 425—32 (1839) teilt
nur Bekanntes mit; das Gleiche gilt von der Geschichte der preußischen Flotte in der
anonymen Schrift „Vertrauliche Mitteilungen vom preußischen Hofe und aus der
preußischen Staatsverwaltung" 1865.

9*

stellung gebracht.(¹) Neben dieser vortrefflichen, einen bedeutsamen Fortschritt enthaltenden Schrift, hat das heute neu erwachte Interesse an
Handel, Schiffahrt und Kolonialpolitik die geschichtliche Abteilung
des großen Generalstabes zu der Ausgrabung einiger militär-tech-
nischen Einzelheiten über die preußische Kolonie in Afrika von 1680
ab veranlaßt. (²) Und dieser Tage hat Dr. Eduard Heyck in Karls-
ruhe aus den Papieren des Markgrafen Hermann von Baden-Ba-
den über die brandenburgisch-deutschen Kolonialpläne von 1660—62
berichtet. Er zeigt uns, wie der große Kurfürst damals ein Einver-
ständnis mit dem Kaiser und einer Anzahl Reichsfürsten erzielen wollte,
um seine Pläne der Gründung einer deutsch-indischen Kompagnie von
1647 zur Durchführung zu bringen. Der geistige Autor dieser Pläne
war der in brandenburgischen Diensten stehende holländische Admiral
Gysel van Lier. Die Vermittelung betrieben der P. Christophorus
de Rocha Provinzial des Franziskanerordens in Sachsen und Brandenburg, sowie der Markgraf Hermann von Baden.

Giebt uns diese Abhandlung einen äußerst wichtigen Beitrag zur
Geschichte der preußischen Kolonialpläne, so legt sie doch nur um so
mehr den Wunsch nahe, es möchte jene Handelspolitik einmal in ihrem
ganzen Umfange und in allen ihren Wendungen und Anläufen dargestellt werden. Bis das einmal geschieht, werden auch Notizen und
Bruchstücke willkommen sein. Auf dieses und jenes, was mir bei meinen
Untersuchungen über die preußische Elb- und Oderschiffahrtspolitik begegnete, habe ich an anderer Stelle hingewiesen. (⁴) Hier möchte ich
eine Denkschrift vom 10. September 1758 mitteilen und mit einigen
Worten einleiten, welche mir unter den Elbschiffahrtsakten des Berliner Staatsarchivs unter die Hände kam (R. 19. 26. b.)

----

¹) Zwölfter Jahresbericht des Sophien-Gymnasiums in Berlin 1877.

²) Brandenburg-Preußen auf der Westküste von Afrika 1681—1721, verfaßt vom
großen Generalstabe, Abteilung für Kriegsgeschichte. Berlin, Mittler und Sohn
1885. 88 S.

³) Zeitschrift für Geschichte des Oberrheins N. F. II., 2. Ich erhielt diese Abhandlung durch die Güte des Herrn Verfassers im Moment, als ich die vorstehende
kleine Arbeit in die Druckerei geben wollte. Bei dem engen Zusammenhang zwischen
ihrem Inhalt und den von mir behandelten Plänen von 1658 mußte ich, so weit es
rasch ging, meine Bemerkungen so weit modifizieren, als es ganz notwendig auf Grund
der interessanten Enthüllungen Dr. Heyck's erschien.

⁴) Studien über die wirtsch. Politik des preuß. Staates von 1680—1786. Jahrb.
für Gesetzgebung, Verwaltung und Volkswirtschaft Bd. 8 (1884) z. B. über die Ost-
seepläne S. 383—85 (vergl. auch balt. Studien VI., 2, 108, 1839), über die Hoffnungen, welche sich an dem Elbhandel knüpften daselbst S. 1025 ff. über die Verhandlungen aus Harburg einen preußisch-lüneburgischen Exporthafen zu machen (1661)
daselbst 1076 ff. Das dort Mitgeteilte ergänzt die Darstellung Dr. Heyck's über die Pläne
einer indisch-deutschen Kompagnie, die in der Elbmündung ihren Stützpunkt haben sollte.

Es wird in derselben dem Kurfürsten geraten, den Holländern in der beabsichtigten Besetzung Glückstadts zuvor zu kommen, so die Beherrschung der Elbe sich zu sichern, die Festsetzung der Holländer in den schwedischen Provinzen Bremen-Verden zu hindern, dem Hamburger Handel eine kraftvolle Konkurrenz zu bereiten, hauptsächlich aber auf dieser Grundlage sich vom Kaiser zum Admiral-General des Reichs erheben zu lassen; auf diese Weise soll das deutsche Reich im Anschluß an Spanien wieder eine Seemacht werden; die hansestädtische Seeräuberei soll beseitigt, eine einheitliche deutsche Flagge eingeführt werden; ein System von Reichsadmiralitätsbehörden soll alle deutschen Seekräfte zusammenfassen, eine einheitliche Prisengerichtsbarkeit soll geschaffen, Niederlassungen in Indien sollen erworben werden; kurz der große Kurfürst soll das für Deutschland werden, was die Oranier für die vereinigten Niederlande gewesen sind.

Der Verfasser der Denkschrift nennt sich nicht; einer der gewöhnlichen Räte z. B. Weimann kann es nicht sein; denn er ist „vor einiger Zeit" auf der nordafrikanischen Küste hanseatischen Piraten begegnet. Man könnte veranlaßt sein an irgend einen deutsch-holländischen Rheder zu denken, wie der Kurfürst mit derlei Kreisen öfter in Verbindung stand; hatte er doch schon 1647 eine ostindische Handelsgesellschaft gründen wollen.

Am wahrscheinlichsten scheint die Vermutung, welche in der Sitzung für märkische Geschichte zuerst Herr Schulvorsteher Budczies und dann auch andere Herrn aussprachen, nämlich daß der holländische Admiral Ohsel van Lier der Verfasser sei, der mit seinem Vaterland überworfen, schon früher handelspolitische Vorschläge dem Kurfürsten unterbreitet hatte.

Die Litteratur hat über ihn bis jetzt nur einzelne Notizen gebracht.([1]) Dagegen verdanke ich Herrn Budczies zwei Manuskripte, welche etwas nähern Aufschluß geben; das erste enthält die Einträge aus dem Kirchenbuch zu Möblich bei Lenzen, wo Lier begraben liegt, das zweite ist ein Aufsatz des Herrn Superintendent Krüger zu Lenzen über ihn. Endlich hat dieser Tage die vorhin erwähnte Abhandlung von Heyd aus dem badischem Staatsarchiv, auf Grund zahlreicher Briefe Lier's, die Lebensschicksale dieses merkwürdigen Mannes ziemlich klargestellt.

---

[1]) Beckmann, historische Beschreibung der Chur-Mark Brandenburg (1751), Teil 1, Kap. XI., 264 Teil 5, Kap. VI., 247. Buchholz, Versuch einer Geschichte der Churmark Brandenburg 4, 155 (1771) Riedel, Cod. dipl. Brandenb. I. 2, 65. Handtmann, Neue Sagen aus der Mark Brandenburg (1883) 93. Vergl. auch: R. Wille, die letzten Grafen von Hanau-Lichtenberg. (Nr. 12 der Mitt. des Hanauer Bezirksvereins für hess. Geschichte) 1886 S. 27—28.

Gyfel van Lier ist nach den ersten Quellen 1580, nach Heyl
1593 zu Löwenstein in Geldern geboren, kam 16jährig nach Holland und trat sogleich in den Dienst der ostindischen Kompagnie.
Nachdem er eine Reihe von Jahren verschiedene Stellungen in Indien
begleitet, kehrte er 1621 nach Europa zurück und wurde auf Vorschlag
der Aktionäre Kontroleur über die Rechnungsablage der Bewindhheb-
ber, der Gesellschaftsdirektoren. In den Jahren 1629—38 begleitete
er den zweit·wichtigsten Posten der indischen Verwaltung, den eines
Gouverneurs von Amboina; er erlebte hier den Hauptmachtauf-
schwung der niederländischen Herrschaft und hat dabei persönlich mitgewirkt durch eine Verwaltung, welche schon die damalige Zeit als eine
unmenschlich harte bezeichnete. Von 1638 an scheidet er aus dem
Dienst der Kompagnie, verstimmt über Nichtanerkennung von Seiten
der Gesellschaft, lebt auf seinem unterdessen erworbenen Grundbesitz,
nur 1641 nochmal von den Vereinigten Staaten an die Spitze einer
Flotte von 20 Kriegsschiffen gestellt, welche den Portugiesen Hilfe
bringen sollten.

„Nach vollendeter solcher Expedition und als er wieder nach Hause
gekommen — heißt es im Kirchenbuch — hat er die Undankbarkeit
vorbesagter Kompagnie je länger, je tiefer zu Gemüte gezogen und
daher alle Mittel und Wege expraktiziert, damit er sich an derselben
revangieren könnte. Allermaßen er sich dann bei dem Prinzen Friedrich Heinrich von Oranien angegeben, und demselben mit allen
Umständen remonstrieret, wie nämlich eine andere und zweite Indianische Kompagnie aufzurichten und aufzubringen wäre, auch was gestalt er zur Erhebung des Werks eine genügsame Anzahl vornehmer
Kaufleute aus Amsterdam und anderen unierten Provinzen (so in
der ersten Kompagnie niemals hatten acceptieret werden wollen) mit
nötigen Kapitalien an der Hand und Bereitschaft hätte. Die Herren
Staaten haben aber wider alles Verhoffen, gegen Erlegung 18 Tonnen
Geldes, dieser Kompagnie ihre Privilegien aufs Neue konfirmieret.
Dannenhero ermeldeter Prinz von Oranien dies Werk bei den gesamten Herren Staaten für diesmal nicht hat erheben können, sondern
es wider seinen Willen dissimulando mußte fahren lassen, jedoch
dienlich zu sein erachtet, dies Negotium an seinen Herrn Tochtermann,
den Kurfürsten von Brandenburg, zu rekommandieren, damit unter
dessen Autorität und Konduite dies Wesen einen oder den andern
Weg eingerichtet werden möchte. Gestalten dann der Admiral gleich
darauf alle seine Konzepten und Vorschläge dem Herrn Kurfürsten er-
öffnet, welcher auch diese Proposition nicht allein durch und durch nützlich, vernünftig und praktikabel befunden, sondern auch zu deren Beförderung alsobald die Anstalt gemacht und darüber ein absonderlich

Oktroi unter dero Hand und kurfürstlichen Insiegel und zwar meistens in der Form und Manier, wie dasselbe in der holländischen Kompagnie entworfen, verfertigen lassen. Weil aber hinzwischen gefährliche Kriegsempörungen und daraus verderbliche Zeiten erfolget, als ist dies Werk in ein Stocken geraten." (¹)

Ghsel van Lier folgt aber dem Kurfürst als Rat, landesherrlicher Kommissarius und Erbpächter des Amtes Lenzen; er scheint von 1651 bis zu seinem Tode 1676 hier gelebt und gewirkt zu haben; er ordnete da die Gerichtsbarkeit, suchte Hexenprozesse zu hindern, das Elbdeichwesen in Ordnung zu bringen, die überhand nehmenden Wölfe zu bekämpfen, das Städtchen, sowie das Kirchen-, Pfarr- und Schulwesen der Umgegend zu heben; er erstattete Berichte an den Kurfürsten und seine Räte über Handels- und Schiffahrtsfragen und soll nach seiner Aussage manche günstige Anerbietungen in französische, schwedische, hamburgische Dienste zu treten, ausgeschlagen haben. Daß er auch am Berliner Hofe mancherlei Feinde hatte, zeitweilig geneigt war, in österreichische Dienste zu treten, geht aus der Untersuchung Heyl's hervor.

Die Persönlichkeit Ghsel's schildert dieser uns auf Grund zahlreicher Briefe als getragen von ruhelosem Ehrgeiz, von unermüdlichem Thatendrang, harter Entschlossenheit, aber durchaus ehrenhaft, ohne schmutzige Erwerbssucht. „Aus eigener Kraft — sagt er — war er bis zu der zweiten Würde der niederländischen Befehlshaber in Ostindien emporgestiegen; mächtig wie wenige europäische Fürsten hatte er in dem weiten Inselreiche geherrscht, angethan mit aller heidnischen Autorität und Pracht, die nötig waren, um auf diese, zum Gehorsam gebotenen Völker zu wirken; von Diener- und Sklavenschaaren, von streng disziplinierten Truppen umgeben, thronte er an den zauberischen Gestaden dieser phantastischen Märchenwelt, die Salutschüsse stolzer Ostindienfahrer donnerten ihm zu von der Rhede von Castel Viktoria. Nun saß er in seinen alten Tagen an den poesiearmen Ufern zu Lenzen und sah die flachen Elbkähne langsam den trägen Strom hinab und hinaufziehen."

Seine Pläne, eine zweite indische Kompagnie ins Leben zu rufen, scheint er nie ganz aufgegeben zu haben. Das Kirchenbuch erzählt, im Jahre 1661 habe sich auf Befehl des Kaisers mit einem Kreditiv des Kurfürsten Markgraf Hermann von Baden über Cleve, Amsterdam und Hamburg zu ihm begeben und habe drei Wochen bei ihm verweilt, um mit ihm über einen solchen Plan zu verhandeln. In

---

¹) Wir sehen hier den Ursprung der Versuche dargelegt, eine ostindische Kompagnie im Jahre 1647 zu Stande zu bringen. Vergl. Heyl a. a. O. 134—136.

dem Bericht des Markgrafen an den Kaiser heiße es: „Ich habe mit höchster Verwunderung observieret, wie dieser Mann von Jugend auf sein Leben in steter Mühe und Arbeit ohne einigen Müßiggang zuge-bracht, indem er mehr als 20 Volumina (ein Werk, in der Wahrheit auf viel 1000 zu schätzen) über den Anfang und Kontinuation der ersten indianischen Schiffahrten und was den Trafiquen zu Wasser und zu Lande mehreres anklebt, auch was ihm selbst während der der Zeit von Glück und Unglück wiederfahren, eigenhändig geschrieben hat: daß ich dahero gar wohl versichern kann, es werde die so viel Jahr in Flor gestandene Kompagnie bei allen ihren Archivis keine bessere und mehrere Dokumente aufzuzeigen haben. Daher es der neuen Kompagnie zum ersten an Instruktion und Direktion vermit-telst dieses Objekti gar nicht ermangeln kann, zumal er sich dahin er-kläret, den neuen Konföderierten nach seinem Tode alle habenden schriftlichen Dokumente getreulich zu hinterlassen." (¹) —

Wenn sonach Lier seit 1651 in Lenzen war, wenn er wiederholt dem Kurfürsten Berichte erstattete und Pläne vorlegte, so ist es sehr nahe liegend, an ihn als Verfasser unseres Konsiliums zu denken. Verbittert über seine alte Heimat und der neuen treu ergeben, konnte er sehr wohl Projekte befürworten, bei deren Ausführung ihm sicher eine leitende Stellung zugefallen wäre. Auch die Sprache der Denk-schrift weist auf einen Holländer hin. Ebenso deckt sich ihr Inhalt vielfach mit dem, was Dr. Heyd auf Grund authentischen Urkunden-materials als die Ansichten und Ideen Gysel's im Jahre 1660—61 hervorhebt. Daß er dabei zunächst nicht auf seine Lieblingsgedanken zurückkommt, eine neue ostindische Kompagnie als Konkurrentin der Holländischen zu schaffen, ist, wie wir weiterhin noch sehen werden, nicht unerklärlich.

Gehen wir nun aber zu der Denkschrift selbst und ihrem Inhalt über, so scheinen, um sie nach allen Seiten verständlich zu machen, drei kurze Erläuterungen nötig, eine über Glückstadt, dessen Besetzung der Ausgangspunkt des Projekts bildet, dann eine Erörterung des Wesens der damaligen Admiralitäten, endlich einige Worte über die politische Lage im Sommer und Spätherbst 1658.

1. Die Stadt und Festung Glückstadt war eine dänische Schö-pfung, ein Glied in der Kette der handelspolitischen Maßnahmen, um die dänisch-norwegische Monarchie von den Hanseaten zu emanzipieren, ihr eine selbständige Handelsstellung zu verschaffen. Besonders seit

---

¹) Diesen Bericht hat offenbar Dr. Heyd ebenfalls vor sich gehabt. Die Ver-handlungen mit dem Markgrafen erhalten von ihm ihre richtige Beleuchtung.

1588 war mit Chriſtian IV. ein erheblicher finanziell-merkantiliſcher
Aufſchwung Dänemarks eingetreten; 1618 wurde Tranquebar, die
erſte Niederlaſſung in Oſtindien, erworben; 1620 entſtand die grön-
ländiſche und isländiſche Kompagnie; 1624 wurde Chriſtiania gegründet. Die hanſiſchen Kaufleute in Bergen wurden ſeit 1560 immer
ſchlechter behandelt; vom Jahre 1612 datiert eigentlich das Ende des
großen hanſeatiſchen Kontors daſelbſt. Die einheimiſchen Kaufleute,
die Dänen und Holländer, haben es überflügelt und verdrängt.

Damit hängt nun die Gründung von Glückſtadt 1620 zuſammen.
Der König von Dänemark ließ den Hamburgern die Fahrt nach Is-
land, zur Förderung ſeiner neu errichteten isländiſchen Kompagnie,
verbieten, ebenſo den Handel nach Archangel, beſchwerte ſich über das
eigenmächtige Tonnenlegen auf der Elbe, über welche Hamburg keine
Hoheit habe. Glückſtadt wurde zum Stapelort der isländiſchen Waaren
beſtimmt; die Kopenhagener Kaufleute mußten dort Niederlagen errichten. Im Kriege Dänemarks gegen den Kaiſer wurde die Elbe ge-
ſperrt, um dieſem die Zufuhr abzuſchneiden. Auf der Inſel Kraut-
ſand vor Glückſtadt wurde ein Blockhaus errichtet, mit Kanonen be-
ſetzt und durch Kriegsſchiffe unterſtützt. Am 9. April 1630 verkündete
ein däniſches Mandat, jedes auf- und niederfahrende Schiff habe hier
Anker zu werfen, beim Befehlshaber ſich zu erkundigen, ob es däniſche
Befehle an ſeinen Beſtimmungsort überbringen könne. Außerdem ſollte
jedes Schiffspfund Waaren 1 Thl. und vom Wert 1¼ Prozent geben.
Es war dies die Antwort auf das von den neutralen Hamburgern
beim Kaiſer 1628 herausgeſchlagene Privileg, welches ihnen die Hoheit
auf der Elbe übertrug.

Es kam zum offenen Seekampf auf der Elbe zwiſchen Dänemark
und der Hanſeſtadt. Hamburg wußte ſich ſchwediſche, holländiſche und
engliſche Unterſtützung zu verſchaffen, ja es ſetzte 1637 die Kaſſierung
des Glückſtädter Zolls durch den Kaiſer durch. Der Vertrag vom 4. Auguſt 1645 mit den Generalſtaaten hatte hauptſächlich die Freiheit der
Unterelbe zum Zweck. Erſt nun wurde der Glückſtädter Zoll, der
Dänemark jährlich 70—80000 Th. getragen, definitiv abgeſchafft. (¹)

Kurz Hamburg hatte zunächſt gegen Dänemark geſiegt; es hatte
die Bedrohung ſeiner ganzen Exiſtenz durch Glückſtadt beſeitigt. Aber
immer blieb dieſe neue Rivalin, dieſe Feſtung an der Unterelbe höchſt
gefährlich. Jede Machtſteigerung Dänemarks konnte die gleichen Gefahren wiederbringen. Und ein Übergang Glückſtadts in holländiſche
oder brandenburgiſche Hände bedeutete die Gefahr einer vollſtändigen

---

¹) Vergl. Falke, Geſch. des deutſchen Zollweſens (1869) 221—229; Gallois,
Geſch. der Stadt Hamburg (1853) 2, 360—391.

Abhängigkeit des aufftrebenden Hamburger Handels von der betreffenden Macht.

2. „Die Admiralschaft, sagt Klefeker in seiner Sammlung der
Hamburger Gesetze(¹), ist ein Bund verschiedener Kauffartetschiffe, welche
in Kriegszeiten oder auch gegen Seeräuber in Gesellschaft mit einander
fahren und die gemeinschaftliche Gesahr gemeinschaftlich von einander
und von jedem abzukehren, sich verpflichten. Sie fanden auch bei den
hanseatischen Fahrten beständig statt."

Das heißt: wie aller ältere Landhandel Karawanenhandel mit
einer Art militärischer Karawanenverfassung war, so war fast aller
ältere Seehandel ein solcher, wobei jährlich zu bestimmter Zeit die
Schiffe zu bestimmter Reise sich sammelten, unter ein gemeinsames
Kommando sich stellten, um so den stets drohenden Gesahren gewachsen
zu sein. Aber wie das hamburgische Statut von 1623, das ein Ad-
miralitätskollegium einsetzte, klagt, so war es allerwärts gegangen:
„auch bei uns ist viel Admiralschaft gemacht und wenig gehalten worden." Die privaten Verabredungen reichten nicht aus. Eine staatliche
Ordnung der gemeinsamen Fahrten, unter dem Schutz staatlicher
Flotten, zeigte sich allerwärts als ein dringendes Bedürfnis.

Nach französischem Vorbild hatte Maximilian 1487 in den Niederlanden versucht, eine staatliche Admiralität und Admiralitätsordnung
einzuführen; Holland weigerte sich damals, wie unter Karl V., diese
Ordnung anzuerkennen. Als aber der Unabhängigkeitskrieg ausbrach,
da verstand es Wilhelm von Oranien sofort 1569 die Sache in seiner
Hand zu konzentrieren; ohne einen Freibrief von ihm durften weder
Adelige noch Kaufleute gegen die Spanier segeln und freibeuten; der
ganze Unabhängigkeitskrieg war vor allem ein Kaperkrieg, ein Kolo-
nieeroberungskrieg; Handel und Krieg erschienen in allen Meeren als
untrennbare Geschwister; nirgends konnte der Handel ohne militärische
Leitung und Deckung auftreten und fortkommen. Die einzige wirklich
zentralisierte Oberbehörde der Vereinigten Staaten war das 1589 er-
richtete Ober-Admiralitätskollegium; und als es später wieder aus-
einanderfiel, als von 1597 fünf gesonderte Admiralitätskollegien entstanden, da präsidierte doch der Prinz von Oranien in allen gleich-
mäßig und hielt so wenigstens nach Außen, zur See die Einheit des
Flottenwesens, der Handels- und Zollpolitik aufrecht, trotz aller innern
Selbständigkeit der Staaten und großen Handelsstädte.

In der großen, 100 Artikel(²) umfassenden Instruktion für die
Admiralitätskollegien sehen wir, um was es sich dabei handelte: diese

---

¹) Bd. 7 (1759) 116.
²) Vergl. (Elias Lujacs), der Reichtum von Holland. Leipzig 1778, I., 118 ff.

Kollegien mit ihrem großen militärischen, juristischem und Verwaltungs-
personal haben die staatischen Kriegsschiffe und die Marinesoldaten,
sie haben das ganze Seewesen, die Leuchtfeuer, Küstenfahrwasser unter
sich 2c.; sie haben die ganzen Konvoien und Lizenten, d. h. die See-
zölle in der Hand, neben einem weitgehenden Recht Anlehen für Ma-
rinezwecke zu machen; sie haben große Einnahmen von allen Prisen
und die ganze Prisengerichtsbarkeit; sie beherrschen indirekt den ganzen Handel, sofern sie die Kaufmannsflotten durch Begleitung von
Kriegsschiffen schützen.

Diese Einrichtung hatte Hamburg 1623 in seinem Admiralitäts-
kollegium nachgeahmt; seine Anordnungen hatten zum Aufschwung der
Stadt, zum Siege gegen Dänemark beigetragen; die Hamburger Flotten wurden jetzt regelmäßig und sicher durch der Stadt „Konvoien"
begleitet; aber immerhin sah man in Hamburg wohl ein, daß ihre
Macht eigentlich nicht ausreiche; man konnte brutaler hanseatischer
Seeräuber nicht Herr werden; ins Mittelmeer und nach dem fernen
Westen, klagt Klefeker, müsse der hamburger Kaufmann seine Waaren
fremden Flaggen anvertrauen.

Was lag für einen Holländer, der die Größe des oranischen Hauses
kannte, der wußte, wie es hauptsächlich durch seine Stellung an der
Spitze der Admiralitäten emporgekommen war, der den Zusammenhang zwischen der Blüte des holländischen Handels und der Stellung
der Admiralitätskollegien in jahrelanger Erfahrung täglich vor Augen
gehabt, der damit die Kleinlichkeit und Erbärmlichkeit der deutschen
Zustände verglich, der den Rückgang des deutschen Handels zu beobachten reichliche Gelegenheit gehabt hatte, was lag für ihn näher als
der Gedanke, der mächtigste deutsche Fürst an der Ostsee müsse für die
einzelnen deutschen Staaten und Städte dieselbe maritime Führung
übernehmen, wie seiner Zeit das Haus Oranien es in den Vereinigten Staaten der Niederländer gethan. War es nicht denkbar, daß
die aufstrebenden Hamburger und Bremer Kaufleute sich ebenso gut
eine solche Unterordnung gefallen ließen, als die viel größeren, reicheren, stolzeren und auf ihre republikanische Unabhängigkeit mindestens ebenso eifersüchtigen Handelsherren von Amsterdam?

3. Wie paßt aber die Denkschrift vom 10. September 1658 in
die damalige politische Lage?

Der Kurfürst war von 1640 an den Vereinigten Staaten der
Niederlande gegenüber in eigentümlicher Lage gewesen; er hatte ihre
Allianz als Protestant, als Gegner Schwedens und Österreichs, als
Tochtermann des Prinzen von Oranien gesucht; aber der Sturz der
oranischen Herrschaft daselbst, die Leitung der Staaten durch die kauf-
männischen Aristokratien, das Interesse der Staaten, ihre Garnisonen

in seinen rheinischen Landen zu lassen, ihn durch den Druck der Höf-
fyser'schen Schuld in Abhängigkeit zu halten, seine Handelsunter-
nehmungen nicht so aufkommen zu lassen, daß sie den holländischen
Konkurrenz machen könnten, all das und noch vieles Andere wirkten
stets darauf hin, daß die Staaten auch als Alliirte den Kurfürst nur
lässig unterstützten, daß sie ebenso oft ihm entgegen wirkten.

Die Staaten hatten sich 27. Juli 1655 dazu verstanden mit dem
bedrohten Kurfürsten einen Allianzvertrag zu schließen, weil sie ihren
großen Ostseehandel durch die Pläne des kühnen Schwedenkönigs, die
Ostsee vollends zu einem schwedischen Binnenmeer zu machen, bedroht
fühlten; aber sie hatten dann doch nichts gethan, dem Kurfürsten in
seiner bedrängten Lage zwischen Schweden und Polen zu unterstützen;
er rettete sich selbst durch die schwedische Allianz und die Schlacht von
Warschau. Die Souveränität Preußens und der Bund mit dem Schwe-
benkönig war den Holländern äußerst anstößig.

Gegen Ende des Jahres 1657 war Friedrich Wilhelm aber
von der schwedischen zur polnischen Allianz übergetreten, weil er am
wenigsten wünschen konnte, Schweden an der Ostsee allmächtig werden
zu lassen. Er näherte sich damit zugleich Österreich, das auf polnischer
Seite stand; am 15. Februar 1658 kam das Bündnis mit Wien zu
Stande. Der österreichische General Montecuccoli sollte sich mit
dem Kurfürsten vereinigen. Brandenburg stimmte (18. Juli) in Frankfurt für die Kaiserwahl Leopolds 1., während einige der rheinischen
Fürsten eben zum ersten Rheinbund unter Frankreichs Leitung zu-
sammengetreten waren. Schweden und Frankreich erschienen als die
Reichsfeinde; Österreich und Brandenburg waren seit lange wieder zum
ersten Mal fest verbündet. Die religiösen Gegensätze schienen vergessen;
eine einheitliche deutsche Reichspolitik war im Gange.

Karl Gustav von Schweden hatte im Februar des Jahres 1658
seinen nächsten Gegner, Dänemark, niedergeworfen, ihm die härtesten
Bedingungen auferlegt. Vergeblich mahnte der Kurfürst die Österreicher
zu marschieren. Dänemark war im Begriff, in seiner Verzweiflung
ganz sich an Schweden auszuliefern. Nur Eines wollte es nicht zugeben: die ewige Ausschließung aller fremden Flotten von der Ostsee.

Das war zugleich der Punkt, der endlich Feuer im Haag machte,
das konnte sich Holland nicht gefallen lassen, das war die Vernichtung
seines ganzen Handels. Die Staaten entschlossen sich endlich, eine Flotte
von 35 Orlogschiffen unter Jakob v. Wassenaar unter Segel gehen zu
lassen, um die Alliirten gegen Schweden zu unterstützen. Die holländischen Schiffe sollten einerseits, um Kopenhagen zu entsetzen, Lebens-
mittel und Holz dahin bringen, andererseits sich in der Elbe zu thun
machen, die schwedische Zufuhr von Bremen-Verden her verhindern.

Der Kurfürst hatte im September seine Truppen an der Dosse versammelt; am 17. Sept brach er mit der Reiterei von Wittstock auf, um in raschen Märschen Holstein zu erreichen und so den Dänen zu Hilfe zu kommen. Unsere Denkschrift ist vom 10. September. Wenn sie, wie wohl unzweifelhaft, von Lier stammt, so liegt es nahe, zu vermuten, daß er dem Kurfürsten sein Projekt hier überreicht habe.

Wir haben keine Nachricht darüber, ob der Plan von Friedrich Wilhelm und seinen Räten näher erwogen worden ist. Die militärische Aktion stand im Vordergrund. Am 8. November fuhr der holländische Admiral durch den Sund und entsetzte Kopenhagen. Im Dezember eroberte der Kurfürst Alsen. Der schwedische Ansturm war gebrochen, die schwedische Macht ging von da an abwärts.

Jedenfalls aber müssen wir dem Verfasser der Denkschrift zuge-stehen, daß seine Gedanken der politischen Lage im September 1658 gut angepaßt sind.

Er geht aus von dem berechtigten Zweifel, ob die Niederlande nicht, statt die Alliierten zu unterstützen, in erster Linie für sich im Trüben fischen und die Elbmündung nebst Bremen und Verden in ihren Besitz bringen wollen. Es stimmt hier ganz überein mit den immer sich wiederholenden Klagen des Kurfürsten, daß Rhein, Weser, Elbe und Oderstrom nichts anderes seien, als fremder Nationen Gefangene. [1]

Er erinnert an die See- und Handelsgröße Deutschlands in ver-gangenen Zeiten und will, entsprechend dem jetzigen Bündnis des Kurfürsten mit Österreich, gleichsam die Pläne wieder aufnehmen, welche dieses 1627 mit Spanien verfolgt. Aber während es sich damals um einen Handelsbund der protestantischen Hansestädte mit den verhaßten katholischen Mächten gehandelt hatte, soll jetzt der Führer des deutschen Protestantismus im Bunde mit Österreich und Spanien dafür ein-treten, daß das deutsche Reich von den großen Schätzen der ost- und westindischen Länder nicht ganz ausgeschlossen bleibe.

Die Spitze der Denkschrift richtet sich natürlich in letzter Linie gegen die Niederländer.

Freilich nicht direkt; es soll nicht mehr wie 1647 eine Kompag-nie aus holländischen Kapitalisten und Rhedern gebildet werden, die sich nur zum Schein, um das Oktroi und ausschließliche Recht der holländisch-ostindischen Kompagnie zu umgehen, eine brandenburgisch-preußische Firma und Konzession geben lassen. Dagegen sprachen die wiederholten niederländischen Gesetze zu offen. Und zumal jetzt, da der Kurfürst so dringend auf niederländische Hilfe angewiesen war, konnte man so nicht verfahren. Der Schein einer antiholländischen

---

[1] Vergl. Droysen, der Staat des großen Kurfürsten 2, 319 (2. Aufl. 1871).

Politik war vermieden, wenn Kaiser und Reich den Kurfürsten zum
Großadmiral ernannten, und dieser die hanseatischen Rheder unter seine
Führung zu bringen wußte. Aber daß eine solche Politik doch Holland am empfindlichsten wäre, das wußte niemand besser als der Kurfürst. Und schon daraus könnte es erklärt werden, daß er im Moment
nicht näher auf diesen Plan einging.

In der Korrespondenz aus dem weiteren Verlauf des Feldzugs
findet zwar nicht die Denkschrift, wohl aber der holländische Plan einer
Besetzung Glückstadts eine Erwähnung. Am 8. November 1658 schreibt
Weimann aus dem Haag: „Ich merke wohl, daß Einige im Estat ein
Auge auf die Glückstadt haben und gegen Verpfändung selbigen Orts
Geld und Mittel, so viel man begehren möchte, versprechen ... Vielleicht ists nachdenklich für den König, weiln diese Leute nicht gern etwas
wiedergeben. Hamburg dürfte auch sauer sehen, andere desgleichen
Ombrage daraus schöpfen." Doch meint Weimann, wäre es nicht
so übel, „sie fressen nicht weiter, wie andere" und sie würden dadurch
aufs entschiedenste gegen Schweden engagiert.

An demselben Tage aber, also in Antwort schon früher eingegangener diesbezüglicher Nachrichten, läßt der Kurfürst durch Schwerin
an Weimann schreiben: „Soviel die Festung Glückstadt betrifft, da
müssen wir nicht unbillig in denen sorglichen Gedanken stehen, wenn
man darauf ferner das Auge schlagen und deren Einräumung prätendieren wollte, daß es bei vielen Anderen allerhand Nachdenken
causiren und dem Staat nur zum Unglimpf gereichen würde, als
wenn man von denenjenigen, denen man zur Assistenz und Rettung
kommt, selbst den Schlüssel zu ihren Ländern praetendiren und wegnehmen wollte. Was es den Schweden vor einen allgemeinen Haß
verursachet, daß dieselben um ihrer Commodität willen an einen und
andern solche Ansinnungen thun, das ist Euch bekannt; daher Wir
nicht gern wollten, daß die Herren Staaten gleichen Namen erlangen
sollten. Habt demnach, so viel an Euch ..... solches quovis modo
zu divertiren."

Er mochte also, ganz abgesehen von sonstigen Zweifeln über die
damalige Möglichkeit der Ausführung, schon deshalb nicht geneigt sein,
Glückstadt zu besetzen, weil er dadurch den Generalstaaten ein Beispiel
gegeben hätte, dessen Nachahmung seinen eigenen Interessen gefährlich
werden konnte.

Daß der Kurfürst bald darauf, in etwas veränderter Weise auf die
Pläne Ghsel van Lier's einging, das sehen wir nunmehr aus der Untersuchung Dr. Heyl's. Das nachfolgende »Consilium maritimum« kann
gleichsam als Einleitung zu dem aufgefaßt werden, was er uns aus dem
badischen Staatsarchiv über die Kolonialpläne von 1660—62 mitteilt.

Consilium maritimum
von Glückstadt und der Seefahrt.

Nachdem Ich aus Holland Schreiben erhalten, worüber Ich meine
Gedanken in etwas colligirt, zumehr weil mir berichtet wird, daß
Ihre Hoch-Mogende den König von Dänemarken Succurs werden zu-
schicken, und ihnen dagegen vor ihren Interessen feste Plätze oder
Örter, folgend des Königs eigenen Hand, sollen eingeräumet werden;

So ist dann unter Correctie die Frage: Ob Ihrer Churfürstl.
Durchl. nicht gebühren wird, auch nach demselben Ziel zu schießen.

Weil ich dann versichert bin, daß nach die Vestung Glückstadt
geaspiriret wird, so däucht mir, daß Ihrer Churfrtl. Durchlaucht, um
Dero gethane und noch thuende Kriegslasten zu finden, solchem vorzukommen oblieget, damit solcher Ort, liegend auf dem vornehmsten
Fluß des Römischen Reichs, nicht in anderer Hände gerathen und
entkommen möge. Euer Churfrstl. Durchl. haben ins Fürstenthum
Cleve vollenkommen Exempel, wie es sich da zugetragen hat, welches
dann hier nicht besser gehen wird, sondern werden die Sache von Zeit
zu Zeit aufhäufen, und sie ewiglich Meister von den Strom bleiben.

Ferner stehet zu befürchten, so der Krieg mit die Krone Schweden möchte continuiret werden, daß der Niederländische Staat auf das
Stift Bremen Reflexie nehmen wird, worzu sich die Hauptstadt und
daß Gepöbel des platten Landes wohl accomodieren wird, hoffend,
daß sie von niemand besser als von ihnen in Ruh und Frieden ge-
schützet wird: Und sollte also abermal das Röm. Reich durch diesen
Casum von einen andern navigalen Strom benommen sein, die Niederländer ihre Fronturen ausbreiten und, unter dem Schein den
Dänen zu assistiren, zu ihrem rechten Vornehmen gelangen.

Was wird dann vor Niederland mehr restiren, um Meister von
die principalste Commercien der ganzen Welt zu werden, wann ihnen
in den Horizont auch einige feste Orte reingeräumet werden, ja alsbann
anderen Potentaten Gesetze zu machen, welches man vermeinet, daß
der König von Schweden vorhabend ist.

Darum denn Ihrer Churfr. Dchl. auf eins und anders wohl zu
sehen haben, weil die Art der Kaufleute, wovon der Staat mehren-
theils regiret wird, mehr dann begehrlich ist.

Glückstadt sollte zu Ihrer Churfürstl. Durchl. Desein ganz dienst-
lich sein, und die allda angebrachte Kaufwaaren, ohne die Hamburger
darin zu kennen, ohne Zoll ins Gebiet des Lüneburgischen Landes
und ferner die Elbe auf geschicket werden können. Zum andern sollte
durch sothanige Eintäumung der König sich von die Garnison können
dienen, und theils der Churfürstl. Militie gepraeserviret bleiben.

Jhre Kaiserl. Majst. noch das ganze teutsche Reich behoren diesen meinen Vorschlag nicht zu disprobiren; denn ansehen solches zu ihrer aller Vortheil ist, um durch dieses und jenes Mittel das Römisch Reich wiederum an das verfallene Seerecht zu bringen, und den Reichsfürsten die Frequentagie auf andere nahe und fern liegende Länder nicht entziehen zu lassen.

Es ist allen, welche die See frequentiren, bewußt, daß Jhrer Kaiserl. Majst. Vorfahren sich mehr als nu geschiehet, das Seerecht angemaßet haben, da man im Gegentheil nu nicht eins angedenket, zu großem Praejudiz des Römischen Reichs.

Darum dann ganz nothwendig, daß von wegen des Römisch. Reichs aus den Churfürsten ein Admiral-General geautorisiret werde, um alles wiederum in gute Ordere zu bringen.

Jtem daß fortan keine Schiffe von Hanse-Städte noch aus dem Teutschen Reich, um Piraterei oder Räuberei vorzukommen, mögen fahren, als mit gebührliche Commissie und Patent vom Röm. Reichs-Admiral gezeichnet, und mit ein sonderlich darzu verordnetes Reichs-Siegel bekräftiget.

Diese vorbemeldte Patenten müßten jedesmal von des Reichs-Admirals darzu verordneten Commissariis gefordert, und an den Reichs-Admiral die behörliche Beneficia und Jntraden überantwortet werden.

Für einiger Zeit sein mir auf die Küst von Barbarjen zwei Reiches-Piraten begegnet, nemblich ein vor Saffie, und ein auf die See vor Magadoor, der letzte war von Bremen, und bat unsere Schiffer, daß er vor ihme, wann er in Holland kommen würde, Parbon procuriren mögte, damit er mit seinem Raube und Schiffe möchte dürfen einkommen; der andere war, so mir recht ist, ein Lübeder, und blieb in seiner Bosheit persistiren; von Hamburg sein auch einige Piraten in See gefunden, und ohne Zweifel von andere Orter mehr, ist aber wenig von Bestrafung gehöret worden, weil sie sich in Barbarjen aufhalten und den Türken steifen.

Daher geconsideriret dienet, daß ein Räuber zur See mehr Böses thuet, als tausend Strauch-Räuber zu Lande, darum solchen Übel dienet vorgebauet zu werden, und alle die man ohne behörliche Patent in See befindet, durch des Reichs Commissie führende Schiffe vor Piraten mögen angeholet und aufgebracht werden, um solches Recht nicht an andere Potentaten zu lassen.

Weil die an See-Städten ihre Schiffers, wann sie in See kommen, eine Gewohnheit haben, auf ihre eigene Autorität zu Bilpenbentie der hohen Regierung mit einander Admiralschaft aufrichten oder machen, als gebühret solches fortan nicht zu geschehen, als unter eine

voterwähnte Admirals-Commiſſie. So iſt auch nötig, ſo oft als vorbemeldte Schiffe aufs neue in See laufen, daß ihre Kapitains oder
Schiffer die Commiſſie müſſen verneuern, wovon durch vorgeſagten
Commiſſarius Regiſter muß gehalten werden, um perfect zu wiſſen,
was für Schiffe das Reich oder die Hanſe-Städte in See haben.

Alſo daß dies Kaiſerl. Recht niemals beſſer, als in dieſe Conjec-
turen des Krieges kann eingeführet werden.

Jede Stadt ſoll ſeine abſonderliche Flagge mögen führen, jedoch
in der Mitte der Flagge das Wappen von der Stadt müſſen abbilden,
und oben ins oberſte der Flagge an den Flaggeſtock das Kaiſerl.
Wappen, um alſo die Reichs- und Hanſe-Städten ihre Schiffe von
anderen Potentaten zu unterſcheiden.

Der Admiral, Vice-Admiral, Contra-Admiral, welche diejenige
ſein, die ihre Flaggen von die Obe-Stange laſſen wehen, ſollen keine
andere gebrauchen mögen, als ein roth Feld mit einen ſchwarzen gekrönten Adler oder Kaiſerl. Wappen. Und weil der Reichs- und
Hanſe-Städte ihre Voyagien unterweilen langwierig ſein, nicht allein
auf Engelland, Frankreich, ſondern auch Portugal, Spanien, Italien, ja höher auf in Braſil, Guinee undt Nova Hispania ſelbſt, unter
ihre particulire Flagge Admirals machen, welches niemanden als qua-
lificirten Prinzen zukommet, als dienet aus gewiſſen Urſachen, wie
vorhin geſagt, darinnen verſehen zu werden.

Zum andern, weil langwierige Reiſen nichts anders als große
Uneinigkeiten, Unlüſte und Meutereien nach ſich ſchleppen, welche zum
Exempel vor andere gecorrigitet dienen, worüber auch einige Schiffe
gezwungen ſein geworden, ſothanige Delinquenten an anderer Potentaten Kriegsſchiffe überzuliefeten, um ihr Schiff und Gut deſto beſſer
zu verſichern, wodurch Sr. Kaiſerl. Majtt. in Dero Regalien zum
hochſten verkürzet werden.

Weil denn keine particulire Städte autoriſirt ſein, einige Com-
miſſion zur See zu expediten, vielweniger criminale Execution zu
exerciren, als dienet den Rath jedes Orts anbefohlen zu werden, daß
alle Reeders ihre Schiffe in See, und bevor ſie in See laufen, dieſen angeben und vor jedweder Schiff eine Commiſſie und Articulbrief
fordeten, welchen ſie ſämtliche vor den Commiſſarius oder den Offi-
cieret, von dannen ſie abfahren, ſollen beeibigen, um beßwegen, daß
raue Volk deſto beſſer in den Zaum zu halten.

Um die Delinquenten zu corrigiten, ſoll der Admiral in See-
weſender den Rath berufen und aus ſeinem und andere Schiffe ein
Collegium formiren, die Stimmen colligiten und folgends den Artikels-
brief Juſtiz und Recht adminiſtriren, doch bei ſeiner Rückkunft an
den Reichs-Admiral von alles gute Regiſter nebſt Protocoll und bei

Datum überliefern. Ein Schiff allein soll keine criminale Sache zur Execution stellen mögen, aber, da einige criminale Delicta begangen würden, soll man den Delinquenten an einig von die Reichs-Admiralen, wann sie dabei kommen, überliefern oder in Versicherung halten, bis daß sie mit sothanige Schiffe auf ihren Ort, da sie abgefahren, wieder arriviren.

Wann dann sothanig Person an den Stadt-Rath überliefert ist, soll dem Admiral-General davon Nachricht ertheilet werden, um darüber sein Urtheil zu fällen.

Weil, aus Kraft des Kaiserl. Rechtes, den seefahrenden Leuten vor Alters consentiret, daß sie auf die Höhe von Barles mögen taufen, welches dann noch täglich observirt wird, ungeachtet daß oftmals Unglück daraus entstehet, also daß den Leuten durchs lange Nachschleppen das Blut zur Nase und Maul ausläuft, auch einige verstickt geblieben sein, so ist darin durch die Ost- und West-Indische Compagnie von Niederland versehen, und jede Schüssel (zu verstehen das Volk bei jeder Schüssel) mit einer Kanne Wein zum Gedächtniß des Kaiserl. Rechtes, von diejenige, so die Barles vorhin nicht gepassirt, verehret worden: welches dann nothwendig von alle Capitaine oder Schiffere, um Unheil zu verhüten, auch gebührete zu geschehen; denn die Matrosen werden von daß Seerecht nicht desistiren, solltens auch andere mehr mit den Tod erkaufen.

Ferner dienet pro Memoria, weil Ihre Kaiserl. Majtt. vor etliche hundert Jahren eine Vertheilunge gemachet haben über die orientalische und occidentalische Länder, und dieselbe an die Kron Spanien und Portugal, als Erfindern derselben, haben repartiret, darum werden auch dieselbe Länder von ihnen maintenirt. Aber weil dieselbe neu erfundene Länder den europischen Quartieren großen Vortheil zubringen, und die Engelländer und Holländer solches erfahren, als haben dieselben vorernannte Kronen darinnen gesuchet zu invadiren, ohne einig Regar auf das Kaiserl. Octroi zu nehme, sondern sein im Gegentheil mit ihre Conqueste und Commercie sothanig gefördert, daß die Orloge gegen Spanien dadurch zu mehr sein gestärket und dieselbe Kron zu einen ewigen Frieden gezwungen haben.

Weil dann kundbar ist, daß der ganze Christenheit durch die Ost- und West-Indische Länder große Schätze werden zugebracht, davon Spanien, Portugal, Engelland und die Niederländer das beste gefühlen haben, allwo die Kaufleute-Häuser der deutschen Fürsten Palepsen übertreffen, bestehend in schönen Raritäten: so ist dann billig, daß das deutsche Reich vor solchen Vortheilen und Beneficien nicht verfallen bleiben, sondern nebst anderen da zu Land ihren Vortheil suchen möge.

Und weil das Römische Reich sich vorher der Autorität der Ost-, Nord- und Süder-, ja die orientalische und occidentalische Seen angemaßet hat, so kann ihnen dasselbe Recht bis noch zu durch keinen Potentaten entzogen werden, zumehr, weil die Luft und die See jeden Souverain, Prinzen oder Fürsten gemein ist, darum dann billig sothanig verwahrlosetes Recht zu Maintenirung des Römischen Reiches wiederum im Gebrauch dienet gebracht zu werden, fürnemlich weil man siehet, daß Potentaten von geringerer Consideration sothaniges Seerecht protegiren.

Jedoch um Verweiterung vorzukommen, werden die Conquesten der Spanier, Portugiesen, Niederländer, Engelländer, Dänen, Schweden, Curländer und andere keine ausgesondert, bei Provisie bei ihren allbereits gepossedirte Besitzungen gelassen, es sei denn, daß man durch guten Willen möchte abmittiret werden, so nicht: wird auf unterschiedlichen Orters bei die indianische Prinzen mehr zu negotiiren vorfallen, als die europische Capitalia tragen können.

Auch dienet zur Nachricht, daß die Niederländer Sr. Majtt. von Hispanien nicht allein zu einen generalen Frieden haben gebracht, sondern überdas in der Friedenshandlung zu Münster, denselben in die orientalische Eiländer, nämlich in die Manila und Moloucquo Schnitt-Pfähle haben gestellt, das ist, daß er sich in die Quartiere nicht ferner mag ausbreiten, dann die spanische Jurisdiction auf die Zeit war, sonder einige Trafic in die indische Quartiere mögen anzufangen, auf Insicht, daß sie den Hafer in die Eiländer Moloucquo aus ihren Händen alsdann müssen kommen zu essen, und sothanige Kaufenschaften als die orientalische geben, von ihnen abzukaufen, zu welchem Ende sie die Indianer mit ihren Schiffen auch von den Ort abhalten. Nun ist die Frage, angesehen ein General-Friede zwischen die beide getroffen ist, ob solch Thun die Billigkeit mitbringet, obgleich die Niederländer die Indianer durch ihre allda habende Autorität im Handel Gesetze vorschreiben, ob dahero des Königes von Spanien Alliirte, nämlich das deutsche Reich mit guter Manier von dar könne gewehret und abgehalten werden: zumal das Römische Reich mit die Niederländer niemals in Contentie oder Uneinigkeit gewest, sondern noch in Alliance sein.

Es ist auch kundbar und denen, die in Indien gewest sein, bewußt, solang Spanien und die Kron Engelland in Frieden gelebet haben, daß die Engelländer ihre Schiffe in die Moloucquo geschicket und mit die Kastilianen gehandelt haben, als haben diese ja desto weniger Ursach die Fürsten des Reiches, angesehen sie einen generalen Frieden haben, von dar zu wehren oder abzuhalten.

Es muß auch betrachtet werden, daß durch die Frenquentagie der

10*

Römischen Reichs-Schiffe, der Kron Spanien in die Quartiere große Commerz wird zukommen, und kann derselben Nation alle orientalische Nothwendigkeit durch die Reichs-Schiffe zugebracht werden.

Zum andern sollten Jhro Majtt. von Spanien durch diese Schiffe solche Waaren können bekommen, die schwerlich auf Spanien über Nova Hisspania durch Incommobität der hohen Gebirgte können gebracht werden, also daß diesem angehend eine andere profitable Commercie gestabiliert sollte werden können, doch zu Mißgnügen der Niederländer.

Zum dritten sollten Sr. Königl. Majtt. von Spanien Giraffell Nägelen, die in die Molucquo fallen, nicht allein in die orientalische Quartiere können verkauffet, sondern auch mit die Reichs-Schiffe in Europa gebracht werden, mit viel geringern Unkosten, denn durch die Süd-See, also nu von Molucquo in Manilla und von Manilla durch die Süd-See bis Acapulco, von Acapulco über Land in Nova Hispania und von dar bis in Spanien gebracht werden, worinnen die Niederländer noch viel minder Genügen nehmen sollten; doch stehet einem jeden frei seinen Vortheil zu suchen, welcher Occasion bis dato noch überhaupt gesehen ist, und sollte diesfalls der Kron Spanien durch vorernante Reichs-Schiffe große Dienste geschehen.

Was für Vortheilen das Römische Reich und die Kron Spanien mehr haben könnten, wird aus gewissen Ursachen zu remonstriren nachgelassen, damit uns niemand darinnen könne vervortheilen.

Und auf daß alles mit guter Ordre ins Werk gestellt und diesem angehend kein Christen-Blut gestürzet werde, wäre nötig, daß zu Ausführung dieses (um den Unterthanen des Reiches die vorbesagte Vortheilen nebst andern genießen zu lassen) Jhrer Churfrl. Durchl. zu dieser Qualität geautorifiret würde.

Geben den 10. September 1658.

Die Einnahme von Berlin dnrch die Oesterreicher im Oktober 1757 und die Flucht der Königlichen Familie von Berlin nach Spandau.

Von **Albert Naudé**. (¹)

Nach der Niederlage bei Kolin von den österreichischen Heeren aus Böhmen zurückgedrängt, bemühte sich König Friedrich im August 1757 vergeblich, den Prinzen von Lothringen zu einer Schlacht in der Lausitz zu bewegen. Bald nötigte den König die große Zahl seiner Gegner, einen anderen gefährdeten Schauplatz aufzusuchen. Franzosen und Reichsarmee waren bis gegen Leipzig vorgedrungen. Friedrich entschloß sich zu einer Teilung seiner Streitkräfte. Während der Herzog von Bevern mit der ehedem vom Feldmarschall Schwerin, später vom Prinzen von Preußen befehligten schlesischen Armee in der Lausitz verblieb, wendete sich der König mit den übrigen Truppen gegen den von Westen andringenden Feind. Man darf sagen, Friedrich nahm hiermit seinen ersten für das Jahr 1757 entworfenen Feldzugsplan wieder auf, welchen er im Frühjahr hatte fallen lassen, als der befürchtete Angriff der Franzosen sich verzögerte. (²)

---

¹) Die folgende Darstellung beruht in erster Linie auf den Akten des Berliner Geheimen Staatsarchivs und den von Seiner Kaiserlichen Hoheit dem Kronprinzen diesem Archiv geschenkten Abschriften von Archivalien des Großherzogl. Hausarchivs zu Darmstadt. Die Korrespondenzen mit Prinz Ferdinand von Braunschweig sind dem Kriegsarchiv des Großen Generalstabs, die Schreiben an Prinzessinnen des Königlichen Hauses sind dem Königlichen Hausarchiv zu Berlin entnommen, der Briefwechsel mit Prinz Moritz von Anhalt-Dessau dem Herzoglichen Haus- und Staatsarchiv zu Zerbst. Meine auf letzterem Archiv gemachten Excerpte waren zunächst für die Publikation der „Politischen Korrespondenz Friedrichs des Großen" bemessen, Herr Archivrath Prof. Kindscher hat denselben für den vorliegenden Zweck eine Reihe wertvoller Ergänzungen hinzugefügt und mich dadurch zu vielem Danke verpflichtet. Die von König Friedrich herrührenden und in obiger Skizze benutzten Schriftstücke werden vollständig veröffentlicht in dem unter der Presse befindlichen 15. Bande der „Politischen Korrespondenz Friedrichs des Großen." (Berlin, Duncker.)

²) Vergl. Polit. Korresp. Bd. XIV., 392. 420. 438 ff.; XV., 222. Auf Anregung von Winterfeldt und Schwerin hatte der König im April 1757 statt des Vorstoßes nach Thüringen mit dem halben Heere die Offensive gegen Böhmen mit dem ganzen Heere gewählt.

Das Kurfürstentum Sachsen mit der Elblinie und dem starken Stützpunkte in Dresden blieb auch im Monat September nach wie vor die preußische Operationsbasis, aber die an der Ost- und Westgrenze Sachsens kämpfenden Heere zogen sich im Laufe der folgenden Wochen mehr und mehr auseinander. Bevern ging von der Lausitz nach Niederschlesien, überschritt die Oder bei Diebau, nördlich der Katzbachmündung, und rückte auf dem rechten Ufer des Stromes bis unter die Mauern von Breslau; der König trieb die französische und die Reichsarmee von Leipzig nach Naumburg, dann am Nordabhange des Thüringer Waldes über Weimar, Erfurt, Gotha, bis nach Eisenach hin. Durch diese weite Flügelausdehnung wurde die Mitte, Sachsen und die Lausitz, fast gänzlich von preußischen Truppen entblößt, zu dem Innern des preußischen Staates wurde dem Gegner von Böhmen her ein unbewachter Zugang erschlossen.

König Friedrich verkannte das Bedenkliche dieser Gestaltung der Dinge keineswegs. Er hoffte durch eine entscheidende Schlacht sich der Franzosen bald zu entledigen und dann nach Sachsen zurückzukehren. Als Soubise und Hildburghausen jetzt ebensowenig wie drei Wochen zuvor Karl von Lothringen den Kampf mit dem preußischen Heere aufnahmen, da traf der König schon Mitte September im Hauptquartier zu Erfurt seine Maßregeln, um sich den Rücken zu decken. Er teilte von neuem seine bereits sehr zusammengeschmolzene Streitmacht. Am 13. September wurde Prinz Ferdinand von Braunschweig nach dem Magdeburgischen abgesandt, um die Elbübergänge gegen die französische Armee unter Richelieu zu schützen, und selbigen Tages erhielt Prinz Moritz von Dessau den Auftrag, nach Sachsen zurückzugehen und die Verbindung von Weißenfels nach Leipzig und weiter nach Torgau zu sichern, die Übergänge über die Saale, Mulde und Elbe. Durch die Entsendung des Dessauer Prinzen hielt Friedrich auch die Kurmark und die Landeshauptstadt Berlin für hinreichend nach Süden gedeckt, und in der That hätte eine Abteilung des regulären österreichischen Heeres schwerlich gegen Norden vorgehen können, ohne von dem Prinzen Moritz in der Flanke gefaßt zu werden. Die Lausitz aber war überfüllt von leichten Truppen der Österreicher, welche die Verbindung zwischen dem Herzoge von Bevern und Dresden fortdauernd erschwerten und mannigfachen Schaden im einzelnen anrichteten. Über diese „charmante Canaillen", dieses „Geschmeiße von die Grasteufels" machte Friedrich zwar häufig in derben Worten seinem Unmut Luft; aber daß diese Croaten und Panduren auch weit größeres vermöchten als Proviantwagen zu plündern, daß sie durch die Abwesenheit aller preußischen Truppen auf dem Wege von der Niederlausitz nach Berlin zu einem raschen

Vorstoß in das Herz des preußischen Staates ermutigt werden könnten, daran wollte der König zunächst trotz mancher drohenden Anzeichen nicht glauben.

Es ist, wie Arneth dargelegt hat, das Verdienst des Prinzen Karl von Lothringen gewesen, die Unternehmung gegen Berlin angeregt zu haben.[1] Der Prinz fand für die Ausführung seiner Pläne eine geeignete Kraft an dem Ungarn Andreas von Hadik. Mit großem Geschick wußte dieser kühne Parteigänger den Streifzug vorzubereiten und durchzuführen. Von Elsterwerda auf der Poststraße zwischen Berlin und Dresden setzte sich Hadik am 11. Oktober mit 3400 Mann, zumeist leichten Truppen, in Bewegung. In schnellen Märschen durchzog er die Niederlausitz, den Spreewald und die königlichen Forsten von Wusterhausen und traf am 16. eines Sonntags Vormittag im Südosten Berlins vor dem Schlesischen Thore ein. Um die Bestürzung unter der hauptstädtischen Bürgerschaft zu vermehren, hatten 300 Husaren einen weiter westlich gelegenen Weg eingeschlagen; sie erschienen gleichzeitig vor dem Potsdamer Thore und nisteten sich, ihre geringe Zahl verbergend, in dem Garten der Akademie ein, dem heutigen Botanischen Garten.

Die Stadt Berlin war auf eine ernstliche Verteidigung nicht vorbereitet. Die alten Mauern und Thore, sowie die von der Spree abgezweigten Kanäle vermochten einen energisch auftretenden Feind nicht zurückzuhalten. Wohl waren in Berlin ziemlich 4000[2] Mann Besatzung, aber als Soldaten konnte man einen großen Teil dieser Leute kaum bezeichnen. Da war ein neuerrichtetes Landregiment von 7 Kompagnieen, „die Krazianer" hieß es im Munde des Volkes; seine Mannschaften, mit schlechten Gewehren versehen und auf das dürftigste gekleidet[3], bestanden zumeist aus alten schwachen Leuten. Weiter die kümmerlichen Reste eines ehemals sächsischen Regiments, das vor just einem Jahre, am 16. Oktober 1756, in ein preußisches mit Namen „von Loën" umgewandelt worden war. Als besonders unzuverlässig hatte der König im März 1757 dieses Regiment aus Sachsen

---

[1] Arneth, Maria Theresia und der siebenjährige Krieg. Bd. I. Wien 1875. (Bd. V. der „Geschichte Maria Theresia's") S. 237. 238. 511. 512.

[2] So nach der Aufstellung des Kommandanten v. Rochow; andere, aber weniger gut unterrichtete Gewährsmänner geben höhere Zahlen an. Rochow berechnet, nach den erlittenen Verlusten und nach einigen kleinen Abzügen, die in Spandau eingerückten Truppen auf 2739 Gemeine und Spielleute, 43 Ober- und 142 Unteroffiziere. Bericht an den Prinzen Moritz, Spandau, 17. Oktober 1757. Zerbster Archiv.

[3] Die „Krazianer" hatten u. a. keine Westen, nur zugeknöpfte Röcke ohne Unterfutter. Erzählung eines Augenzeugen in: Biester, Berlinische Blätter. Jahrgang I 1797. Bd. II., 300.

entfernen und nach Berlin führen laſſen; auf dem Marſche war die geplante Empörung zum Ausbruch gekommen, der größte Teil der Mannſchaft war durchgegangen (¹); jetzt, während des Gefechts mit Hadik, folgten weitere 150 der Sachſen dem im Frühjahr von ihren Kameraden gegebenen Beiſpiel. (²) Ferner fanden ſich in Berlin die noch nicht eingeſtellten Rekruten verſchiedener Regimenter (Bornſtedt, Kannacker, Münchow, Baireuth werden genannt), junge Leute, faſt alle unter 20 Jahren (³), die ſoeben vom Pfluge fortgeholt, zumeiſt noch keinerlei militäriſche Ausbildung genoſſen hatten. Die Rekruten vom Baireuther Dragoner-Regiment liefen mit ihren Karabinern in Kitteln umher (⁴); es wird erzählt, man habe im letzten Augenblick von den Brauern in Berlin die Pferde requiriert, um die Nachfolger der Hohenfriedberg-Sieger wenigſtens beritten zu machen, aber bald habe man ſich eines beſſern beſonnen und die Pferde ihrem friedlichen Lebensberufe zurückgegeben, denn die Dragoner hätten das Reiten ja doch nicht verſtanden und mit ihren Brauerroſſen die allgemeine Verwirrung nur noch vergrößert. (⁵) Von der Berliner Beſatzung blieben als einzige wirklich brauchbare Truppen die zwei Bataillone vom Lange'ſchen Garniſonregiment. (⁶)

Trotzdem hätte ſelbſt mit dieſen unzureichenden Streitkräften die Stadt wenigſtens 24 Stunden gehalten werden können, bis der, wie man wohl wußte, vom Könige geſandte Erſatz unter dem Prinzen Moritz von Deſſau eintraf. War man doch noch immer um etliche 100 Mann ſtärker als der Feind, welcher großenteils aus Kroaten und Huſaren beſtand, und zeigten doch von der Beſatzung viele, beſonders einige Offiziere, den beſten Willen, für die Verteidigung der Reſidenz jeden Kampf aufzunehmen. Es iſt, hierüber kann kein Zweifel

---

¹) Polit. Korreſp. Bd. XIV., 450. 451. 465.

²) Erbprinzeſſin von Darmſtadt an Prinzeſſin Amalie von Preußen. Berlin 17. Oktober 1757. Königl. Hausarchiv zu Berlin. (in dem unten S. 161 genannten Werk von Walter, Bd. I., S. 218). Henckel v. Donnersmarck, Militär. Nachlaß, hrsg. v. Zabeler, Bd. I., 2, S. 327.

³) Vgl. die Inſtruktion für den Kommandanten von Berlin. Polit. Korreſp. Bd. XIII., 259.

⁴) Erzählung eines Augenzeugen in: Bieſter, Neue Berliniſche Monatsſchrift. Bd. X. (vom Jahre 1803), S. 119.

⁵) Berliniſche Blätter. 1797. l. c. S. 301.

⁶) Das Garniſonregiment „Lange" beſtand aus 4 Bataillonen, von denen das erſte in Glogau, das zweite in Breslau, das dritte und vierte in Berlin ſtanden. (Polit. Korreſp. XIII., 166. 259.) Es war im Frühjahr 1756 von 2 auf 4 Bataillone vermehrt worden durch Übernahme des bisher dem Fürſten von Schwarzburg-Sondershauſen gehörenden Regiments. Vgl. Polit. Korreſp. XII., 177. Berlin. Blätter. 1797. l. c. S. 299. Herzog v. Bevern, Geſch. der preuß. Armee, hrsg. von H. Droyſen in Märk. Forſchungen Bd. XIX., S. 52.

obwalten, die Hauptschuld an dem Unglück der verzagten und unent-
schlossenen Haltung des Kommandanten, des Generals v. Rochow
beizumessen; schon die Zeitgenossen haben übereinstimmend in diesem
Sinne geurteilt. Die schmachvollen Vorgänge, wie sie im Jahre 1806
in preußischen Festungen sich abspielten, sind nicht ohne Vorbild selbst
in den besten Zeiten König Friedrichs gewesen. Hans Friedrich
von Rochow stammte aus einem alten märkischen Adelsgeschlecht,
dessen zahlreiche Besitzungen nicht weit von den Thoren Berlins, an den
Ufern der Havel gelegen waren. Hans Friedrich hatte im Potsdamer
Garderegiment unter König Friedrich Wilhelms eiserner Zucht seine
militärische Laufbahn begonnen, er war hier bis zum Hauptmann
aufgestiegen. König Friedrich hatte den Offizier, der eine so gute
Schule durchgemacht, zuerst schnell befördert; 1740 finden wir ihn
sogleich als Oberst bei einem der neuerrichteten Regimenter (Ferdinand von Braunschweig), 1744 als Kommandanten der wichtigen
Festung Neiße. Bald darauf aber war Rochow als Generalmajor
verabschiedet worden.[1] Als der siebenjährige Krieg ausbrach und
jedermann, der zum Felddienst tüchtig war, in den Kampf hinauszog,
hatte der König zunächst dem Generallieutenant v. Wartensleben
die Stelle des Kommandanten von Berlin zugedacht; erst in zweiter
Linie, als Wartensleben durch Krankheit verhindert wurde, richtete
der König sein Augenmerk auf Rochow, der körperlich bereits sehr
hinfällig sich zeigte; wenige Tage vor dem Ausmarsch der Berliner
Garnison war Rochow mit dem Range eines Generallieutenants
zum Kommandanten der Hauptstadt ernannt worden.[2]

Man war Mitte Oktober 1757 in Berlin keineswegs ohne jede
Kenntnis von dem Vorhaben der Österreicher geblieben. Schon am
14. Oktober hatte Graf Finckenstein beunruhigende Meldungen empfangen, welche er zunächst gewillt war, als die gewohnten Prahle-
reien der Österreicher zu betrachten[3]; allein am Abend des 14. wur-

[1] In den Akten der Königl. Geheimen Kriegskanzlei finden sich keine Nachrichten
über den Anlaß zur Verabschiedung Rochows.

[2] Vgl. die Instruktion Polit. Korresp. XIII., 258. Am 17. August 1757
beantwortet der Kabinetssekretär Eichel ein nicht mehr vorhandenes Schreiben des
Ministers Finckenstein, in welchem, wie es scheint, über den Kommandanten
v. Rochow Klage geführt worden war. Eichel schreibt: Des Königs Majestät würden
„die Besorgung des Militaris" in der Hauptstadt dem Feldmarschall v. Kalckstein
anvertraut haben, „wenn Sie zur Zeit der gefertigten Instruktion nicht geglaubet hätten,
daß er (Kalckstein) die heurige Campagne mit zu thun im Stande kommen werde."
Geh. Staatsarchiv, Rep. 98. 76. K.

[3] In Civilkreisen war man gegen die Großsprecherei der Militärs bereits sehr
abgestumpft. Eichel äußerte in jenen Wochen einmal zu Finckenstein: Ew. Excel-
lenz wissen, „daß die Armeen so gut ihren Fischmarkt haben, als solcher jemalen zu
Berlin sein kann." 20. Aug. 1757. Geh. St. A.

ben die früheren Nachrichten mit solcher Bestimmtheit wiederholt, daß man für die Hauptstadt zu fürchten begann. Die Minister des auswärtigen Departements und des Generaldirektoriums trafen alsobald ihre Vorkehrungen, ganz besonders Graf Finckenstein, welchen der König für den Fall eines Angriffes auf die Hauptstadt mit einer diktatorischen Gewalt für alle Civilangelegenheiten betraut hatte(¹), und dem sämtliche andere Minister, sowie die Gerichts- und Hofbeamten zu unbedingtem Gehorsam verpflichtet waren. Bereits am 15., am Sonnabend, ließ Finckenstein die beiden jungen Prinzen, den nachmaligen König Friedrich Wilhelm II. und seinen Bruder Heinrich, mit ihrem Gouverneur v. Borde nach der Festung Spandau abgehen. Der Schatz, die verschiedenen Staatskassen, die Kronkleinodien, das Silbergeschirr und unter den geheimen Akten des Staatsarchivs in erster Linie die Papiere des jüngst verstorbenen Generals v. Winterfeldt(²), alle diese Gegenstände waren bereits seit Wochen für die Fortschaffung nach Küstrin und Magdeburg ausgesondert und verpackt worden; sie fanden nunmehr in der Citadelle von Spandau eine für die augenblickliche Gefahr näher gelegene Zufluchtsstätte.(³)

Inzwischen blieb die militärische Oberbehörde, vom Kommandanten v. Rochow repräsentirt, welche ein feindlicher Angriff auf Berlin doch am ersten anging, vollkommen unthätig. Obschon am 15. immer neue, immer zuverlässigere Nachrichten einliefen, daß die österreichischen Abteilungen bereits bis Wusterhausen und Mittenwalde 3 bis 4 Meilen von Berlin vorgedrungen seien, erklärte Rochow diese Angaben für unbegründet und ließ keinerlei Vorbereitungen zu einem wirksamen Empfange der Österreicher treffen.(⁴)

Bald nach der Ankunft vor dem Schlesischen Thore sandte Feldmarschall-Lieutenant Hadik einen Trompeter an den Berliner Magistrat ab und forderte binnen 24 Stunden die Zahlung einer Kontribution von 300000 Thalern, vor Ausgang einer Stunde sollten vier Deputirte die Antwort des Magistrats überbringen. Noch war

---

¹) Polit. Korresp. XIV., 197—200. 238. 239.

²) Diese wertvollen Papiere des vertrauten Freundes König Friedrichs haben sich in einer seltenen Vollständigkeit erhalten. Sie befinden sich jetzt im Nachlaß Winterfeldts und in den Kabinetsakten des Geh. Staatsarchivs. Mitteilungen aus denselben: Militär-Wochenblatt, Beihefte 1882. I.; 1884. I. u. II.; Polit. Korresp. Bd. XIII., XIV., XV.; Histor. Zeitschr. Bd. 55, S. 425 ff.; Bd. 56, S. 404 ff.

³) Bericht Finckensteins an den König, Spandau 17. Oktober. Geh. St. A.

⁴) Das Generaldirektorium an Prinz Moritz von Dessau, Berlin 15. Oktober 1757. Zerbster Archiv; Tagebuch Saudi's im Kriegsarchiv des Großen Generalstabs. C. l. 1. II. S. 337; Neue Berlin. Monatsschrift l. c. S. 119.

der Trompeter nicht zurückgesandt (¹), da schritt Habik bereits zum
Sturm gegen die mit nur geringer Mannschaft besetzte Brücke am
Landwehrgraben (²) und gegen das Schlesische Thor. Mit Leichtigkeit
wurden, gegen ½ 2 Uhr des Mittags, die ohne jede Unterstützung ge-
bliebenen Brücken- und Thorwachen (³) von den Österreichern über-
wältigt. Erst als Habik auf dem freien Felde innerhalb der Ring-
mauer gegen das Kottbuser Thor vorrückte, trat ihm ein etwas ernster
Widerstand entgegen. Aber es waren keineswegs zwei schwache Ba-
taillone, wie Habik rühmte (⁴), sondern nur etwa 400 Mann vom
Lange'schen Garnisonregiment, des Krieges unkundige Leute, ohne
Geschütze, ohne Reiterei. Schlecht geführt, nahmen sie in der Nähe
des „Ißigschen Gartens" eine höchst ungünstige Stellung auf freiem
Platze, ohne jede Flügelanlehnung. Von der zahlreichen österreichischen Kavallerie, deutschen Reitern und Husaren, wurde die kleine
Schar umzingelt, die einen niedergehauen, die andern gegen die
Stadtmauer getrieben und nach tapferer Gegenwehr zu Gefangenen
gemacht. Ein zweite Abteilung, welche der Kommandant wiederum
zu spät und wiederum in zu geringer Zahl entgegenschickte, wurde
am Kottbuser Thore von den Österreichern angegriffen; die Loën'schen
Sachsen gingen sofort zum Feinde über, die preußischen Rekruten
erlagen nach kurzem Kampfe der Übermacht.

So war die Köpenicker Vorstadt den Österreichern in die Hände
gefallen. Hiemit aber hatten die Erfolge Habiks bereits ihr Ende
erreicht. Der österreichische General wagte es nicht, in das Innere
der Stadt einzudringen. Er mußte befürchten, wenn die geringe
Stärke seiner Truppenmacht bekannt wurde, und die Soldaten sich in
die weitläufige Stadt zerstreuten, daß alsdann die Bürgerschaft sich
ermannen und zum Widerstande aufraffen könnte. Diese Besorgnis

---

¹) So Finckenstein in dem Bericht vom 17. Oktober. Habik behauptet, er
habe angegriffen, erst nachdem sein Trompeter 1¼ Stunden hingehalten worden und
mit einer ausweichenden Antwort zurückgekehrt sei. (Relation Habiks an den Prinzen
von Lothringen, d. d. Beeskow in der Mark 19. Oktober 1757. S. 469. Gedruckt ist
die Relation u. a. in: Beyträge zur neuern Staats- und Kriegsgeschichte. Danzig
1757. Bd. III. S. 467—473. Teutsche Kriegscanzlei 1757. Bd. III. S. 923—929.
Die hiesigen Citate stets nach den Danziger „Beyträgen.")
²) Nicht die Oberbaumsbrücke über die Spree, wie der Berichterstatter in den
Berlin. Blättern (1797. l. c. 309—312) annimmt. Damit wird die dortige Polemik
gegen Habiks Relation zum guten Teil gegenstandslos. Vgl. Monatschrift l. c. S. 123.
³) Neue Berlin. Monatschrift l. c. S. 120. 121.
⁴) l. c. S. 470. Die ausführliche Darstellung, welche Arneth den obigen Kämpfen widmet (l. c. 240—242) beruht fast ausschließlich auf Habiks Relation. Es
ist dies allerdings im großen und ganzen der beste Bericht, welchen wir haben; aber
vielerlei Einzelheiten, besonders die Angaben über Vorgänge auf preußischer Seite,
scheinen in der Relation zu Gunsten der Österreicher übertrieben zu sein.

war wohl auch der vornehmste Beweggrund, welcher den Ungarn eine
ziemlich strenge Disziplin beobachten ließ und eine allgemeine Plünderung verhinderte. (¹) Es kam hinzu, daß Habifs Stunde bereits
geschlagen hatte. Er, der besser als der preußische Kommandant über
den eiligen Heranmarsch des Prinzen Moritz unterrichtet war, er
sah wohl ein, daß mindestens in 12 Stunden die Vorstadt von ihm
wieder geräumt werden mußte. Deshalb stellte Habif zwar an den
Magistrat die erneute Forderung, sogar 600 000 Thaler Brandschatzung
und zur Befriedigung der Truppen noch weitere 50 000 Thaler zu
zahlen, begnügte sich aber gleich darauf mit der verhältnismäßig geringen, noch nicht einmal die erste Forderung erreichenden Summe
von 200 000 + 15 000 Thalern. (²) Schon um 4 Uhr in der folgenden Nacht zum Montag hielt es Habif für geboten, den Heimweg
anzutreten. (³)

Auch während der Bestürmung hatte der Stadtkommandant v. Rochow, ebenso wie vor der Ankunft der Österreicher, seine Pflichten
gröblich vernachlässigt.

Um 10 Uhr des Vormittags ließ der Minister Graf Finckenstein die Königin ersuchen, die Prinzessinnen für die Abreise um sich
zu versammeln. Während Wagen und Pferde in Bereitschaft gebracht

---

¹) Die menschenfreundlichen Motive, welche Habif selbst (S. 471) und nach
ihm Arneth (S. 241) geltend machen, sind wohl von geringerer Bedeutung. In
dem von den Österreichern besetzten Stadtteil kam es zu Exzessen, Plünderungen und
dem Raubmord friedlicher Bürger, trotz der von der gesammten Stadt geleisteten Zahlungen. (Spenersche Zeitung „Berlinische Nachrichten" vom 20. Oktober 1757; Bericht
der Minister an Prinz Ferdinand von Braunschweig, Berlin 19. Oktober, Kriegsarchiv des Großen Generalstabs. C X. 75; Berliner Magistrat an das Generaldirektorium, Berlin 17. Oktober, in den im Exkurs genannten Akten des Geh. St. Arch.
Ebenda, in den Beilagen zu dem Schlußbericht der Steuerkommission an das Generaldirektorium, d. d. Berlin 30. Dezember 1758, wird die Summe für den Schadenersatz
der geplünderten und geschädigten Bürger auf 11 437 Thlr. 23 Grschr. angesetzt, obschon
die Kommission alle irgend abweisbaren Forderungen bereits gestrichen hatte.)

²) Die Summe der Forderung und der Zahlung nach den Aufstellungen des
Berliner Magistrats. (Bericht an das Generaldirektorium, Berlin 17. Oktober 1757, in
den im Exkurs genannten Akten.) Oft wiederholt ist die Erzählung von den für die Kai-
serin Maria Theresia geforderten 24 Paar Handschuhen, wobei die schlauen Berliner
den Kroatengeneral hinters Licht geführt haben sollen, indem sie ihm 48 linke Hand-
schuhe einpackten. Die Erzählung findet sich in keiner gleichzeitigen Quelle, weder in
offiziellen noch in privaten Mitteilungen. Sie wird schon in den Berlin. Blättern von
1798, Bd. I. S. 200. 201. als erfunden bekämpft. Ihre große Verbreitung rührt
wohl von dem Anekdotenfreunde Retzow her (Charakteristik der wichtigsten Ereignisse
des siebenjährigen Krieges. Berlin 1804. Bd. I. S. 198). Dagegen wurde, außer
der Kontribution, für den kommandirenden General Habif eine viersitzige prächtige
Karosse von dem Magistrat gefordert.

³) Über die Aufbringung der den Österreichern gezahlten Kontribution vergl. den
Exkurs am Schlusse der Darstellung S. 168.

werden, erfährt Rochow, daß der Feind nicht so stark sei, als man anfänglich ihn ausgegeben. Er verschiebt nun den Aufbruch der königlichen Familie, ohne indes für die Verteidigung des angegriffenen Stadtteils irgend etwas zu unternehmen. Als der Feind am Mittag bereits eine halbe Stunde die Köpenicker Vorstadt in Besitz genommen, versteht Rochow sich zu der endlichen Abreise des königlichen Hofes. (¹) Wenigstens wäre es nun die Pflicht des Kommandanten gewesen, mit ganzer Macht dem eingedrungenen Feinde entgegen zu treten und ihn so lange in der äußeren Stadt festzuhalten, bis die Prinzessinnen durch das unbedrohte nordwestliche Spandauer Thor entkommen waren. Statt dessen sendet Rochow zwei unbedeutende Abteilungen nach der Köpenicker Vorstadt, die einzeln und getrennt, so wie sie ankamen, dem sicheren Verderben anheimfallen mußten. Andererseits ist es aber auch Fabel, daß der General Rochow die gesamte Garnison benutzt habe, um die königliche Familie sicher nach Spandau zu geleiten. Er ließ vielmehr den Hof und die Minister unter einer geringen Eskorte nach Spandau abgehen und stellte sich selbst mit der Hauptmacht der Besatzung, ohne nach irgend einer Seite etwas Entscheidendes zu beginnen, im Lustgarten auf. Es kann keinem Zweifel unterliegen, wären die Österreicher in größerer Stärke aufgetreten, hätten sie sogleich in das Herz der Stadt eindringen oder durch den Tiergarten Mannschaften gegen die Spandauer Landstraße vorsenden können, die königliche Familie und sämtliche Minister hätten dem Feinde ohne weiteres in die Hände fallen müssen. Welche Verwirrung in der Umgebung des Kommandanten herrschte, lehrt die Erzählung eines Augenzeugen, eines vierzehnjährigen Gymnasiasten. (²) Derselbe konnte sich ungehindert in den Palast und in das Zimmer eindrängen, in welchem der Kommandant mit seinen Offizieren Beratung hielt, und konnte die Worte des Generals hören. Durch körperliches Leiden am Reiten gehindert(³), ging Rochow zu Fuß nach dem Lustgarten: um ihn herum, vor und hinter ihm strömten, gleich wie bei einer Wachtparade, Scharen von Gassenjungen, unser vorwitziger Gymnasiast „so nahe, daß ich befürchten mußte, ihm in den Rücken gestoßen zu werden"; durch Scheltworte suchte der Kommandant die Leute sich vom Halse zu halten.

Ohne zu einem Entschluß gelangen zu können, verharrte Rochow bei der im Lustgarten versammelten Besatzung. (⁴) Endlich gegen 4 Uhr,

---

¹) Finckenstein an den König, Spandau 17. Oktober.
²) Berlin. Blätter, 1797, l. c. S. 303. 304.
³) Neue Berlin. Monatsschrift l. c. S. 131.
⁴) Bericht der kurmärkischen Kriegs- und Domänenkammer an den Prinzen Moritz, d. d. Berlin, 17. Oktober. Zerb. Arch.

zwei Stunden, nachdem die Prinzessinnen abgefahren, und dritthalb Stunden nach der Erstürmung des Schlesischen Thores, setzte sich die noch immer dem Gegner an Zahl ziemlich gewachsene Garnison in Bewegung, nicht aber, um den Feind von der inneren Stadt zurückzuhalten, — es wäre dies sehr leicht auszuführen gewesen, da die Spreebrücken sämtlich aufgezogen waren, und da das Eintreffen des Prinzen Moritz von den Bürgern stündlich erwartet, von Hadik stündlich befürchtet wurde. Vielmehr folgte Rochow nunmehr mit der gesamten Garnison der königlichen Familie nach Spandau und ließ dem General Hadik durch den Platzmajor erklären, daß er die Stadt räume und der Diskretion der Österreicher übergebe. Was wollte Rochow in Spandau? Zu eskortieren war nichts mehr, denn der Hof und alle Wagen trafen geraume Zeit vor ihm sicher in der Festung ein.(¹) Zur etwaigen Verteidigung der Citadelle war die Spandauer Besatzung ausreichend. Und wer sollte an das Belagern einer stattlichen Festung durch eine Handvoll Husaren und Kroaten denken, während binnen spätestens 24 Stunden ein preußisches Armeekorps im Rücken der österreichischen Streifpartie erscheinen mußte! Hingegen war nunmehr die Hauptstadt und ihre reichen Vorräte, der Kriegsbedarf, die Fabriken, die Gelder, der größte Teil der königlichen Behörden, alle diese letzten Mittel des erschöpften Staates waren dem Feinde zur Plünderung und Zerstörung völlig schutzlos ausgeliefert. „Also, daß die ganze Stadt von Garnison nun gänzlich entblößet ist und sich exponiert siehet, von einigen wenigen herumschwärmenden Husaren geplündert zu werden."(²) Welch' schwere Verluste hätten den preußischen Staat treffen können, wenn nicht die Energie des Prinzen Moritz der bedrohten Hauptstadt schon am folgenden Tage die ersehnte Rettung gebracht hätte!

Allerseits war man über das Gebahren des Kommandanten im höchsten Grade entrüstet. Der König äußerte sich in scharfen Ausdrücken über die „schlechte Contenance" des Generals.(³) Die Prinzen

---

¹) Der Minister des Departements und des Generaldirektoriums an Prinz Moritz d. d. Spandau 16. Oktober. Zerb. Arch. Der Befehl, die königliche Familie mit der ganzen Garnison zu eskortieren, welchen Finckenstein an Rochow übermittelt haben soll, bezog sich nur auf ein Geleit nach Magdeburg oder Küstrin, während der Feind mit einem größeren Heere vor Berlin stand. (Vgl. Pol. Korr. XIV., 198, sowie den Kabinetserlaß an Finckenstein, d. d. Annaburg 19. Oktober 1757. Geh. St. A.) Auf die Reise nach Spandau durfte Rochow diesen Befehl nicht deuten; in seinem Rechtfertigungsschreiben an Prinz Moritz versuchte er dies. (d. d. Spandau 17. Oktob. Zerb. Arch.)

²) Die Kurmärkische Kriegs- und Domänenkammer an den Prinzen Moritz, d. d. Berlin 17. Oktober 1757. Zerb. Arch.

³) Der König an Finckenstein, Annaburg 19. Oktob. Das in diesem Erlaß erwähnte Schreiben des Königs an Rochow konnte weder auf dem Geh. Staatsarchiv

des königlichen Hauses (¹) und die Behörden hielten mit ihrem Tadel nicht zurück. Der brittische Gesandte Mitchell, gewiß ein unparteiischer Zeuge, berichtete an seine Regierung: „Der General Rochow hat durch seine Unbesonnenheit und seinen Mangel an Urteil die gesamte königliche Familie der Gefahr ausgesetzt, zu Gefangenen gemacht zu werden, und die Hauptstadt der Gefahr, geplündert zu werden." (²) Am meisten erbittert waren die zunächst Beteiligten, die Einwohner von Berlin. „Die Bürgerschaft ist sehr gegen den Generallieutenant v. Rochow aufgebracht und vergehen sich um desfalls stark an einem solchen Offizier, den Ew. Königl. Majestät zum Kommandanten gesetzt haben." (³) Man sah den General als Landesverräter an, die Husaren des Prinzen Moritz mußten ihn vor der Wut des Volkes schützen. „Der General Rochow wurde", so erzählt unser Gymnasiast, „nach seiner Rückkehr aus Spandau von den Gassenjungen verfolgt und mit Steinen geworfen; „Spion! Spion!" schrieen sie hinter ihm her, weil sie mit diesem Worte den Begriff eines verabscheuungswürdigen und verfolgungswerten Menschen verbanden." Rochow mußte sich in ein Haus hinter dem alten Packhofe retten und konnte seine danebenliegende eigene Wohnung nur erreichen, umgeben von einer Eskorte von zwanzig grünen Husaren. (⁴)

noch auf dem Generalstab und dem Kriegsministerium aufgefunden werden. Der König entschied sich zuletzt dahin, dem General Rochow „seine bisher gehabte Garnison zu lassen, wogegen derselbe auch Berlin gegen alle feindliche Anfälle behaupten, defendieren und maintenieren solle;" damit „der Prätext der Eskortierung der königlichen Familie bei dergleichen Vorfall wegfalle und benommen werde und Berlin schlechterdinges und absolute behauptet werden müsse" befahl der König „daß die ganze königliche Familie gerades Weges nach Magdeburg gehen und daselbst bleiben solle." (Vgl. auch an Prinz Moritz, Annaburg 19. Okt. Z. Arch.) Der auffallende Umstand, daß der König dem General Rochow das Kommando beließ, erklärt sich zum Teil dadurch, daß der König das ungeschickte Auftreten des Kommandanten nicht vollständig erfuhr; wahrscheinlich durch einen Bericht Rochows beeinflußt, hat Friedrich thatsächlich angenommen, daß Rochow nur aus zu großer Besorgnis für die königliche Familie gefehlt habe, d. h. wie der König selbst sagt „zur Eskorte der königlichen Familie die ganze Garnison mit herausgezogen habe", während doch, wie wir oben erwähnten, der Hof und die Garnison getrennt und zu sehr verschiedenen Zeiten Berlin verlassen haben.

¹) Der Prinz von Preußen an den Minister Fr. W. v. Borcke, d. d. Leipzig 21. Oktob.: »Je suis fâché de ce qu'il s'est passé à Berlin, où le général Rochow a donné une preuve de sa capacité.« (v. Borcke) Briefe Friedrichs des Großen und seiner Brüder an die Minister v. Borcke. S. 66. Potsdam 1881 (nicht im Buchhandel, ein Exemplar besitzt die Königl. Kriegsakademie.)

²) Mitchell an Holderneffe, Leipzig Monday 24ᵗʰ Oktober. (Ausfertigung im Public Record Office zu London. Prussia Vol. 91; Abschrift im Kopialbuch Mitchell's im British Museum. Addit. MSS. Vol. 6806).

³) Prinz Moritz an den König, Berlin 19. Oktober. Zerb. Arch.

⁴) Berlin. Blätter l. c. 1798 Bd. l., S. 199. Der Gymnasiast scheint bei keinem Streich auf der Gasse gefehlt zu haben. Es kam ihm aber auch sehr hart an, als er

Gegenüber dieser schmählichen Haltung eines altpreußischen Generals erscheint in um so glänzenderem Lichte die Entschlossenheit, welche einige hohe fürstliche Frauen in dieser trüben Zeit durch Worte und Thaten zu erkennen gaben. Die Markgräfin von Baireuth war in Verzweiflung, daß man Berlin dem Feinde habe überliefern können. „Die unverschämten Besucher meines Vaterlandes haben mich in Wut versetzt. Wenn die Frauen von Berlin ebenso ergrimmt gewesen wären wie ich, so hätten sie gekämpft wie Tigerinnen, um den Feind zu verjagen. O mein Gott, welch' entsetzliche Zeit, in der wir leben! Ich darf von mir sagen, daß ich mein Brot mit Thränen esse, und daß ich unter Schmerzen lebe." (¹) Die Erbprinzeß von Darmstadt, eine geborene Pfalzgräfin, lebte in Berlin in einem innigen Freundschaftsverhältnis zu den jüngeren weiblichen Mitgliedern der königlichen Familie, besonders zu der Prinzeß Amalie. Ihr Gemahl, der Erbprinz, bisher preußischer Generallieutenant, hatte vor zwei Monaten den Abschied aus preußischen Diensten erbeten und erhalten, zum höchsten Verdrusse der Prinzessin, einer begeisterten Verehrerin des großen Königs. Wenn die Männer feige ihren König im Stich ließen, dann wollte die Frau wenigstens beweisen, daß es noch Treue und Anhänglichkeit gäbe. Standhaft setzte sie sich allen Bitten und Flehen der Prinzessinnen entgegen und blieb in der gefährdeten Residenz zurück, während der königliche Hof in Spandau eine Zufluchtsstätte aufsuchte. (²) Diese Trennung der zärtlich sich liebenden Freundinnen, so schmerzlich sie für die Beteiligten selbst war, ist für die historische Kenntnis jener Vorgänge ein glücklicher Umstand geworden. Denn nun entstand zwischen der zurückgebliebenen Erbprinzeß und den in Spandau weilenden Damen ein äußerst reger und höchst vertraulicher schriftlicher Meinungsaustausch: nicht weniger als drei verschiedene Briefe richtet Prinzeß Amalie an einem Tage nach Berlin, und diese mannigfachen Briefe, unter dem frischen unmittelbaren Eindruck der Erlebnisse niedergeschrieben, sie geben besser denn alle offiziellen Schriftstücke ein anschauliches Bild jener bewegten Tage, zugleich aber enthüllen sie ohne Umschweif und ohne Zurückhaltung in seltener Klarheit die Charakterzüge der mithandelnden Personen, in erster Linie der Prinzessin Amalie, der jüngsten Schwester des großen Königs. (³)

---

für die Hofstube, welche er nebst drei Schulkameraden für 14 Thlr. jährlicher Miete bewohnte, 1 Thlr. 4 Sgr. an den Österreicher als Brandschatzung zahlen mußte. Vgl. den Excurs S. 169.

¹) Die Markgräfin an den König, Baireuth 26. Oktober. Geh. St. A.

²) Die Erbprinzeß an Prinzeß Amalie, Berlin 17. Oktober. Kgl. Hausarchiv (unvollständig gedruckt in dem S. 161 genannten Werke von Walter, Bd. I., S. 217. 218.)

³) Es befinden sich von den an die Erbprinzeß gerichteten Briefen moderne Abschriften aus dem Großherzoglichen Hausarchiv zu Darmstadt im Besitz des Berliner

Welch' ein jäher Wechsel war es! Aus dem Behagen des Königsschlosses, aus dem trauten Zusammenleben mit der Freundin, plötzlich, Hals über Kopf, von Gefahren rings umdroht, fortgeführt in die in keiner Weise für so hohen Besuch eingerichtete und vorbereitete Festungscitadelle!

„Von allen Missethätern und Staatsgefangenen sind wir umringt, das ist jetzt unsere Leibwache", so schreibt aus Spandau Prinzeß Amalie unter dem ersten bittern Eindruck, „eine Kälte zum Umkommen, weder Tisch noch Stuhl zu haben, ja nicht ein Bissen Brot. Diese Nacht werde ich in einem Zimmer schlafen, das einen Durchgang neben der Treppe bildet. Dort werde ich mit der Maupertuis und der armen Marschallin zusammen sein.([¹]) Ich habe Stroh ausbreiten lassen und darauf meine Wagenkissen, welche ich mit der Marschallin teile. Sechs Weibchens werden noch in demselben Zimmer schlafen. Kein Licht für uns, kein Hafer für unsere armen Pferde! Kurz, wir leiden Mangel schlechterdings an All und Jedem." „Die Verwirrung und die Unordnung, welche hier herrscht, ist so groß, daß ich, auf Ehre, nicht weiß, was ich schreibe!" In ihrem „sogenannten Bett" mußte die Prinzessin dem Offizier Audienz erteilen, welcher ihr Nachrichten von der Freundin in Berlin überbrachte. Man schloß kein Auge in der Nacht und vertrieb sich die Zeit mit Erzählen. „Ach, mein Gott, welch' einen entsetzlichen Tag, welch' qualvolle Nacht habe ich in einem Zimmer verlebt, das ganz ohne Heizung", klagt die Prinzessin Heinrich, „ich bin aufgestanden, ohne auch nur ein einzig Mal die Augen geschlossen zu haben. Unser Zustand ist entsetzlich, ich vermag ihn nicht zu schildern."

Weniger pessimistisch sah die Verhältnisse der allezeit lustige und zu Scherzen geneigte Baron v. Pöllnitz an, der sich in der Begleitung der Prinzeß Amalie befand. Ihm, dem viel gewanderten, viel erfahrenen war ein so sonderbarer Wechsel nicht etwas neues, er hatte den glücklichen Leichtsinn sich bewahrt, nur die heitere Seite der Vorgänge ins Auge zu fassen: „Unsere Körper befinden sich in Sicherheit, ebenso wie unsere Schätze, die allerdings recht winzig sind. Prinzeß

Geheimen Staatsarchivs. (Rep. 94; IV. L. a. 1). Die Abschriften sind dem hiesigen Archiv im Jahre 1874 von Seiner Kaiserlichen Hoheit dem Kronprinzen geschenkt worden. Aus den Originalen des Darmstädter Archivs sind die meisten der von mir nach den Berliner Abschriften benutzten Briefe gedruckt in: Walter, Briefwechsel der großen Landgräfin Karoline von Hessen. Wien 1877, 2 Bde. (innerhalb der gedruckten Stücke fehlt mancherlei). -- Für die Briefe der Erbprinzessin an preußische Prinzessinnen konnte ich die Originale des Kgl. Hausarchivs in Berlin einsehen.

¹) Fr. v. Maupertuis, die Oberhofmeisterin der Prinzeß Amalie. Die Marschallin ist die zweite Gemahlin des 1751 verstorbenen Feldmarschalls Grafen Samuel v. Schmettau, eine geborene Maria Anna v. Riffer.

Amalie hat nicht einen Pfennig, und ich, ihr fahrender Ritter, ich bin mehr Bettler als Sancho Pansa. Thut nichts! Wir würden zufrieden sein, und ich für meinen Teil, ich würde nichts zu wünschen übrig haben, wenn Ew. Hoheit (¹) bei uns wären. Geruhen Hoheit, dies Gekritzel zu entschuldigen; es ist geschaffen in Gegenwart von zwei Prinzessinnen, von der Frau Marschallin v. Schmettau, von Frau v. Maupertuis; sie alle lagern auf Stroh und lassen sich frisieren von Fräulein v. Röder und den Fräuleins v. Morrien und v. Forcabe, welche nach dem Papa und nach der Mama schreien." (²)

Auch am Morgen des 17. veränderte sich zunächst die Lage der hohen Herrschaften nur wenig. Man klagt über die bittere Kälte. Prinzeß Amalie vergeht vor Frost und kann die Feder zum Schreiben nicht führen. Ein Kriegsgefangener wird befohlen, um den Dienst als Kammerdiener zu versehen und im Zimmer der Prinzessin Feuer anzuzünden. „Eine nette Gesellschaft für eine königliche Familie," meinte die Erbprinzeß. Alsobald aber erscheint der Festungskommandant vor der Prinzessin Amalie und erklärt, sie dürfe in ihrem Zimmer nicht heizen lassen, da ein darüberliegendes Gemach ganz und gar mit Schießpulver angefüllt sei. Die Kammerzofen sind genötigt, ihr Lager in einem Gelaß inmitten von Pulvertonnen aufzuschlagen.

Allmählich traten jedoch im Laufe des Tages (Montag des 17.) bessere Verhältnisse ein; und mit der beginnenden Hoffnung und der schwindenden Furcht stellte sich auch der Humor und die sorgenfreie, fröhliche Stimmung bei der Prinzeß Amalie und in ihrer Umgebung wieder ein.

Wie sehr hatte doch im ersten Augenblick der Schrecken übertrieben! Die Garnison von Berlin, hieß es am Sonntag Abend in Spandau, sollte niedergemetzelt, das Schloß sollte umzingelt und geplündert sein. Dazu kam die Besorgnis, daß von Norden die Schweden sich näherten, man hörte, sie ständen bereits bei Bernau. War es doch, als sollten die Zeiten des dreißigjährigen Krieges wiederkehren, da Kaiserliche und Schweden wechselseitig die Marken ausplünderten und verwüsteten. Pöllnitz allerdings spottete, jetzt fehle nur noch von Osten der Besuch der Russen und von Westen der der Franzosen, dann lasse sich in Berlin eine Universität der vier Nationen gründen.

Man atmete wieder auf, als es bekannt wurde, daß die Österreicher sich nicht in das Innere der Hauptstadt gewagt und am Mor-

---

¹) Die Erbprinzessin von Darmstadt.

²) Dieser hier im Auszuge gegebene Brief des Kammerherrn von Pöllnitz vom 17. Oktober, sowie der weiter unten benutzte vom 18. Oktober sind meines Wissens noch nicht gedruckt.

gen des 17. sogar ihren Rückzug angetreten hätten. Zugleich kam die Kunde, daß Prinz Moritz, „Moritz unser Befreier", „der Große Moritz" den Thoren Berlins sich nähere.([1]) Sehr beruhigend wirkte die im Geheimen verbreitete Nachricht, welche Knyphausen, der ehemalige Gesandte in Paris, umhertrug, daß zwischen der preußischen und der französischen Armee im Halberstädtischen ein Waffenstillstand zu Stande kommen werde.([2])

Nun langte zudem auch Geld aus Berlin an, das der Prinzeß Amalie sehr not that. Als gar Graf Wartensleben, der Hofmeister der Königin, seines Amtes trefflich waltete und dafür Sorge trug, daß „den Staatsgefangenen Ihrer Majestät der Kaiserin-Königin Maria Theresia" ein den Umständen nach recht gutes Diner aufgetragen wurde, und noch dazu ein Diner, das garnichts kostete, da begann bei der Prinzeß Amalie wieder die alte Lust an Scherz und Spott zu erwachen. Die ungewohnte höchst seltsame Lage wurde von nun an zum heitern Abenteuer. Die Prinzessinnen Heinrich und Ferdinand, welche sonst ihren eigenen Hofhalt besaßen, machten Gütergemeinschaft mit der regierenden Königin. „Wir können uns über die Gesellschaft nicht beklagen", scherzt Prinzeß Amalie, „wir haben hier vielerlei Menschen. Die Maupertuis geht auf in der Fröhlichkeit ihres Herzens. All die großen Perrücken haben mit uns gespeist, ich hatte Ihre Exzellenzen v. Boden und v. Blumenthal mir zum Gegenüber und zu meiner Seite die Gräfin Camas, welche reizende Einfälle vorgebracht hat.([3]) Nach Tisch haben wir uns von einem Zimmer zum andern geschleppt, gleichwie Leute, die nichts zu thun haben." Um die Langeweile zu verscheuchen, wählte man Spaziergänge auf dem Festungswall und beschaute sich die Gefangenen. Da begegnete den allein ohne Begleitung lustwandelnden Damen manch ein spaßhafter Vorfall unter den Panduren und Kroaten; besonders einer von diesen Wilden präsentierte sich in einem gar zu sehr der Natur nahekommenden Aufzuge. Prinzeß Amalie suchte ihre Rettung in eilender Flucht, sie frohlockt, endlich einmal Gelegenheit zu finden, um über ihre Kurzsichtigkeit entzückt sein zu können,

---

[1]) Prinz Moritz war der jüngste Sohn des alten Dessauers. Nach der Schlacht bei Leuthen ernannte ihn der König zum Feldmarschall; es war die erste der drei Ernennungen dieser Art während des siebenjährigen Krieges.

[2]) Über die Unterhandlungen zwischen dem Marschall Richelieu und dem Prinzen Ferdinand von Braunschweig vergl. Westphalen, Feldzüge des Herzogs Ferdinand von Braunschweig Bd. II., S. 77 ff.; die bezüglichen Briefe des Königs an Prinz Ferdinand erscheinen zum Teil auch in Bd. XV. der Polit. Korresp.

[3]) Boden und Blumenthal, Staatsminister und Chefs des zweiten und des ersten Departements des Generaldirektoriums. Gräfin Camas, Oberhofmeisterin der Königin.

dadurch ist, wie sie mit vieler Laune erzählt, ihre Ehrbarkeit diesmal
gerettet worden. Aber ihre unglückliche Begleiterin, die Frau Marschall v. Schmettau, ist es mit dem Kroaten übel ergangen, »elle
l'a vu en naturalibus.«

Als der Abend hereinbrach, war das aus Berlin gesandte Geld
vortrefflich zu gebrauchen. Die Königin und die Prinzessinnen spielten
Pharao, die Zeit sich zu vertreiben. Prinzeß Amalie hatte achtmal
die Bank zu halten, „aber der Lärm, den man im Zimmer machte,
war so stark, daß, als ich meine Stimme erheben wollte, um Jedermann verständlich zu werden, ich eine so entsetzliche Heiserkeit abbe-
kam, daß ich meine Sache aufgeben mußte. Kraut vertrat meine
Stelle, (¹) indessen ich die mir gebrachten Opfer einkassierte und mit
allem Anstand meinem Nächsten den Überfluß in seiner Börse abnahm."
„Die drolligsten Dinge tragen sich hier zu. Wenn die Herzen recht
zur Fröhlichkeit geneigt wären, man hätte Ursach, um vor Lachen ohn-
mächtig zu werden." Die Königin macht ihr Spiel in einem Zimmer zwischen vier Bettstellen, Stühle zum Sitzen giebt es kaum einen,
dazu haben die Kammermädchen im Kamin ein „Höllenfeuer" angezün-
det, aber von allen Seiten pustet der Zugwind durch das Gemach.
Am lustigsten unter den Leidensgefährten auf der Festung zeigte sich
auch jetzt wieder der Hofstaat der „Frau Äbtissin von Quedlinburg",
neben Baron Pöllnitz vor allem die Frau v. Maupertuis. „Die
Maupertuis findet Gefallen an diesem Wirrwarr, sie überbietet sich
fort und fort. Geschlafen hat sie die letzte Nacht ohne je aufzuwachen,
trotz des Hexensabbaths, trotz der Kälte, trotz des Hin- und Her-
laufens in meinem Zimmer."

In diesen heiteren Plaudereien der jungen Prinzessin nach eben
ausgestandener Gefahr klingt ein Ton an, welcher erinnert an die
muntere scherz- und spottlustige Art König Friedrichs selbst in ge-
fährlichen Lebenslagen. Und übereinstimmend hiermit schildern die
Zeitgenossen die jüngste Tochter des gestrengen Friedrich Wilhelm
als dasjenige Mitglied der Königsfamilie, dessen Sinnesart die meiste
Verwandtschaft mit dem Wesen des großen Königs zeigte. „Da war
der gleiche Scharfsinn, die gleiche Lebhaftigkeit, die gleiche Neigung
zu beißendem Spott", und, so dürfen wir vielleicht noch hinzufügen,
die gleiche Neigung zu heiterem geselligen Umgang. „Beständige und
unveränderliche Freundschaft schien zwischen der Prinzessin und dem
Könige zu herrschen." (²)

---

¹) Karl Friedrich v. Kraut, Hofmarschall des Prinzen Heinrich.
²) Thiébault, Souvenirs de Berlin. (Paris 1804). Bd. II. S. 278. 284.
Als Thiébault seine Beobachtungen anstellte, war die Markgräfin von Baireuth bereits gestorben.

Einen sehr verschiedenen Charakter enthüllen die kurzen Billete, welche aus dem Spandauer Exil von der Gemahlin des Prinzen Heinrich, der aus Cassel stammenden Prinzessin Wilhelmine, erhalten sind.[1] Sie sind erfüllt von unaufhörlichen Klagen über die entsetzliche Lage, kein fröhliches Wort bietet eine Abwechslung; mürrisch und in sich gekehrt, empört sich ihr Sinn darüber, daß andere unter diesen schrecklichen Verhältnissen noch zu Lachen und Scherzen aufgelegt sein können. Nachdem sie all' ihre Trübsal ausgeschüttet hat, schließt sie gleichsam als mit dem Höhepunkte ihres Leides: „und bei alledem da giebt es hier noch Leute, die sonderbar genug sind, um die Vorgänge zu behandeln, wie einen Teil ihres Vergnügens."

So große Verschiedenheit auch zwischen der »chère soeur ab-besse« und ihrer für das Klosterleben vielleicht mehr geeigneten Schwägerin herrschte, in einem Punkte stimmten beide Frauen doch vollkommen überein: dies war ihre innige, fast überschwengliche Freundschaft zu der Erbprinzessin von Darmstadt. —

Bald sollte für die Verbannten auf der Spandauer Festung die Stunde der Erlösung schlagen. Am Montag Morgen vor Tagesgrauen hatten die Österreicher die Hauptstadt geräumt, am Abend desselben Tages erschienen vor den Thoren Berlins die Seydlitz-Kürassiere und die grünen Husaren von Szekely. Es war der Vortrab des Prinzen Moritz, geführt von dem jungen, schneidigen Reitergeneral Friedrich Wilhelm v. Seydlitz. Vier Wochen zuvor hatte dieser durch seine Thaten vor Gotha die Augen des Königs und des ganzen preußischen Heeres auf sich gezogen;[2] jetzt hielt er, von dem stürmischen Jubel der Berliner begrüßt, seinen Einzug in die befreite Hauptstadt. Am 18. des Vormittags traf Prinz Moritz von Dessau selbst ein, am Spätabend des 18. kehrten die königliche Familie, die Minister und die Berliner Garnison von Spandau nach Berlin zurück.[3]

König Friedrich hatte am 11. Oktober, als die erste Kunde von dem Vorgehen Hadiks im Hauptquartier zu Eckartsberga eintraf, sofort alle ihm verfügbaren Streitkräfte nach den Marken in Bewegung gesetzt. Prinz Moritz von Dessau, der zwischen Weißenfels und Leipzig stand, sowie Prinz Ferdinand von Braunschweig, dem der Schutz von Magdeburg übertragen war, beide erhielten den Befehl, sofort

---

[1] Über die Prinzessin Heinrich vergl. Thiébault l. c. Bd. II. S. 141. 142. 145. 146.

[2] Vergl. im XV. Bande der Polit. Korresp. unter dem 20. September: der König an Prinz Ferdinand und Eichel an Finckenstein.

[3] Prinz Moritz an den König, Berlin 19. Oktober. Zerb. Arch. — Die Übersiedelung der königl. Familie von Berlin nach Magdeburg erfolgte in den letzten Tagen des Oktober.

der bedrängten Hauptstadt zu Hülfe zu eilen. Ferdinand von Braunschweig sollte über Potsdam durch die Havelniederung gegen Spandau
sich wenden, das Gerücht verbreiten, er werde den eingedrungenen
Schweden „auf den Hals marschieren", bei Spandau aber sollte er
„über das Wasser gehen" und „von der Seite der sogenannten Jung-
fernheide" gegen Berlin anrücken. Moritz von Dessau sollte über
Jüterbog und Luckenwalde durch den Teltow vorgehen und „bis an
letzten Mann daran wagen, um Berlin zu maintenieren." Der König
selbst folgte mit einem Teile des Hauptheeres dem Dessauer Prinzen.

Ferdinand von Braunschweig wurde durch die Bewegungen der
Franzosen am Verlassen von Magdeburg gehindert. Prinz Moritz
hingegen eilte in forcierten Märschen, wie sie in jener Zeit selten vor-
kamen, von der Mulde und Elbe der Spree zu. Am 18. meldet er
aus „Großen Bähren" (¹) kurz vor Berlin dem Braunschweiger Prinzen, daß er 8 Tagemärsche ohne Ruhetag zurückgelegt habe, wovon
der gestrige Marsch allein fünf Meilen betragen habe. (²) König Friedrich verlangte das höchste und schwerste, das „fast unmögliche" von
seinem General, um die Hauptstadt zu retten „es koste, was es wolle."
Bis zum 18. besorgte er, daß nicht bloß Hadik, sondern auch das
stärkere Corps unter dem Freiherrn v. Marschall in die Mark eingedrungen sei, so daß „sie den Krieg in unsere eigene Lande wickeln"
könnten. Deshalb folgte der König auch selbst „mit einem guten
Klumpen" dem Prinzen Moritz. „Wenn ich fliegen könnte, so flöge
ich"; „fallen Sie den Feind mit Vivacité auf den Hals", schreibt
Friedrich dem Dessauer, „stöbern Sie das feindliche Gesindel auseinander", „keine Katze darf von die Leute davonkommen", „wir müssen
den geraubten Plunder ihnen wieder abjagen." (³)

Noch konnten des Prinzen Moritz Husaren, unter Führung von
Seydlitz, den Österreichern einen Wagen mit fortgeschlepptem Gelde
wieder abnehmen, auch einige dreißig Gefangene einbringen, doch General Hadik selbst hatte bereits einen zu großen Vorsprung, er entkam mit seiner kühnen Schar glücklich in die Lausitz. Die Hauptsache
aber war durch das schnelle Eingreifen des Königs und des Prinzen
Moritz doch erreicht: Berlin und die Marken waren befreit und der
so kurze Aufenthalt der Österreicher hatte einen verhältnismäßig sehr
geringen Schaden angerichtet. Die wirklich große Gefahr, welche vorhanden gewesen war, daß die reichen Kriegs- und Geldvorräte in der

---

¹) Das durch die Schlacht vom 23. August 1813 bekannte Dorf Großbeeren.

²) Nachlaß des Prinzen Ferdinand im Kriegsarchiv des Großen Generalstabs.
C. X. 75.

³) Vergl. im XV. Bande der Polit. Korresp. den Briefwechsel des Königs mit
dem Prinzen Moritz und dem Prinzen Ferdinand.

Hauptstadt und in der Umgegend geplündert, daß die Geschütz-, Gewehr-
und Pulverfabriken und andere wichtige Staatswerkstätten zerstört,
daß damit fast die letzten Hülfsquellen für eine Fortführung des Krieges verschüttet werden konnten, diese furchtbar drohende Gefahr, welche
in dem Zuge Habits gelegen hatte, sie war glücklich und vollständig
abgewendet worden. (¹) Die zweihunderttausend Thaler Kontribution wollten wenig oder gar nichts besagen, binnen einer Woche
konnte und hat der König thatsächlich ebenso große Summen aus besetzten Landschaften und Städten eingezogen und damit den einzigen
materiellen Schaden, der seinem Lande erwachsen war, leicht und
schnell wieder ausgeglichen. Der moralische Erfolg der Österreicher
war allerdings ein nicht geringer. Der Vorstoß bis in das Herz des
preußischen Staates stärkte den Mut der Gegner des Königs und er-
schütterte das Vertrauen der Freunde: erst die Siege auf den Gefilden
von Roßbach und Leuthen haben die gesunkenen Hoffnungen der
„fritzisch Gesinnten" wieder aufgerichtet.

') Finkenstein schreibt, Berlin 19. Oktober, an den König, die Österreicher
hätten sich benommen »comme de vrais imbécilles.« Sie hätten mit ihrer ganzen
Unternehmung nichts weiter erlangt als »une médiocre somme d'argent, tandis qu'ils
auraient pu porter les coups les plus sensibles aux principaux établissements de ce
pays-ci.« Der Feind sei mit Blindheit geschlagen worden, »ce aveuglement«, meint
Finkenstein, »est un vrai coup de la Providence.«

Excurs umstehend.

Excurs.

Die Aufbringung der an die Österreicher gezahlten Kontribution bildet ein wichtiges, noch unbekanntes Kapitel aus der
älteren Steuergeschichte der Stadt Berlin. In den Akten des Generaldirektoriums im Geheimen Staatsarchiv fanden sich zwei starke
Faszikel, welche allein dieser einmaligen Steuererhebung gewidmet sind.
(Kurmark, tit. 247. Militaria Nr. 2. Vol. L u. II.)

Die Brandschatzung war teils baar, teils in Wechseln gezahlt
worden, Berliner Banquiers und eine Reihe anderer vermögender
Einwohner hatten die Summen auf kurze Frist vorgeschossen. Bei der
wenig ausgebildeten kommunalen Steuerverfassung machte es dem
Magistrat nicht geringe Schwierigkeiten, einen geeigneten Modus für
die Umlage unter der Bürgerschaft zu finden. Den Grundgedanken
der neuen Besteuerung möchte ich dahin fassen: man geht von dem
Prinzip aus, daß der Beitrag des Einzelnen sich belaufen muß nach
der Größe des ihm durch die Verwendung der Steuer (d. h. durch
die Zahlung der Kontribution) erwachsenen Vortheils. Demgemäß soll
jeder Bürger einen bestimmten in Geld umgesetzten Teil derjenigen
Besitztümer zu der Steuer beitragen, welche ihm bei einem Brande
voraussichtlich insgesamt vernichtet worden wären; demgemäß soll der
Hausbesitzer im Allgemeinen doppelt so viel leisten als der Mieter,
da der letztere nur die Mobilien, der erstere außer diesen auch die
Immobilien (das Gebäude) bei einer Plünderung und einem Brande
verloren haben würde; demgemäß sollen ferner bei dieser städtischen
Steuer sämtliche Einwohner, auch die sonst stets Eximirten, selbst die
Mitglieder des königlichen Hauses, mit einbezogen werden: denn,
sagte man, die Österreicher würden bei einer Plünderung ebenfalls
keine Unterschiede haben walten lassen.

Die Steuer bestand aus einer einmaligen Zahlung. Sie setzte
sich zusammen aus einer Gebäudesteuer und einer Mietsteuer; die letztere ebenso wie die Ausdehnung auf sämtliche Stadtbewohner eine
große und vielfach bekämpfte Neuerung. ([1])

Es bezahlen die Eigentümer 1 Thl. 18 Ggr. ([2]) 6¼ Pf. (später
erhöht 1 Thl. 20 Ggr.) für je 100 Thl. Gebäudewert; d. h. eine Gebäudesteuer von etwas über 1¾ % (erhöht 1⅞ %).

---

[1]) Ein geringfügiger „Incolnschoß" hatte früher in märkischen Städten schon zeit-
weise bestanden. Vgl. Schmoller, Städtewesen. Zeitschrift für preußische Geschichte,
Bd. X., S. 576; Fidicin, Gesch. Berlins, Bd. V., 253; Zimmermann, Gesch.
der märk. Städte, III., 80. 81.

[2]) Ein Gutergroschen bekanntlich gleich 1¼ Groschen.

Die Mieter bezahlen 21 Sgr. 3$\frac{1}{7}$ Pf. (später erhöht 22 Sgr.) für je 100 Thl. eines ideellen Kapitals, von welchem die fünfprozentigen Zinsen die jährliche Miete des Zahlers ausmachen; d. h., wenn der Ausdruck erlaubt ist, eine Mietskapitalsteuer von etwas über $\frac{7}{8}$ % (erhöht $\frac{11}{12}$ %), oder mit anderen Worten eine Mietsteuer von etwa 17$\frac{3}{4}$ % (erhöht 18$\frac{1}{4}$ %).

Eine besondere Abteilung bilden die Mieter, welche unter 20 Thl. jährlicher Miete geben. Sie steuern nach einem nur etwa halb so hohen Census. 10 Sgr. für 100 Thl. des ideellen Kapitals, d. h. eine Mietskapitalsteuer von $\frac{1}{12}$ % oder eine Mietsteuer von 8$\frac{1}{3}$ % (wie man gewöhnlich sagte, von jedem Thaler Miete 2 Sgr. Vgl. oben S. 159 Anm. 4.)

Die Taxen der Berliner Gebäude nach dem zu Grunde gelegten Feuersocietätskataster beliefen sich „nach der Würdigung (d. h. entsprechender Einschätzung) derer eximirten Häuser" auf · 11,341,650 Thl.; dies ergab (vor der Erhöhung) eine Gebäude-steuer von . . . . 200,940 „ .

Die Berliner Mieten von 20 Thl. an betrugen zusammen (¹) . . . . 214,987 „ ;

ergab (vor der Erhöhung) eine 1. Klasse Miet-steuer von. . . . . 38,095 „ .

Die Mieten unter 20 Thl. beliefen sich auf 107,590 „ ;

ergab eine 2. Klasse Mietsteuer von . . . 8,965 „ .

Insgesamt an Steuern — 248,000 Thl.

Auf 248,000 Thl. hatte die Steuerkommission die zu erhebende Summe angesetzt. Zu den ursprünglichen 215,000 Thl. Kontribution (vergl. S. 156) waren hinzugetreten die Zinsen für die vorgeschossenen Kapitalien, die Entschädigungsgelder für die von den Österreichern geplünderten Einwohner (11,437 Thl. 23 Gr.), die sogleich mit einberechneten Ausfälle, welche man in nicht geringer Zahl erwartete, endlich die verhältnißmäßig hohen Erhebungskosten. (²)

Diese in der Eingabe der Steuerkommission vom 30. November 1757 (³) zusammengefaßten Vorschläge wurden durch Reskript des Ge-

---

¹) Eingeschätzt waren dabei auch alle, welche freie Dienstwohnungen inne hatten; dagegen ausgenommen das Militär, sowie die Offiziers- und Soldatenwittwen.

²) Es mußte durch die Steuerkommission eine fast ganz neue Organisation eigens für diese einmalige Steuer geschaffen werden. Die Steuerkommission, welche die obere Leitung in die Hand nahm und auf dem Rathhause tagte, wurde zusammengesetzt aus zwei Mitgliedern des Generaldirektoriums, zwei der Kurmärkischen Kammer, je einem Mitgliede des Kammergerichts und des Tribunals und drei Mitgliedern des Magistrats.

³) Ein P. S. datirt vom 3. Dezember. Es betrifft die Aufbringung von weiteren 6,333 Thl. 8 Sgr. Als man nämlich die Geldbeutel öffnete, welche die Berliner Ju-

neraldirektoriums vom 10. Dezember im Großen und Ganzen gutgeheißen und die Durchführung der Steuerumlage gestattet. Mehrere
Petitionen, welche gegen die neue Steuer sich erhoben und anderwei-
tige Pläne einbrachten, wurden zurückgewiesen, desgleichen die Rekla-
mationen der schwedter Markgrafen, welche ohne eigenhändige Ordre
des Königs nicht zahlen wollten. Im Prinzip änderte das Generaldirektorium nichts an den Vorschlägen der Kommission. Es wurde
nur eine Erhöhung des Prozentsatzes für die Hauseigentümer und
die obere Klasse der Mieter beschlossen (sh. oben), da man im Generaldirektorium die zu befürchtenden Ausfälle noch höher veran-
schlagte, und da einige weitere aufzubringende Zahlungen(¹) nachträglich hinzugekommen waren. Endgültig ausgeschrieben wurde eine
Gesamtsumme von 258,003 Thl. 7 Gr. 4 Pf.; hiervon mußten über
8,600 Thl. nicht einziehbarer Reste später niedergeschlagen werden.(²)

---

denschaft für die Zahlung an Habik vorgeschossen hatte, ergab sich, daß an dem de-
klarierten Inhalt 6,333 Thl. 8 Ggr. fehlten. Die Kommission beantragte, entweder
den Fehlbetrag durch die Judenschaft allein ersetzen zu lassen oder aber eine allgemeine
Erhöhung des Prozentsatzes vorzunehmen; für das letztere entschied sich das Generaldirektorium.

¹) Besonders die S. 169 Anm. 3 genannten 6,333 Thl. 8 Ggr.

²) Schlußbericht der Steuerkommission vom 30. Dezember 1758; Antwort des
Generaldirektoriums vom 1. Februar 1759.

Magdalena von Brandenburg
Gräfinn zu Arneburg.
Churf: Joachim II. natürliche Tochter von der Anna Sydow.
ætat: VII. ann: 1565.
Sie sollte einen Grafen von Eberstein heurathen, muste aber nach des Chur-
fürsten Tode, an Amts-Cammer Secretarius Andreas Kohl nehmen, und
starb 1610 als Wittwe.

Magdalena von Brandenburg, Gräfin zu Arneburg.

Von Dr. Friedrich Holke, Gerichtsassessor.

Seitdem vor zwei Jahren der Lebensabriß der Gräfin zu Arneburg als Tafel X. der vom Verein für die Geschichte Berlins herausgegebenen „Namhaften Berliner" erschienen, sind mancherlei Beiträge zur Geschichte dieser Frau aufgefunden worden, welche eine zweite Auflage dieser Biographie wünschenswert erscheinen lassen. Dieselbe kann vieles berichtigen, was in der ersten falsch, und manches ergänzen, was in jener ungenau mitgeteilt ist. Es ist mir leider nicht vergönnt gewesen, auch das Material, welches im Königl. Hausarchive zu Berlin vorhanden ist, zu benutzen, da eine an dasselbe im Mai 1885 gerichtete Bitte unbeantwortet geblieben ist. Ich habe alle Veranlassung zu glauben, daß diese ungewöhnliche Art und Weise, sich mit einer Bitte abzufinden, sich hinreichend aus Gründen der Vereinfachung des Geschäftsbetriebes erklärt; trotzdem war das Schweigen in diesem Falle nicht sehr geschickt, da es leicht den Glauben erwecken könnte, als befände man sich an jener Stelle im Besitze kompromittierenden Materials, was in keiner Weise der Fall ist.

Die durch kritiklos einander ausschreibende Geschichtsdarsteller festgewurzelte Anschauung läßt den Kurfürsten Joachim II. von Brandenburg als einen von den Launen habgieriger Courtisanen abhängigen Fürsten erscheinen. Der vom blindesten Konfessionshaß geleitete Angriff der sog. Lehninischen Weissagung „atheus, scortator, adulter" wird noch heute durch die Gedankenlosigkeit unterstützt, mit welcher selbst ernsthaft zu nehmende Historiker Vorwürfe gegen das Andenken eines Herrschers erheben, der für seine kleine Schwächen scharfe Splitterrichter, für seine großartige Thätigkeit auf allen Gebieten des staatlichen Lebens, für seine schöpferische Kraft, welche Brandenburgs Emporsteigen zur vorherrschenden Macht in Deutschland vorbereitete, kaum jemals Verständnis und damit zugleich Dankbarkeit gefunden hat.

Joachim II. stand im kräftigsten Mannesalter, als im Jahre 1549 seine zweite Gemahlin, Hedwig von Polen, auf dem Jagd-

schloſſe zu Grimnitz durch morſch gewordenes Getäfel brach und ſich
dabei ſo gefährlich am Unterleibe verletzte, daß ſie ſeitdem ein ſieches
Daſein führte. Dieſes Unglück der Fürſtin führte zu einer dauernden
Entfremdung von ihrem Gatten, welchen nach dem Tode ſeiner erſten
Gemahlin, Magdalena von Sachſen, vorwiegend Gründe der Staats-
kunſt zu dieſem zweiten Ehebündniſſe veranlaßt hatten. Dieſes Siech-
tum der Gattin entſchuldigt es nach den Begriffen jener Zeit, wenn
Joachim den Umgang mit anderen Frauen ſuchte, denn es genüge
an die Stellung zu erinnern, welche Luther, die erſte Autorität des
evangeliſchen Deutſchlands in allen kirchlichen Angelegenheiten, zu
dieſer heiklen Frage einnahm. War die Auffaſſung Luthers von
dem Weſen der Ehe auch eine zu realiſtiſche und nur erklärlich durch
den Kampf gegen die Sakramentslehre der katholiſchen Kirche, welche
den Reformator auf das entgegengeſetzte Gebiet des Konſenſualver-
trages geführt hatte, ſo war Joachim II., welcher dieſe Auffaſſung
zu der ſeinigen machte, doch dabei viel eher zu entſchuldigen, als
z. B. ſein Vater, welchem trotzdem weder in dem ſchmähſüchtigen Ver-
faſſer jener ſog. Weiſſagung, noch auch ſonſtwie Sittenrichter ent-
ſtanden ſind.

Die bei Weitem einflußreichſte unter den Geliebten (¹*)*] des
Kurfürſten iſt die unter der Bezeichnung als „ſchöne Gießerin" bekannte Anna Sydow. Dieſelbe war die älteſte Tochter eines Andreas Sydow, welchem ſpäter die Hofgunſt ſeiner Tochter einträg-
liche Ämter und einen ſtattlichen Beſitz einbringen ſollte.

Anna vermählte ſich, wann iſt nicht genau feſtzuſtellen, mit einem
nach Berlin eingewanderten Lothringer Nikolaus Dieterich, welcher
als Vorſteher der Kurfürſtlichen Gießhütte in Berlin hauptſächlich den
Guß der damals zur Armierung der neugegründeten Feſtung Spandau
erforderlichen Kanonenröhre zu leiten hatte. Das Gießhaus ſelbſt
war Kurfürſtlicher Beſitz, im Übrigen war Dieterich, wenn er auch
den Titel eines brandenburgiſchen Zeugmeiſters führte, nicht lediglich
auf den Guß deſſen beſchränkt, was der Kurfürſt beſtellte, ſondern
berechtigt, auch anderweitig Gießarbeiten in Beſtellung zu nehmen.
So trägt noch heute manche märkiſche Dorfglocke die Inſchrift, daß
ſie von Nickel Dietrich aus Lutring gegoſſen, ja das ſchönſte meſſingene
Denkmal aus dem ſechszehnten Jahrhundert in der Mark, das viel-
beſprochene Grabdenkmal Kurfürſt Johann Ciceros, wurde mit dem
Namen dieſes durch die ſpäteren Schickſale ſeiner Ehefrau bekannt
gewordenen Gießers in fälſchliche Verbindung gebracht. (¹) —

---

*) Die Zahlen beziehen ſich auf die am Schluſſe dieſes Aufſatzes gegebenen An-
merkungen und Excurſe.

Auf dem Gießhause selbst scheint sich nun, wie ein Brief des Herzogs Julius von Braunschweig an den Kurfürsten Johann Georg vom 21. Januar 1571, also kurz nach dem Tode Joachims schließen läßt, die Bekanntschaft dieses Fürsten mit Frau Anna Dieterich angeknüpft zu haben. Jedenfalls führt dieses Schreiben die heftige Zuneigung Joachims für diese Frau nach dem Aberglauben jener Zeit auf einen Zaubertrank zurück, den Anna dem Fürsten eines Morgens bei nüchternem Magen in einem Eierkuchen („Eiren pfanninkuchen") im Gießhause zu Berlin beigebracht haben sollte. Es fehlt aber jeder Beweis dafür, daß der Kurfürst das Verhältnis mit Anna Dieterich noch bei Lebzeiten ihres Ehemannes begonnen hat. Letzterer lebte noch im Jahre 1556, war aber 1561 bereits verstorben; die Glanzzeit seiner Ehefrau als kurfürstliche Courtisane beginnt erst nach dem letztgedachten Zeitpunkte, obschon sich ihre Verbindung mit Joachim bis in das Jahr 1558 verfolgen läßt. Ob aber damals Nikolaus Dieterich schon gestorben war oder nicht, konnte ich nicht feststellen.

Jedenfalls war im Jahre 1558, spätestens im Jahre 1559 aus dem Verhältnisse Joachims zur Anna Dieterich, welche übrigens nach dem Tode ihres Gatten stets mit ihrem Mädchennamen Sydow genannt wird, bereits eine Tochter Magdalena, mit deren Schicksalen sich diese Arbeit beschäftigen soll, entsprossen. Das ungefähre Geburtsdatum derselben ergiebt sich nämlich aus der Unterschrift des beigefügten Bildnisses, nach der sie sich im Jahre 1565 im siebenten Lebensjahre befunden hat. Hiermit stimmt es auch, wenn Posth in seiner Chronik beim Jahre 1610, dem Todesjahre der Magdalena berichtet, daß sie damals im 52. Lebensjahre gestanden habe. (1) Auffällig bleibt es indeß, daß in dem Reverse, welchen der Kurprinz Johann Georg zu Zechlin am 31. Mai 1561 ausstellte und in welchem er Anna Sydow und ihre Kinder in seinen Schutz nimmt und sich verpflichtet, diese Personen im Besitze aller ihnen vom Kurfürsten gemachten Schenkungen zu belassen und in den aller etwa versprochenen Schenkungen zu setzen, die damals zweijährige Magdalena nicht namentlich aufgeführt wird. Vielleicht trug Joachim zu jener Zeit noch Bedenken, seine Vaterschaft zu diesem Kinde öffentlich erklären zu lassen. (2)

Dieser Revers, welcher die Person und das Vermögen der Anna Sydow und das ihrer Kinder gegen strafrechtliche und zivilistische Ansprüche unter der folgenden Regierung sicherstellen sollte, ist das erste Zeichen für einen über die rein persönlichen Verhältnisse hinausgehenden Einfluß der Gießerin. Sie verdankte denselben wohl zum großen Teile ihrer Klugheit, mit welcher sie einen ihr völlig ergebenen

Mann an eine wichtige Stelle in der Nähe des Kurfürsten brachte. Sie vermittelte nämlich, offenbar im Jahre 1560, eine Ehe zwischen ihrer einzigen jüngeren Schwester Elisabeth und dem Prediger Joachim Pasche (derselbe entstammte einer Familie, welche einst im Gefolge der Gräfin Margarethe von Lindow aus deren Geburtslande Hohenstein nach Ruppin gekommen war), und setzte es in demselben Jahre bei Joachim durch, daß ihr Schwager die Ämter des Berliner Probstes und Hofpredigers Benedikt Kerkow erhielt. Diese Maßregel, welche damit begründet wurde, daß Pasche „jung und gerühriger" sollte dem Kerkow an seinem Stande und an seinen Ehren nicht nachteilig sein, doch starb derselbe schon am 8. Februar 1560.(')
Der damals dreiunddreißigjährige Pasche konnte nun als Hofprediger seiner Schwägerin den Dank für diese glänzende Stellung abtragen, und aus den von ihm an seinem Lebensabende gemachten Äußerungen geht hervor, daß er sich als Werkzeug der kurfürstlichen Geliebten gebrauchen ließ, welche ihrerseits Mittel genug hatte, um ihn in steter Abhängigkeit von sich zu erhalten und seine Willfährigkeit durch reiche Geschenke zu belohnen.

Das erste Wirken des Hofpredigers zu Gunsten der Anna Sydow zeigt sich im Verlaufe der Reise, welche Joachim im Jahre 1562 nach Frankfurt am Main unternahm, um dort bei der Erwählung Maximilians zum römischen Könige mitzuwirken.(') Aus verschiedenen Gründen ging es nicht an, daß Anna Sydow den Kurfürsten auf dieser Reise begleitete; einmal befand sie sich in anderen Umständen, dann aber wollte Joachim auf der Hinreise das verwandte herzogliche Haus von Braunschweig-Wolffenbüttel besuchen, und gerade an diesem Hofe war Anna Sydows Erscheinen unmöglich. Der damals regierende Herzog Heinrich der Jüngere war seit dem Jahre 1556 in zweiter Ehe mit Sophie von Polen, der Schwester der Kurfürstin von Brandenburg vermählt; während sein Sohn und Thronerbe Herzog Julius seit zwei Jahren mit der Tochter der Kurfürstin, der Prinzessin Hedwig von Brandenburg verheiratet war. Da nun an diesem Hofe, an welchem die Schwester und die Tochter der brandenburgischen Kurfürstin die ersten Damen waren, eine Geliebte des Kurfürsten nicht auftreten konnte, so war es von der äußersten Wichtigkeit für dieselbe, daß sich wenigstens ihr Schwager in der kurfürstlichen Reisebegleitung befand. Denn der Kurfürst erkrankte so gefährlich zu Wolffenbüttel, daß er sein Ende nahe glaubte, und in dieser Stimmung wurde er wohl durch die Erinnerungen seines Hofpredigers Pasche dazu bewogen, in einer von Wolffenbüttel am 14. Oktober 1562 erlassenen Verfügung in ausgiebiger Weise für die Zukunft seiner Konkubine und ihrer Kinder zu sorgen.(') Der Kurfürst bestimmte nämlich, sein Sohn Johann Georg solle binnen Jahresfrist nach seinem Regierungsantritte „unserer natürlichen Tochter Magdalena", die noch unversorgt, 4000 Thaler auszahlen. Er fährt dann fort: „als wir auch dafür halten, daß vorgemelte Anna Sydow auch itz abermals eines Kindes von uns schwanger sei, wollen wir .... wenn solches Kind (wozu der Allmächtige Gott seinen Segen gnädiglich verleihen wolle) zur Welt geboren wird, daß demselben, es sei gleich ein Sohn oder Tochter, gleich der Magdalena 4000 Thaler zugewendet werden sollen." Magdalena und das erwartete Kind erhielten durch diesen Erlaß also nicht nur sehr ansehnliche Schenkungen auf den Todesfall, sondern, was unter Umständen für sie von großer Wichtigkeit werden konnte, ein Anerkenntnis der Vaterschaft von Seiten des Kurfürsten.

Als Joachim wider Erwarten genesen auf dem Reichstage zu Frankfurt in nahe Beziehungen zu dem designierten Nachfolger Ferdinands, dem zum römischen Könige gewählten Erzherzoge Maximilian trat, muß er unzweifelhaft diesem gegenüber den Wunsch geäußert haben, seine mit Anna Sydow erzielte Nachkommenschaft in den Reichsadelstand erhoben zu sehen; denn es gehörte zu den ersten Regierungsakten des im Juli 1564 durch den Tod seines Vaters zum Reichsoberhaupte gewordenen Maximilian, die Magdalena durch kaiserliches Diplom de dato Wien, den 31. August 1564, in des Römischen Reichs Grafenstand zu erheben.([7])

Diese Erhebung wurde in dem darüber ausgefertigten Diplom mit der steten Treue und Anhänglichkeit begründet, welche Kurfürst Joachim II. dem Kaiser und seinen beiden Vorgängern zu allen Zeiten bewiesen. Wenn dann weiter erwähnt ist, daß der Kurfürst der Magdalena die Grafschaft Arenberg (sic) eigentümlich verliehen habe und ihr von dieser der Grafentitel gegeben wird, so ist einmal diese Bemerkung nicht so zu verstehen, als habe der Kurfürst wirklich einen größeren Territorialbesitz seiner Tochter geschenkt, sondern es wird mit dieser Grafschafts-Verleihung nur einer Formalität genügt. Sodann ist unter Arenberg das an der Elbe liegende uralte Arneburg zu verstehen, welches natürlich in Wien völlig unbekannt war und deshalb mit dem geläufigeren Arenberg verwechselt wurde. Magdalena war übrigens nicht die erste, welche von Arneburg den Grafentitel führte; in dem kleinen Elbstädtchen hatten bis in das zwölfte Jahrhundert Burggrafen den dortigen wichtigen Elbübergang gehütet, und Markgraf Albrecht, der Bruder des Markgrafen Otto II. hatte am Schlusse dieses Jahrhunderts den Titel eines Grafen in Arneburg geführt. Später hatte das daselbst befindliche Schloß fürstlichen Frauen (z. B. der Gemahlin Ludwig des Römers) als Sitz gedient, und noch

vor zwei Menschenaltern war daselbst des Großvater des Joachim,
Kurfürst Johann Cicero, vom Tode ereilt worden. Arneburg war
somit ein für die Geschichte des Landes und seiner Fürsten nicht un-
wichtiger Ort, und es war eine Bevorzugung, wenn Magdalena
von diesem Städtchen den Grafentitel führen durfte.

Das der Magdalena verliehene Wappen zeigt in einem quadrierten Schilde abwechselnd den wachsenden brandenburgischen Adler
und die hohenzollerschen Farben schwarz und weiß. Ein ganz ähnliches, wenngleich viel einfacher kombiniertes Wappen führte damals
der von Kurfürsten Joachim I. außerehelich erzeugte und anerkannte
Sohn, der bekannte Achaz von Brandenburg, dessen Bild und Wappen sich in M. F. Seibels Bildersammlung Nr. 33 findet. Das
Wappen dieses Achaz zeigte nämlich einen geteilten Schild, oben den
wachsenden roten Adler von Brandenburg, darunter den hohenzollerschen abwechselnd schwarz und weiß quadrierten Schild.

Es war ein eigentümlicher Zufall, daß diese den natürlichen Kindern hohenzollerscher Kurfürsten verliehenen Wappen nur von den
direkt damit Beliehenen geführt sind; denn Achaz verstarb kinderlos,
und der Magdalena sind nur bis zum Tode ihres Vaters die ihr
durch das kaiserliche Diplom vom Jahre 1564 verliehenen Rechte in
Brandenburg gewährt worden. Der Kaiser hatte, was hier vorweg-
geschickt werden mag, aus Courtoisie gegen Joachim II. dessen natürliche Tochter zur Reichsgräfin gemacht, und es war ebenfalls Courtoisie, wenn er nicht die mindeste Veranlassung nahm, Magdalena
in dem ihr eingeräumten Stande zu schützen, als Joachims Nachfolger jenes Diplom ignorierte. Diese kaiserliche Auffassung einer inneren Familienangelegenheit des hohenzollerschen Hauses war auch die
einzig sachgemäße.

Wie die Erhebung Magdalenas zur Reichsgräfin einen Gna-
denakt des Kaisers, wie solche bei Thronbesteigungen üblich sind, darstellt, so ist unzweifelhaft die unter dem 15. September 1564 erfolgte
Ernennung des Andreas Sydow zum Reichsfreiherrn ebenfalls auf
die Courtoisie des jungen Maximilian gegen Joachim zurückzuführen. Das Diploms-Konzept enthält zwar keine Angaben über die
Lebensstellung und die Abstammung des Nobilitierten, da derselbe
indeß kein Angehöriger der altadeligen Familie Sydow ist, so kann
er, wie sich auch aus der fast gleichzeitigen Rangerhöhung Magdalenas ergiebt, nur ein Verwandter der Anna Sydow gewesen sein.

Man könnte nun zunächst an den Vater der Gießerin, Andreas
Sydow denken, doch widerspricht es dieser Annahme, daß dieser Andreas einmal zu jener Zeit schon hochbetagt war (er starb 1569),
auch keine männliche Descendenten besaß, endlich aber, daß derselbe

niemals in Urkunden nach dem Jahre 1564 als Reichsfreiherr erwähnt wird. Wenn letzterer Grund allein auch nicht genügen sollte, so sucht man doch vergeblich nach einem Beweggrunde zur Nobilitierung eines söhnelosen alten Mannes.

Es ist daher wahrscheinlicher, daß dieser Andreas, Reichsfreiherr v. Sydow, das den Vornamen seines mütterlichen Großvaters führende Kind der Anna Sydow ist, welches dieselbe im Oktober 1562 erwartete. Diesem Sohne aus kurfürstlichem Blute den Adelstand zu verleihen, war ganz sachgemäß, ihn nicht, wie seine Schwester, zum Reichsgrafen zu machen, ganz vernünftig, da er voraussichtlich Stammvater eines Geschlechtes wurde, während mit jener das Geschlecht erlöschen mußte. Bei dem Sohne hatte der Kurfürst für die standesgemäße Konsolidierung eines ganzen Geschlechtes, bei der Tochter dagegen nur für eine einmalige Ausstattung zu sorgen, welche derselben eine angemessene Heiratspartie verschaffte; denn daß der Kurfürst der Sorge für diesen Andreas durch dessen frühzeitigen Tod, der jedenfalls vor dem Juni 1569 erfolgte, überhoben werden würde, war im Jahre 1564 nicht vorauszusehen.

Das Wappen des Andreas zeigt im senkrecht geteilten Schilde drei (zwei zu eins) lilienähnliche Gebilde, von denen eins auch als Helmschmuck wiederkehrt. Die rechte Schildhälfte ist blau, die linke silbern; die Wappenfigur oben rechts silbern, oben links blau, die untenstehende senkrecht geteilt, rechts silbern, links blau; in gleicher Weise wie diese letztere die Wappenfigur auf dem Helme. Die Wappenbecken sind blau und silbern.

Es dürfte die Mutmaßung auszusprechen sein, daß die lilienartigen Gebilde Quitten darstellen sollen, und würde man es in diesem Falle mit einem redenden Wappen (Cydonia-Quitte) zu thun haben. Jedenfalls ist auch die mit diesem Wappen begabte Person die einzige des neugeschaffenen Geschlechtes gewesen.

Die nach dieser Nobilitierung Magdalenas folgenden Jahre waren entschieden die glänzendsten im Leben der Gießerin. Sie erwarb mannigfachen Grundbesitz in Berlin im Jahre 1565; große Geldgeschenke machte ihr der Kurfürst in den folgenden Jahren, indem er Stadtschuldscheine seiner Residenz Kölln an der Spree und von Berlin auf ihren Namen ausstellen ließ.(⁸) Diese Effekten gaben der Beschenkten eine sichere Rente bei Lebzeiten des Kurfürsten und die leichte Begebbarkeit derselben ermöglichte der Gläubigerin ein sicheres Versilbern unter veränderten Zeitumständen.

Auch die nächste Familie Anna Sydow's, abgesehen von ihren Kindern mit Joachim, erlangte durch die Gunst, in der ihre Verwandte beim Kurfürsten stand, reiche Vorteile. Ihr Vater Andreas erhielt, wohl nur als Sinecure, um ihm die Einkünfte zu verschaffen, die gewöhnlich von Adeligen bekleidete Stellung eines Amtshaupt-manns von Bötzow und Liebenwalde (*), eine Stellung, welche in vielen Beziehungen der des heutigen Landraths ähnlich ist. Als sol-cher erscheint er schon im Jahre 1566, zu welcher Zeit Joachim ihn und seine männlichen Erben mit dem Dorfe Klein-Ziethen belehnte. Die von Grimnitz am 4. November 1566 datierte Lehnsurkunde nennt nur Andreas als Belehnten; unter dem 16. März 1567 erhielten indes Nikolaus Dieterich und, falls derselbe auch ohne Lehnserben abginge, Probst Joachim Pasche zu Berlin die Mitbelehnung. Es scheint hiernach, als habe der söhnelose Andreas Sydow zuerst nur den Nießbrauch des Lehnobjektes auf Lebenszeit haben sollen, und sei es seiner Tochter erst später gelungen, das Gut zu einem erblichen Familienbesitze zu machen, welcher zunächst in der Familie ihres mit dem Gießer erzeugten Sohnes und beim Aussterben dieses Zweiges in der ihres Schwagers forterben sollte. Als darauf zu Anfang des Jahres 1569 Andreas Sydow verstarb, erhielt Nikolaus Dieterich verstarb, erhielt Nikolaus Dieterich nach geleisteter Lehnspflicht die Belehnung mit Klein-Ziethen, Joachim Pasche aber die Mitbelehnung. Zugleich erteilte der Kurfürst dem Nikolaus Dieterich die Belehnung mit dem Dorfe Rosenthal, jedoch unbeschadet der Rechte seiner Mutter, die dasselbe noch als Leibgedinge nutze. Mit Rosenthal, an welches verschiedene Nutzungen auf Wälder, Wiesen und Seen der Umgegend geknüpft waren, wurde zugleich „Magdalena von Brandenburg, Gräfin von Arneburg" nebst ihrer etwaigen Descendenz belehnt, end-lich für den Fall des unbeerbten Absterbens dieser Halbgeschwister Probst Joachim Pasche.

Aus dieser Urkunde, welche vom 10. Juni 1569 datiert ist, er-giebt sich also, daß Anna Sydow damals die Nutzungen aus Rosenthal nebst Dependenzen bezog; daß ihr Sohn Nikolaus die Anwartschaft erhielt, mit diesem Gute nach dem Tode seiner Mutter belehnt zu werden, während er zugleich schon jetzt die Belehnung mit dem erle-digten Klein-Ziethen erhielt. Bei unbeerbtem Absterben sollte dem Nikolaus in das letztere Lehn sein Onkel Pasche, in das Lehn Ro-senthal seine Halbschwester Magdalena, und erst nach deren unbeerb-ten Absterben der vorgedachte Pasche succedieren. Diese Akte ent-halten viele Bestimmungen, welche den Anforderungen des sächsischen Lehnsrechts widerstreiten; und es ist nicht ohne Interesse, wenn man sieht, wie die auf der Idee des Ritterdienstes beruhenden mittelalter-lichen Vorschriften, schon völlig zurückgetreten sind und den heutigen Anschauungen Platz gemacht haben. Nur auf die Nutzungen der Lehnsgüter kommt es an, und die konnten sehr wohl Frauen und

Geiſtliche beziehen. Freilich aber boten die lehnsrechtlichen Vorſchriften dem Nachfolger des Lehnsherrn, wenn er dieſe Akte ſeines Vorgängers anfechten wollte, dazu mehr als eine Handhabe.

Die Nichterwähnung des zweiten aus der Verbindung Joachims mit der Gießerin geborenen Kindes in der Urkunde vom Jahre 1569 macht es unzweifelhaft, daß dasſelbe zu jener Zeit bereits wieder verſtorben war.

Einem glücklichen Zufall iſt es zu verdanken, daß wenigſtens ein gleichzeitiger Chroniſt einiges über das perſönliche Verhältnis des Kurfürſten Joachim zur Anna Sydow berichtet. Während nämlich Leutinger, Angelus, Garcaeus, von Geringeren abgeſehen, dieſes Verhältnis mit Stillſchweigen übergehen, hat der durch ſeine oft an Unverſchämtheit grenzende Rückſichtsloſigkeit ausgezeichnete Belitzer Kaplan Paul Creuſing in ſeiner handſchriftlichen Chronik einige für dies Verhältnis bezeichnende Züge berichtet. (¹⁴) Zunächſt iſt es intereſſant, daß er als öffentliche Meinung erwähnt, der Kurfürſt ſei mit Anna Sydow getraut geweſen. Das nahe liegende Beiſpiel des Landgrafen Philipp von Heſſen, und die Thatſache, daß der Schwager der Sydow kurfürſtlicher Hofprediger war und wohl kaum Bedenken getragen haben würde, eine Doppelehe ſeines Landesherrn mit ſeiner Schwägerin einzuſegnen, mag dieſes Gerede veranlaßt haben. Ganz ſicher hat ſich aber der Vorfall auf einer Hofjagd bei Belitz, welchen Creuſing aus dem Jahre 1568 berichtet, genau in der von ihm angegebenen Weiſe abgeſpielt. Denn wenn Creuſing auch ſelbſt dabei nicht zugegen war, ſo verdient doch ſeine Angabe, daß ihm jene Epiſode von Augenzeugen erzählt worden ſei, vollen Glauben. Danach hatte Joachim die Sydow und die mit ihr erzeugten Kinder auf die Jagd nach Belitz mitgenommen und es mitangehört, wie die in der Nähe ſtehenden, offenbar als Treiber benutzten Bauern ihre Bemerkungen über dieſe „unechte Frau und unechten Kinder" machten, auch den Tadel fallen ließen: „Wie, daß Ers thut, und wir nicht müſſen?" Die Beſonnenheit Joachims machte dem Gerede dieſer banauſiſchen Sittenrichter dadurch ein Ende, daß er die Sydow aufforderte, bei Seite zu gehen. Intereſſant iſt bei dieſer Erzählung die Angabe, daß auch die außerehelichen Kinder des Kurfürſten ihre Mutter auf dieſe Jagd begleitet haben, denn es ergiebt ſich hieraus ein neuer Beweis für die oben des Näheren begründete Annahme, daß Magdalena noch einen um das Jahr 1562 geborenen Bruder gehabt hat, welcher ganz wohl als etwa ſechsjähriger Knabe Mutter und Schweſter nach Belitz begleitet haben kann.

Das beigegebene Bildnis Magdalenas giebt eine Vorſtellung von ihrem Ausſehen ungefähr zur Zeit jener Belitzer Jagd, zugleich

bezeugt es den Reichtum, mit welchem der Kurfürst diese seine natürliche Tochter umgab. Die Spitzen an den Ärmeln und an der Hals-
krause, das perlenbesetzte Barett, das reiche Kreuz am Halse zeigen
das glänzende Kostüm eines Edelfräuleins des sechzehnten Jahrhunderts, und die goldene Kette mit dem Brustbilde des Kurfürsten auf
daranhangender Denkmünze (¹⁴) ist das gleiche Zeichen für Hofgunst
wie die Ordenssterne späterer Zeiten.

Seine zärtliche Fürsorge für die Zukunft Magdalenas bewies
der Kurfürst in der letztwilligen Verfügung vom 2. Juli 1570 (¹⁵),
welche er offenbar im Vorgefühl seines baldigen Abscheidens aufge-
setzt hatte.

Joachim vermachte seiner natürlichen Tochter in jener Verordnung zunächst gräfliche Kleinodien und Schmuck, deren sehr genaues
Verzeichnis erhalten und von Oelrichs veröffentlicht ist. (¹⁶) Sodann
hinterließ er derselben ein von ihm bei Bürgermeistern und Rat-
mannen der Städte Alt- und Neubrandenburg hinterlegtes Kapital
von 10000 Thalern unter folgenden Bedingungen zur Ausstattung:
das Kapital sollte erst bei der Verheiratung ausgezahlt werden, und
Magdalena bis dahin nur den Zinsgenuß haben; stürbe sie unvermählt, so sollte die eine Hälfte an das kurfürstliche Haus, die andere
an Anna Sydow und ihre Erben fallen; stürbe Magdalena dagegen während der Ehe, ohne Deszendenten zu hinterlassen, so sollte
ihr Gemahl die eine Hälfte des Vermögens erben und in Bezug auf
die andere die vorher gedachte Erbfolge eintreten. Für den Juristen
ist diese Verordnung in hohem Grade bemerkenswert; zunächst begründet der Fürst eine Pupillar-Substitution nicht für den Fall des Ver-
sterbens des Kindes während der Minderjährigkeit, sondern für die
Fälle, daß dasselbe unvermählt, oder vermählt aber kinderlos ab-
scheiden sollte. In gleicher Weise ist die Bevorzugung des überlebenden Ehegatten in kinderloser Ehe auffällig. Während nämlich nach
der sogenannten Constitutio Joachimica vom Jahre 1527 der überlebende Ehegatte nur das Recht hatte, die Hälfte vom gemeinsamen
Vermögen zu behalten, und kinderlose Ehegatten sich testamentarisch
nur ein Viertel ihres Vermögens vermachen konnten, soll hier der überlebende Ehegatte ohne Rücksicht auf sein eigenes Vermögen die Hälfte
von dem seiner Ehefrau erhalten. — Die Zwecke, welche der Kurfürst
mit diesen Bestimmungen verfolgte, sind durchsichtig; einmal sollte Anna
Sydow nicht als nächste Erbin ihrer unvermählten Tochter deren
ganzes Vermögen erben (¹⁷); dann aber mußte Magdalena für jeden Freier, welcher zu rechnen verstand, um so begehrenswerter erscheinen, da seine Zukunft auch für den Fall eines kinderlosen Todes
derselben in so ausgiebiger Weise sicher gestellt war. — Bedenkt man

ferner, daß die bare Mitgift der vor kaum zehn Jahren vermählten jüngsten Tochter des Kurfürsten, der Prinzessin Sophia mit Wilhelm v. Rosenberg, dem vornehmsten und reichsten, bald auch gefürsteten Edelmanne Böhmens, nur 20 000 Gulden oder 17500 Thaler, also gerade sieben Viertel der für Magdalena ausgesetzten betragen hatte (¹²), so mußte diese fürstliche Fürsorge der also Bedachten eine verhältnismäßig glänzende Zukunft in Aussicht stellen.

Daß der Kurfürst bei jener Festsetzung schon an eine bestimmte Person als zukünftigen Gatten Magdalenas gedacht hat, ist sehr unwahrscheinlich. Wäre dies der Fall gewesen, so würde er sicher das damals zwölfjährige Mädchen, wie es in jener Zeit ganz gewöhnlich, mit jenem Manne verlobt, denselben in jener Verordnung erwähnt und bedacht und ihm so feste und verfolgbare Rechte auf die Person und das Vermögen Magdalenas eingeräumt haben. Schon aus diesem Grunde ist die in einigen Exemplaren von Creusings Chronik und auf dem Bilde der Magdalena hinzugefügte Bemerkung, daß dieselbe einem Grafen Eberstein zur Ehe bestimmt gewesen sei, recht unwahrscheinlich. Dann aber erscheint niemals in den zahlreich erhaltenen Festberichten, Hofordnungen u. s. w. aus den letzten Regierungsjahren Joachims, so viel uns bekannt, irgend ein Graf Eberstein. (¹³) Den gewichtigsten Zweifel gegen jene in Aussicht genommene Ehe erregen endlich die darüber vorhandenen Quellen selbst, welche jeglicher Objektivität entbehren. Unter allen Umständen wäre unter den Verlusten, welche der Tod des Vaters für Magdalena im Gefolge hatte, das Zurücktreten eines Freiers, welchen bei ihrer großen Jugend doch nur der lockende Reiz ihres Vermögens angezogen haben konnte, am leichtesten zu verschmerzen gewesen.

Dem Kurfürsten Johann Georg ist die Art und Weise, in welcher er gegen die Gießerin und ihre Tochter nach seinem Regierungsantritte verfahren, oft zum Vorwurfe gemacht und ihm Nichtbefolgung des am 31. Mai 1561 ausgestellten Reverses zur Last gelegt worden. Die Tadler übersehen indes, daß es zu den schwersten und härtesten Pflichten eines Fürsten gehört, zum Wohle des ihm anvertrauten Gemeinwesens eigene Wünsche und den wohlfeilen Ruhm pietätvoller Rücksichtnahme zu opfern. Zudem darf man jenen Revers nicht einfach als einen zu Gunsten der Gießerin ausgestelltes Blankett betrachten, welches sie für alle Zeit zur Plünderung des Landes und zu jedem Umgehen der Gesetze berechtigen sollte. Kurfürst Joachim glaubte zu jener Zeit sein Ende nahe, und sicher verlangte und erhielt er von seinem Sohne jene Erklärung unter der beiderseitigen Voraussetzung eines baldigen Regierungswechsels. — Nur unter dieser Voraussetzung konnte der Kurprinz jenen Revers ausstellen, nur so war eine sinngemäße Begrenzung des Inhaltes jenes Wortes vorhanden; die bindende Kraft desselben aber auf zehn Jahre auszudehnen, widerspricht naturgemäß dem Willen des Erklärenden. War es Kurfürst Joachim doch schon im Oktober 1562 zweifelhaft, ob jener Revers noch rechtsverbindlich sei, denn ohne einen solchen Zweifel würde die fast schüchterne Erinnerung an denselben in der oben zitierten Verordnung kaum zu verstehen sein. Außerdem konnte Johann Georg gegen die Gießerin und Magdalena ein persönliches Gefühl des Hasses, welches Ungerechtigkeiten erklären würde, kaum empfinden. Die Gießerin wird klug genug gewesen sein, ein Zusammentreffen mit dem meist in Zechlin residierenden Kurprinzen thunlichst zu vermeiden, ihre Stellung zum Kurfürsten konnte zudem unmöglich dem Kurprinzen so überaus anstößig sein. Entstammte er doch der schon im Jahre 1534 durch den Tod getrennten Ehe Joachims mit der Prinzessin Magdalena von Sachsen, zu deren Gedächtnis vielleicht die Gräfin von Arneburg ihren Namen führte. Der Kurprinz hatte also nicht eine persönliche Beschimpfung an der Gießerin und ihrem Anhange zu rächen. In dieser Lage aber befanden sich Hedwig von Polen und die beiden den Vater überlebenden Töchter, die seit dem Jahre 1559 verwittwete Herzogin Elisabeth Magdalena von Lüneburg und die seit dem Jahre 1560 an den Herzog Julius von Braunschweig-Wolffenbüttel vermählte Prinzessin Hedwig. Mit letzterer Dame war, wie bereits oben ausgeführt, auch die Schwester der Kurfürstin von Brandenburg am Hofe zu Wolffenbüttel, und so darf es nicht Wunder nehmen, daß von hier aus nach dem Tode Joachims der grimmigste Haß gegen die Gießerin aufloderte.

Nachdem kaum die Nachricht vom Tode Joachims und dem kurz darauf eingetretenen seines Bruders Johann von Küstrin nach Wolffenbüttel gelangt war, richtete Herzog Julius, offenbar auf Antrieb seiner Gemahlin, am 21. Januar 1571 ein Kondolenzschreiben an seinen Schwager Johann Georg. Das lange Schreiben enthält zunächst die gewöhnlichen bei Thronveränderungen gebräuchlichen Beileidserklärungen, Beglückwünschungen und Freundschaftsversicherungen, ohne in irgend einer Weise Besonderheiten zu bieten. Dann aber beschäftigt sich die größere zweite Hälfte des Schreibens ausschließlich mit der Gießerin, der vorgeworfen wird, daß sie den Kurfürsten bezaubert, Unfrieden in der Familie angestiftet habe, wobei die allerschärfsten Ausdrücke seitens des Herzogs nicht geschont werden. Das Schreiben belobt den Kurfürsten, daß er Anna Sydow habe nach Spandau ins Gefängnis werfen lassen, und schließt mit der dringendsten Ermahnung und fast flehentlichen Bitte, Johann Georg möge ja nicht das schändliche Weib mit dem Leben davon kommen lassen. Um nichts zu versäumen, hatten die mit dem Überbringen des Schreibens beauftragten herzoglichen Räthe die genaue Instruktion, den Tod der Gießerin auf irgend eine Weise beim neuen Kurfürsten durchzusetzen, und enthält deshalb das Schreiben die Bitte, Johann Georg möge den weitläufigen Auseinandersetzungen und Deduktionen dieser Herren ein geneigtes Ohr schenken. (¹⁴)

Die Charakterfestigkeit Johann Georgs verdient warme Anerkennung, denn es mag ihm Schwierigkeiten genug gekostet haben, diesem glühenden Hasse gegenüber der Gießerin das Leben zu retten. Jedenfalls war dieselbe fast unmittelbar nach dem Tode Joachims auf die Festung Spandau (²⁴) gebracht worden, wo sie, wie Posth mitteilt, am 16. November 1575 gestorben ist. Dasselbe Datum enthält ein Bericht des Dr. Reiche vom 26. November 1575 an den Herzog Julius von Braunschweig-Wolffenbüttel, welcher diesen Mann nach Berlin gesandt hatte, um Johann Georg nach dem Tode seiner zweiten Gemahlin Sabina zu kondolieren. Reiche schreibt „Frau" Anna Gießerin sei zu Spandau in ihrer Kustodie in Gott entschlafen und alsbald zur Erde bestattet worden. (¹⁵) Vergleicht man diese ruhig gehaltene einfache Anzeige an Herzog Julius mit dessen grimmigen Schreiben vor kaum fünf Jahren, so gewinnt es den Anschein, als habe auch in diesem Falle die Zeit eine mildere Auffassung des Benehmens der Gießerin herbeigeführt. Kommandant von Spandau wurde im Jahre 1571 Zacharias v. Röbel, ein Freund des Herzogs Julius von Braunschweig; die Gefangene hat diesen ihren Hüter um einige Monate überlebt. (¹⁶)

Die beim Tode Joachims etwa zwölfjährige Magdalena hat sicher ihre Mutter nicht in das Gefängnis nach Spandau begleitet; wahrscheinlich verblieb sie in der Obhut ihres Onkels, des Joachim Pasche, welcher wohl durch die Gunst ihrer Mutter inzwischen General-Superintendent und Probst von Berlin geworden war. Mit der Thronbesteigung von Johann Georg sank auch dieses Mannes Glücksstern, welcher schon bei Lebzeiten Joachims im Niedergange gewesen war. Ungefähr im Jahre 1574 mußte Pasche auf die Berliner Probstei verzichten, lebte dann noch zwei Jahre als Privatmann zu Berlin in seinem unweit der Marienkirche belegenen Hause, erhielt endlich die Pfarre zu Wusterhausen, wo er am 80. August 1573 verstarb. Pasche hatte sich übrigens in diese veränderte Glückslage mit vielem Humor zurecht gefunden und soll häufig gesagt haben, daß er zu Berlin mehr zeitliche Güter, in Wusterhausen ein besseres Gewissen gehabt, was auf die Amtsführung dieses Mannes während seiner hohen geistlichen Stellungen in Berlin ein recht ungünstiges Licht wirft. (¹⁷)

Nach dem Tode dieses natürlichen Pflegers Magdalenas war

es für den Kurfürsten Johann Georg eine Ehrenpflicht, seine natürliche, damals etwa zwanzigjährige Schwester in angemessener Weise
zu versorgen. Nach einer späteren Anmerkung zu Creusings Chronik soll den Kurfürsten dabei der Wunsch geleitet haben, daß der zu-
künftige Gemahl Magdalenas keine Ansprüche auf das derselben
entzogene Vermögen erheben möchte, und daß Ausstattungskosten er-
spart würden. (¹⁴) Auch dieser Vorwurf ist ungerechtfertigt. Johann
Georg, welcher redlich bemüht war, die durch seinen Vater allerdings
zum Vortheil der Mark für den Augenblick überbotenen und erschöpften
finanziellen Kräfte seines Landes wieder ins Gleichgewicht zu bringen,
wozu ihn sein mit geringerer Begabung verbundener fester Charakter
hervorragend befähigte, hielt es für seine Pflicht, seinem Lande Ausgaben zu ersparen, welche der in seiner Großmut oft mißbrauchte
Joachim demselben auferlegt hatte. Von diesem Gesichtspunkte erklärt sich ganz folgerichtig das Verfahren, welches Johann Georg
gegen die Gießerin und ihren Anhang einschlug. Wie er die erstere
gegen Herzog Julius in Schutz nahm, sich aber vor ihren Geldan-
sprüchen, welche überdies auf das Andenken Joachims einen Schatten
werfen mußten, dadurch schützte, daß er sie gefänglich einzog; so trägt
des neuen Kurfürsten Benehmen gegen Magdalena nicht die leiseste
Spur einer ungerechten Voreingenommenheit. Kein Mensch, welcher
sich auf den Standpunkt eines Fürsten zu setzen vermag, wird es Johann Georg verdenken, daß er davon Abstand nahm, der Magdalena auf Kosten des Landes einen hochvornehmen Ehegatten zu kaufen und sie so, wie es offenbar Joachim beabsichtigt hatte, in die
höchsten Kreise zu führen. Es ist aber anzuerkennen, daß Johann
Georg die natürliche Tochter seines Vaters nicht wie Nikolaus Dieterich, von dessen Lehnsansprüchen auf Rosenthal weiter keine Rede
war (⁹), auf ein bescheidenes Dasein beschränkte, daß er vielmehr mit
seinem Gefühle in gleicher Weise den Pflichten gegen sein Land wie
denen gegen seinen Vater gerecht wurde. Es ist eine ungerechte Behauptung, daß den Kurfürsten die Besorgnis vor der Geltendmachung
von Ansprüchen in erster Linie bei der Versorgung Magdalenas
geleitet habe. Denn einerseits ist nichts davon bekannt, daß Johann
Georg die Wahl seiner Halbschwester irgendwie beeinflußt hat; andererseits hätte auch der Gemahl, welcher sie schließlich heimführte,
etwaige Rechte seiner Ehefrau gegen den Kurfürsten ebenso gut wie
ein anderer geltend machen können. Daß aber der Kaiser nicht für
die Reichsgräfin Arneburg eintreten würde, darüber durfte Johann
Georg beruhigt sein.

Über die Brautwerbung Magdalenas ist von Oelrichs eine
Notiz des Brandenburgischen Archivraths Schönebeck übermittelt,

welche dieser aus dem Munde des Vicekanzlers Andreas Kohl erfahren zu haben angiebt.([14]) Nach derselben habe Johann Georg, als sich seine Halbschwester mit dem Hofrentei-Sekretär Andreas Kohl verlobt, zu dem Bräutigam, welcher sich als solcher bei ihm vorgestellt, die Worte gesagt: „Willst Du mein Schwager werden?“ Diese Äußerung läßt nicht die ihr böswillig oder gedankenlos untergeschobene Erklärung zu, als habe Johann Georg den Kohl zu seiner Eheschließung veranlaßt, sondern nur, daß er nach stattgehabter Verlobung dieselbe gutgeheißen. Die Bezeichnung des Kohl als zukünftigen Schwager hat ferner durchaus nichts Höhnisches, daß aber diese Anrede des Kurfürsten etwas Scherzhaftes hatte und so auch wohl gemeint war, lag in der Situation begründet.

Andreas Kohl war nun, soweit sich dies übersehen läßt, nach seiner amtlichen Stellung und nach seinem Range ein ganz geeigneter Gemahl für die aus fürstlichem Blute entsprossene Braut.

Der Titel Sekretär bezeichnete im sechzehnten Jahrhundert einen höheren Verwaltungsbeamten, und Kohl war als solcher bei der Administration der kurfürstlichen Domänen, welche bekanntlich damals noch nicht von denen des Landes getrennt waren, angestellt. Auf heutige Verhältnisse übertragen würde sich seine Stellung etwa als die eines Direktors im Ministerium für Landwirtschaft, Domänen und Forsten bezeichnen lassen.

Sodann aber gehörte Andreas Kohl, worauf zu jener Zeit ein ungleich höherer Wert gelegt wurde, als dies heutzutage der Fall ist, der altadeligen Familie Kohl oder Kohlo an, welche in Johann Friedrich Seidel, dem Verfasser der Schrift „Des Kohlischen Stammes Chron und Lohn“ Budissin Anno 1670, einen trefflichen Historiographen gefunden hat. Nach dieser Schrift([15]), welche dem damaligen Bürgermeister von Zittau, Anton v. Kohl, gewidmet ist, stammt das Geschlecht aus der Umgegend von Guben, in dessen Nähe noch heute ein Dorf den Namen Kohlo führt. Der Familienüberlieferung zufolge soll schon im Jahre 1126 ein Mathias Kohlo bei der Belagerung von Halle unter Kaiser Lothar hohen Ruhm davongetragen, ein späterer Abraham Kohlo des Grafen zu Schaumburg und Holstein Schwester geehelicht haben.

Den sichersten Beweis für den Adel des Andreas Kohl liefert aber folgende Thatsache. Als Kurfürst Joachim ein Mitglied dieser Familie, den Rechtsgelehrten Anton v. Kohl nach dem Jahre 1566 nach Preußen gesendet hatte, um am Hofe zu Königsberg einen Vertreter der kurbrandenburgischen Interessen zu haben, und sich dort Zweifel über den Adel dieses anscheinend in sehr schwieriger Stellung befindlichen Mannes erhoben, wandte er sich im Jahre 1574 an den

zu Lübben residierenden kaiserlichen Landvogt der Niederlausitz, Herrn
Jaroßlaw v. Kolowrath, mit der Bitte, ihm ein Zeugnis über seinen Adel auszustellen. Der Landvogt entsprach diesem Wunsche auch
unter dem 28. Oktober 1574, nachdem er einige ihm bekannte Mitglieder der Familie Kohl darüber vernommen hatt, daß Anton ihr
„Blutsfreund, Vetter, Schild- und Wappen-Genoß" sei. Unter den
bei dieser Gelegenheit vernommenen Personen, deren Adel folglich
notorisch war, befand sich auch der Vater des späteren Gemahls
Magdalenas, Albinus v. Kohl, der Bürgermeister von Guben.
Dieser Mann, welcher etwa 1600 geboren, mit Brigitta Walbach aus
Glogau verheiratet war und außer dem Andreas noch einen jung
verstorbenen Sohn Caspar und zwei Töchter Katharina und Magdalena erzeugt hatte, wurde von dem vorgedachten Landvogt Kolowrath am 6. August 1578 mit dem Schmachtenheimb, in und vor
Guben belegen, belehnt. In diesem Besitz folgte ihm sein Sohn Andreas, welcher von Seidel als „Ambt-Schöffer bei dem Churfürsten
zu Brandenburg" bezeichnet wird, und ist diese Lehnsfolge bei dem
hohen Alter des Albinus offenbar bald nach dem Jahre 1578 eingetreten. Unter dem 28. Februar 1594 erteilte ferner Kaiser Rudolf II. der Familie Kohl, vertreten durch vier Häupter ihrer einzelnen Linien, unter denen der Gemahl Magdalenas namentlich
aufgeführt wird, eine von Seidel unter der Bezeichnung „Clenodium
nobilitatis Kohlonianae" abgedruckte und übersetzte Konfirmation
ihres alten Adels. In derselben wird der Familie ihr von Alters
geführtes Wappen und Kleinod bestätigt, ihre Mitglieder werden als
Edelgeborene, Lehens-, Turniergenossen und rittermäßige Leute anerkannt.

Das von Alters geführte Wappen der Kohl bestand in einem
„Schildt überzwerch unterschieden und abgeteilt, deffen Unterteil rot
oder rubinfarb und der Ober weiß oder silberfarb, darinn ein För-
derteil eines Gemsen seiner natürlichen Gestalt, vorwarts zum Sprung
gestellt, mit offenem Maul, rotausschlagender Zungen; auf dem Schilde
ein Turniers-Helm, zu beyden Seiten mit roter oder Rubin und
weißer oder Silberfarb, Helmdecken und darob einem gewundenen
Pausch gezieret, daraus entspringet wiederumb ein vörder Teil eines
Gemsengestalt, wie im Schild bemelt." Eine Abbildung dieses Wappens im Holzschnitt ziert das Titelblatt von Seidels Schrift, der
Holzstock ist später in der unter dem Titel „Ge Mßen BJSD eJn Gut
WBrff eJnes gUtten ChrJsten" (Chronogramm 1674) vom Zittauer
Pfarrer Johannes Frantze verfaßten und herausgegebenen Leichen-
predigt des am 23. Januar 1674 verstorbenen, oben gedachten Bür-
germeisters Anton v. Kohl noch einmal zur Verwendung gekommen.

Sehr kleine Abbildungen des Wappens befinden sich auch auf den beiden Bildnissen des Vizekanzlers Andreas v. Kohl in M. F. Seidels Bildersammlung Nr. 89.

Berücksichtigt man ferner, daß die Kohl vielfach mit adeligen Geschlechtern der Lausitz, den Nostitz, Gersdorf, Straupitz und anderen verschwägert waren, so muß man die Verbindung Magdalenas mit Andreas Kohl als eine durchaus passende bezeichnen.

Dem Range und der amtlichen Stellung des Gemahls entsprechend ist nun auch die Ausstattung, welche Johann Georg seiner Halbschwester zu Teil werden ließ. Dieselbe bestand in einem Hause in der Spandauer Straße, nahe der damaligen Georgenstraße, auf dessen Grund und Boden heute ein Teil des Kaiserlichen Postgebäudes Spandauer Straße Nr. 19—22 steht. ([19]) Im sechszehnten und siebzehnten Jahrhundert hatte jener Teil der breiten Spandauer Straße die weitaus beste Lage in Berlin; wenn der Kurfürst der Magdalena auch nichts weiter als ein Haus in diesem vornehmsten Stadtviertel geschenkt hätte, so dürfte ihm doch ein kärgliches Benehmen gegen dieselbe nicht vorgeworfen werden. Dies bezeugt auch die Thatsache, daß am 18. Juni 1599 die Gebrüder v. Arnim, welche das gleichgroße Nachbargrundstück vom Bürgermeister Scholle gekauft hatten, 572 Thaler allein für Ablösung der von demselben zu entrichtenden Steuern zu zahlen hatten. Wenn in der darüber ausgestellten Urkunde ([20]) das von Scholle verkaufte Haus als neben dem des Andreas Kohl bezeichnet wird, obschon letzteres thatsächlich der Ehefrau desselben gehörte, so ist diese ungenaue Angabe des Eigentümers doch erklärlich, da es im vorliegenden Falle nur darauf ankam, das zu befreiende Grundstück zu identifizieren.

Seit dem Jahre 1578 wohnte also Magdalena als Frau v. Kohl (ihr Gemahl bediente sich, wie Posth mitteilt, stets des Adelsprädikates „von") mit ihrem Ehegatten in der Spandauer Straße, ohne indeß Kindern das Leben zu schenken; wie es denn überhaupt nach Ausweis der Stammbäume eine Eigentümlichkeit der männlichen Mitglieder der Familie Kohl war, daß sie entweder gar keine oder aber eine sehr zahlreiche Descendenz hatten. — Abgesehen von diesem Mangel lebten die Kohlschen Eheleute in äußerst behaglichen Verhältnissen, erwarben auch außer jenem Hause noch anderweit Grundbesitz in der unmittelbaren Nähe Berlins. So kaufte nach Ausweis des Zinsbuches des Berliner Rathes Andreas Kohl im Jahre 1586 einen Garten vor dem Georgenthor, im Jahre 1688 einen Baumgarten an der Spree belegen vor dem Spandauer Thore und endlich im Jahre 1596 vor demselben Thore einen Garten. Der Verkäufer des Baumgartens, welcher dem Ehepaare oft genug zum Zielpunkt seiner Spa-

ziergänge gedient haben mag, war der Kurfürstliche Geheimrat Johann
v. Köppen, welchen Leutinger unter dem Namen Copus vielfältig
besungen hat. Da ihr eigene Kinder versagt waren, übertrug Magdalena ihr Wohlwollen auf die seit dem Jahre 1579 auch mutterlosen
Kinder ihres früheren Pflegers Joachim Pasche. Der am 28. Februar 1561 geborene älteste Sohn desselben, Nikolaus, welcher von
1583—1585 Subrektor am Gymnasium zum Grauen Kloster zu Berlin
gewesen war, hatte seine spätere Laufbahn in Preußen wohl in erster
Linie dem Einflusse des Anton v. Kohl zu verdanken, dessen oben
gedacht ist. Als ein Zeichen seiner Dankbarkeit richtete er unter dem
3. September 1595 „an Frau Magdalena von Brandenburg" (diesen
Namen scheint die Tochter Joachims in vertrauten Kreisen beibehalten zu haben) ein „Schreiben wegen der Besessenen in der Mark und
wie sich gottselige Herzen in so schweren Fällen bezeigen sollen." Sein
zwei Jahre jüngerer Bruder Joachim Pasche wurde mit 23 Jahren
Archidiakonus zu Guben, wo der Vater des Andreas Kohl Bürgermeister gewesen, und dieser selbst mit einem Lehnsgute angesessen war.
Auch zu dieser außergewöhnlich frühzeitigen Versorgung dürfte vetter-
liche Gunst mitgewirkt haben. Ein dritter Vetter Magdalenas, der
am 18. Dezember 1565 geborene Martin Pasche, welcher ebenfalls
einen Teil seiner Jugend in Preußen zugebracht und im Jahre 1595
Eva Richters, die Tochter eines Ratsherrn zu Guben geheiratet
hatte, wurde im Jahre 1602 Bürgermeister in Berlin und bald
darauf auch Landschafts-Syndikus. Eine Tochter dieses Paares, die
spätere Gemahlin des Erasmus v. Seidel, hob Magdalena aus der
Taufe und gab dem Kinde ihren Vornamen.

Offenbar im Ausgang des Jahres 1604 verstarb Andreas nach
einer über fünfundzwanzigjährigen Ehe. Die von Pauli (Allgem.
Preuß. Staatsgeschichte, Bd. 3. S. 195) veröffentlichte handschriftliche
Bemerkung zu einem Exemplar von Creusings Chronik, daß Mag-
dalena bald nach ihrer Verheiratung Wittwe geworden sei, ist somit
ebenfalls unrichtig. Da Andreas keine Descendenten hinterließ und
Magdalena sich der Erbschaft in sein Vermögen entsagte, so beerbte
ihn seine einzige überlebende Schwester Katharina, welche in erster
Ehe mit Dietrich Antorff vermählt gewesen und von ihrem zweiten
Gatten, dem Doktor der Medizin N. Kaps, verlassen war. Auf das
Lehnsgut Schmachtenheimb erhob der älteste lebende Vetter des Andreas, Friedrich v. Kohl (sein Vater Augustinus war der Bruder
von Albinus, dem Vater des Andreas), Ansprüche und suchte beim
damaligen Kaiserlichen Landvogte Heinrich Anshelm Freiherrn v. Prom-
nitz die Belehnung nach. Dieser entsprach aber dem Ansuchen nicht
sofort, sondern ertheilte dem Friedrich v. Kohlo, Herrn auf Reibers-

dorf bei Zittau, „dieweil ... noch etlichermaſſen bedenken vorgefallen, Ihme ſolch Lehen würcklichen wiederfahren zulaſſen", zunächſt nur unter dem 24. Februar 1605 eine Beſcheinigung über die ordnungsmäßig erfolgte Lehensmutung. Bald nach dem Tode des Andreas, nämlich im Jahre 1606, wurde ein gleichnamiger Verwandter deſſelben (der Gemahl Magdalenas ſtammte im fünften, dieſer jüngere Andreas im ſechsten Grade von demſelben Aſcendenten ab) als Hof- und Kammergerichtsrath in Berlin angeſtellt und vermählte ſich im Jahre 1609 mit Marie Schönebeck, der Tochter des Bürgermeiſters von Stendal. (¹⁴)

Wie während ihrer Ehe, ſo erfreute ſich Magdalena auch als Wittwe der allgemeinſten Achtung; eine Anmerkung zu Creuſings Chronik bezeugt dies ausdrücklich. Sie unterhielt viele freundſchaftliche Beziehungen zu Berliner Familien, denen ſie auch dadurch näher trat, daß ſie oft genug Pathenſtellen bei den Kindern derſelben annahm, wie dies ihr im Jahre 1608 aufgeſetztes Teſtament beweiſt. Ihr Haus in der Spandauer Straße verkaufte Magdalena im Jahre 1610 an Herrn v. Dieskau (nicht Schterde oder „Schirslow", wie von Riebel und Oelrichs an den ſchon angegebenen Stellen irrtümlich überliefert wird), wobei ſie ſich indeß die Benutzung des Hauſes bis zu ihrem Tode vorbehielt, welcher noch in demſelben Jahre erfolgte. Über die ſpäteren Schickſale dieſes Hauſes vergleiche Nicolai, Geſchichte der Königlichen Reſidenzſtädte Berlin und Potsdam, Bd. 1, S. 10; in allerdings ſchwachen Umriſſen erſcheint daſſelbe auf der die Spandauer Straße darſtellenden Skizze des jüngeren Stribbeck (ſiehe: Berlin anno 1690, Zwanzig Anſichten aus J. Striebbeck's des Jüngeren Skizzenbuch, herausgeg. von Erman.)

In ihrem vom 7. Februar (Sonntag Eſtomihi) 1608 datierten Teſtamente ſetzte Magdalena ein Kapital von 1000 Thalern aus, deſſen Zinſen zu einem oder zu zwei Stipendien für Studierende dienen ſollten. — Durch die Güte des Herrn Stadtſchulrats Dr. Fürſtenau iſt uns die Benutzung der über dies Kohlſche Stipendium geführten Akten des Berliner Magiſtrats geſtattet worden, aus welchen ſich Folgendes ergiebt. Magdalena beſtimmte, daß

„diejenigen, ſo mir am nächſten mit Blutfreundſchafft verwandt,
„auch die nächſten zu dieſem stipendio ſeyn, und vor anderen
„darzu verſtattet werden ſollen; dergeſtalt, wo meines Bruderen
„Söhne Andreas vorerſt und nachdem Michael, die Diete-
„riche Söhne hätten, ſo zum ſtudiren tüchtig, und es ſoweit ge-
„bracht daß von denſelben einer mit Nutz und Frucht auf eine Uni-
„verſitaet könnte abgeſchidet werden, ſoll der, oder nach ihm ſeine
„Brüder, ſo viel dem ſtudiren obliegen, des beneficii .... ge-

„nießen .... Wann aber Michael und Andreas, die Diete-
„riche, nicht Söhne hätten, so darzu qualificiret, alsdann sollen
„meines Herrn Gevattern Martini Paschens, Bürgermeisters in
„Berlin, und nachdem Mag. Nicolai Paschens, jetzo Predigers
„zu Cauen Söhne und ihre Nachkommen, wann sie dazu geschult
„befunden, vor anderen den Vorzug in solchem beneficio haben,
„und nach diesem sollen sonst andere, so mir mit Blutfreundschafft
„verwandt, hierzu vor fremden gefordert werden .... Wann sich's
„aber begebe, daß aus die Freundschafft keiner vorhanden, ...
„alsdann sollen meine Pathen ... darzu gelaßen werden, und wo
„der auch kein, alsdann sollen auch anderer guter ehrlicher Leute
„Kinder, bey denen es wohl angewandt, zuforderst deren Eltern
„mir wohl bekannt gewesen, darzu verstattet werden.“   „Diese
„Summe der Eintausend Thlr. soll unabgelöset in der Landschafft;
„oder da sie sonst sicherlichen ausgeliehen, so lange keine Gefähr-
„lichkeit guter Zahlung zu vermuthen, stehen bleiben.“ .... „Da-
„mit aber auch hierin richtig verfahren . . . . . werden möge; Als
„sollen vorerst meine nächste Anverwandte Freunde, Bürgermeister
„Martin Paschen, als auch vorbenannte Dieteriche darauf
„besonder . . . . . Acht haben . . . . . wie denn auch bey demjenigen
„von meinen Anverwandten, der solche Discretion und Bescheiden-
„heit, daß er von denen Studiis und profectu der Jugend zu
„judiciren; die Anordnung und collation bleiben soll, wehm
„dies beneficium .... zu conferiren. Wann aber von denenselben
„meinen Anverwandten dieser Oerther niemand wohnhafft wäre,
„alsdann soll denen Provisoribus der Neuen Closter-Schule hier-
„selbst in Berlin das Jus conferendi innmittelst bis aus meiner
„Freundschafft sich einer hieselbst häuslich niederläßt, der etwa
„studiret, und dieser Sachen Maas zu geben weiß, übergeben seyn,
„daß sie meinen Freunden und ihren Nachkommen zuförderst und
„vorhero, hernachmahls aber .... anderen freyen und excitatis
„ingeniis ... die von Ihren Praeceptoren gute Commendation
„. . . . . dies stipendium zuwerden, und sollen auf den Fall die
„Provisores scholae, wie auch meine Anverwandte Freunde, so
„sich des Juris conferendi gebrauchen, verbunden seyn, Einem
„Ehrbaren Rath der Stadt Berlin jährlichen Anzeige und Berech-
„nung zu thun, auf welche Stipendiaten das Geld angewandt,
„und ob dieselben auch solches nützlichen anlegen ...“
Aus den Akten, welche zwar erst mit dem Jahre 1771 beginnen,
indeß manche Schlüße auf frühere Zeit gestatten, erhellt nicht, daß
die Descendenz der Gebrüder Andreas und Michael Dieterich das
Kollationsrecht jemals ausgeübt haben; nur ein gewisser Elsner ver-

suchte seine Abstammung von diesen Stiefneffen der Stifterin nachzuweisen, indeß ohne Erfolg. Dagegen sind die Verwandten Martin
Pasches bis auf unsere Tage mit geringen Unterbrechungen im Besitze dieses Rechtes gewesen. Zunächst übte es Martin aus, dann
sein Tochtermann Erasmus v. Seidel und dessen männliche Descendenz. Später vererbte Amanda Sidonia v. Seidel, die Enkelin des
Erasmus und Gemahlin des Hof- und Kammerrats Cölestin Cosmar, das Recht auf die Familie Cosmar. Ihr Sohn, der Kriegs-
rat Cölestin Ernst Cosmar, welcher in seiner Jugend auch das Stipendium genossen hatte, war vom Jahre 1753 bis zu seinem im
Jahre 1771 erfolgten Tode Kollator der Stiftung; als dann aber
kein Familienmitglied den testamentarischen Bestimmungen genügte,
so entschied das Königliche Oberkonsistorium unter dem 13. Juni 1771,
daß das Verleihungsrecht dem Direktor des Berlinischen Gymnasiums
zum Grauen Kloster, dessen Stellung dem des im Testamente gedachten Provisor entspreche, zustehe, und verlieh der damalige Direktor
Büsching infolgedessen verschiedene Male das Stipendium. Diese
Übertragung gab zu mannigfachen Weitläufigkeiten seitens des Magistrats sowie des David Erasmus und Christian Cölestin Cosmar
(des Bruders bez. des Neffen jenes Cölestin Cosmar) Veranlassung;
einzelne Verleihungen wurden als unrechtmäßig beanstandet, und
Büsching trat deshalb im Jahre 1783 willig zurück, als der Prediger
Riem an der hiesigen Waisenhaus-Kirche als Gemahl der Sidonie Cos-
mar, einer Tochter des David Erasmus, das Kollationsrecht in
Anspruch nahm.

Seit dieser Zeit und noch mehr seit dem Jahre 1796, in welchem
der Justizkommissarius Friedrich Ferdinand Ernst Cosmar, ein Schwager des Riem, sein näheres Verleihungsrecht erhob und zur Anerkennung brachte, sind Stipendiaten der Kohl'schen Stiftung fast durch-
gängig die jüngeren Mitglieder der Familien Cosmar und Riem
gewesen.

Als der Kollator für das Jahr vom Mai 1812 bis 1813 dem
Berliner Superintendentensohne stud. med. Küster das Stipendium
verliehen hatte, dieser aber als freiwilliger Jäger zu Felde zog, wünschte
der Kollator, ihm das Stipendium auch für das Jahr 1813—1814
zuzuwenden und erbat sich, da Küster thatsächlich ja nicht studierte
und also den Stiftungsbedingungen nicht entsprach, die Erlaubnis des
Berliner Magistrats, in diesem Ausnahmefalle von Buchstaben der
Stiftung abweichen zu dürfen. Der Magistrat hielt sich zur Erteilung
dieser Genehmigung nicht für kompetent, sandte den Antrag vielmehr
mit einer sehr warmen Befürwortung an die Kurmärkische Regierung
zu Potsdam, welche sich indes unter dem 2. Dezember 1813 gegen

eine derartige Ausnahme erklärte. Der Versuch des Kollators, das Stipendium für die Verteidigung des Vaterlandes nutzbar zu machen, und die Unterstützung, welche der Magistrat diesem Plane angedeihen ließ, sind ein schönes Zeichen echt patriotischer Gesinnung, die Ablehnung der Regierung aber beweist die Pietät, mit welcher diese Behörde über die Erfüllung der Stiftungsvorschriften wachte.

Stipendiat für das Jahr vom Mai 1814 — 1815 war der aus Berlin gebürtige Studiosus der Theologie Hans Ferdinand Maßmann, ein Kämpfer der Befreiungskriege, später bekannt als germanistischer Philologe, aber bekannter durch seine herausfordernde und folgenschwere Beteiligung an dem vielberufenen Wartburgfeste vom 18. Oktober 1817. Es war eine eigentümliche Laune des Zufalls, daß dieser heißblütige Enthusiast für Keuschheit, Mannesstolz und Freiheit von jeglichen Formen ein Stipendium genossen hatte, welches, wie ihm sicher unbekannt geblieben, vor über zweihundert Jahren die im Konkubinat erzeugte natürliche Tochter eines Fürsten gestiftet hatte.

Im Jahre 1836 wurde das Stipendienkapital zum mardierten Werte mit 1333⅓ Thaler von der Kurmärkischen Städtekasse ausgezahlt; der damalige Kollator, Konsistorialrat Emanuel Wilhelm Karl Cosmar, ein jüngerer Bruder des früheren Kollators Friedrich Ferdinand Ernst schenkte zu dieser Summe noch soviel, daß der Zinsertrag des seitdem in Staatsschuldscheinen angelegten Kapitals von 40 auf 60 Thaler erhöht wurde.

Zur Zeit trägt das Kohl'sche Stipendium jährlich 228 Mark und wird nur an eine Person verliehen; Kollator ist der Notar im Bezirke des Kammergerichts Justizrat Riem in Berlin([22]), die Verwaltung übt der Magistrat hiesiger Haupt- und Residenzstadt aus.([23])

In dieser Weise wirkt die Stiftung Magdalenas, durch welche dieselbe den hochherzigen Wahlspruch ihres Vaters „Wohlthäter sein für Alle, das ist Fürstenart" nach Kräften bethätigte, seit nunmehr 277 Jahren in Berlin. Nur Wenige von den Vielen, denen dieses Stipendium es verstattet hat, ihre Fähigkeiten sich und Anderen zum Segen zu entwickeln, mögen gewußt haben, wem sie ihren Dank schuldeten. Denn wie durften sie vermuten, daß die Wittwe Kohl oder „Kohle", wie sogar amtliche Magistratsberichte die Stifterin nennen, Magdalena v. Kohl, die Gräfin zu Arneburg und Tochter Joachims gewesen.

Auch bei den Wohlthäterfesten, wie sie alle zwei Jahre von dem Berlinischen Gymnasium zum Grauen Kloster begangen werden, wird dieser langjährigen Wohlthäterin nicht gedacht. Möge diese kleine Biographie dazu dienen, eine beinahe dreihundertjährige Vernachlässigung zu beseitigen und das Andenken Magdalenas zu Berlin in dergleichen dankbaren Erinnerung leben, wie das vieler Mitglieder der Familie ihres Ehemannes zu Zittau.(¹⁰)

Bis jetzt hat man sich, wie ein Blick fast in jede beliebige Schilderung der Regierung des Kurfürsten Johann Georg beweist, damit begnügt, die Tochter der Gießerin zu einer Romanfigur aufzuputzen und mit Entstellung des geschichtlich überlieferten als ein schuldloses Opfer des Hasses und Geizes ihres kurfürstlichen Halbbruders hinzustellen.

Mag immerhin der große Haufen, der seine Freude an der Anekdote hat, an den eingewurzelten Fälschungen festhalten; für den Einsichtigen wird erwiesen sein, daß Johann Georg von jedem Makel einer unritterlichen Behandlung seiner Halbschwester frei ist.

Anmerkungen und Excurse.

¹) Von Nikolaus Dietrich ist z. B. eine Glocke in Siethen mit der Jahreszahl 1553 gegossen (Bergau Kunstdenkmäler S. 709), eine andere mit der Jahreszahl 1556 befindet sich zu Wachow im Havellande (Märkische Forschungen Bd. 6 S. 135); über die Fabel, welche ihm den Guß des Denkmals für Johann Cicero im Dome zu Berlin zuschreibt, siehe Näheres bei Rabe „Das Grabdenkmal des Kurfürsten Johannes Cicero" S. 11 ff., 23.

²) In dem auch sonst sehr ungenauen Abdruck des Posth (Schriften des Vereins für die Geschichte Berlins, Heft 4) steht das falsche Datum „1616."

³) Den häufig abgedruckten Revers siehe z. B. bei Riedel Codex diplomaticus Brandenburgensis Supplementband S. 179.

⁴) Der Abdruck des Posth (siehe 2) enthält eine irrtümliche Vertauschung der Vornamen von Kerkow und Pasche; ersterer heißt Benedikt, letzterer Joachim.

⁵) Die Aufzählung der Begleitung des Kurfürsten Joachim zum Frankfurter Reichstage giebt u. A. Angelus Annales Marchiae Brandenb. S. 360 ff.

⁶) Die Verordnung vom 14. Oktober 1562 ist mehrfach abgedruckt z. B. bei Riedel a. a. O. S. 180 ff.

⁷) Eine Abschrift des Diploms-Konzeptes ist uns durch Vermittelung der K. u. K. Oesterreichisch-Ungarischen Botschaft zu Berlin aus dem K. u. K. Ministerium des Innern zu Wien zugestellt worden, wofür den gedachten hohen Behörden an dieser Stelle der verbindlichste Dank ausgesprochen wird.

Das Diplom hat folgenden Wortlaut:

Erhöhung zum Gravenstand
mit Verleihung Wappens
Fraulein Magdalenen deß
Churfürsten zu Brandenburg
natürlichen Tochter.
Wien, 31. August 1564.

Wir Maximilian der Ander von Gottes Gnaden Erwehlter Römischer Kayßer, zu allen Zeithen Mehrer des Reichs, in Germanien zu Hungarn, Böheimb, Dalmatien, Croatien und Sclavonien etc. König, Erzhertzog zu Osterreich, Hertzog zu Burgundt, zu Brabandt, zu Steyr, zu Kärndten, zu Crain, zu Lützemburg, zu Württemberg, Ober und Nieder Schlesien, Fürst zu Schwaben, Marggraff des heiligen Römischen Reichs zu Burgau, zu Mähren, ober und nieder Laußnitz, gefürsteter Graff zu Habspurg, zu Thyrol, zu Pfierdt, zu Kyburg und zu Görtz, Landtgraff in Elsaß, Herr auf der Windischen Marckh, zu Portenau und Salins, etc. etc. etc.

Bekennen für Unß und Unsere Nachkommen am Reiche offentlich mit disem brief und thun kundt allermeniglich. Wiewol wir auß Römischer Kayserlicher Höhe und wirdigkait, darin Unß der Allmechtig nach seinem göttlichen Willen und fürsehung gesetzt hat, auch auß angeborner guete und miltigkait alzeit genaigt seind, Aller und Jeder Unserer und des heiligen Reichs Stende und Unterthanen Ehr, aufnemen, nutz und bestes zu betrachten und zu befürdern, so ist doch Unser Kaiserliches gemüet pillich ettwas mehr genaigt, denjenigen Unser Kayserliche Gnad und miltigkait mitzutailen und zu erzaigen und Iren namen, stand, lob und ehr zu erheben und außzupraiten, deren Eltern sich gegen Uns und dem heiligen Reich in steter treuer affection, lieb und Zunaigung, auch mit laistung angenemer nutzlicher und erspriesslicher Dienst Jeder Zeit vor andern guet willig gefliessen und unverdrossen gehaben, bewisen und erzaigt. Wann uns nun der Hochgeborne

Joachim Marggrave zu Brandenburg

zu Stettin, Pommern, der Cassuben und Wenden Hertzogen, Burggrave zu Nürenberg und Fürst zu Rügen, des heiligen Römischen Reichs Erzcammerer, Unser lieber Ohaim und Churfürst underthäniglich ersucht und gepetten, daß wir

Magdalenen von Brandenburg

seine Liebden natürliche Dochter zu greflichen stand zuerheben und Sy mit gepürlichen Wappen und Clainot zu fersehen gnediglich geruehten. Deß haben wir angesehen jetzgedachts Unsers lieben Ohaims, des Churfürsten zu Brandenburg ziemblich und fleißig pitt, Auch

die angenemen getreuen nutzlich und erſprießlichen Dienſt, ſo derſelb
Uns lieber Ohaim und Churfürſt

Marggraf Joachim zu Brandenburg

Weiland Unſeren geliebten Herrn Schwehern und Vatter Kayſer Carln
und Kayſer Ferdinanden baiden Hochlöblichen gedechtnuß, auch
Uns ſelbs, dem heiligen Reich und Unſern löblichen Hauß Öſterreich
in mannigfeltig wege mit ſondern genaigten Bleiß unverdroſſenlich
erzaigt und bewiſen. Sein Liebden auch hinfüro mit weniger Zuthun gehorſamblich erpütig iſt, auch wol thuen mag und ſolle.
Und darumb mit wolbedachten mueth, gueten Rath und rechter wiſſen
gedachtes Uns lieben Ohaims und Churfürſten Marggrave Joachims zu Brandenburg natürlicher Dochter

Magdalena von Brandenburg

diſe beſondere gnad gethan und Freyhait gegeben und Sy auff die
Graffſchaft Arenberg, ſo Jr mehrgedachter Unſer lieber Ohaim, der
Churfürſt zu Brandenburg aigenthümblich eingethan, In den ſtand,
ehr und wirde der Graven und Grävinnen gnediglich erhebt, geſetzt
und Sy der ſchar, geſellſchaft und gemainſchaft anderer Unſerer
und des heiligen Reichs Graven und Grävinnen gegleicht und zue-
gefüget. In gleicher Weiſe, als ob gemelte

Magdalena von Brandenburg

von Jren vier Anen, Vatter, Muetter und Geſchlechten zu baiden
ſeitten ain Rechte Grävinn geboren were. Und zu offentlichem
mehrem Gezeugnuß, glauben und gedechtnuß ſolcher Erhebung in
den Gravenſtand gemelter

Magdalena von Brandenburg, Grävin zu Arenberg

ditz hernach geſchriben Wappen und Claimot mit namen: ainen quar-
tierten ſchilt, deſſen daß unber und hinder und ober vorderthail
weiß oder ſylberfarb, darinn ain roter adler ane Fueß und ſchwanz
mit ainem Kopf hinderwerts gekert, aufgethanen Flügen, roter auß-
geſchlagner Zunge, vergulten ſchnabl und in Jeder Flug auff ainem
lange ſtil von der bruſt an biß zu ende deß Flugs, Über ſich neben
den ſachſen her geend ain Cleeplat, baides ſtil und Cleeplat gelb
oder goltfarb, und dann das vorder unber und hinder ober thail
des ſchilts nach der lenge in zway gleiche tail abgetailt, daß vorder weiß und hinder thail ſchwarz. Auff dem ſchilt zween offne
abeliche Torniershelm, deren der vorder mit roter und weiſſer Helmbeden und ainer guldenen königlichen Cron, der Hinder aber mit
gelben oder goltfarben und ſchwarzen Helmbeden geziert iſt, auff
dem Vorderen ain ſchwarze aufgethane Adlerflug, die ſachſen un-
berwerts kerend, und auß dem Hinderen Helm fürwerts aines gelben
oder goltfarben pradenkopf ſambt dem Hals, mit außgeſchlagener

roter Zunge, lange hangenden oren, nach der leng gleich abgetailt,
vornen weißen und hinden schwartz erscheinend, Als dann solch
Wappen und Clainot in mitte diß gegenwertigen Unsers Brieffs
mit farben aigentlicher gemalet und außgestrichen sein, Erheben,
würdigen, schöpfen und setzen gemelte
Magdalenen von Brandenburg
in den stand und grad der Graven und Grävinnen, fuegen und
gesellen Sy zu der schar, gesellschaft und gemainschaft ander Unser
und des Reichs Graven und Grävinnen, geben und verleihen Ir
auch obgeschriben Wappen und Clainot von neuem, Alles von Römischer Kayserlicher macht Volkomenhait wissentlich in Craft diß
Brieffs. Und mainen, setzen und wollen von jetzo berüerter Unser
Kayserlicher macht, das nun furbaßhin obgemelte
Magdalena von Brandenburg
sich Gravin zu Arenberg nennen, schreiben und von menniglich
für ain Grävinnen geehrt, geacht, genennet und gehalten werden,
auch alle und yegliche gnad, Freyheit, privilegien, Ehr, Wirde, Vor-
thail, Recht oder gerechtigkait, wie andere Unsere und des Reichs
Graven und Grävinnen haben, geprauchen und genießen von Recht
oder Gewohnhait. Darzu auch obberürt Wappen und Clainot füren
und derselben in allen ehrlichen sachen und geschefften, in Infig-
len, Pettschafften, Clainoten, Begräbnußen und sonst an allen orten
und enden, Iren ehren, notturfften, willen und wolgefallen nach
gebrauchen solle und möge, von allermenniglich unverhindert, doch
anderen, die villeicht den vorgeschriebenen Wappen und Clainot
gleich fürten, an denselben und sonst menniglich an seinen Rechten
unvergriffen und unschedlich, und gepieten darauf allen und Jeden
Churfürsten, Fürsten, Geist und weltlichen, Prälathen, graven, Freyen,
Herrn, Rittern, Knechten, Statthaltern, Landtmarschallen, Haubt-
leuthen, Vizdomben, Vögten, Pflegern, Verweeßern, Ambtleuthen,
Landtrichtern, Schuldtheußen, Burgermaistern, Richtern, Räthen,
Kundtigern der Wappen, Ehrenholdten, Persevanten, Burgern, ge-
maindten und sonst allen Unßern und des Reiches, auch Unserer
Erblichen Königreich, Fürstenthumb und Landten Unterthanen und
Gethreuen, waß Würdten, Standts oder Weesens die seint, ernstlich und vestiglich mit disem brieff und wollen, das Sy vorgenannte
Magdalena von Brandenburg
nun hinfüro für ain Gräfin von Arenberg nennen, ehren, schreiben,
haissen, achten, wirdigen und haben und an disen Unsern Kaiserlichen gnaden, ehren, Wirden, Vortailn, Rechten, Gerechtigkaiten
und erhebung in den stand und Grad der Graven und Grävinnen,
auch an den obberürten Wappen und Clainoten nit hindern, Irren,

belaidigen, bekomern ober beſchweren, Sonber Sy babey veſtiglich
handhaben, beren getruehlich freien geprauchen unb genieſſen unb
gentzlich babey pleiben laſſen unb hiermiber nit thun noch Jemanb
anberen Zuthun geſtatten in kain weiſe noch wege, Als lieb ainem
Jeben ſey Unſer unb bes Reichs ſchwere Ungnab unb ſtraff unb
barzu ain peen, nemblich 60 Mark lötigs Goldes zu vermeiben,
bie ain Jeber, ſo oft er frevenlich hiewiber thette, Uns halb in
Unſer unb bes Reichs Camer unb ben anbern halben Thail obgemelter
Magdalena von Brandenburg, Gräbin zu Arenberg
unnachleßlich zu bezahlen verfallen ſein ſolle.

　　Mit Urkund biß Brieffs beſiglet mit Unſerm Kayſerlichen an-
hangenben Jnſigel. Geben zu Wien ben letzten Auguſten Ao. 1564.

　　*) Dieſe Schuldverſchreibungen ber Stadt Köln im Geh. Staats-
archive Rep. 61, Nr. 24 lit. B. ſind battert „Cöln an ber Spree
Freitags am abent purificationis Marie“ (1. Februar) 1566 unb „zur
Grimmitz Montags am achten Trium Regum“ (13. Januar) 1567. —
Da dieſe Urkunden nur bie ſehr weitläuftigen, aber völlig gleichmäßigen
Bekunbungen berartiger Obligationen enthalten, ſind ſie bes Abbrucks
nicht wert. Eine aus gleichem Grunbe hier nicht abgebruckte Obliga-
tion ber Stadt Berlin zu Gunſten ber Gießerin, beren Siegel ent-
fernt ſind, befanb ſich früher im Beſitze bes bekannten Sammlers
Wendeltn v. Maltzahn, der ſie vor einigen Jahren an bas Märkiſche
Provinzial-Muſeum zu Berlin veräußert hat, in welchem ſie ſich jetzt
befindet. Sie lautet über 400 Thaler unb 400 Gulden.

　　In demſelben ſehr wohl georbneten unb in jeber Beziehung trefflich eingerichteten Jnſtitute wird übrigens auch ein in Wachs abge-
formter weiblicher Kopf aufbewahrt, beſſen Original ſich an einem
Schranke im Jagbſchloſſe Grunewald bei Berlin befindet. Dieſen Kopf
bezeichnet ber Volksglaube als ein Portrait ber ſchönen Gießerin, hat
berſelbe indes zufällig damit bas Richtige getroffen, unb hat ber Kopf
auch nur eine entfernte Ähnlichkeit mit bem Originale, ſo könnte bie
Bezeichnung ber Gießerin als „ſchöne“ nur eine ironiſch angewandte ſein.

　　Über ben Beſitz Anna Sybows an Grundſtücken zu Berlin ſiehe
Märkiſche Forſchungen Bb. 8 S. 240 ff.

　　*) Die Nachrichten über bie an Andreas Sybow, Nikolaus Die-
trich, Joachim Paſche unb Magdalena von Arneburg erteilten
Belehnungen bringt bas im Geh. Staatsarchiv befindliche Copiar.
March Nr. 55, Rep. 78 Nr. 43 fol. 77.

　　Andres Sidow Amptmann zu Botzow unnd Liebenwalde.
Auf vorgehende unſers gnedigſten hern bes Churfurſten zu
Brandenburg etc. begnadung haben S. Churfurſtl. Gn. An-
dres Sidowen Amptmann zu Botzow und Liebenwalde und

seinen menlichen leibs lehens erben das Dorff Lütken Zcietten
mit allen gnaden ein- unnd zugehorungen Montags nach om-
nium Sanctorum Anno dom. 66 (4. November) zu Grimmitz
zu Lehen, desgleichen Nickel Dietrichen und seinen menlichen leibs lehens Erben und volgis Ern Joachim paschen,
probsten zu Berlin und desselben menlichen leibs lehens
erben die gesampte handt daran, Inhalts der begnadung und
lehenbriefs vorliehen, unnd darauf bevelch gethan, solchs
also zu Registrirenn.

Actum Sontag Letare Anno dom. 67 (16. März).

Nach absterben berurts Andres Sidows etc. weil der
keine leibs lehens erben vorlassen, ist durch unserm gnedig-
stenn hernn dem Churfursten zu Brandenburg etc. jn eigener
person, auf geleiste gewonliche lehenspflichte, Nickel Ditrichen, Nickel Ditrichs etwan gewesenen Zeugmeisters
und giessers seligen Sone, als gemelts Andres Sydows ne-
histen lehens volgere, das Dorff Lütken Zietten mit aller Zu-
gehor, wie das Andres Sidow seliger besessen, zu Lehenn
und Ern Joachim Paschen, probsten zu Berlin, zu gesampter
handt vorliehen worden, alles fernern Inhalts daruber Inha-
bender Lehenbriefe.

Inn gleichenn Ist vonn S. Churfl. gn. bemelten Nickel Ditrichen auf solche geleiste Lehenspflichte, das Dorff Rosen-
daell, mit allen gnaden, ein- und zugehorungen, Sonderlich
sieben Ruten Brenholz auss der Jungfer heiden, die halbe
Nonnen Wiese, und die fischerei auf dem Ziegelschen Sehe,
mit einem freien kane, und alle Jar vier frie Zuege mit einer
Zesen, welches alles seine mutter Anna Sydows noch zu
leibgedinge gebraucht, auf berurtter seiner Mutter fall, auch
zu Lehne vorliehen worden. Und haben S. Churfl. gn. ann
demselben, mit Nickel Ditrichen versamblet S. Churfl. gn.
Tochter Magdalena von Brandenburg, Greffin vonn Arneburg, vor sich und jre menliche leibs erben, unnd nach derer
fall, auch her Joachim paschen, probstenn zu Berlin, auf
Maess wie solchs S. Churfl. gn. sonderlich derwegen gegebenen begnadungs und Lehenbrieff weitter Innehelt. Actum
Freitags nach Corporis Christi Anno etc. 69 (10. Juni).

Relator Secr. pantel Thum,

jn praesentia dom. Cancellarij

L. Distelmeiers et Dom. Alberti Thums.

Aus diesen Eintragungen folgt zunächst, daß der Großvater Magdalenas nicht Nikolaus, sondern Andreas Sydow hieß, und daß

derselbe ferner nicht Amtshauptmann von Bötzow und Zossen, sondern von Bötzow und Liebenwalde gewesen ist. In dieser Beziehung sind demnach die Angaben von Küster (M. F. Seidels Bildersammlung S. 72) zu verbessern.

Der von Oelrichs übermittelte Excerpt (Riebel a. a. O. S. 189) über die Belehnung von Verwandten der Gießerin mit Rosenthal ist ebenfalls nach Maßgabe der Eintragung vom 10. Juni 1569 zu ergänzen; nur infolge eines Versehens nennt Oelrichs den Probst von Berlin Joachim Tasch; ein Irrtum, welcher bei Riebel wiederkehrt.

Nach dem Tode Joachims wurden die Rechte, welche Nikolaus Dieterich und Magdalena durch die stattgehabte Belehnung auf Rosenthal erworben hatten, von Johann Georg unberücksichtigt gelassen. Denn dieser Fürst erteilte schon im November 1574 seiner Schwester, der verwitweten Herzogin Elisabeth Magdalena von Braunschweig-Lüneburg die Erlaubnis, sich mit seinem Kämmerer Ludwig v. Gröben, welchem er schon „vor Zeiten" Rosenthal verschrieben, zu vergleichen und versprach für diesen Fall, ihr den lebenslänglichen Nießbrauch dieses Gutes übertragen zu wollen. (Märkische Forschungen Bd. 14, S. 80 f.)

Die Herzogin Witwe von Lüneburg besaß dann thatsächlich Rosenthal bis zu ihrem im Jahre 1595 erfolgten Tode und vermachte dasselbe testamentarisch den Kindern ihres Hofmeisters Goetze, als eine Belohnung für die ihr von diesem geleisteten treuen Dienste.

[10]) Das Verzeichnis der Ausstattungsstücke Magdalenas druckt Riebel a. a. O. Supplementband S. 188 nach der Überlieferung von Oelrichs ab.

[11]) Oft abgedruckt z. B. bei Riebel a. a. O. S. 188.

[12]) Näheres Märker, Sophia v. Rosenberg, S. 8.

[13]) Vergleiche z. B. die Anlagen zu König, Versuch einer Schilderung von Berlin, Bd. I.

[14]) Fast sämtliche nichturkundlichen Nachrichten über die Lebensschicksale Magdalenas sind auf ihren Verwandtenkreis zurückzuführen.

Der Archivrat Christoph Schönebeck, welchem wir die näheren Angaben über die Vermählung Magdalenas mit Andreas v. Kohl verdanken, benennt als Gewährsmann hierfür ausdrücklich seinen Schwager, den Vicekanzler Kohl. Eine Tochter des Bürgermeisters Martin Pasche heiratete den damaligen Syndikus, nachmaligen Geheimen Rat Erasmus Seidel, und der aus dieser Ehe entsprossene Sohn Martin Friedrich Seidel eine Tochter des Vicekanzlers Andreas Kohl. In Martin Friedrich Seidel, dem Autor der Bildersammlung berühmter Märker und dem unermüdlichen Sammler auf

dem Gebiete märkischer Geschichte und Geschichten, verbanden sich also
die Verwandtenkreise, in denen die Überlieferung an die Schicksale
Magdalenas lebendig sein mußte.

Höchst ehrenvoll für sie ist es nun, daß sie bei den ihr Näher-
stehenden eine so günstige und würdige Erinnerung hinterlassen hat,
zugleich aber sehr erklärlich, daß sich an die folgerichtige Veränderung
ihrer Lebenslage durch den Tod Joachims im Laufe der Zeit mancherlei sagenhafte Gebilde geknüpft haben, welche Martin Friedrich
Seidel seit frühester Kindheit geläufig sein mußten. Leicht erkennbar
ist nun die Entstehung des Irrtums, daß ein Graf Eberstein mit
dem Geschick Magdalenas in Verbindung gesetzt wurde.

Der jüngere Andreas Kohl war im Jahre 1601 von Stephan
Heinrich Grafen v. Eberstein, ehemaligen Präsidenten der Reichs-
kammer, zum Kanzler ernannt worden; dieser Graf, geboren am
10. April 1533, war seit dem Jahre 1577 vermählt mit der Gräfin
Margarethe v. Eberstein, der Wittwe seines Vetters Johann Bernhard und Tochter des Landgrafen Philipp des Großmütigen von
Hessen aus der unebenbürtigen und historisch denkwürdigen Doppelehe
desselben mit dem Fräulein Margarethe v. d. Saal. Diese zweimalige
Verbindung einer unebenbürtigen Tochter des Landgrafen von Hessen
mit Grafen v. Eberstein, von denen Stephan Heinrich außerdem
mit dem Kanzler Andreas Kohl bekannt gewesen, mußte bei den Verwandten Magdalenas, welche sich doch ungefähr in derselben Lage
wie die Tochter Philipps befunden hatte, zu Vergleichungen heraus-
fordern. Diese Vergleichungen, berechtigt durch die sichere Annahme,
daß der Tochter Joachims ein ähnliches Loos bei längerem Leben
ihres Vaters beschieden gewesen wäre, mögen sich dann im Laufe der
Zeit zu der Familientradition verdichtet haben, daß Magdalena
einem Grafen Eberstein zur Gemahlin bestimmt gewesen sei. Hat
doch auch die Familie Seidel in dauernder Erinnerung eine Beziehung bewahrt, in welcher einst ein Graf Eberstein zu einem Mitgliede ihres Hauses getreten. Im Anfange des 17. Jahrhunderts
vermählte sich Kaspar v. Seidel, ein in Schlesien begüterter Ge-
schlechtsgenosse mit einem aus dem Fürstentum Oels stammenden Fräulein v. Schlieben, welche vorher Hofdame bei der Herzogin Elisabeth
Magdalene v. Münsterberg gewesen war. Auf Befehl dieser Fürstin und später auf Bitten der jungen Eheleute stellte Graf Ludwig
Christoph v. Eberstein genaue heraldische Untersuchungen über den
Adel der Familie Seidel an, zu denen er namentlich das Archiv
seines Onkels, des berühmten Kanzlers Grafen Schlick, benutzte.
Einen in dieser Angelegenheit geschriebenen ausführlichen Brief des
Grafen Eberstein an die Herzogin v. Münsterberg giebt Küster

(Geschichte des Altabeligen Geschlechts derer v. Seidel u. s. w. Berlin 1751. S. 11 ff.).

Durch Martin Friedrich Seidel ist nun auch die Überlieferung von einer beabsichtigt gewesenen Verbindung zwischen Magdalena und einem Grafen Eberstein als geschichtliche Thatsache verbreitet worden. Wie sich in seiner Bibliothek, offenbar als Erbstück, der Magdalenen gewidmete Traktat über die Besessenen in der Mark befunden, so stand auch offenbar ein dieselbe als etwa siebenjähriges Mädchen darstellendes Porträt zu seiner Verfügung. Er ließ dasselbe für seine Bildersammlung kopieren und versah es mit der auf unserer genauen Reprobuktion, welche wir der Güte und dem Geschick des Architekten Herrn Bolte verdanken, ebenfalls mitgeteilten längeren Inschrift. Das Original befindet sich auf der Königlichen Bibliothek zu Berlin (Libri pictur. B. 24 Nr. 97), nachdem es früher im Besitze des bekannten Sammlers Moehsen gewesen war.

Weit wichtiger aber als diese Unterschrift unter einem fast völlig in Vergessenheit geratenen Bildnisse sind für die Historiographie Magdalenas die auf M. F. Seidel und seinen gleichstrebenden einzigen Sohn Andreas Erasmus zurückzuführenden Anmerkungen zur Chronik von Creusing geworden, welcher mit ungemeiner Offenherzigkeit und Rücksichtslosigkeit über die Gießerin und ihr Ende, eine zur Gräfin erhobene Tochter derselben und über den Vorfall bei der Jagd zu Belitz im Jahre 1568 berichtet. Andreas Erasmus Seidel und sein Freund, der Kammerrat v. Weiße, gingen mit dem Gedanken um, die märkische Geschichte gewissermaßen als eine Fortsetzung der Kommentarien des Leutinger bis zum Beginn des achtzehnten Jahrhunderts zu schreiben. Diese Absicht gelangte allerdings nicht zur Verwirklichung, aber ganz unverächtlich ist die von ihnen verfaßte Fortsetzung von Creusings Chronik bis zur Krönung König Friedrichs I. in Königsberg. Der Nachlaß von Andreas Erasmus Seidel kam im Jahre 1717 zur öffentlichen Versteigerung; einen Teil der Bücher- und Manustripten-Sammlungen, darunter Exemplare des Creusing, erwarb die Königliche Bibliothek zu Berlin; Delrichs hat ebenfalls diese Erwerbungen benutzt, und so ist auch das von ihm Gebotene durch die nicht völlig objektive Seidelsche Auffassung beeinflußt worden.

Die genauere Ausführung bei Holtze: Creusings Märkische Fürstenchronik S. 40 ff.

Vielleicht ist es nur eine Laune des Zufalls, daß Uhland in seiner bekannten Ballade vom Grafen Eberstein den Besitzer dieser malerisch im Schwarzwalde belegenen Burg auch mit einer wohl nur natürlichen Tochter eines Kaisers vermählt. Uhland entnahm den Stoff zu seiner Dichtung wohl aus Grimm, Deutsche Sagen 476;

welcher seinerseits die Darstellung von Mart. Crusius Annales Suevici II. 6, 3 und in Lehmanns Speierscher Chronik benutzt hat.

¹⁵) Im Jahrgang 1886 der Zeitschrift des historischen Vereins für Niedersachsen S. 326 ff. teilt Eduard Bodemann unter dem Titel „Kleine Beiträge zur Geschichte des kurbrandenburgischen Hofes im 16. Jahrhundert" vier bisher ungedruckte Aktenstücke mit, von denen das erste das erwähnte Kondolenzschreiben des Herzogs Julius ist. In der Einleitung, welche Bodemann zu diesem wichtigen Dokumente giebt, sind mancherlei Irrtümer enthalten. Zunächst hat die Gießerin dem Kurfürsten nicht drei Töchter geboren, auch hat der Genuß des Eierkuchens nicht den plötzlichen Tod Joachims zur Folge gehabt, sondern, wie aus dem Schreiben selbst hervorgeht, nur nach der Meinung des Herzogs bewirkt, daß sein Schwiegervater zur Liebe gegen die Gießerin entflammt wurde. Auch die Angabe, daß die Bendelin, welche auf Anstiften des bekannten Münzjuden Lippold dem Kurfürsten unwissentlich Gift beigebracht haben sollte, eine Maitresse des Fürsten vor der Anna Sydow gewesen, ist unrichtig; diese Person hat vielmehr erst in den letzten Lebensjahren des Kurfürsten die Sydow aus der Gunst desselben verdrängt. Dies geht schon aus dem Schreiben des Zacharias Röbel vom 24. Januar 1573 (a. a. O. S. 329) hervor, da doch die Anwesenheit dieser Person bei dem erkrankten Joachim ohne jede Erklärung wäre, wenn man sie nicht als Kourtisane ansprechen will. Dasselbe ist nach der Mitteilung bei Creusing (Märkische Fürstenchronik S. 167) zu folgern; derselbe nennt diese Bendelin an erster Stelle und erwähnt von ihr, daß sie vom Kurfürsten Johann Georg aus dem Lande gejagt sei. Auch die Thatsache, daß aus den letzten Lebensjahren des Kurfürsten Joachim Gnadenbeweise für Anna Sydow nicht mehr nachweislich sind, ja die Verfügung zu Gunsten Magdalenas vom 2. Juli 1570 eine teilweise Enterbung der Gießerin enthält, spricht dafür, daß das einstige Interesse für dieselbe bei Joachim bereits im Erkalten war.

¹⁶) Im Jahrgang 1886 der Zeitschrift des historischen Vereins für Niedersachsen S. 328 wird dieser Passus aus dem Reiche'schen Briefe und zugleich ein Schreiben Röbels an Herzog Julius über die bevorstehende Hinrichtung Lippolds vom 24. Januar 1573 abgedruckt. Über Röbels Tod siehe Angelus Annales S. 375.

¹⁷) Martin Friedrich Seidel hat in seine Bildersammlung die Portraits seines mütterlichen Großvaters, des Bürgermeisters Martin Pasche, seiner Großonkel, des Zittauer Pastors Joachim und des Königsberger Pastors Nikolaus Pasche, sowie seines Urgroßvaters, des Probstes Joachim Pasche aufgenommen (Nr. 76, 69, 70 u. 30). Küster hat dann in seiner im Jahre 1731 veranstalteten Ausgabe

dieser Sammlung S. 71 ff. über die Schicksale dieser Männer verschiedene Mitteilungen gemacht, welche zum Teil auf handschriftliche
Notizen von M. F. Seidel zurückzuführen sind. Eine Neubearbeitung
dieser Biographien wäre nicht unerwünscht, da sie neben manchem
Gleichgültigen doch eine ganze Fülle des Interessanten bieten. Über
die Schicksale des älteren Joachim Pasche erfahren wir noch, daß er
nach Niederlegung der Berliner Probstei zwei Jahre in seinem unweit
der Marienkirche belegenen Hause gewohnt hat, ehe er die Pfarre in
Wusterhausen antrat. Bezeichnend für die etwas lockere Gesinnung
dieses Mannes ist die Thatsache, daß er im Jahre 1570, noch als
Berliner Probst, ein Schriftchen unter dem Titel epistola de abso-
lutione pastoris cuiusdam, qui lapsus erat in adulterium veröffentlicht hat.

Ganz fehlerhaft sind die verstümmelten Bemerkungen über die
Ascendenten des Bürgermeisters Martin Pasche, welche Posth (a.
a. O. S. 29) giebt. Wenn als Eltern seiner Mutter Elisabeth der
Bürger Martin Sydow und Gertrud Schnewind bezeichnet werden,
so liegt hier wohl eine Verwechselung mit den Eltern seines Vaters
vor, die Martin Pasche und Gertrud Rehfeld hießen.

¹⁸) Über die lausitzer, heute ausgestorbene Familie Kohl oder
Kohlo giebt es viele Nachrichten, welche sich indeß im Grunde auf
eine Quelle zurückführen lassen. Es ist dies die im Jahre 1670 zu
Bautzen erschienene Schrift: „Des Kohlischen Stammes Ehron und
Lohn." Ihr Verfasser ist der Zittauer Notar Johann Friedrich Seidel, welcher sie dem regierenden Bürgermeister von Zittau, dem Herrn
Anton v. Kohl widmete. Das erste Kapitel enthält eine Art Einleitung, das zweite zählt eine Reihe verdienter Personen dieses Geschlechts auf, welche sich im Stammbaum, welchen das dritte Kapitel,
anscheinend recht fehlerhaft giebt, nicht unterbringen ließen. Im vierten wertvollsten Kapitel werden mehrere für die Familiengeschichte
wichtige Urkunden abgedruckt, zum Schluß folgen zwei langweilige
Gedichte des Pfarrers Frantze und des Dinstags Predigers Selig-
mann zu Zittau, welche beide den Bürgermeister Anton v. Kohl
feiern. Uns hat dieses Buch das Material zu den Angaben über
Magdalenas Gatten gegeben.

Die Mitteilungen in diesem Werke sind nun in mehreren Schriftchen benutzt worden, welche von Zittauern geschrieben, sich jetzt in der
Ratsbibliothek zu Zittau befinden und uns durch das dankenswerte
Entgegenkommen des Herrn Stadtbibliothekars Fischer daselbst zur
Benutzung überlassen sind. Frantze schrieb die Seidelsche Arbeit in
seinem „Gemsenbild, ein Entwurff eines gutten Christen", Zittau 1674,
dem Abdruck seiner Leichenpredigt für den am 23. Januar 1674 ver-

ſtorbenen Bürgermeiſter Anton v. Kohl im reichlichen Maße aus,
nur wenige Züge aus dem Leben dieſes Mannes wurden von ihm
hinzugefügt (ſiehe Leichenpredigten, Sammelband Hiſt. 4° 661). Mit
dieſer Rede ſtimmt dann faſt wörtlich die handſchriftliche Lebensbe-
ſchreibung des Anton v. Kohl (Sammelband I. uaat XI. 2) überein.
Die Angaben der Seidelſchen Schrift über den brandenburgiſchen Bicekanzler Andreas v. Kohl benutzte Küſter für den Lebensabriß dieſes
Mannes (Bilderſammlung S. 181 ff.); das Gleiche that der Zittauer
Konrektor Joh. Chriſt. Müller in der Gedächtnisrede, welche er dem
Bicekanzler im Jahre 1788 am Gymnaſium zu Zittau hielt (Vita
Andreae ab Kohl, Zitt. 43). Aus dieſer Rede erfahren wir, daß
Andreas Kohl teſtamentariſch ſeiner Vaterſtadt Zittau ein Legat
„iuvenibus literarum studiosis destinatum, qui natales suos ad
familiam Kohlianam referunt“ unter der Bedingung vermachte, daß
jährlich am Gymnaſium eine kurze, nichtöffentliche Rede zu ſeinem Gedächtnis gehalten werde. Mit Rückſicht hieranf ſagt Müller in jener
Rede: „nicht die ſtolzen Kriegsthaten, nicht die hohen Verdienſte in
Civilſtellungen, ſondern fromme Stiftungen erhalten das Andenken
dieſer nunmehr ausgeſtorbenen Familie lebendig.“ Ferner berichtet
Müller einen für die große Einfachheit dieſes Andreas charakteri-
ſtiſchen kleinen Zug „quam ex schedis Christiani Weisii celeber-
rimi quondam Gymnasii nostri rectoris hausi, qui eam ab amico
rerum Berolinensium imprimis gnaro accepisse affirmat.“ Als ſich
nämlich Andreas Kohl nach ſeiner Ernennung zum Bicekanzler im
Jahre 1630 dem Kurfürſten Georg Wilhelm vorgeſtellt, ſei er in
ſo altmodiſcher und einfacher Kleidung erſchienen, daß der Kurfürſt
erſtaunt ſeine Umgebung gefragt, ob dieſer Mann wirklich der ſoeben
ernannte Bicekanzler wäre.

Lediglich auf Seidel beruhen ſchließlich die in den Jahren 1804
und 1805 von Konrektor Joh. Gottf. Knetſchke ebenfalls auf den
Wohlthäterfeſten am Gymnaſium zu Zittau unter dem Titel „De gente
Kohliana olim eplendidissima“ gehaltenen Reden (Sammelband
Zitt. 44).

Irrtümlich iſt die Angabe von Lebebur in ſeinem Adelslexikon
der Preuß. Monarchie, daß die Nachkommen des Anton v. Kohl einer
Königsberger Familie v. Kohlen angehört hätten.

¹⁹) Nicolai, Geſchichte der Kgl. Reſidenzſtädte Berlin und Potsdam Bd. 1 S. 10.

²⁰) Fidicin, Hiſtoriſch-diplomatiſche Beiträge, Bd. 4, S. 310 ff.

²¹) Büſching, Sammlung aller Schriften bei der zweiten hun-
dertjährigen Jubelfeier des Berliner Gymnaſiums u. ſ. w. S. 131
giebt das falſche, ſeitdem oft nachgedruckte Datum 31. Juli 1774.

¹²) Daß Justizrat Riem zur Zeit das Kollationsrecht ausübt, obschon er doch nur durch weibliche Verwandte von den Cosmar abstammt, wie diese in gleicher Weise von den Seidel und diese endlich von Martin Pasche, dem ersten Kollator, ist eine kaum von der Stifterin gewollte Ausdehnung des Kollationsrechtes. Dieselbe ist nur daraus zu erklären, daß die Ediktalcitationen, in denen im vorigen Jahrhundert die Nachkommen der Brüder des Martin Pasche zur Geltendmachung ihres Kollationsrechtes aufgefordert wurden, so fehlerhaft und ungenügend abgefaßt sind, daß kein Berechtigter vermuten konnte, daß er in diesen Citationen gemeint sei. Da heute noch in Berlin mehrere Paasch leben, welche das redende Wappen jenes Hofpredigers Joachim Pasche, das Passahlamm, führen, so wäre es an diesen, ihre Abstammung von demselben nachzuweisen und auf Grund derselben das Kollationsrecht des Kohlschen Stipendiums in Anspruch zu nehmen. — Ob aber die Ausdehnung des Kollationsrechtes bis auf unsere Zeit überhaupt dem im Testamente der Magdalena enthaltenen Willen der Stifterin entspricht, ist eine weitere Frage. Bei Verneinung derselben würde das Kollationsrecht auf die Provisoren des Berliner Gymnasiums, also auf Grund der Deklaration Friedrichs des Großen auf den jedesmaligen Direktor übergehen.

¹³) Hiernach sind die teilweise ungenauen Angaben in dem Berichte über die Verwaltung der Stadt Berlin in den Jahren 1829 bis 1840 S. 346; bei Lisco: Das wohlthätige Berlin, S. 274 und bei Heidemann: Geschichte des Grauen Klosters S. 136 und S. 295, zu ergänzen und zu verbessern.

¹⁴) Über die Verhaftung der Anna Sydow giebt ein mit der Frau Hofschlächter Faust zu Berlin am 8. Januar 1571 aufgenommenes Protokoll einigen Aufschluß:

Nach demselben erschien am Abend des 5. Januar 1571 der Wächter, welcher den Tag über die Anna Sydow in ihrem Hause bewacht hatte (sie war also damals noch nicht nach Spandau abgeführt), mit einem Wildschwein bei der Frau Faust; die ihn begleitende Magd der Sydow Namens Barbara sagte der Schlächterin, dieses Schwein schicke ihre Herrin zum Einsalzen, was ihr der Marschall des neuen Kurfürsten gestattet habe. Hierauf ging Barbara mit der Schlächterin in deren Stube, holte aus ihrer Schürze einen Beutel, bat dieselbe, ihr den Beutel aufzuheben und zu vergraben und lief dann davon. Als die Schlächterin den Beutel annahm, war sie der Meinung, derselbe enthalte das Lohn der Barbara; als sie indeß genauer zusah, bemerkte sie, daß er mit Gold gefüllt war, sie erschrak hierüber, zeigte ihn ihrem Nachbar Peter Koch und wollte ihn, um die Verantwortung los zu werden, der Sydow wieder in

ihr Haus werfen. Diese Absicht redete ihr Roch aus; der Vorfall
wurde zur Anzeige gebracht und in Gegenwart des bekannten Joachim
Steinbrecher, des Peter Roch und der Schlächterin der Beutel geöff-
net. In demselben befanden sich: 41 Portugaleser, eine Goldmünze,
vier Portugaleser wert, darauf das Bild des verstorbenen Kurfürsten;
eine Goldmünze, einen Portugaleser wert, ebenfalls mit dem Bildnis
des Kurfürsten Joachim II.; fünf Goldmünzen mit dem kurbrandenburgischen Adler; ein Stück Gold von der Art, woraus doppelte
Dukaten geschlagen werden; fünf Rosenobel und 27 doppelte Dukaten.
Weiteres konnte Frau Faust trotz strenger Verwarnung nicht angeben.

Hieraus ergiebt sich, in wie guter Vermögenslage sich Anna
Sydow beim Tode Joachims befand und wie wenig streng bei ihrer
Verhaftung zu Werke gegangen wurde.

Außer der Magd Barbara wird noch ein Hauslehrer im Dienste
der Anna Sydow erwähnt, welcher den jungen Dieterich und Magdalena unterrichtet haben wird. Dieser „der Gießerinnen Kinder"
Präzeptor bezog als einen Teil seiner Besoldung die ihm vom Kurfürsten Joachim zugewiesenen Einkünfte aus zwei von den bei der
Reformation vakant gewordenen Pfründen, welche früher zum Unterhalt besonderer Altäre und besonderer Geistlichen an den Hauptkirchen
in der Mark gedient hatten, nämlich: 5 Wispel 9 Scheffel Korn des
Lehns Johannis zu Kyritz und 3 Wispel Korn des Lehns Erulum zu
Neu-Ruppin.

Derartige Pfründen, von denen ein Teil sich im Laufe der Zeit
zu Stipendien entwickelt hat, wurden damals vom Kurfürsten Joachim, soweit ihm darüber die Verfügung zustand, als Zeichen seiner
Gunst an besonders verdiente oder bevorzugte Personen verliehen,
ohne daß die damit Begnadigten den Nachweis des Studiums oder
der Bedürftigkeit hätten erbringen müssen.

So bezog Joachim Pasche als Rente 8 Wispel Korn des Corporis Christi-Lehns zu Gardelegen; den Töchtern des berühmten
Sabinus wurde eine Pfründe zu Nauen geschenkt; ebenso den Söhnen des Kanzlers Weinleben Renten zu Stendal und Salzwedel,
dem Bruder des Kanzlers eine zu Pritzwalk. (Vergleiche z. B. Riedel
a. a. O. S. 457.)

Die Anfänge der militärischen Reform in Preußen nach dem Tilsiter Frieden.[1]

Von Max Lehmann.

Vielleicht niemals sind die Hassesausbrüche und Spottreden, mit denen die Widersacher des preußischen Staats dessen Entwickelung begleitet haben, heftiger und giftiger gewesen als nach dem Tilsiter Frieden. In vollen Zügen schlürfte Frankreich die Rache für Roßbach. Der neueste Schildträger des römischen Pontifex bekannte, daß ihm der Bestand der Monarchie Friedrichs II. stets als ein Argument gegen die Vorsehung erschienen sei. Der sarmatische Adel träumte von nichts Anderem als von der Herstellung des Jagellonen-Reiches. Welfische Schriftsteller redeten von Preußen als einem verfaulten Staate und suchten sich den allgemeinen Abscheu gegen die preußische Herrschaft, den man bei allen Ständen, nicht allein in fremden Nationen, sondern auch in Deutschland bemerkt habe, auf ihre Weise zu erklären. Die Rheinbündler brandmarkten Preußens Widerstand gegen Napoleon „den Großen" als lästerliche Überhebung. Die Hofburg jubelte, Preußen sei nicht mehr in die Reihe der Mächte zu rechnen.

War dies eine fast unabwendbare Folge der erlittenen Niederlage, so mußte das Schauspiel, welches sich im preußischen Staate selbst darbot, die schlimmsten Befürchtungen der Schwarzseher übertreffen. Es war noch das Geringste, daß diejenigen, welche schon vor dem Kriege das französische Bündnis empfohlen hatten, triumphierend auf ihre Weisheitssprüche hinwiesen und die Befolgung derselben jetzt erst recht als einzig wirksames Heilmittel anpriesen; oder daß jener wankelmütige Gelehrte, der in dem Wirklichen immer das Göttliche sah, die Preußen damit trösten wollte, daß alle Helden, also auch Napoleon, für Friedrichs Volk edelmütige Teilnahme zeigen würden. Welch eine Auffassung von dem soeben durchstrittenen Kampfe verriet es aber, daß der Ausbruch desselben zurückgeführt wurde auf den Standesegoismus des preußischen Adels, der die ihm

---

[1] Aus dem demnächst erscheinenden 2. Teile der Biographie Scharnhorsts mit Zustimmung des Verlegers (S. Hirzel in Leipzig) abgedruckt.

bisher von Seiten Englands gezahlten hohen Kornpreise durch Na-
poleons Handelspolitik gefährdet gesehen habe! Da war nur noch
ein Schritt zu den wütenden und gemeinen Schimpfreden, welche
wider eben diesen Adel ertönten. Bürgerstand und Adel wurden
beinahe wie gutes und böses Prinzip gegenübergestellt. Jener enthalte
die arbeitende Klasse, die Mehrzahl der Beamten und Gelehrten, die
Wohlhabenden, die Künstler; dieser das arrogante, hochmütige prah-
lerische, kenntnislose Militär, die mit Schulden überladenen Guts-
besitzer, welche keine Idee von ihren Pflichten hätten, die Müßig-
gänger, welche durch Erbrechte, Heirat, Güterschacher und Schwindel
reich geworden seien, die Wüstlinge, Lieberjahne, reisenden Spieler
und Pflastertreter. Wohl umlagerte der Adel den Thron, aber nicht
als dessen Stütze, sondern wie Blutigel, die da, wo sie saufen, das
Einsaugen so lange ausüben, bis sie überladen hinfallen und zer-
platzen. „Sie sind gefühllos gegen alle anderen Eindrücke als den
des Vollsaugens, wenn sie auch ihren gewissen Tod voraussehen:
ebenso geht's jetzt unsrem Adel; er saugt so lange an dem Marke des
Landes, bis er selbst darüber zu Grunde geht und von dem Feinde
abgezapft wird." Da dieser nichtswürdige Stand die Führerstellen in
der Armee hatte, so muß er auch die Hauptschuld an der Niederlage
haben: „Die zurückkehrenden Gemeinen schrieen alle: wir sind verraten und verkauft worden, die Offiziere waren alle hinter der Front."
Ganz anders die Bürger: sie „dachten wahrhaft patriotisch."

Wie hätte in der Brust derer, welche so niedrigen Standesneid
hegten, Raum sein können für Pietät, Nationalstolz und Sittenstrenge.
Die „Vertrauten Briefe" und „Feuerbrände" wälzen sich im Kote
und schwelgen in Zoten. Sie wühlen mit wollüstigem Behagen in
der Schande des Vaterlandes. Sie kriechen in hündischer Devotion
vor dem Corsen und den Rotten, die in seinem Gefolge kamen. Während Preußen für ein künstliches Machwerk, an dem die Natur keinen
Teil habe, und die preußische Armee für ein glänzendes Luftgebilde
ausgegeben wird, erscheint der französische Staat eben so unerschüt-
terlich, wie das französische Heer unüberwindlich; während dem Helden
von Saalfeld die nichtswürdige Verleumdung in das Grab nachgesendet
wird, der Champagner sei sein treuer Gefährte auch während des
mit seinem Tode endenden Treffens gewesen, erscheint Napoleon
als der Große, der Held, der Gemütvolle und Menschliche, dessen
Eindruck zu schildern die Feder zu schwach ist, dem, wie das Ganze,
so auch fast jedes Individuum irgend eine Wohlthat verdankt; während den vaterländischen Truppen jede Schlechtigkeit nachgesagt wird,
sind die gegnerischen artig, gutmütig, gerecht: es wird der Wunsch
ausgesprochen, daß der rechtschaffene, brave General Hullin für

immer Kommandant von Berlin bleiben möge. Wer würde es für möglich halten, daß solche Infamien überboten wurden? Ein in Berlin erscheinendes Tageblatt, der „Telegraph" genannt, brachte dies fertig, indem es die Wiederkehr des 14. Oktober feierte und dabei die schamlose Behauptung aufstellte, das der ganze europäische Kontinent sich zur Erniedrigung Preußens Glück wünschen müsse.

Der sittlichen Verworfenheit entsprach die Abgeschmacktheit des Urteils. Überall sahen diese Besserwisser Fehler oder Verrat; für jede Epoche des Feldzugs hatten sie einen strategischen Plan auf Lager, der, wenn befolgt, nach ihrer Versicherung unfehlbar zum Siege geführt haben würde. Durch eine innere Wahlverwandtschaft getrieben, erhoben sie Massenbach auf den Schild: war er doch stets ein Anwalt der französischen Allianz gewesen; glich er doch ihnen in der Tadelsucht; schwärmte doch auch er für eine Konstitution nach französischem Muster, welche den dritten Stand über den Adel erheben sollte. Die Tages-Literatur ergriff weit überwiegend für ihn und seine Ansichten Partei, konnte sich nicht genug thun in der Verurteilung des Herzogs von Braunschweig. Schlechthin alles, was dieser angeordnet hatte, wurde verworfen; das „Schreiben eines Bürgers in Berlin an den Herzog von Braunschweig", welchem der „Telegraph" seine gefälligen Spalten öffnete, machte ihm sogar daraus einen Vorwurf, daß er die Armee nicht gleich anfangs an der Elbe aufgestellt habe, und natürlich war das ihm untergeschobene Motiv ein selbstisches: er habe sein Braunschweig vor den Franzosen sicher stellen wollen.

Wenn der patriotische Deutsche noch heute, nach so viel Jahren, bei der Beschäftigung mit dieser Literatur Widerwillen und Ekel empfindet, wie viel tiefer müssen die Edlen unter den Zeitgenossen betroffen worden sein. Man versteht, daß Scharnhorst entrüstet ausrief: „Die niedrige Krittelei unsrer Schriftsteller stellt unsren Egoismus, unsre Eitelkeit und die niedere Stufe der Gefühle und der Denkungsart, welche bei uns herrschen, am vollkommensten dar." Konnte man von ihm verlangen, daß er mit dieser Sippschaft einen Federkrieg eröffnete? Ein richtiges Gefühl ließ ihn erklären: „Nie werde ich mich auf Widerlegungen einlassen und zu dem Pöbel der Gelehrten mich gesellen." Nur ein Mal hat er zu Gunsten des von Massenbach angegriffenen Blücher eine Ausnahme gemacht; sonst ist er seinem Vorsatze treu geblieben. Dies schloß aber nicht aus, daß er, wo sich die Gelegenheit bot, für die Wahrheit eintrat. So schon in dem Berichte über die Schlacht von Auerstädt. Hier betonte er, daß das von jener Schmäh-Literatur so abschätzig behandelte Königliche Haus im Laufe des Krieges den Heldenmut seiner Vorfahren gezeigt habe. Prinz Louis Ferdinand sei auf dem Felde der Ehre ge-

blieben, die Prinzen Wilhelm, Heinrich und August seien verwundet worden, dem Könige sei bei Auerstädt das Pferd unter dem
Leibe erschossen, als er in eigener Person ein Kavallerie-Regiment
gegen den Feind führen wollte, und General Zastrow habe ihm das
seinige geben müssen, um ihn der Gefangenschaft zu entreißen: „In
der Kriegserfahrung können die feindlichen Prinzen vor den preußischen Vorzüge haben, in der Tapferkeit gewiß nicht, oder Tod und
Wunden sind nicht mehr die sicheren Beweise der Teilnahme des an-
haltenden und nahen Gefechts." Er erinnerte weiter daran, daß keiner
der drei Befehlshaber der preußischen Armee (der Herzog von Braunschweig, Hohenlohe und Rüchel) unverwundet geblieben, daß außer
ihnen eine ganze Reihe von Generälen teils verwundet, teils getötet
sei. In einem besonderen Aufsatze brach er für die Offiziere, namentlich der niederen Grade, eine Lanze. Ausgehend von dem Satze, den
er freilich im Einzelnen manchen Einschränkungen unterwarf, daß die
Truppen, welche viel verloren, auch tapfer gefochten haben, stellte er
fest, daß von den Offizieren der bei Auerstädt ins Feuer gekommenen
Regimenter nahezu die Hälfte tot oder verwundet sei, daß auch bei
Jena der Verlust ein sehr beträchtlicher gewesen; daß die Kolberger
Besatzung 52 Offiziere, und zwar größtenteils bei Verteidigung der
Außenwerke, eingebüßt habe. Leider gestattete die Unvollständigkeit
der Listen nicht, auf gleichem Wege die Tapferkeit der Mannschaften
zu beweisen; immerhin stand fest, daß die Verteidigung von Danzig
ein volles Drittel der Besatzung kostete. Also, darin gipfelte Scharnhorsts Beweisführung: „Mangel an Aufopferung wird man der
preußischen Armee nicht zur Last legen können. Immer mag sie gegen
den in einem vierzehnjährigen Kriege gebildeten und erfahreneren Feinde
Fehler mancher Art begangen haben, immer mögen die Zeitgenossen
ihr Vorwürfe in mancher Hinsicht machen: ihr vergossenes Blut und
hoffentlich die Zukunft wird sie mit den Nachkommen versöhnen."

Die Zukunft! Das unterschied Scharnhorst von jenen Tadlern:
nicht in bitteren Streitreden über das Vergangene, sondern in harter
Arbeit an der Besserung des Gemeinwesens wollte er seine Kraft er-
proben. Wohl trat noch einmal die Versuchung an ihn heran, das
kümmerliche und entsagungsvolle Dasein in Memel mit den behaglichen und ehrenvollen Verhältnissen eines reichen Großstaats zu ver-
tauschen; längst hatte der Herzog von Cambridge in ihn gedrungen,
nach England überzusiedeln. Er folgte diesem Rufe nicht, nur für
den äußersten Fall behielt er sich den Übertritt vor. Wie er selber
seinem Lieblingsschüler bekannt hat: „Gefühle der Liebe und Dankbarkeit gegen den König, eine unbeschreibliche Anhänglichkeit an das
Schicksal des Staates und der Nation und Abneigung gegen die ewige

Umformung von Verhältnissen hält mich bis jetzt davon ab und wird es thun, so lange ich glaube, hier nur entfernt nützlich sein zu können."

Erleichtert wurde ihm dieser Entschluß durch das Vertrauen, welches ihm Friedrich Wilhelm schenkte. Unmittelbar nach dem Tilsiter Frieden ernannte ihn der König zum General=Major und stellte ihn an die Spitze einer „Militär=Reorganisations=Kommission." Bekundete dieses bereits das ernste Verlangen des Königs nach einer Reform, so redete die eigenhändige Vorlage, die er der Kommission als Richtschnur für ihre Beratungen zufertigte, noch deutlicher.

Über die militärischen Ansichten des Königs liegt eine Reihe von Aufzeichnungen vor, welche unverkennbar das geistige Wachstum des Monarchen bekunden. Im Jahre seines Regierungsantritts hatte er wohl die dunkle Empfindung, daß seine Armee kranke, aber die von ihm in Anregung gebrachten Heilmittel streiften nur ganz leicht den Sitz des Übels. Etwas später erklärte er seine Zustimmung zu wichtigen Reform=Vorschlägen Scharnhorsts; doch war er seiner selbst so wenig sicher, daß der Einspruch des Herzogs von Braunschweig genügte, um alles zu Falle zu bringen. Erst unter dem Eindrucke der Katastrophe von 1806 kam er zu größerer Klarheit und Festigkeit. Er durchbrach das Anrecht des Adels an die Offizier=Stellen, sprach sich für Vermehrung der im zerstreuten Gefecht Geübten und gegen die Regiments=Artillerie aus, kündigte eine Verminderung des Trains an, gestattete die Anwendung des Requisitions=Systems und empfahl, die Kolonne auch während des Gefechts zu benutzen. Diese Gedanken erschienen in der Vorlage für die Reorganisations=Kommission weiter ausgeführt und durch neue vermehrt, so daß Scharnhorst erklären konnte: „Der König hat uns sehr viele den neuen Verhältnissen angemessene Ideen selbst gegeben." Eine Behauptung, welche der Fassung entkleidet, die Scharnhorsts Bescheidenheit ihr gegeben hatte, besagte, daß der König sich in wesentlichen Punkten Scharnhorsts Ansicht angeeignet hatte.

Nichts schien nun näher zu liegen als den erkorenen Reorganisator mit den Befugnissen eines allmächtigen Kriegsministers auszurüsten; denn wann wäre je eine Reform ohne die Aufrichtung einer diktatorischen Gewalt geglückt? Sachliche und persönliche Hindernisse erschwerten eine solche Wendung. Der Feind wich nur Schritt für Schritt aus dem eroberten Lande und stellte schließlich die Räumung ganz ein. Der König hatte den größten Mann seines Beamtenstaates, von dem er sich Anfang des Jahres im Zorne getrennt, an die Spitze der Verwaltung berufen; noch war er nicht in Memel, und ohne ihn konnte bei dem engen Zusammenhange, der zwischen allen Teilen der geplanten Reform bestand, nichts Durchgreifendes geschehen. Endlich

war der König zwar in einigen seiner Vorschläge ganz fest, bei anderen hatte er aber die dunkle Empfindung, daß sie am Ende weiter
führen möchten als wünschenswert sei. Zunächst bekamen dies die
Träger der Reform persönlich nicht zu empfinden; noch Monate nach
dem Tilsiter Frieden konnte Scharnhorst schreiben, daß der König
sich ohne alle Vorurteile willig gezeigt habe. Daß aber in der Seele
Friedrich Wilhelms gleich anfangs eine entgegengesetzte Unterströmung
war, wird dadurch bewiesen, daß er den Freunden des hergebrachten
Zustandes die Mehrheit in der Kommission gab.

Da war zunächst Generalmajor v. Massenbach, einer von der
liebenswürdigen ostpreußischen Art; er hatte sich jüngst, bei der Verteidigung von Danzig, wacker gehalten, aber sein Gesichtskreis reichte
nicht weit. Dann Oberstlieutenant v. Lottum. Aus einer alten Sol-
datenfamilie stammend, hatte er einer Verwundung wegen zeitig, schon
als Kapitän, den Frontdienst verlassen und kannte deshalb die realen
Bedürfnisse des Heeres nicht aus eigener Anschauung. Überdies fehlte
ihm, dem Dutzbruder von Knesebeck, Verstandestiefe und Willenskraft; er fühlte sich wohl in dem hergebrachten Mechanismus der Verwaltung, welchen er selbst die Jahre daher hatte im Gange erhalten
helfen. Durchaus kein Heißsporn — er war im Gegenteil schroffen
Meinungsäußerungen abhold — ließ er doch sein Ohr den Freunden
des Schlendrian, und da er durch seine ruhigen und sanften Formen
schon damals das Herz des Monarchen, der ihn später unter seine
Minister berief, gewonnen hatte, so war er ein gefährlicher Gegner
der Reform. Er hat die Städteordnung, er hat den Landsturm bekämpft: daß die Nation in bewaffnetem Aufstande sich ihrer Gegner,
und wären es auch die französischen Blutsauger, entledigen sollte, dafür hatte er nicht das mindeste Verständnis; seine Abneigung gegen
diejenigen, welche solches wollten, konnte sich zum Hasse, ja zur Verfolgung steigern. Endlich Oberstlieutenant v. Bronikowsky, Flügeladjutant des Königs und noch unbedeutender als die eben Genannten.
Seiner Neigung nach mehr ein Mann der Schreibstube als der Schlacht,
hatte er während des letzten Winters die Organisation der sogenannten Reserve-Bataillone geleitet und dabei ein äußerst geringes Maß
von Umsicht und Thatkraft bekundet. Zu diesen Leistungen standen
seine Ansprüche, die er sogar dem Könige gegenüber mit großem Selbst-
gefühle geltend machte, in umgekehrtem Verhältnis; obenein war er
intrigant und unwahr: er mußte sich sagen lassen, einen wissentlich
falschen Bericht erstattet zu haben.

Den drei Widersachern gegenüber hatte Scharnhorst zunächst nur
Einen Bundesgenossen. Dieser Eine war freilich kein Geringerer als
Gneisenau.

Wie Scharnhorst so war auch Gneisenau kein geborener Preuße; wie Scharnhorsts so hatte auch Gneisenaus Mutter den Widerstand des Vaters zu brechen, ehe sie dem geliebten Manne folgen durfte; wie Scharnhorsts so war auch Gneisenaus Vater Soldat. Daß letzterer von Adel war, trug wenig aus: es war zu sagen ein Adel „im Gebiete der Ungläubigen", welcher jeder Beziehung zu einer reichen und mächtigen Vetterschaft entbehrte. In größter Armut wuchs der Knabe auf, und wenn er auch die Gänse nicht gehütet hat, die erste Unterweisung, die er erhielt, war die eines Dorfkindes. Zum Glück wurde sie ihm, dem Sohne einer katholischen Mutter, im protestantischen Deutschland zu Teil; in der Sprache Martin Luthers lernte er denken und beten: der Jesuiten-Unterricht, den er später erdulbete, konnte ihn nicht mehr verderben. Er kam in behäbigere Verhältnisse, aber sie brachten ihm keine geregelte und sorgfältige Erziehung: im Grunde mußte er sich alles durch mühsame Selbstlehre erwerben; doch atmete er, darin glücklicher als Scharnhorst, wenigstens eine Zeit lang die freie Luft einer Hochschule. Dann wurde er, innerem Drange und äußerem Zwange folgend, Soldat und trug die Waffen erst des Kaisers, hierauf des Markgrafen von Ansbach, der ihn mit nach Amerika verhandelte, enblich des großen Preußenkönigs. Dieser sah ihn von Angesicht zu Angesicht: aber er mußte ihn so wenig zu schätzen wie Blücher und York; er nahm ihn nicht, wie der feurige Lieutenant begehrt und gehofft hatte, in sein Gefolge oder seinen General-Quartiermeisterstab auf, sondern verstieß ihn die öde Einförmigkeit kleinstädtischen Garnisonlebens. Indessen, da Gneisenau frei von jedem unreinen Ehrgeize war, so ließ er sich an seinem Lose genügen. Er lebte unter seinen Freunden, die er mit aller Schwärmerei des Werther-Zeitalters liebte, deren einen er wohl fragte:

> Gieb mir Zeugnis: hab' ich in der ganzen Zeit
> Ein Mal nur geschwankt?
> In der Freundschaft Innigkeit
> Ein Mal, ein Mal nur gewankt?

Er nahm sich ein Weib und wurde ihm mit leidenschaftlicher Neigung zugethan; er freute sich des Kindersegens, der in sein Haus einzog; er bewirtschaftete mit Eifer und Verständnis das Landgut, das ihm ohne sein Vorwissen zugefallen war. Wer konnte ahnen, welch ein Epaminondas hier hinter dem Pfluge ging? Mit klarem Blicke hatte Gneisenau die Welt beobachtet, mit starkem Herzen Freund und Feind gewählt. Er haßte die Jakobiner, nach deren Unthaten er, der Jünger Kants, Afträa anrief:

> Begeistre Du das menschliche Geschlecht
> Für seine Pflicht zuerst, dann für sein Recht!

Er haßte den Condottiere, der auf den Schultern der Königsmörder zum Throne emporstieg; aber, ganz wie Scharnhorst, lernte er von ihm: „Bonaparte", so hat er später selbst bekannt, „war mein Lehrer in Krieg und Politik." Auf das tiefste war er er davon betroffen, daß Preußen den Einbruch der Franzosen in Hannover zuließ, auf das eifrigste war er im Winter 1805 für rasches Losschlagen, auf das schmerzlichste beklagte er, daß der richtige Augenblick verpaßt wurde: „O Vaterland", seufzte er, „selbstgewähltes Vaterland!" Als es 1806 zum Schlagen kam, war er, auch darin mit Scharnhorst übereinstimmend, für schnelles Eindringen in Süddeutschland: aus seinem geliebten Franken wollte er eine neue Vendee machen. Indem so seine Seele geschwellt war von den kühnsten Entwürfen, führte er, der sechsundvierzigjährige Hauptmann, in aller Schlichtheit und Bescheidenheit seine Kompagnie zu Felde. Gleich in dem ersten Gefecht, das er mit den Franzosen hatte, zeigte er seinen teils schlaffen teils dünkelvollen Standesgenossen, worauf es ankomme: er ließ seine Füsiliere sämtlich tiraillieren und hatte die Genugthuung, den Gegner zum Stehen zu bringen. Aber was half's? Die Niederlage brach doch herein. Jetzt erst wurde man auf ihn aufmerksam; er wies denen, die Heer und Staat führten, die Ursachen der Katastrophe auf, er zeigte, wie man mit Hilfe Englands das westliche Deutschland unter die Waffen bringen könne. Dicht vor dem Ziele, drohte dann sein Schifflein noch einmal zu scheitern: er mußte in den Wildnissen von Neuostpreußen Rekruten exerzieren, er sollte in Danzig unter dem unfähigen und widerwärtigen Kalckreuth dienen. Da schlug endlich seine große Stunde: er wurde Kommandant von Kolberg; wie Scharnhorst kam auch er durch eine Festungsverteidigung auf Aller Lippen. Er waltete seines neuen Amtes mit einer Sicherheit und Zuversicht, wie sie nur der Genius verleihen kann: als hätte er in seinem Leben nichts gethan als Festungen verteidigt, erkannte er sofort die Stelle, wo dem Vordringen des Feindes Halt geboten werden konnte, und indem er völlig mit den herrschenden Anschauungen der Ingenieurkunst brach, beschirmte er das ihm anvertraute alte Bollwerk durch die Errichtung neuer Bollwerke, führte er die Verteidigung durch eine ununterbrochene Reihe von Angriffen: zwei Drittel seines brauchbaren Geschützes hatte er in den entlegenen Schanzen, die er improvisiert; aus den Landschaften hinter dem Rücken des Belagerers holte er in verwegenen Streifzügen, was ihm fehlte. Durch die stolze Majestät einer geborenen Herrschernatur bändigte er den Unfrieden zwischen Bürgerschaft und Besatzung, zwischen Linientruppen und Freikorps; durch seine demütige Bescheidenheit entwaffnete er die Anmaßenden; durch den Liebreiz seiner Freundlichkeit ermunterte er die Schüchternen; durch seine

rastlose Hingebung, die alles und jedes erfinden und anordnen mußte,
spornte er die Trägen an; durch eine Tapferkeit, welche dem Tode
lächelnd ins Antlitz schaute, beschämte er die Feigen; durch seine lau-
tere Frömmigkeit brachte er die Spötter zum Schweigen; durch das
Sturmeswehen einer Beredsamkeit, die dem ersten Parlamente der
Welt zur Zierde gereicht hätte, fachte er den kleinsten Funken von
Übersinnlichkeit zur lobernden Flamme an. Was ist ergreifender als
jener Parolebefehl, der den feindlichen Angriff auf den Wolfsberg
ankündigend mit den Worten schließt: „Ich freue mich, daß der Tag
der Rache gekommen ist; Parole: Friedrich Wilhelm." Was ist der
Verherrlichung aus Dichtermund würdiger als die That jener Gre-
nadiere von Waldenfels, die nach der Rückeroberung des Wolfsberges
die Kehle der Schanze mit ihren Leibern schlossen, eine lebendige
Mauer bildend anstatt der toten, die in der Eile nicht aufgeführt
werden konnte? So rettete Gneisenau Kolberg, so gewann er das
Vertrauen des Königs, der bei der ersten Berührung mit dieser ge-
nialischen Natur scheu zurückgewichen war. Er kam in die Reorganisations-Kommission, er wurde der Genosse von Scharnhorst.

Wer die beiden, welche fortan alle guten und Edlen des preußischen Heeres in ihrem Gefolge hatten, zum ersten Male neben einander sah, konnte wohl meinen, daß ein größerer Gegensatz nicht denkbar sei. Der eine feurig und rasch, der andere bedächtig und langsam; der eine phantasievoll und dichterisch, der andere nüchtern und
trocken; der eine offen und beredt, der andere schweigsam und unbe-
holfen; der eine gleichend einem klaren See, der sich selber bis auf den
innersten Grund aufschließt und jedes Bildnis der Außenwelt abspiegelt,
der andere einem unermeßlichen Bergwerke, dessen Tiefen man for-
schend und hämmernd durchwandern muß, um seine Schätze kennen
zu lernen. Dennoch hat niemals ein Mißton den Einklang der Freundschaft gestört, zu der sie sich vom ersten Tage ihrer gemeinsamen Wirksamkeit ab vereinigten; bewundernd schaute der Jüngere zu der Erfahrung und Weisheit des Älteren empor, neidlos ließ der Ältere
die Persönlichkeit des Jüngeren ihren Zauber entfalten. Jener in die
Augen scheinende Gegensatz betraf durchaus nur die Form, nicht das
Wesen. Da war dieselbe Geringschätzung äußerer Ehren, dieselbe Vereinigung weicher Empfindung und stählerner Willenskraft, dieselbe
treue selbstlose Hingabe an König und Vaterland, derselbe Haß wider
den Wälschen, derselbe inbrünstige Wunsch, das fremde Joch abzu-
werfen und die Wiedergeburt der Nation zu bewirken. Einig über
den Zweck, waren die beiden nicht minder einverstanden über die Mittel.
In einem seiner schönsten Briefe schrieb Scharnhorst, als das Unglücks-
jahr 1807 zu Ende ging, seinem Lieblingsschüler Clausewitz: „Wäre es

möglich, nach einer Reihe von Drangsalen, nach Leiden ohne Grenzen, aus den Ruinen sich wieder zu erheben, wer würde nicht gern alles daran setzen, um den Samen einer neuen Frucht zu pflanzen? Und wer würde nicht gern sterben, wenn er hoffen könnte, daß sie mit neuer Kraft und neuem Leben hervorginge? Aber nur auf einem Wege ist dies möglich. Man muß der Nation Selbständigkeit einflößen, man muß ihr Gelegenheit geben, daß sie mit sich selbst bekannt wird, daß sie sich ihrer selbst annimmt: nur erst dann wird sie sich selbst achten und von anderen Achtung zu erzwingen wissen. Darauf hinzuarbeiten, dies ist alles, was wir können. Die alten Formen zerstören, die Bande des Vorurteils lösen, die Wiedergeburt leiten, pflegen und sie in ihrem freien Wachstum nicht hemmen: weiter reicht unser hoher Wirkungskreis nicht." Es war nur eine andere Wendung desselben Gedankens, wenn Gneisenau in der Zeit, da an Frankreichs jüngstem Siege nicht mehr zu zweifeln war, klagte: „Ein Grund hat Frankreich besonders auf diese Stufe von Größe gehoben: die Revolution hat alle Kräfte geweckt und jeder Kraft einen ihr angemessenen Wirkungskreis gegeben. Welche unendliche Kräfte schlafen im Schoße einer Nation unentwickelt und unbenutzt! In der Brust von tausend und tausend Menschen wohnt ein großer Genius, dessen aufstrebende Flügel seine tiefen Verhältnisse lähmen. Warum griffen die Höfe nicht zu dem einfachen und sicheren Mittel, dem Genie, wo es sich auch immer findet, eine Laufbahn zu öffnen, die Talente und die Tugenden aufzumuntern, von welchem Stande und Range sie auch sein mögen? Warum wählten sie nicht dieses Mittel, ihre Kräfte zu vertausendfachen, und schlossen dem gemeinen Bürgerlichen die Triumphpforte auf, durch welche jetzt nur der Adelige ziehen soll? Die neue Zeit braucht mehr als alte Namen, Titel und Pergamente, sie braucht frische That und Kraft! Die Revolution hat die ganze Nationalkraft des französischen Volks in Thätigkeit gesetzt, durch die Gleichstellung der verschiedenen Stände und die gleiche Besteuerung des Vermögens die lebendige Kraft in Menschen und die tote der Güter zu einem wuchernden Kapital umgeschaffen und dadurch die ehemaligen Verhältnisse der Staaten zu einander und das darauf beruhende Gleichgewicht aufgehoben. Wollten die übrigen Staaten dieses Gleichgewicht wieder herstellen, dann mußten sie sich dieselben Hilfsquellen eröffnen und sie benutzen. Sie mußten sich die Resultate der Revolution zueignen und gewannen so den doppelten Vorteil, daß sie ihre ganze Nationalkraft einer fremden entgegensetzen konnten und den Gefahren einer Revolution entgingen, die gerade darum noch nicht für sie vorüber sind, weil sie durch eine freiwillige Veränderung einer gewaltsamen nicht vorbeugen wollen."

Aber durften die beiden hoffen, in der Reorganisations-Kommission ihren Willen gegen eine abgünstige Mehrheit durchzusetzen? Schon ehe Gneisenau von der Stätte seines jungen Ruhmes her in Memel eintraf, hatte Scharnhorsts Klugheit für einen neuen Bundesgenossen gesorgt.

Unter den Subaltern-Offizieren der Berliner Garnison, welche Anfang des Jahrhunderts eifrig die Vorlesungen des neu aus Hannover gekommenen gelehrten Militärs hörten, befand sich auch Lieutenant Grolmann, der aus einer bürgerlichen Patrizierfamilie Westfalens stammte und erst durch die Nobilitierung seines Vaters, eines hohen Justizbeamten, den Adel erlangt hatte. Der junge Mann erregte schon damals dermaßen die Aufmerksamkeit, daß er zum Adjutanten des Feldmarschalls Möllendorf ernannt wurde. In dieser Eigenschaft zog er 1806 zu Felde; hätte er gethan wie so viele seiner Standesgenossen, er wäre in feindliche Gefangenschaft geraten: so entkam er glücklich nach Ostpreußen. Hier fand er sofort als Generalstabs-Offizier Verwendung, und das Jahr war noch nicht zu Ende gegangen, als er sich durch sein heldenmütiges Verhalten in dem Straßengefecht von Soldau den Militär-Verdienstorden erwarb. Seine Thaten in den Entscheidungstagen des Juni 1807 kennen wir bereits; sie trugen ihm das unerschütterliche Vertrauen und die feste Neigung seines Lehrers Scharnhorst ein. Dieser hat bald darauf erklärt, keinen biedereren, geraderen, unparteiischeren Charakter unter allen Offizieren, die ihm vorgekommen, kennen gelernt zu haben: ein Lob, welches, in einem amtlichen Schriftstück gespendet, der Erläuterung bedarf. Grolmann hat wohl alle Deutschen, die mit ihm lebten, durch die Energie seines Patriotismus übertroffen. Bei seinen Zeitgenossen erscheint der Gehorsam gegen Staat und Nation ermäßigt durch irgend einen gemütlichen oder humanen Zug; Grolmans Wesen wird erschöpft durch die Charakteristik Gneisenaus: „Er huldigt nur dem Verstande und ehrt von den Gemütskräften nur die Willenskraft." Dem entsprach seine äußere Erscheinung; denn Äußeres und Inneres, Leib und Seele waren bei diesem harmonischen Menschen Eines: einem Mitstreiter, der sich auf die Beurteilung von Menschen verstand, machte die hohe, stattliche, mächtig geschaffene Männergestalt den Eindruck eines aus Erz gegossenen Standbildes. Wie entzückte er mit seiner festen Geschlossenheit, seiner gedrungenen Kürze, seiner ruhigen Klarheit seinen niedersächsischen Landsmann Niebuhr: „Solch einen Mann", jubelte dieser, als er ihn 1813 im schlesischen Feldlager zu Gesichte bekam, „habe ich auch noch nicht gesehen; das wäre der Feldherr für Deutschland! Ich liebe ihn so, daß mir das Herz schlägt, wenn ich an ihn denke." Bei längerem Zusammensein würden sich die beiden

doch schwerlich verstanden haben. Durchdrungen wie Grolman war
von dem Wunsche, Deutschland frei zu sehen von der fremden Rotte,
die sich in seine Gauen eingenistet, hielt er jedes Mittel recht zur
Erreichung dieses Zweckes: „Er ist", klagte der weichere Gneisenau,
„in den krassesten Grundsätzen des Jakobinismus befangen und würde
solchen alles blutig aufopfern." Mit was für Keulenschlägen hat er
den Herzog von Wellington bearbeitet, als der hochfahrende Britte,
um der Peitsche das Heimatsrecht unter den Rotröcken zu retten, sich
unterstand, die Ehre der preußischen Armee anzutasten; wie ist er mit
den sarmatischen Junkern und römischen Pfaffen umgesprungen, als
er zum Hüter der Ostmark bestellt wurde; wie bestand er dem eigenen
Könige gegenüber mutig und trotzig auf der einmal gefaßten Meinung; wie war er endlich streng und erbarmungslos gegen sich selber.
Zweimal hat er, der Sieger von Nollendorf, der Urheber des Rechts-
abmarsches von 1814, der Führer der Sturmkolonnen von Planche-
nois, die vaterländischen Waffen vor Paris und nach Paris hinein-
gebracht; selbst das Räubernest zu betreten, dazu hätte ihn keine Macht
der Erde vermocht.

War es möglich, für den Kampf gegen Altes und Verrottetes
einen besseren Helfer zu erkiesen? Wenige Wochen nach dem Tilsiter
Frieden stellte Scharnhorst dem Könige vor, wie nützlich es der Reorganisations-Kommission sein würde, wenn sie jemanden in ihrer
Mitte hätte, der noch vor Kurzem zu den Subaltern-Offizieren gehört
habe und den Anschauungen derselben nicht entfremdet sei; diese Bedingung erfülle der dreißigjährige, eben erst zum Major beförderte
Grolmann. Die Motivierung war fein und treffend auf den König
berechnet: er genehmigte die Berufung des Vorgeschlagenen.

So waren nun in der Kommission drei gegen drei. Die An-
hänger der alten Ordnungen sahen ihre Sache gefährdet, wenn es
nicht gelang, Succurs zu bekommen. Sie richteten ihr Augenmerk auf
den Oberst-Lieutenant Borstell, der wie Bronikowsky ein Flügel-
Adjutant war, aber diesen weit überragte: ein tapferer Reiter-Offi-
zier, der seine Garde du Corps im letzten Feldzuge vortrefflich geführt
hatte, von höfischer Gesinnung weit entfernt, eher ein Trotzkopf als
ein Liebediener: in Gutem und in Bösem ein märkischer Edelmann.
Es war nicht schwer, die Einwilligung des Königs zu erwirken: er
berief ihn in die Kommission. Unzweifelhaft ein großer Erfolg für
die Gegner der Reform; hatten sie, unter dem Eindrucke der Niederlage, sich in den ersten Monaten nach dem Tilsiter Frieden etwas
zurückgehalten und ihren Grimm über Scharnhorsts Beförderung her-
untergewürgt, so begannen sie nunmehr, im Spätherbste, ihr Haupt
kühner und kühner zu erheben. Anfang Dezember 1807 schrieb Stein

die besorgten Worte: „Der Geist der Kabale erscheint wieder im Militär, und ich fürchte sehr, daß er die Oberhand gewinnt, um dann
alle die alten Mißbräuche wieder herzustellen, welche die Monarchie
zu Grunde gerichtet haben." Was für ein böses Zeichen war es, daß
der König den militärischen Teil des großen ihm soeben von dem
ersten Minister überreichten Organisationsplanes Lottum zur Durchsicht und Prüfung zugehen ließ, und zwar, wie er hinzufügte, deshalb, weil dieser „mit den bestehenden und in einander greifenden
Verfassungen genauer bekannt" sei als jener! Sollte die bestehende
Verfassung denn nicht geändert werden?

Bald darauf ist es in der Kommission zu heftigen, an die Möglichkeit eines Zweikampfes heranstreifenden Auseinandersetzungen zwischen Scharnhorst und Borstell gekommen. Scharnhorst erklärte, aus-
treten zu wollen, wenn Borstells Ansichten durchgingen, und dieser
hinwiederum bat den Monarchen geradezu, ihn von der Teilnahme
an den Beratungen der Kommission zu entbinden. Der König ge-
währte das Entlassungsgesuch von Borstell; gleichzeitig aber sandte
er der Kommission eine Verfügung, welche ihr gesamtes Verhalten
einer gereizten Kritik unterwarf und in einem entscheidenden Punkte
gegen die Reformer entschied.

Begreiflich, daß da unter letzteren Zweifel an dem Gelingen ihres
Werkes rege wurden: Gneisenau bat um seine Entlassung aus der
Kommission. Dahin wollte es Friedrich Wilhelm doch nicht kommen
lassen; er antwortete (18. Januar 1808) in einem schönen Schreiben, das an den Patriotismus des Bittstellers appellierte und die
Hoffnung aussprach, daß er nicht auf seinem Gesuche bestehen werde:
er möge sicher sein, daß Haß und Verfolgung der Gegner ihm nichts
anhaben sollten. Gleichzeitig gab der König ein Unterpfand dieser
Gesinnung in einem doppelten Personenwechsel: für Borstell setzte er
Graf Götzen, für Bronikowsky, dem es nachgerade anfing in dieser
geistesmächtigen Umgebung unheimlich zu werden, Boyen in die Kommission. Es wird auf Scharnhorsts Vorschlag geschehen sein: die beiden Neuberufenen gehörten zu seinen eifrigsten Gesinnungsgenossen.

Graf Götzen entstammte dem märkischen Zweige einer aus Franken nach dem östlichen Deutschland gewanderten Adelsfamilie. Sein
Vater, der Friedrichs Flügeladjutant wurde und sein Leben als
Gouverneur von Glatz beschloß, war einer der verwegensten Offiziere
des preußischen Heeres; es hieß von ihm, er habe zehn Mal mehr
romantische Thaten vollbracht als in Tassos Befreitem Jerusalem zu
lesen seien. Diesen Ruf hatte der Sohn, der übrigens gleichfalls zu
persönlichem Dienste beim Monarchen befohlen wurde, nicht; da er
in den General-Quartermeister-Stab kam und politische Aufträge er-

hielt, so hielten ihn die einen für einen Gelehrten, die anderen für
einen Diplomaten, und in der großen Krisis des Winters von 1805
auf 1806 hat sich Prinz Louis Ferdinand sehr geringschätzig über
ihn geäußert. Wie unrecht geschah ihm! Als Gentz vor der Katastrophe von Jena im Hauptquartier Friedrich Wilhelms weilte, hatte
er den Eindruck, daß Götzen durchaus der Einzige sei, der keine Spur
von Niedergeschlagenheit und Verzagtheit zeige. Der große Men-
schenkenner hatte recht gesehen. Götzen war es, der dem Einspruche
der Kleinmütigen Trotz bietend, dem Lieutenant Hellwig die 50 Husaren verschaffte, mit denen er Tausende seiner gefangenen Landsleute
befreite. Sein Geist spricht aus den Kabinets-Schreiben, in welchen
der König Ende Oktober und Anfang November zu einer allgemeinen
Landesbewaffnung aufrief und die feigen Festungs-Kommandanten
mit dem Tode bedrohte. Er stellte in Kolberg das Maß von Ordnung her, das dort bis zu Gneisenaus Ankunft bestanden hat: sein
Werk war die Berufung des wackeren Waldenfels zum Vice-Kom-
mandanten. Vor allem aber: er rettete die Ehre Preußens in der
Provinz, die eine lebendige Erinnerung an die größten Tage des
Staates war. Unendlich schwierig war hier seine Lage. So wenig
sich der König entschließen konnte, Scharnhorst an die Stelle von
L'Estocq zu setzen, so wenig schuf er in Schlesien eine klare Situa-
tion; er sagte dem langjährigen Minister dieser Provinz nicht Valet
und gab überdies Götzen in der Person jenes unfähigen anhaltischen
Prinzen, der später als Souverän von Köthen berüchtigt wurde, einen
Vorgesetzten, dem er nur „assistieren" sollte. Der verdarb ihm seine
besten Pläne, und als Götzen vollends nach Wien gehen mußte,
schien es auch mit dem Widerstande Schlesiens zu Ende zu sein: der
Anhalter trat auf österreichisches Gebiet über. Da erschien in letzter
Stunde wieder der tapfere Graf. Kategorisch forderte er seinen jäm-
merlichen Prinzen auf, entweder nach Schlesien zurückzugehen oder
das Kommando niederzulegen; ihm verschlug es nichts — so bekannte
er stolz in einem anderen hochkritischen Momente der deutschen Geschichte — als Rebell zu erscheinen, wenn er nur die Überzeugung
hatte, daß er für das Beste seines Königs und Vaterlandes handle.
Endlich, im März 1807, erhielt er den Posten, der ihm längst gebührte: er wurde General-Gouverneur von Schlesien; und nun begann der Vierzigjährige in jenem herrlichen Winkel Deutschlands, wo
er seine Jugend verlebt hatte und wo nachher sein müdes Gebein zur
Ruhe gebettet ist, das rastlose Schaffen, das in unsren Tagen ein
Stammesgenosse mit dem Zauber der Dichtung umgossen hat. Jeder
Zoll ein Held, setzte er sich sein Ziel hoch, sehr hoch. Wie ein Selbst-
herrscher verhandelte er mit auswärtigen Mächten; in seiner Hand

ruhten die durch ganz Deutschland laufenden Zündbrähte der Ver-
schwörungen, aus denen im rechten Augenblicke die lichte Lohe eines
gewaltigen Volksaufstandes wider den ausländischen Tyrannen empor-
schlagen sollte. Aber wie weit entfernt war er von luftiger Projekten-
macherei; Nahes und Fernes umfaßte er mit gleicher Sorgfalt, nie
versäumte er über den lachenden Bildern einer fröhlichen Zukunft die
harte Arbeit der mühevollen Gegenwart. Fast in Allem und Jedem
mußte er von vorn anfangen. Er mußte die Festungen vollenden
und ausbessern, die ihm die träge Sorglosigkeit vergangener Tage
unfertig und verfallen übergeben hatte; er mußte die Heerscharen bilden und üben, mit denen er seine lecken Überfälle und seine verwegenen Streifzüge ausführte; er mußte Pulver und Blei, Kleider und
Waffen, Pferde und Geld sich sei. es erobern, sei es zusammenbetteln,
es kamen Tage, wo es zweifelhaft wurde, ob dieses arme Glatzer
Gebirgsland ihm und den Seinen fürder das tägliche Brot reichen
könne. Dabei war in seiner nächsten Umgebung ein Verräter, der,
ein trauriges Erbstück aus der Periode, da man dem Wälschen mehr
zutraute als dem Volksgenossen, jeden Bauriß, jede Disposition,
jeden Etat in das feindliche Lager verrieth: vergebens suchte er den
Nichtswürdigen zu packen, er mußte ihn um sich dulden. Sein zarter
Körper war den Anstrengungen und Enttäuschungen, die er zu bestehen hatte, nicht gewachsen und begann zu siechen: es focht ihn nicht
an: an einem ewig denkwürdigen Beispiele zeigte er, was die Seele
über den Leib vermag. Mitten unter den Fieberschauern ist er wohl
hinausgeritten zur Unterredung mit dem feindlichen General, um zu
verhindern, daß die Hiobsposten des Letzteren Zweifeln und Zagen
unter den Seinen verbreiteten; den Tod vor Augen, hat er sich den
Nachfolger gesetzt, der das begonnene Werk hinausführen sollte. Er
wußte, daß das Beste, was ein Führer zu geben vermag, der göttliche Funke der Begeisterung ist, und wie hehr hat sie sich, wohin das
Wehen seines Geistes reichte, bekundet; er wußte aber auch, daß selbst
das Echteste und Wesenhafteste der Form bedarf, um wirken zu können.
Er war in Berlin Mitglied der Militärischen Gesellschaft gewesen und
Scharnhorst nahe getreten; jetzt zeigte er, was er dort gelernt hatte.
Er unterwies seine Infanterie in der neuen Taktik des zerstreuten
Gefechts; er hob die Privilegien des Adels bei Besetzung der Offizier-
Stellen auf; in seinem kleinen Heere galt thatsächlich die allgemeine
Wehrpflicht. Es war ein Jungpreußen, das er hier in Schlesien er-
schuf; keine bessere Vorschule war denkbar für die große Thätigkeit,
die seiner in der Reorganisations-Kommission zu Memel und Königs-
berg wartete.

Viel berühmter als Graf Götzen sollte dermaleinst der vierte

und letzte Bundesgenosse werden, der Scharnhorst in der Reorganisations-Kommission zuwuchs: Boyen, der sieggekrönte Generalstabs-
Chef des IV. preußischen Korps der Freiheitskriege, der Nachfolger
Scharnhorsts im Kriegsministerium, der Erbe und Vollender seines
Werks. Damals wußte man wenig von dem jungen Infanteriemajor.
Er stammte aus einer böhmischen Adelsfamilie, die vor den Drago-
naden Ferdinands II. nach Ostpreußen geflüchtet war: gut prote-
stantisch, wie alle, welche diese Glanzzeit deutscher Geschichte herauf-
geführt haben, war auch er. Schon daheim erhielt er eine Erziehung,
die jede etwa aufkeimende junkerliche Gesinnung erstickte; es wird erzählt, daß die einzige Züchtigung ihm wegen einer Magd erteilt worden sei, die er beleidigt hatte und vor der er Abbitte thun mußte.
In Königsberg, wo er sodann die von Friedrich II. gestiftete Mi-
litärschule besuchte, sog er begierig die Lehren seines großen Lands-
mannes Kant ein. Er hörte auch den National-Ökonomen der Al-
bertina, Christian Jakob Kraus, der, weniger original als Kant,
sich dadurch einen Namen machte, daß er die Ideen eines anderen
protestantischen Germanen, die von Adam Smith, in Deutschland
verbreitete. In dieser freien und lichten Atmosphäre stiegen Boyen
ernstliche Zweifel an der Rechtmäßigkeit des in Preußen gültigen militärischen Systems auf. Er bekannte sich zu der Überzeugung, daß
jedem Gesetz, auch dem militärischen, die sittliche Bildung des Menschen zu Grunde liegen müsse; d. h. es habe die Ausübung der Tugend zu befördern, die des Lasters zu verhindern. Deshalb möge der
Gesetzgeber zunächst zum moralischen Gefühl reden; erst dann, wenn
dies fruchtlos bleibe, dürfe er, jedoch mit großer Vorsicht, die Furcht
vor körperlichem Schmerz mit in seinen Plan verflechten. Mehr als
durch Strafen werde der Verbrecher durch die Furcht vor der mit jeder
Strafe verbundenen Schande gebessert: gehe dies Gefühl durch rohe
Behandlung verloren, so sinke der Mensch zum Vieh herab. Nur die
immerwährende Entwickelung und Bildung des Ehrgefühls bilde den
Krieger in stehenden Heeren zu seiner Bestimmung, und nur dann,
wenn er durch Menschlichkeit und gute Begegnung an das Interesse
seines Herrn geknüpft werde, wenn er sich allgemein geehrt, nicht durch
niedrige Behandlung verachtet sehe, reife er schon im Frieden zum
kraftvollen Vaterlandsverteidiger. Boyen verwirft den Einwand, daß
der gemeine Soldat eine so gute Behandlung nicht werde ertragen
können: „Dies würde wenig Bekanntschaft mit der achtbaren Klasse
von Individuen, die diesen Stand ausmachen, voraussetzen." Er ruft
seinen Standesgenossen, den Offizieren, zu: „Sondert nur sorgfältiger
den Bösewicht von dem guten Menschen; kleidet die Ausbrüche eures
Diensteifers nur immer mehr in das Gewand kalter Besonnenheit,

nicht braufenden Jähzorns; handelt nach Gefetzen, nicht nach Launen:
und ihr werdet euch eine Schar von Helden bilden, zu denen der Sieg
fich als ein treuer Gefährte gefellen wird, während er im Gegenteil
bei einer zufammengeprügelten Horde nur als ein Werk des Zufalls
erfcheint." So gelangt er zu einer Reihe von Thefen, deren Annahme
einen gänzlichen Bruch mit dem beftehenden Strafrecht des preußifchen
Heeres herbeiführen mußte: „Jede Strafe, die in einem anderen Stande
entehren würde, muß im Soldatenftande doppelt fchädlich fein. Öffentliche Beftrafungen erzeugen Verachtung, gegen den Einzelnen fowohl
als den ganzen Stand. Dienftvergehungen und Liederlichkeit können
gerechter Weife nicht mit gleicher körperlicher Züchtigung belegt werden.
Körperlicher Schmerz kann das augenblickliche, leicht vergeffene Ver-
fprechen der Befferung abbringen; arbeitsvolle Einfamkeit erzeugt
dauernde Vorfätze. Mißhandlungen, fowohl körperliche als auch mit
Worten, erfticken alle Ehrbegierde. Dasjenige Heer wird die befte
Disziplin haben, welches die vollftändigfte und menfchlichfte Gefetzge-
bung hat. Ein Bataillon guter Menfchen nutzt mehr als ein Regiment Fallftafffcher Rekruten." Boyen befaß den Mut, diefe Gedanken
mit Nennung feines Namens zu veröffentlichen; man trug fie ihm
nicht nach, gab ihnen aber auch keine Folge. Das gleiche Schickfal
hatte jener Auffatz, den er als Mitglied der Militärifchen Gefellfchaft
fchrieb, in dem er, übereinftimmend mit Scharnhorft, vorfchlug, das
dritte Glied der Infanterie im zerftreuten Gefechte zu üben. Immerhin hatten diefe und andere Ausarbeitungen die Wirkung, daß man
auf ihn aufmerkfam wurde: die Schlacht von Auerftädt machte er im
Stabe des Herzogs von Braunfchweig mit. Hier fchwer verwundet,
war er fo glücklich, in Weimar forgfame Pflege zu erhalten; wieder
genefen, eilte er nach Oftpreußen, fand aber keine Gelegenheit mehr
zur Auszeichnung. Erft die Reorganifations-Kommiffion gab ihm die
Bühne, deren er bedurfte. Nicht lange, fo wurde jedermann inne,
was die treibende Macht diefes Mannes war: der kategorifche Impe-
rativ, den ihm fein Lehrer Kant ins Herz gelegt hatte. „Er handelt",
fo feierte ihn Gneifenau, „ohne Rückficht auf fich und nur für die
gute Sache, und ift bereit, jeden Augenblick dafür alles aufzugeben."
So hatten denn nun die Reformer die Mehrheit in der Kom-
miffion. Zu ihrem Siege reichte aber auch dies nicht aus. Die Kom-
miffion war nichts als eine begutachtende Körperfchaft, für einen be-
ftimmten Zweck in den beftehenden Verwaltungs-Organismus einge-
fügt. Nicht ihr Vorfitzender trug die gefaßten Befchlüffe dem Monarchen vor, fondern der General-Adjutant des Letzteren, und der gehörte
zu den Gegnern. Zwar Kleift hatte, als die Folgen des Syftems,
das er fo lange geftützt hatte, mit Händen zu greifen war, refigniert;

Knesebeck hatte, wohl aus Furcht vor der zu übernehmenden Verantwortlichkeit, den an ihn ergangenen Ruf abgelehnt; schließlich war Lottum mit der einstweiligen Verwaltung der Stelle betraut worden, wahrscheinlich unter Mitwirkung von Kleist, der recht geflissentlich alles that, um den wachsenden Einfluß Scharnhorsts einzudämmen.

Unter so großen Schwierigkeiten begann das Werk der Reform. Ob es Scharnhorst, wenn sich selbst überlassen, geglückt wäre, sie zu bewältigen? Er zweifelte daran: „Ich bin", schrieb er in jenen Tagen, „nicht dazu gemacht, mir Anhang und Zutrauen durch persönliche Bearbeitung zu verschaffen." Noch nach der Berufung Boyens in die Reorganisations-Kommission klagte er bitterlich, wie langsam es doch vorwärts gehe: das Avancement hänge von Konnexion und Zudringlichkeit ab, die besseren Offiziere würden nicht hervorgezogen und gingen zum Teil ab; da sei kein Ernst, keine Bestrafung; der König erfahre nie die wahren Verhältnisse und werde hintergangen. Aber, fährt er fort, der Minister Stein arbeitet diesem Unwesen entgegen: „Auf ihn gründe ich die Hoffnung zu einer Veränderung dieser Lage."

Diese Hoffnung hat ihn nicht getäuscht. Der Größte unter den Großen, der Urheber des modernen Preußens, der Besieger des Korsen, der Befreier Europas, er ist es auch gewesen, der die Opposition in Scherben zerschlagen hat, welche das Gelingen der militärischen Reform zu vereiteln drohte.

Kurfürstin Sophie Charlotte und Eberhard von Danckelman.

Von R. Koser.

Ueber den Anteil der Gemahlin Kurfürst Friedrichs III. an dem Sturze des Oberpräsidenten v. Danckelman im November 1697 sind wir zuerst durch die Berichte des englischen Gesandten Stepney in der Veröffentlichung von Ranke(1) unterrichtet worden. Im März 1698 in Berlin eingetroffen, mit dem Auftrage, zur Milderung des Looses des Untersuchungsgefangenen die Fürsprache König Wilhelms einzulegen, vernahm der britische Diplomat aus dem Munde der Kurfürstin selbst die härtesten Anklagen gegen Danckelman: wenn König Wilhelm, so sagte sie zu Stepney unter Anderem, alles erfahre, was sie habe aushalten müssen, einzig durch die Bosheit jenes Mannes, so werde er sich nicht weiter für denselben verwenden.

Die Mitteilungen aus den Papieren Stepneys fanden seither eine Ergänzung durch dasjenige, was H. Breßlau in den Berichten fand, welche zwei kurbraunschweigische Diplomaten, der Resident von Ilten und der in vertraulicher Mission zu Berlin erschienene Etatsrat Joseph August du Cros, der eine im Vertrauen der Kurfürstin, der andere auf der Seite des Oberpräsidenten und wie dieser der Kurfürstin verhaßt, in den Tagen der Katastrophe selbst nach Hannover abgestattet haben.(2)

Waren wir nun aus diesen Quellen über den äußeren Verlauf und den inneren Zusammenhang jener Haupt- und Staatsaktion im Wesentlichen bereits unterrichtet, so wird man doch nicht ohne Interesse die Kurfürstin Sophie Charlotte selber, und zwar in der Erregung des Augenblicks, über ihre Stellung zu Danckelman sich äußern hören. Das Königl. Geheime Staatsarchiv zu Berlin bewahrt seit

---

1) Über den Fall des brandenburgischen Ministers E. v. Danckelman (Sämmtliche Werke XXIV., 71 ff.), vgl. Droysen, Gesch. der preuß. Politik IV., 1, 121 ff. (2. Aufl.)

2) H. Breßlau und S. Isaacsohn, Der Fall zweier preußischen Minister (Danckelman 1697 und Fürst 1779), Berlin 1878.

18

einigen Jahren eine Anzahl eigenhändiger Briefe, welche die Kurfürstin in den Jahren 1696—1699 an ihre Mutter, die Kurfürstin
Sophie von Hannover gerichtet hat. (¹) Bei der nachfolgenden Mitteilung der auf Danckelman bezüglichen Stellen aus diesen Briefen
ist die Schreibung der französischen Originale buchstäblich beibehalten
worden; das Papier desselben ist durch Stockung stark angegriffen,
zum Teil zerstört, sodaß hier und da Buchstaben, Silben und ganze
Worte ausgefallen sind, die unser Text in Klammern ergänzt.

Die Gegner Danckelmans waren den ganzen Sommer und
Herbst von 1697 hindurch sehr geschäftig. Die Mißerfolge der brandenburgischen Diplomatie auf dem Ryswijker Friedenscongresse wurden
auf die Rechnung des Oberpräsidenten gesetzt, und man weiß, wie
sehr gerade diese Angriffe die Stellung desselben in der Gunst des
Kurfürsten erschüttert haben. Schon bei seiner Rückkehr aus dem
Herzogtum Preußen im August 1697 sagte Friedrich III. in Marien-
werder zu dem Grafen Christoph Dohna: „Ich will Euch etwas anvertrauen, aber wenn Ihr davon sprecht, laß ich Euch den Kopf
abschlagen; ich habe mich entschlossen" — der Kurfürst brach ab, aber
Dohna verstand ihn. Wiederholt bat Danckelman, der den Boden
unter seinen Füßen schwanken fühlte, um seine Entlassung. Die
letzten Tage des November brachten endlich die Lösung. In dem
von Danckelman geführten Tagebuch heißt es zum 22. November (²):
„Montags Abends abermals aufs allerunterthänigste um meine Di-
mission angehalten." Dem hannöverischen Residenten v. Ilten er-
zählte er von den Vorgängen dieses Abends: „Er wäre nach Hof
gekommen und hätte Se. Churfürstl. Durchlaucht sehr chagrin und
übel aussehend gefunden, und hätte er wohl gewußt, daß Selbige
die Nacht nicht geschlafen hätten. Er hätte die Freiheit genommen

---

¹) Bekanntlich gehören Briefe der ersten preußischen Königin zu den archivalischen
Seltenheiten. Leibniz erwähnt in einem Briefe (Werke her. von O. Klopp X., 265;
vgl. die Einleitung S. XV.), daß die Briefschaften der Königin nach ihrem Tode auf
Veranlassung des Königs zum großen Teil verbrannt worden seien und nimmt an,
daß dieses Schicksal auch Briefe von Sophie Charlotte betroffen habe. Eine nicht
eben große Zahl ihrer Briefe an Fräulein v. Pöllnitz und die Minister v. Fuchs
und v. Schmettau, die sich 1790 noch vorfanden, ließ König Friedrich Wilhelm II. dem Akademiker Erman mitteilen, der sie in seinen Mémoires pour servir
à l'histoire de la reine Sophie-Charlotte (Berlin 1801) veröffentlichte, dazu kam in
neuester Zeit die Sammlung des Briefwechsels der Kurfürstin-Königin mit Leibniz
bei Klopp Bd. X.

²) Danckelman zählt, wie die Kurfürstin in den folgenden Briefen, nach dem
in Brandenburg damals noch offiziellen alten Stil.

Se. Churfürftl. Durchlaucht zu fragen, was die Ursach Dero Chagrins
und Kummer wäre: wo er das Unglück haben follte, deffen Urfach
zu fein, und feine Absens Se. Churfürftl. Durchlaucht contentiren
könnte, wäre er bereit, fich heut vor die empfangenen Wohlthaten zu
bedanken." (¹)

Der Kurfürft hatte feine Entfcheidung bereits getroffen; am
24. November brachte der Feldmarfchall v. Barfus dem Oberpräfi-
benten das eigenhändige Schreiben des Gebieters, in welchem die
Entlaffung ausgefprochen war; aber fchon Tags zuvor (23. November)
fchreibt die Kurfürftin an ihre Mutter den Brief, mit dem die Reihe
der auf Dandelman bezüglichen Äußerungen beginnt.

I.

ie ne saures mempecher de comencer ma lestre par asurer
a V. A. E. que ie ne s[ui]s pas preocupeé au [sujet] du president
danquelman, cependant ie ne me iustifieres pas encore la desus, mais le tems le fera, ou V. A. E. uera sy ie luy fais tort
ou non. V. A. E. ne trouera pas meauais ausy que ie ne luy
mende rien sur son suiet cette poste, car mons. Let. (²) ne le
ueut p[as] encore, mais la poste procha[ine] elle saura tout.
mons du [cros] (³), a ce que ie crois, ecrira pis que pendre
contre moy, ce que ie merite acause que iay decouuert toutes
ces (⁴) intriges contre moy, [ca]r il nest pas agreable qaund
[lo]n vient a la trauerse come iay fait....

II.

27 novembre.

ie crois que V. A. E. sera asez surprise que le president
danquelman a son conge et que mons. Let. et par conseqaunt
entierement desabuse sur son suiet et......(⁵) liniustice quil
y avoit dans son gouvernement et toutes les fourberies quil a
faites, il la dieu mercy sy bien reconu quil ma avoué tous les
meauais ofices quil ma rendu continuellement en disant que
iestois plus porte pour la maison donc ie sortois que pour celle
ou ie suis entreé, secondement que ie voulois gouerner et que
ie navois que cela en teste et que ie ne faisois rien que par
linspiration de ceux qui etoit autour de moy, qui etoit le comt
don[a] et mad. buleau, et que mon fils ne pouoit pas estre bien

---

¹) Bericht Jltens, 25. November/5. Dezember, bei Breßlau S. 49.
²) L'electeur. ³) Vgl. oben S. 225. ⁴) ses. ⁵) Defect im Papier.

15*

eleue, que le comt dona le faisoit a la maniere dhanouer; je me
suis sy bien iustifie sur tous ces points la que mons. Let. re-
conoit mon inocence et [sa]it encore par desus cela tous les
tours quil ma iouez qui faisoit un volume au lieu dune lestre,
pour cela ie le laise pour dire seulement a V. A. E. que ie
puis dire apresant que ie suis satisfaite de mons. Let. et je
crois quil lest de moy ausy car il me temoigne miles amities
et ie ne cra[ins] plus quil viene quelqun me faire de ce tours
la car il ne sen trouera plus de sy hardia ny de sy mechants,
iavoue que cet un grand soulagement pour moy apres avoir
uescue 13 ans sous la tiranie de cet home qui lavoit pousse sy
loin par ces finesses que mesme a hanouer ie nosoie plus avouer
tout le mal quil me faisoit, tant que lon me croyet facile a me
laiser preocuper, iespere que presentement mons. Let. sera mon
temoin et me rendra iustice la desus, car il sait mieux que per-
sone sy il et vray quil a este de mes amis come il a touiour
voulu faire croire a hanouer ou non, et ie crois quil en ecrira
un mot à V. A. E. sy ce navoit este que leducation de mon fils
ou il en a use crimenellement car il lavoit mis entre les mains
dun precepteur qui le negligoit de concert auec son fils et ren-
doit toutes les soings du coint dona inutiles et en place de luy
montrer quelque chose de bon ils etoit tous deux dacord a luy
doner tous les meauais sentimens, et puis pour ne le refaire
tomber sur eux ils disoit par[tout] que mon fils avoit un sy
meauais naturel quil nen pouvoit uenir a bout, et dans letude
il a este neglige a un point que il y a 8 mois quil ne savoit ny
lire ny ecrire, ie peur de fatiger V. A. E. par cecy mais ie me
crois oblige de le dire pour une partie de ma iustification car
mons. ducros aura selon toutes aparances pris les d[eu]ans
pour expliquer ma conduite a sa maniere ie ne saures estre
contente de celle quil a eué icy car il a recherche a me de-
struire par toutes les manieres de peur que par la cheute de
danquelman il ne perdit sa pension dicy et celle dhanouer, ie
le luy pardone car iespere quil ne remetra plus le pied icy, se
seroit une grande afaire de raconter a V. A. E. coment mons.
Let. a ouert le yeu [à la fin] ce nest pas par une mechancete
de cet home mais plusieurs de suite qui luy ont fait tout voir,
et puis le desordre de ces afaires, en place quil deuroit etre
devenu riche par la geure tout au contraire il et ruine, iespere
V. A. E. aura la bonté de respondre a mons. Lelecteur quelle
aproue sa resolution et quelle le felicite quil ne se laise plus
mener come un enfent quelle espere qnil restera ferme dans ce

quil a sy bien comence, car il ne trouera pas meauais quelle
luy parle franchement la desus, au contraire cela ne fera que
le fortifier dans ce quil a fait et luy faire conoitre que tout le
monde aprouue sa conduite et sait quil a este mene par cet
home. sy mons. [mon] p[e]re se portoit bien il naures plus rien
a souhaiter au monde mais il semble bien quil ne sauroit y
avoir de felicite parfaite et cela la tempere teriblement aupres
de moy . . . . . .

III.

30 novembre.

. . . . Monsieur L'électeur ·a une ueritable tendresse pour
mons. mon pere, ce qui paroit plus apresent que [mons. Let.
ne]st plus inspire par un home qui luy donoit des fort meau-
[ais sentime]ns pour la maiso[n de Br]onswig et faisoit tout
ce quil pouvoit pour corompre son bon naturel en toute chose,
ce qui paroit tous [les jours] davantage et [cest] une ueritable
et generale ioie qui regne icy depuis que cet home ne fait plus
les afaires et que tout le monde p[eut aller] au [ma]itre donc
on est du moins pas traite bru[sque]ment come de Danquelman
et qui recoit les gens aüec douceur. ie say bien que iay eu le
malheur a [Hanou]er que lon craint [que] des gens me preocu-
poit, ainsy ie ne puis que par le tems faire voir combien lòn ma
fait [tort, al]ors V. A. E. conoitra toutes les mortifications que
i[ai] eues donc il y [a eu] qauntete donc ie me suis pas vanteé
car cet bome a touiour pris les devants et a este cru a Hanouer, a cause [quil] estoit plus fin que moi, et rendu par la
inutile tout ce que ie pouvois dire. V. A. E. sera bien lasseé
de cette matiere, mais iavoue que cela [me tient] un peu au
coeur et que pour cette raison [ie ne] suis pas maitresse de
me taire surtout ny ayant plus de danger pour moy destre na-
turelle sur ce suiet, [iaures] desja mend[é ce qui] cet passe a
V. A. E. mais iay creu quil valoit atendre iusques au tems que
ie pouvois dire d[es] chos[es] positiues, car avant lon mauroit
pu prendre pour une etourdi[e qui] sengagoit dans un pas dan-
gereux et imposible a reusir, et pour crainte ou V. A. E. et
que il (¹) pouroit [chois]ir un autre favori [plus] dangeroux pour
moy, elle me permettra de luy dire que cet une chose imposible et que ie vois pas un home asez hard[i pour] rendre des
meauais ofices apres cet exemple, surtout ne faisant rien sur
quoi lon me peut ataquer, car il et imposible que mons. Let.

---

¹) L'électeur.

soit sy aveugle [a prese]nt de croire dabord ce que lon luy
dit, sans examiner les choses, come il a fait parle passe, et il
ne se fie a present que a de [hone]stes gens et donc la pro-
bite mest conue depuis le tems que ie [suis ic]y et qui ont
touiour este de mes amis.....

IV.

21 décembre.

V. A. E. uera apresent mons. de Spanheim qui luy con-
tera asez de danquelman, pour cela ie nen ecris rien....

V.

25 décembre.

.... ie souhaiteres que les afaires fusent desja dans lestat
qu'il (l'Electeur) put ausy profiter des depouilles de danquelman, mais tout cela va de suite et lon nen et pas encore la,
quoi quil y a plusieurs choses convaincantes contre luy, lune
regarde la monoye, donc il y a un home en prison qui l'acuse
et se iustifie par la; quoi quil nacuse directement que celuy de
Minden(¹), cela regarde pourtant autant lautre : cecy et un
point capital, et il y en a dautres qui sont autant que lon
saura dans peu, il na soutenu que des fourbes come luy, et il
y en a dans tous les baliages, par ou mons. Let. aura largent
qui luy a este vole. Vietor(²) a dit quil ne sauroit rendre
conte, quil ne sait dou il a eu largant et combien il y en avoit,
il en est ainsy des autres affaires, ou il y a un sy grand desordre que cela nest pas croyable.

du cros et a hambourg pour en raporter de nouelles chi-
meres, mais a la fin cela ne se soutiendra pas a la longe, il
ny a point fourberie qui tiene, il a fait des choses contre
mons. mon pere que ie say de seurete, mais ie ne demande
pas que lon men croye que qaund ie le poures montrer clai-
rement.....

VI.

28 décembre.

..... mons. Let. paroit tout les iours plus content de ce
qu'il a fait et comprend le desordres de ces(³) afaires et comence a travailler luy mesme plus quil na fait par le passe...

---

¹) Wilhelm Heinrich v. Dandelman, Regierungspräsident zu Minden.
²) Der Verwalter der Kurfürstlichen Schatulle.
³) ses.

avant que finir ie la suplieres encore de mecrire sil luy
plait dune maniere que ie puise montrer ces lestres a mons.
Let., car il et touiour curieux de sauoir quel sentiment V. A. E.
a de ce quil a fait ....

VII.

1er ianvier 1698.

..... le voyage de Prusse nest pas encore seur de mons.
Let., car ie ne say ce quil voudroit fair la, il en a assez icy
pour estre informe de toutes les tromperies de danquelman et y
remedier et changer la confusion quil y a dans les afaires ....

VIII.

8 janvier.

je crois que mons. Let. ne dira rien de plus a V. A. E. de
tout ce que a fait danquelman, car il croit que ce quil en a
mende et asez sufisant pour meriter destré a spandeau, et il
ne peut rien dire de plus de luy sinon quil a pris toute lautaurite quil a sy mal administre les afaires que tout et dans
un desordre epouantable et que au lieu que mons. Let. auroit
pu menager des milions par cette geure il na que des dettes;
quil na serui que des fripons de sa sorte et mal traite les ho-
netes gens qui auroit ete capable de seruir mons. Let., quil ma
rendu des mechans ofices ce qui nestoit pas seulement en mal
user auec moy mais auec mons. Let., car il navoit par la que
du chagrin; puis, quil a voulu elever mon fils come un benest
pour le profit de sa famille, a qui il vouloit laiser lelectorat de
pere en fis, ausy que tous ceux qui ont vole et mal administre
les afaires etoit de sa dependence et nauroit rien ose faire sens
luy ce qui et une seure marque quil en a eu son profit; mons.
Let. nen mendera plus autre chose a V. A. E., car pour tuer et
empoisone il ne la pas fait; ausy a til brouille les afaires auec
toutes les cours presque que la nostre navoit plus de credit,
et cet a qoui luy servoit son cher Acante (¹), ie mestone que
celuy la sesuise (²) sur ce quil vouloit faire chaser mad. buleau (³), car il y avoit longtems que ie le luy avois pardone et
iespere que lon ne me croira pas sy vindicative pour garder
encore sur le coeur une chose pardoneé .....

<hr>

¹) Du Cros.   ²) s'excuse.   ³) Vergl. Breßlau S. 9 ff.

IX.

15 janvier.

nous avons desja seu icy que le roy dengleterre prend le parti de danquelman, mais ie doute fort que cela le seauue, au contraire cela ne augmentera pas la confiance de mons. Let. pour le roy de ce quil sinteresse pour un home qui et reconu pour avoir tres mal seruie, cela ne sacorde ausy pas auec sa grande politique, car cela choquera fort ceux qui ont fait conoitre a mons. · Let. les choses et qui ont quelque pouvoir....

X.

23 janvier.

.... L'on metra quelques articles par ecrit qui sont des preues convaincantes contre danquelman pour faire taire ces amis qui noseroit apres cela oser prendre son parti....

XI.

8 mars.

... Mons. Stepnay (¹) a eu avant hier son audiance et ie lay entretenu hier fort longtemps au suiet de danquelman pour le relachement duquel il sinteresse fort et ferme remetant tout a la generosite de mons. Let. et non sur la iustice, car il seroit bien habile s'il le pouvoit escuser; ie luy dis que mons. Let. etoit oblige de le tenir pour faire exemple, et quil pouvoit montrer sa generosite a ceux qui le seruoit bien et non a un home qui avoit sy mal use de lautaurite quil luy avoit done et que sy il estoit en liberte il et sy remuant quil nauroit point de respos iusques quil ce seroit remis en uue de mons. Let. et quil ne menqueroit pas des gens pour le seconder dans ces intriges. mons. stepnay me persecutera bien sur cette matiere, mais il ny gagnera rien, et sil sadresse luy mesme a mons. Let., il le renvoiera a merueille....

XII.

22 mars.

.... le chancelier de Minden ce presente touiour ausy hardiment a la cour come sy de rien nestoit, ce qui et assez surprenant apres toutes les choses quil a faites....

---

¹) Bergl. oben S. 225.

In den drei Briefen, die in unserer Sammlung noch folgen, wird Danckelman nicht mehr erwähnt. Sein Bruder, der Präsident der Mindener Regierung, dem die letzte Äußerung gilt, blieb auch in der Folge unbehelligt. Der Prozeß des gestürzten Oberpräsidenten aber nahm den eigentümlichen und traurigen Verlauf, dessen einzelne Stadien uns Droysens aus den Untersuchungsakten geschöpfte Darstellung (¹) verfolgen läßt: der Einschließung des Ministers in Spandau, der Formulierung einer Klageschrift von 290 Artikeln folgte das Eingeständnis des Hoffiskals, daß die Beweise zu den Anklagepunkten nicht zu erbringen seien, der Antrag der Untersuchungskommission, des Ministerrates auf Einstellung des Verfahrens, auf Freisprechung und Freilassung, der Bescheid des Monarchen, „daß es bei der bisherigen Strafe auch ferner bleiben solle", nachher die Verwandlung der Festungsstrafe in eine Verbannung — bis endlich der Gerechtigkeitssinn König Friedrich Wilhelms bei dem Regierungswechsel dem Schwergeprüften die Genugthuung gab, die ihm gebührte.

---

¹) Vgl. auch die Materialien bei Förster, Urkundenbuch zu der Lebensgeschichte Friedrich Wilhelms I., I., 5—32.

Spinolas Unionsbestrebungen in Brandenburg.

Von Hugo Landwehr.

Die Geschichte des siebenzehnten Jahrhunderts ist reich an Versuchen, die durch die Reformation getrennten christlichen Kirchen wieder zu vereinigen. Der Zusammenhang dieser Bestrebungen mit der Politik ist wenig oder gar nicht beachtet. So hat denn derjenige, welcher sich mit diesen Fragen beschäftigt, ein reiches, ergiebiges Feld vor sich. Die kirchengeschichtlichen Handbücher bieten meist Fehlerhaftes und sind namentlich in chronologischen Fragen durchweg unzuverlässig, da keine einzige Darstellung auf den Akten fußt. So erweisen sich denn ältere Bearbeitungen noch als das verhältnismäßig beste Quellenmaterial. Auch über Christoph Rojas v. Spinola, Bischof zu Tina, bietet Hering in seinen neuen Beiträgen zur Geschichte der evangelisch-reformierten Kirche in den preußisch-brandenburgischen Ländern Bd. II. 1787. S. 352—384 mehr gute Angabe, als andere Werke; Gieseler in seiner Kirchengesch. Bd. IV. Bonn 1857. S. 181 f. weiß gar Nichts darüber zu berichten, daß Spinola auch in Berlin gewesen ist.

Christoph Rojas v. Spinola hat jahrelang daran gearbeitet, die christlichen Religionen mit einander zu vereinigen. Der Zeitpunkt, wann er zuerst mit seinen Plänen hervorgetreten ist, kann ich jetzt auf Grund eines Aufsatzes, den Ed. Heyd über die brandenburgisch-deutschen Kolonialpläne in der Zschr. für Gesch. des Oberrheins N. F. Bd. II. S. 129—200 veröffentlicht hat, genauer festsetzen. Es tritt hier Spinola, der damals Provinzial des Franziskanerordens in Sachsen und Brandenburg war, entgegen als Verfasser einer declaratio singulorum punctorum propositionis serenissimi domini Electoris Brandenburgici. Die von Heyd S. 152 ausgesprochene Vermutung, daß dieser Spinola mit dem Unionsstifter identisch sei, kann ich aktenmäßig erhärten. In dem unten S. 240 zu erwähnenden Schreiben an den Grafen Lamberg vom 15. August 1682 bezeichnet sich Spinola als einen einundzwanzigjährigen Diener des Kaisers Leopold. Demnach kann er nicht, wie die landläufige Tradition

sagt, erst 1666 in den kaiserlichen Dienst aus dem spanischen getreten
sein. Unrichtig gebraucht Heyck den Namen Christobal de Rochas-
Spinola. In den Schriftstücken der damaligen Zeit herrscht bezüglich
der Namenswiedergabe viel Verwirrung. Im Geh. Staatsarchiv befinden sich zwei eigenhändige Schreiben des Bischofs, die er als „Christoph Rojas v. Spinola Bischof zu Tina" unterschrieben hat.

In der von Heyck behandelten Denkschrift hat Spinola bereits
mit dem maritimen Plänen Unionsgedanken zu verknüpfen gesucht.
Es heißt in der Schrift: ex ipsis Lutheranorum principiis ostendet
P. Rochas sequi quod debeant tolerare Catholicos, habebit
enim audientiam pacificam et iam de facto obtinuit secreto hanc
confessionem manu propria praecipuorum Acatholicorum sub-
scriptum qua hoc fatentur. Denique aderit medium ut saltem
aliquando confidentia audiantur religiosi ab illis Principibus
haetericis et aliquando dei adiutorio moveantur ad quaerendum
compositionem in articulis fidei quae revera facilis erit, si abs-
que passione certi conveniant ut in particulari saepe visum est
et saltem cum Deo sperandum et tentandum est.

An Eifer für die Sache hat es Spinola nicht gefehlt, wohl
aber an tiefgehenden dogmatischen Kenntnissen, die ihn wirklich zu
einem geschätzten Disputator gemacht hätten. Ohne Ruh' und Rast
ist er jahrelang an den Fürstenhöfen Deutschlands herumgereist, um
für sein Friedenswerk die maßgebenden Persönlichkeiten zu gewinnen.
Daß er auch an vielen Orten Aufnahme fand, lag darin, daß die
Fürsten selten theologische Fragen tiefgehend studierten. Zudem konnte
die Milde, welche damals von der Helmstädter Schule ausging, gar
leicht bei den Katholischen die Meinung erwecken, daß jetzt der Zeitpunkt der Wiedervereinigung der christlichen Bekenntnisse gekommen
sei. Es war naturgemäß, daß Spinola vor allem den kurbrandenburgischen Hof für seine Einigungsbestrebungen zu gewinnen suchte,
da dieser eben der einflußreichste war, und sein Beispiel anderen Protestanten maßgebend galt.

Was nun Hering über diesen Versuch berichtet, ist wenig mehr
als ein Abdruck des betreffenden Abschnittes der ungedruckten Kirchengeschichte Bekmanns, die sich im Geh. Staatsarchiv befindet. Bekmann hat nun allerdings für seine Arbeit das Berliner Archiv benutzt, aber eine nochmalige Durchsicht der Akten im Geh. Staatsarchiv
(R. 1 nr. 14a. u. R. 13 n. 19d.) belehrte mich, daß hier an vielen
Stellen die Darstellung der Berichtigung bedarf. Was an Aktenstücken
von Hering mitgeteilt wird, ist zwar korrekter, als sonst, aber doch
nicht immer zuverlässig.

Über Spinolas Aufenthalt in Berlin im Jahre 1676 hat Bekmann nichts erzählt, Hering weiß nur nach Pufendorf, vol. II. p. 840 f., zu berichten; die Alten gestatten jedoch eine genauere Darstellung. Eine politische Mission führte Spinola nach Berlin, er wollte für den Ehebund der verwitweten Königin von Polen und des Kurprinzen Friedrich werben. Aber gleichzeitig brachte er auch den Vorschlag von der Vereinigung der christlichen Religionen zur Sprache. Kaiser Leopold hatte ihm ein unter dem 27. Februar 1676 erlassenes Empfehlungsschreiben an den Kurfürsten mitgegeben, in dem die Bitte ausgesprochen war, daß der Kurfürst dem Überbringer „auf sein Verlangen nicht allein gutwillige Audienz verstatten, sondern auch in dero Protektion nehmen und zu sicherer Fortsetzung seiner Reis', wie auch sonsten allen guten Vorschub und Beförderung gedeihen, folgens diese seine bewegliche Interposition fruchtbarlich genießen zu lassen." So überreichte denn am 28. März 1676 Spinola dem Kurfürsten ein Aktenstück zur Unterschrift: „Prinzipalpunkten, zu welchen der Herr Bischof Rojas v. Spinola soll cooperieren und bei Ihro Kais. Maj. unterthänigst supplicieren." Es sind deren zehn. Zunächst erachtete er es als notwendig, daß dem Kaiser Befugnis gegeben würde, dahin zu wirken, „daß durch Occasion der Wiedererlangung etlicher neuen, überaus die Ehr angreifenden scharfen Büchlein kein neuer Religionsstreit deutsches Guts- und Blutsvergießung und der Ausländischen größere Einwurzlung erfolge." Unterdrückung derartiger Schriften war daher in gleicher Weise notwendig, wie auch Empfehlung solcher, die den Frieden befördern. Da nun vielfach die Konfessionen sich beschwerten, daß ihre Glaubenssätze in unzulässiger Weise ausgelegt würden, so sollte dem dadurch vorgebeugt werden, daß man „von jeder Religion oder Stand, so Ihro Kais. Maj. benennen werden, zwei oder drei wohlgelehrte bescheidene und friedsame Theologos erwähle, so mit dem zu diesem Werk von Ihro Kais. Maj. deputierten Direktore über die gemeine Erklärung und Auslegung so jeder über die fürnehmsten streitbaren Artikel und dero Fundamenten pro et contra seiner Religion gemäß zu geben schuldig ist, in möglicher Geheimkorrespondieren." Die Erklärung und Auslegung, welche der abgeordnete Theologe giebt, soll aber auch bei Zeiten von der Universität seines Landes revidiert und approbiert werden. Was nun auf diesem Wege entstanden ist, soll in ein Buch eingetragen werden, und als Bekenntnis allein „von einem Teil dem andern, es sei öffentlich in der Kirche oder anderswo, zugemessen werden." „Wer gegen dieses handeln wird, soll als ein Aufrührischer gestrafet werden." Bei der Übermittlung der Lehrsätze muß dann auch angegeben werden, „was der anderen Religion zu Gefallen mit gutem Gewissen nachgegeben

werden könne." Diese Religionsvereinigung kann um so leichter erreicht werden, wenn der Kaiser „aller und sonderlich der fürnehmsten
Stände Gemüter durch Anerbietung eines gemeinen Kommercii und
Interesse, auch einer beständigen näheren Konförderation gegen den
gemeinen Erb- und andere Partikularfeind fester vereinigt."

Ein Promemoria auf einem dem Aktenstücke beigefügten Zettel
unterrichtet uns, daß der Kurfürst nur Abschrift von den „Principal-
punkten" nehmen ließ, sie aber aber nicht unterschrieb. Gründe hat
uns die Geschichte hierfür nicht überliefert, doch können wir die Ge-
dankenkombination erkennen. Der Feldzug vom Jahre 1675 hatte dem
Kurfürsten gezeigt, daß der Wiener Hof nicht gewillt war, die Lande
seines Bundesgenossen zu decken. Man that nichts gegen den Einfall
der Schweden. Auf die Kampagne für 1676 blickte man in Wien mit
großen Hoffnungen. Es war nun so weit gekommen, „daß wenn es
im vorigen Kriege ein Staatsverbrechen war, kaiserisch zu sein, es
jetzt für ein solches galt, wenn einer schwedisch oder französisch war."
Aber sollte jetzt nach der Kunde, die fortwährend von Crockow über
die Wiener Politik einging, Friedrich Wilhelm unbedingt seine
„Lande, Seehafen und alle mögliche kurfürstliche Hülfe und Beförderung an allen Orten, wo es dienlich sein wird, anerbieten und versichern", wie Punkt 10 besagte? Konnte ferner ein Unionswerk von
Erfolg sein, bei dem der Kaiser Alles, und die beteiligten Stände
Nichts zu sagen hatten? Der Kaiser bestimmte den Leiter der Verhandlungen, wählte die Theologen aus, die ihm zur Begutachtung
der Frage geeignet schienen, machte endlich diejenigen Stände und
Religionen namhaft, mit denen er verhandeln wollte.

Über die politische Tendenz der Mission Spinolas unterrichten
uns noch genauer die Depeschen Crockows aus Wien. Nachdem Spinola in Berlin keinen Erfolg davon getragen hatte, begab er sich
nach Wien und suchte den brandenburgischen Gesandten für seine Pläne
zu gewinnen. Er überreichte demselben ein Aktenstück: „Punkten, so
zu Erhaltung allgemeiner teutschen Ruhe, Friedens und guter Verständnis Ihrer Röm. Kais. Maj. von wegen verschiedener so römisch,
als protestierenden Reichsfürsten und Ständen aller unterthänigst
übergeben worden." Es ist dies weiter nichts als eine Überarbeitung
des Aktenstückes vom 28. März. Wenn es auch nur sechs Punkte
sind, so ist doch inhaltlich keine Veränderung eingetreten. Friedrich
Wilhelm hat dies Dokument ebenso wenig wie das frühere unterschrieben. Der Bericht Crockows vom 6./16. August 1676 über eine
mit Spinola gepflogene Unterredung zeigt schon hier, daß der Bischof sich gewaltig über den Erfolg seiner Thätigkeit täuschte. Er glaubte,
den Kurfürsten „sowohl in allem, als in dem Religionswesen über-

aus wohl intentioniert, ja sogar zu Vergleichung der Religion sehr
geneigt gefunden" zu haben. Spinolas Absicht ging dahin, den
Religionsvergleich auf dem Reichstag zur Sprache zu bringen und
zu diesem Zweck hatte er die ebengenannten „Punkten" ausgearbeitet,
die dann vorgelegt werden sollten. Crockow selbst glaubte nicht, daß
sein Herr sich auf die Sache einlassen würde. Er wies Spinola
darauf hin, daß gerade die Katholischen es an Bedrückungen der
Andersgläubigen nicht fehlen ließen, in Schlesien wären den Evangelischen erst kürzlich wieder zwei Kirchen genommen. Dann forderte
er Spinola auf, dabei zu helfen, „daß den Evangelischen die be-
nommene Freiheit ihres Gottesdienstes wieder verstattet werde, er
würde dadurch den Weg zur Reconsiliation bahnen und sich bei Gott
und Menschen ein Meritum machen."

Crockows Depesche giebt dann darüber Aufschluß, daß Spinolas
Unterhandlungen hauptsächlich auf eine „Verfassung wider den Türken" gerichtet waren.

Im Jahre 1682 suchte Spinola abermals den kurfürstlichen Hof
auf, abermals mit einem Kaiserlichen Empfehlungsschreiben d. d. Laxen-
burg den 20. April 1682 ausgerüstet, welches fast denselben Wortlaut
hatte, wie das vom Jahre 1676. Der Kurfürst antwortete dem Kaiser
darauf d. d. Potsdam 25. Mai dankend mit der Bemerkung, Spinola
würde über das, was er mit ihm verhandelt hätte, mündlich Bericht erstatten. Spinola brachte diesmal mehr auf die Sache selbst
eingehende Vorschläge; er wünschte mit brandenburgischen Theologen
zu konferieren. Daß gerade er zum Friedenswerke geeignet war,
konnte er damit erweisen, daß er der einzige Bischof gewesen war,
„so beim Ödenburgischen Reichstag für alle ungarischen protestierenden
öffentlich sollicitiert, ihnen viele Sache wirklich erhalten und heutiges
Tages ihr einiger Schützer und Procurator" wäre. Als Grundlage
der Disputation sollte seine Schrift: concordia christiana circa
puncta principaliora quae inter Romanos et Protestantes schisma
generarunt dienen. Leider ist es mir nicht gelungen, dieselbe im
Geh. Staatsarchiv oder in der Königlichen Bibliothek in Berlin aufzufinden. Über ihren Inhalt bin ich daher auf die Mitteilungen in
den Akten angewiesen. Eine Notiz, die Hering a. a. O. S. 356
Anm. d giebt, ist ungenau.

Friedrich Wilhelm sandte nun die Schrift am 20. Juni an
die Hofprediger Stosch und Bergius, welche am 27. Juni ihr Gutachten übersandten. Sie wollten den Vorschlag Spinolas unter folgenden Gesichtspunkten betrachtet wissen: 1) „wie sich die Trennung
zwischen Päpstlichen und Protestierenden angesponnen und entstanden

sei, 2) was vor Wege und Prozeduren die Päpstlichen wider die Evangelischen nach der Ruptur vorgenommen und gebraucht haben und
noch brauchen, 3) was von solchen ihren friedlichen Vorschlägen, wie
sie es nennen, zu halten und ihnen zu trauen sei." In der Erörterung dieser Punkte sprachen sie die Vermutung aus, daß „solche Frie-
densschriften oder friedliche Vorschläge betrüglich und nur darum an
Tag gegeben werden, damit man andere evangelische Christen, so nicht
in ihrer Gewalt sein, mit vergeblicher Hoffnung speise, einschläfere
und sicher mache, damit sie ihrer Mitbrüder Verfolgungen, Drangsalen und Herzeleid, welches sie in Frankreich und anderen König-
reichen leiden, weniger zu Herzen nehmen, sich weit achten von bösen
Tagen." Von der eingereichten Schrift Spinolas sind sie wenig erbaut; die Lehre von der Rechtfertigung war nach ihrer Ansicht „mit
doppelsinnigen, auf Schrauben gesetzten Redensarten koloriert und
eingewickelt", während über andere Hauptlehrpunkte der Katholischen,
namentlich die Stellung des Papstes, „nicht ein Wort gedruckt" war.

So war denn bei den Hofpredigern wenig Neigung sich auf eine
Disputation einzulassen. Da wandte sich Spinola an Gottfried v. Jena
mit der Bitte, seine Angelegenheit zu beschleunigen, da er baldigst abreisen müsse. Um nun aber zu zeigen, daß in Kurbrandenburg kein
Mittel unversucht blieb, um den Religionszwist beizulegen, verordnete
Friedrich Wilhelm am 15. Juli, daß die Hofprediger eine Konferenz mit Spinola abhalten sollten. In Stosch Wohnung kam
man am 1. August, wie Spinola gewünscht hatte, zusammen. Der
Vizekanzler Lucius v. Rahden führte den Vorsitz; erschienen waren
nur Stosch und Georg Konrad Bergius; Schmettow und Ur-
sinus ließen sich entschuldigen, da sie wegen des morgenden Bettages
studieren mußten. Das Gespräch kam über die Vorfragen nicht hinaus. Zunächst verlangten die Hofprediger von Spinola einen Ausweis, daß er Macht habe nomine ecclesiae Romanae etwas vor-
zutragen, und dann wollten sie nicht ohne Vorwissen und Bewilligung
anderer reformierter Kirchen vorgehen. Aber Spinola meinte, sich
dem Kurfürsten gegenüber genügend legitimiert zu haben und that dann
sehr geheimnisvoll bezüglich derjenigen Protestanten, die seinen Vorschlägen bereits zugestimmt hätten. Auf eine private Meinungsäußerung wollten sich die Hofprediger nicht einlassen, da es eine Frage
wäre, die die Gesamtheit tangierte. Spinola war es um eine direkte
schriftliche Meinungsäußerung über seine concordia Christiana zu
thun; er glaubte in Übereinstimmung mit dem vierten Artikel des
Thornschen Religionsgesprächs und sogar mit dem Konkordienbuch
zu stehen. Die Disputation wurde auf Befehl Rahdens abgebrochen,
da „secundum modum procedendi ultra quadruplicam nicht weiter

zu verfahren sei." Das Protokoll über die Sitzung wurde noch an demselben Tage an den Kurfürsten gesandt.

Am 4. August befahl Friedrich Wilhelm dem Geheimrat unter Zuziehung von Rahden, Stosch und Bergius zu überlegen, welcher Bescheid Spinola werden sollte. Spinola hatte nämlich an den Kurfürsten die Bitte um eine Generalordre an die Theologen seiner Lande gerichtet, „daß sie auf sein Begehren ihm ihre Privatbedenken schriftlich auf seine Projekta erteilen möchten." Dann glaubte Friedrich Wilhelm dem Drängen Spinolas am leichtesten aus dem Wege zu gehen, wenn er am 9. August nochmals eine Konferenz der Hofprediger mit Spinola anordnete, doch wünschte er nicht, daß seine Geistlichen in irgend welcher Weise sich engagierten.

Spinola war mit der eingetretenen augenblicklichen Verzögerung seiner Angelegenheit nicht einverstanden, zumal er glaubte, es sei nur Eigensinn, daß die Hofprediger ihm nicht bescheinigen wollten, daß sie mit ihm in den „Prinzipalpunkten" sich verglichen hätten. Er wandte sich deshalb an den Grafen Lamberg, den in Berlin weilenden Vertreter des Kaisers, mit der Bitte, sich für ihn beim Kurfürsten zu verwenden. Der Eifer, mit dem Graf Lamberg sich der Sache annahm (am 15. August übersandte ihm Spinola seine Bittschrift, am 15. August wandte Lamberg sich schriftlich an den Kurfürsten), liefert den Beweis, daß auch hier ein Hintergrund vorhanden war, der über die Glaubenssache hinausging. Schon am 16. August gab Friedrich Wilhelm seinen Räten den Auftrag, zu erwägen, wie Spinolas Verlangen nach etwas Schriftlichem nachzukommen wäre: doch sollte darauf nur eingegangen werden, wenn auch Spinola „seine Proposition und Deklarationes schriftlich und in forma authentica dagegen auswechsele." Da verfaßten die Hofprediger Stosch und Bergius eine ausführliche „Ursache, warum die Kurfürstl. brandenb. Hofprediger kein solches schriftliches Attestatum von sich geben können, wie es des Herrn Bischofs von Tina Excellence begehret." Sie führen darin aus, daß in diesen Dingen von Privatmeinungen keine Rede sein könne, denn was Ansicht des Einzelnen sei, müsse auch mit der der gesamten reformierten Kirche übereinstimmen. Dann glauben sie Spinolas Versuch mit dem Interim von 1548 vergleichen zu dürfen, damals hätte sich ein brandenburgischer Geistlicher zu einem für die evangelische Kirche so nachteiligen Werke herbeigelassen, das solle nicht wieder geschehen. Friedrich Wilhelm hat nun eine Resolution entwerfen lassen, die dem Bischof von Tina zu übermitteln wäre. Sie liegt in den Akten in verschiedenen Fassungen vor, in denen der Kurfürst selbst korrigiert hat. Die von Hering a. a. O. S. 381 f. gegebene Fassung ist nicht die letzte. In dem Schreiben

wies der Kurfürst vor allem darauf hin, daß er an Religionshaß und
Verfolgungen keinen Gefallen habe, seinerseits auch stets gemäß dem
Instrumento pacis und constitutionibus imperii sich benommen,
wünsche aber auch, daß die Katholischen teils sich in gleichen Termi-
nis halten und die dissentierenden Evangelische nicht so hart drücken
und verfolgen möchten." Aller Wahrscheinlichkeit ist dies Schreiben
Spinola nicht zugestellt. Die Beziehungen desselben zum Kurfürsten
waren dadurch noch nicht abgebrochen. Am 4. November 1682 schrieb
er an Friedrich Wilhelm von Hannover aus, daß er in Hamburg
eine Zusammenkunft mit dem Herzog Rudolf August von Braunschweig gehabt habe, der sich dem Unionswerk sehr geneigt erwiesen
habe. Dies Aktenstück giebt Veranlassung das Datum der ersten Ankunft Spinolas in Hannover zu berichtigen. In Herzogs Real-
encykl. XIV., S. 538 wird nach Julian Schmidt in den Grenzboten
1860, IV. S. 164 fälschlich angegeben, daß Spinola Anfang des
Jahres 1683 nach Hannover gekommen sei. An den Kurfürsten hat
sich dann Spinola noch einmal gewandt, mit der Bitte, den Hofprediger Bergius und den Professor Grebeniz aus Frankfurt a. O.
zu einer Disputation in Anhalt abzusenden.

Die von Stavenow in der Mark Brandenburg.

Von Fr. Wudezies.

Es lassen sich mit Sicherheit zwei einstmals in der Mark ansässig
gewesene Familien des Namens v. Stavenow unterscheiden. Die
eine gehörte der Priegnitz an, wo sie zuerst um die Mitte des
13. Jahrhunderts auftrat und während eines Zeitraums von hundert Jahren nachweisbar ist. In der ersten Hälfte des 15. Jahrhunderts kommt das zweite Geschlecht dieses Namens in der Mittelmark zum Vorschein. An eine Übersiedelung der Priegnitzer Herren
v. St. nach der Mittelmark, an einen genealogischen Zusammenhang
beider Geschlechter ist nicht zu denken. Dagegen spricht vor allem die
Verschiedenheit der von beiden Familien geführten Wappen. Die
Priegnitzer Stavenow führten nach einem, von Lisch im XIII. Bde.
des Mecklenb. Jahrb. und im VII. Bde. d. Mecklenb. Urk. B. ver-
öffentlichten Siegel des Knappen Henning v. Stavenow vom Jahre
1323 einen Schild mit senkrechter Spitzenteilung. Das Wappen der
mittelmärkischen Herren v. St., das zuerst von v. Mülverstedt im
Neuen Siebmacher: Abgestorb. Adel d. Mark Br. nach einer Stamm-
buchmalerei vom Jahre 1585 publiziert wurde, zeigt im blauen Felde
3 Flammen. Wappenverschiedenheit aber spricht trotz Namensgleich-
heit gegen eine Stammeseinheit, während eine solche bei gemeinsamem
Wappenbild und Verschiedenheit der Namen nicht in Zweifel zu ziehen
ist (v. Ledebur in Märk. Forsch. Bd. III. 96 f.). Es haben also die
Priegnitzer Stavenow mit den Rohr, Königsmark, Möllendorf
und andern Geschlechtern in der Altmark und Priegnitz Stammesgemeinschaft, nicht aber mit den Stavenow in der Mittelmark.

1. Die von Stavenow in der Priegnitz.

Der Zweig der großen Stammesgenossenschaft, mit dem wir uns
hier beschäftigen, hatte seinen Namen von der Burg erhalten, die er
bewohnte. Noch heute ist eine Burg Stavenow beim Dorfe desselben
Namens in der Löcknitz-Niederung vorhanden, doch ist dies ein in

späterer Zeit entstandenes Bauwerk; die alte Burg soll auf einer anderen Stelle, auf dem sogenannten Heidenberge gestanden haben, auf
einem Platze, den man auch Alt-Stavenow nannte (Ried. Cod. dipl.
Br. A. II. 192).

Der erste uns bekannt gewordene Besitzer der Burg war Gerhard v. Stavenow. Er wird zweimal als Zeuge angeführt, einmal in einer am 9. Juni 1252 bei Salzwedel vom Markgrafen Otto
ausgestellten Urkunde, durch welche die Stadt Lenzen von den Zoll-
abgaben innerhalb der Lande des Markgrafen befreit wird, und dann
wird er noch einmal in der von den Markgrafen Otto und Albrecht
der Stadt Mülrose gegebenen Bestätigungsurkunde vom 23. April
1275 über die von ihrem Vater vollzogene Fundation von Mülrose
als Zeuge genannt (a. a. O. XX. 188).

Ein zweites Mitglied der Familie, der Ritter Peter v. Stavenow,
ist ebenfalls nur aus zwei Urkunden bekannt. Beide sind in der Neumark ausgestellt, die eine am 5. August 1289 im Dorfe Brunnecke,
die andere am 21. März 1290 zu Golin. Durch die erstere wird dem
Ritter Albrecht v. Witten das Dorf Clausdorf vom Markgrafen Albrecht verliehen; die zweite ist die Stiftungsurkunde des Klosters zu
Bernstein. Der Umstand, daß beide Urkunden in der Neumark ausgestellt sind und neumärkische Angelegenheiten betreffen, in der erst-
angeführten auch neben Peter v. St. nur Neumärker als Zeugen genannt werden, mag den ersten Herausgeber des Landbuches der Neumark, G. W. v. Raumer, zu der vielleicht richtigen Annahme veranlaßt haben, daß der Ritter Peter ebenfalls ein Eingesessener der
genannten Landschaft gewesen sei. Vielleicht auch dürfte der Ritter
Gerhard, der in einer neumärkischen Urkunde vom 26. Februar 1319
als Zeuge genannt wird (Ried. A. XVIII. 103) der Neumark angehört haben; denn allerdings gab es auch eine Familie v. St. in der
Neumark; nach dem Landbuch Ludwigs d. Ä. war sie zu Blankenfelde im Kreise Königsberg angesessen. Sonst aber findet sich über
diese neumärkischen Stavenow nirgend eine Mitteilung. Ihr ur-
sprünglicher Wohnsitz, von dem sie vermutlich auch den Namen erhalten
haben, mag ein im Soldiner Kreise südwärts von Bernstein einst belegen gewesenes Dorf gewesen sein; ein Wald, der die ehemalige Feld-
mark bedeckt, sowie ein dazugehöriges Forsthaus führen den Namen
der alten Dorfstätte, Stavenow, noch fort. — Noch im Laufe des
14. Jahrhunderts müssen diese Stavenow ausgestorben oder aus-
gewandert sein. Ihr Besitztum Blankenfelde gelangte zu dieser Zeit
an die v. Sydow; im 15. Jahrhundert werden die Plötz und die
Saß, diese letzteren auch noch im 16. Jahrhundert als Besitzer von
Blankenfelde genannt.

Erft in neuerer Zeit kommt der Name Stavenow, auch Sta-
benow, in der Neumark wieder zum Vorschein. Nach Berghaus,
Landbuch III. 502, find die Stavenow zu Bruchwiese im Kreise
Arnswalde ansässig; es ist diese Lokalität vielleicht dieselbe, welche
auf der v. Wißleben'schen Kreiskarte als „Kolonie Stavenow" bezeichnet ist.

Zu den Priegnitzer Stavenows zurückkehrend, haben wir den
Ritter Conrad zu nennen. Sein Andenken hat sich nur in einer
einzigen Urkunde erhalten. Er ist als Zeuge zugegen, als die Markgrafen Otto, Conrad, Heinrich und Johann am 5. Januar 1298
dem Dorfe Blingow in der Uckermark einen benachbarten See ver-
kaufen (Ried. A. XXI. 101). —

Heinrich v. Stavenow hatte im Jahre 1303 in Gemeinschaft
mit anderen ritterlichen Genossen einen Kaufmann aus Anklam überfallen und beraubt. Die Teilnehmer wurden zu Rostock verfestet
(Mecklenb. Urk. B. V. Nr. 2838). Im Jahre 1312 (7. Dezember)
wird Heinrich als erster in der Reihe mecklenburgischer und brandenburgischer Ritter genannt, welche in dem über die Aussöhnung
zwischen Rostock und König Erich von Dänemark und den Markgrafen
Waldemar und Johann von Brandenburg aufgenommenen Dokument als Zeugen aufgeführt werden (Ried. R. III. 18. Mecl. U.
B. V. Nr. 3576). In Gemeinschaft mit sechs andern Rittern war
Heinrich v. St. zu einem Schiedsgericht berufen worden, welches (am
28. Oktober 1313) eine Streitigkeit zwischen dem Abt Dietrich von
Neuenkamp und Dietrich Mann schlichtete (Mecklenb. Urk. B. VI.
Nr. 3651). Drei Tage hernach ist Herr Heinrich v. Stavenow im
Gefolge des Markgrafen Waldemar zu Königsberg in der Neumark
und ist Zeuge des Vertrages, welchen dieser Fürst mit Herzog Jo-
hann von Sachsen in Betreff der bevorstehenden Königswahl ab-
schließt (Ried. B. I. 349).

Heinrich v. Stavenow muß vor dem Jahre 1317 verstorben
sein, denn ein um diese Zeit verfaßtes Schriftstück über das Lehnsverhältnis des Hauses Stavenow gedenkt seiner nicht mehr, sondern
spricht nur von seinen Kindern. Es enthält dies Schriftstück einen
Schiedsspruch von vier Rittern auf eine vom Grafen Heinrich von
Schwerin gegen Markgraf Waldemar gerichtete und von diesem beant-
wortete Klage über Grenzverletzungen und andere Beeinträchtigungen
zu Lenzen, Stavenow und Herzfelde. Hinsichtlich Stavenows verlangt
Graf Heinrich, daß dies Haus, mit welchem er Herrn Heinrichs
v. Stavenows Kinder beliehen habe und das seiner Lehnshoheit
entzogen worden sei, früherer Verabredung gemäß, wieder an ihn
gewiesen werde. Darauf erwidert Markgraf Waldemar, daß die

jungen Herren v. St. ihre Güter vom Grafen empfangen und daß sie ihm davon leisten sollten, wozu sie von Rechtswegen verpflichtet seien. In diesem Sinne erfolgt dann auch der Urteilsspruch der Schiedsrichter (Ried. A. II. 203. Meckl. Urk. B. VI. Nr. 3927). In Bezug auf das hier berührte Lehnsverhältnis des Hauses Stavenow sei hier nur in der Kürze erwähnt, daß noch im vorigen Jahrhundert in der „beurkundeten Ausführung des Herzoglich Mecklenburgischen Landes- und Lehnsherrlichen Rechts an das ehemals sogenannte Schloß und Haus Stavenow rc." die Lehnsherrlichkeit über Stavenow als bei Mecklenburg beruhend nachzuweisen versucht wurde. Dem gegenüber hat Riebel (A. II. 190) zuerst darauf hingewiesen, daß Stavenow ein ursprünglich märkisches Gut war, welches die Grafen von Schwerin von den Markgrafen von Brandenburg zu Lehn trugen und ihrerseits an Afterlehnsleute übergaben.

Der Kinder des Ritters Heinrich v. St. gedenken auch, ohne indes ihre Namen zu nennen, die beiden Vertragsurkunden vom 11. Mai 1322, welche Heinrich, Herr zu Mecklenburg und Stargard und Graf Heinrich von Schwerin sich gegenseitig ausstellten. Das Haus Stavenow, so heißt es darin, soll „ewiglich" bei Graf Heinrich bleiben; die Schuldforderung, welche Herr Ygen v. Königsmark daran hatte, sollen die Kinder Herrn Heinrichs v. St. ihm mit 10 vom Hundert vergüten. (R. A. II. 208 u. 9, M. U. B. VII. Nr. 4345). Aus spätern Urkunden ergiebt sich, daß die Söhne des Letzteren Henning und Jan hießen. Henning verpflichtete sich mit anderen Edelleuten im Jahre 1323, dem Fürsten Heinrich von Mecklenburg zu dienen. An der darüber ausgestellten, im Großherzogl. Hauptarchiv zu Schwerin befindlichen Urkunde hängt das oben erwähnte Siegel Hennings. (R. A. II, 210. M. U. B. VII. Nr. 4471). Im Jahre 1332 stellt er sich unter den Schutz des Fürsten Johann v. Werle (R. a. a. O. 275. M. U. B. VIII. Nr. 5358); zwei Jahre hernach erkennt er mit andern Edelleuten in dem Markgrafen Ludwig d. Ä. von Brandenburg seinen Schutzherrn und verspricht ihm Schloß Stavenow offen zu halten. (R. a. a. O. 211). Markgraf Ludwig selbst bekundet im Jahre 1337, daß er die Knappen, Gebr. Henning und Jan v. St. mit ihrem Schloß in seinen Schutz genommen habe; für die ihm zu leistenden Dienste verspricht er, ihnen jährlich 20 Mark Silbers zu zahlen und für den Fall, daß sie ihr Schloß in seinem Dienste verlieren sollten, verheißt er, ihnen Ersatz zu gewähren. Auch giebt er ihnen die Zusicherung, daß er alle Missethaten, die sie durch Raub und Brand gegen ihn begangen, vergeben und vergessen wolle. (R. a. a. O. 212). Beide werden dann auch noch als Teilnehmer an einer gegen den bekannten Johann v. Buch gerichteten Fehde im Jahre 1339

genannt (R. a. a. O. 212 M. U. B. Nr. 5976). In den nächsten
Jahren aber verstarb der ältere Bruder. Seine Söhne hatten in Gemeinschaft mit ihrem Oheim Jan abermals den Unwillen des Markgrafen Ludwig erregt, worauf wieder eine Versöhnung erfolgte, von
welcher ein Dokument des Markgrafen aus dem Jahre 1345 Kunde
giebt. (R. a. a. O. 214). Er wiederholt darin die den Stavenows
früher gegebenen Versprechungen und belehnt sie mit dem ihm offen
zu haltenden Schlosse. Aus zwei Urkunden vom 13. u. 24. März 1349,
in welchen die Herren v. St. erklären, daß Koneke v. Quitzow einige
ihnen verpfändete Hufen an den Kaland zu Perleberg verkauft habe,
erfahren wir die Namen der Söhne des verstorbenen Henning, Henning (Johann), Koneke (Konrad) und Claus. (R. A. XXV.
23 u. 25). Seitdem werden sie nicht mehr genannt, und auch ihr
Oheim Jan, der wieder an einer Fehde gegen die Herren v. Lützow
beteiligt gewesen war, wird nur noch einmal, am 8. November des
Jahres 1349 erwähnt. (M. U. B. X. Nr. 7006). (¹)

Ob diese vier Herren v. St. während der durch den falschen Waldemar herbeigeführten Wirren im Kampfe für die Erhaltung ihres
Besitzes ihr Leben verloren, oder ob sie nach vergeblichem Widerstande
das Schloß ihrer Väter flüchtig verlassen und eine andere Heimat aufgesucht haben, darüber geben die dürftigen urkundlichen Nachrichten
keine Auskunft. Soviel ergiebt sich aus ihnen, daß der Schweriner
Graf sich Stavenows und anderer Güter in der Priegnitz bemächtigte und Markgraf Ludwig der Römer ihn dieser Gewaltthätigkeiten
wegen anklagte. Auf einer Zusammenkunft beider Fürsten zu Gransee
einigten sie sich am 18. Dezember 1354 dahin, den Fürsten Bernim
d. Ä. von Pommern und den Herzog Albrecht von Mecklenburg um
schiedsrichterliche Entscheidung ihrer Streitigkeiten anzurufen. Zum
Zusammentritt des Schiedsgerichts war der 5. Februar des Jahres 1355
bestimmt worden. (R. A. II. 215, Sppl. 33 M. U. B. XIII. Nr. 8018).
Der Schiedsspruch hat sich nicht erhalten. Jedenfalls ist er in Bezug
auf Stavenow dahin ergangen, daß dasselbe dem Grafen Otto vom
Markgrafen zu Lehn gegeben werden solle. Es fand die Belehnung
dann auch am 22. September 1356 zu Perleberg statt. (Mecl. U.
B. XIV. Nr. 826). In einer an demselben Tage gegebenen Urkunde sagt Graf Otto, daß er das Schloß Stavenow abbrechen dürfe
und ein anderes, wenn es ihm notwendig erscheine, mit Zustimmung
des Markgrafen wiedererbauen könne.

----

¹) Wenn der Rat von Lüneburg sich im Jahre 1432 bei dem Rat zu Perleberg
für einen von den v. Stavenow Beraubten verwendet, so können darunter nur die
damaligen Inhaber der Burg, die Herren v. Kruge gemeint sein. (R. A. I. 183).

2. Die von Stavenow in der Mittelmark.

Für diese Herren v. St. vermögen wir weder eine Stammesgemeinschaft mit andern Familien, noch eine Lokalität nachzuweisen, von der sie den Namen erhalten haben könnten. Sie mögen hier eingewandert sein und zwar verhältnismäßig spät, da das Landbuch Kaiser Karls IV. sie noch nicht nennt. Erst in einer Urkunde vom 4. Januar 1433 begegnen wir den ersten Mitgliedern der Familie in der Mittelmark; sie werden als ehemalige Besitzer von Schöneiche im Niederbarnim bezeichnet. (R. A. XI. 334). Ihre Vornamen fehlen hier, doch sind es jedenfalls dieselben Persönlichkeiten, welche in einer wenige Tage jüngeren Urkunde vom 9. Januar (R. a. a. O. 336) Hans und Bethke genannt werden. Sie verpfänden hier Hebungen aus Dahlwitz an das Heiligegeist-Hospital in Berlin.

Während der nächsten 50 Jahre wird der Name der Familie nirgend erwähnt; dann aber treten gleichzeitig vier Glieder derselben auf. Das Register der Vasallen, welche dem Kurfürsten Joachim und den Markgrafen Albrecht im Jahre 1499 gehuldigt haben, nennt Nickel, Friedrich, Hans und Georg, die Stavenow, zu Woldenberg gesessen. Leider erfahren wir nichts über ihr Verwandtschaftsverhältnis. (R. C. II. 430.) Woldenberg liegt übrigens nicht wie in v. Ledeburs Adelslexikon und in v. Mülverstedts abgestorbenen Adel der Mark Brandenburg gesagt wird, in der Neumark, sondern im Kreise OberBarnim; es führt gegenwärtig den Namen Wollenberg, welcher Name übrigens auch schon im 17. Jahrhundert zuweilen vorkommt. Von den genannten vier Herren v. St. haben nur Nickel und Friedrich Nachkommen hinterlassen.

A. Die Nachkommen Nickels (I.) von Stavenow.

Nach Nickels (I.) im Jahre 1502 erfolgten Tode wurden seine beiden Söhne, Nickel (II.) und Bertram im Februar des folgenden Jahres mit dem väterlichen Besitz beliehen. (Ried. C. II. 571). Im Jahre 1527 waren beide Brüder verstorben. Bertram hatte keine Söhne hinterlassen. Sein Anteil an Wollenberg ging auf die 3 Söhne seines Bruders über. Von diesen empfing Peter im genannten Jahre für sich und seine damals noch unmündigen Brüder Matthias und Erdmann die Belehnung über den vom Vater und vom Oheim hinterlassenen Besitz. (R. a. a. O. 482). Matthias scheint früh gestorben zu sein; denn bei der nach dem Regierungsantritt Kurfürst Joachims II. erfolgten Lehnserteilung im Jahre 1536 wird er nicht mehr genannt. Wann Peter und Erdmann gestorben, ist nicht bekannt. Bei der Landeshuldigung im Jahre 1571 wur

ben ein Sohn Peters: Nidel (IV.) und 2 Söhne Erbmanns,
Hans und Peter, genannt; letztere beiden war damals noch unmündig. Peter war schon 1577 nicht mehr am Leben, Hans aber war
blödsinnig. Daher übernahm Nidel als nächster Agnat die Lehen
seiner Vettern mit der Verpflichtung, dem Geisteskranken den nötigen
Unterhalt zu gewähren bis er etwa wieder zu Verstande komme.
Nidel (3) war zweimal verheiratet; aus erster Ehe erhielt er 3 Söhne:
Ernst, Joachim und Nidel (IV.); aus der zweiten Ehe ging ein
vierter Sohn, Jakob, hervor; außerdem hinterließ er bei seinem um
das Jahr 1584 erfolgten Tode zwei Töchter, Barbara und Mar-
garethe. — Mit dem Absterben des Vaters scheint der wirtschaft-
liche Verfall der Familie begonnen zu haben. Noch während der
Minderjährigkeit der vier Brüder verkauften ihre Vormünder im
Jahre 1586 mit landesherrlichem Konsens dem Küchenschreiber Bernd
Freuben eine Getreiderente von 2 Wspl. Roggen für 200 Thl. auf
Wiederkauf. Bald folgten weitere Verpfändungen, besonders seitdem
der ältere der Brüder, Ernst, majorenn geworden war. Aus dem
Jahre 1590 wird berichtet, daß Ernst in Gemeinschaft mit zweien
seiner Vettern und einigen anderen Herren aus der Nachbarschaft dem
kurfürstlichen Oberjägermeister und Hauptmann zu Liebenwalde, Heinrich v. Sandersleben, 600 Thl. zu 6 pC. verzinslich, schuldig geworden sei und ihm zu seiner Sicherheit sein Hab und Gut, beweg-
lich und unbeweglich mit kurfürstlichem Konsens verschrieben habe.
Dann verpfändet er im folgenden Jahre dem Thomas Wille, dem
er in seiner vorhandenen Not 50 Gulden Märk. Währung schuldig
geworden ist, seine Windmühle. Zwei Jahre nachher verpfändet er
diese Mühle dem Kiezmüller vor Freienwalde, Meister Hans Wolf,
dem er 100 Thaler schuldete. Wenige Wochen darauf verschreibt er
dem Tam v. Röbel zu Ktuge und George v. Platen zu Harnekopf,
die sich für ihn für eine von Christoph v. Pfuel zu Jahnsfelde entliehene Summe von 200 Thl. verbürgt hatten, sein Lehngut Woldenberg zu event. Schadloshaltung. Trotz seiner bedrängten Lage
hatte Ernst den Mut, seinen Besitz durch den Ankauf sowohl des von
seinem Bruder Nidel innegehabten Anteils von Woldenberg, wie des
seines jüngsten Bruders Jakob zu vergrößern. Ersterem wurde er dadurch 595 Thl., letzterem 575 Thl. schuldig. Da der zweite Bruder,
Joachim, schon gestorben war, so war Ernst nun Besitzer des ganzen,
von Nidel (I.) herrührenden Gutsanteils; doch nur auf kurze Zeit.
Denn durch Kaufkontrakt vom 20. Februar 1595 überließ er sein Erb-
und Lehngut, wie er solches von seinem Vater ererbt und von seinen
Brüdern erkauft, an Hans v. Wagenschütz für 5400 Thl. zu einem
erblichen und eigentümlichen Besitz.

Noch einmal werden die letzten drei Nachkommen Nickels (I.) bei Gelegenheit der Belehnung ihres Vetters Albrecht im Jahre 1598 genannt; dann verschwinden sie gänzlich aus unserm Gesichtskreise. Zu erwähnen ist noch, daß für jede der beiden Schwestern, Barbara und Margarethe, ein Kapital von 250 Thl., mit 6 pC. zu verzinsen, auf dem Gute bis zu ihrer Verheiratung stehen blieb.

B. Die Nachkommen Friedrichs von Stavenow.

Friedrich, der gleichzeitig mit Nickel (1.) im Jahre 1499 belehnt worden war, überlebte diesen um mehr als 40 Jahre; er starb erst 1542 und ist daher wohl nicht ein Bruder, sondern ein Neffe desselben gewesen. Friedrich hinterließ drei Söhne; der älteste, Heinrich, empfing im Februar des Jahres 1543 zugleich im Namen seiner unmündigen Brüder, Michael und Andreas, die Belehnung über den bisher väterlichen Besitz. In demselben Jahre noch wurde er mit den von seinem Oheim Georg erkauften 5 Hufen und 3 Höfen beliehen. Georg, der, wie schon erwähnt, keine Nachkommen hatte, wird seitdem nicht mehr genannt. Von den drei Söhnen Friedrichs werden bei der Belehnung im Jahre 1571 nur Heinrich und Andreas, dieser als abwesend, genannt; von Michael ist keine Rede. Doch lebte er noch, was man indeß in der Heimat erst 13 Jahre später erfuhr.

Im Jahre 1577 starb Heinrich, zwei Söhne überlebten ihn; der ältere, Friedrich, war abwesend und der jüngere, Albrecht, noch unmündig. Ihr Oheim Andreas empfing für sie die Belehnung. Einige Zeit hernach gelangte nun auch von dem bisher verschollenen Michael Nachrichten in die Heimat. Er war inzwischen Pfarrer zu Neukirchen in Schlesien geworden. Er suchte nun für sich und seine Söhne die Belehnung zur Gesammthand an den Wollenbergschen Gütern zu erhalten. Man war in der Lehnskanzlei in Zweifel, ob dem Gesuche stattgegeben werden könne, da Ern Michael bisher der gesammten Hand nicht in gebührlicher Weise Folge gethan. Auf Fürbitte des Herzogs Georg von Liegnitz wurde er indeß zur Mitbelehnung zugelassen. An Stelle des mit Alter und Leibesschwachheit beladenen Pfarrers erschien sein ältester Sohn Friedrich und empfing für sich und seine Brüder Michael und Heinrich die Belehnung zur Gesammthand an allen Gütern seiner Vettern zu Wollenberg im Jahre 1584. Späterhin ist von diesen schlesischen Vettern nicht mehr die Rede.

Die Söhne Heinrichs, Friedrich und Albrecht, befanden sich bald in derselben Lage, wie ihre Vettern auf dem andern Antheilgute; auch bei ihnen machten eintretende Geldverlegenheiten Verpfän-

bungen notwendig. So war Friedrich dem Christoph v. Beerfelde
50 Thl. schuldig geworden; er verschrieb ihm im Jahre 1587 dafür
einen Bauern mit 4 Hufen und 2 Kossäthen. Beide Brüder wurden,
wie schon erwähnt, Schuldner des Oberjägermeisters Heinrich v. Sandersleben. Im Jahre 1594 verpfändete Friedrich dem Adam
v. Pfuel auf Bichel für entlehnte 30 Thl. 2 Kossäthen und im folgenden Jahre verschrieb er dem Hans v. Wagenschütz für ihm schul-
big gewordene 150 Thl. seinen Unterthanen Michael Andreas.
Schon im Anfang des nächsten Jahres, am 25. Januar 1596, unter-
schreibt er den Vertrag, durch welchen sein Lehngut Woldenberg an
Jacob v. Pfuel, zu Ramst und Zieten erbgesessen, übergeht.

Der Bruder Friedrichs, Albrecht, konnte sich seinen Besitz
noch einige Jahre länger erhalten, obgleich die Zahl der Verpfändungen, die er vorzunehmen genötigt war, die seines Bruders über-
steigt. Im Jahre 1587 verpfändete er dem Friedrich v. Pfuel auf
Gielsdorf für 60 Thl., die er ihm für Korn schuldig geworden war,
einen Bauern auf drei Jahre. Im Jahre 1590 erborgt Albrecht
von dem Straußberger Bürger Martin Brunzlow 50 Thl., die er
jährlich mit 3 Thl. zu verzinsen hat. Dann leiht ihm im Jahre
1592 bei neuer Geldverlegenheit Adam v. Pfuel auf Bichel 50 Thl.
und am Christfest noch 100 Thl., wofür ihm im Falle der Nicht-
wiederzahlung 2 Kossäthen verschrieben werden. Inzwischen hat Albrecht auch von Hans v. Wagenschütz wieder 100 Gulden erborgt
und ihm dafür 2 Hufen Landes in allen 3 Feldern verpfändet. Am
Weihnachtsabend 1595 verschreibt Albrecht demselben Hans v. Wagenschütz für 300 Thl. mit 6 % verzinslich 2 Kossäthen und 2 Hufen
von seinem Rittersitz, „die ihm am besten gelegen." Im folgenden
Jahre folgt neue Verpfändung, diesmal betrifft sie einen Platz Landes
vor der „Schmalenmaß" (auch schmale Matte genannt) gelegen, und
die mit Holz bewachsene schmale Maß selbst an Hans v. Wagenschütz für von ihm entliehene 71 Thl.

Beim Regierungsantritt des Kurfürsten Joachim Friedrich im
Jahre 1598 war Albrecht v. Stavenow das einzige Glied der Fa-
milie, das noch Besitz in Wollenberg hatte. Er empfing die Beleh-
nung am 3. Mai; zur Gesammthand wurden mitbelehnt: sein Bruder
Friedrich, sein Oheim Andreas und seine Vettern Ernst und
Nickel (IV.). An demselben Tage wurde auch Hans v. Wagen-
schütz mit den von ihm erworbenen Gutsanteilen von Wollenberg
beliehen. Nach drei Jahren war er im Besitz von ganz Wollenberg, mit
Ausnahme des Pfuelschen Antheils. Vom 27. Juni 1601 ist der
Kaufbrief datiert, durch welchen Albrecht v. Stavenow sein Lehngut
Wollenberg, nämlich den Rittersitz nebst zugehörigen 9 Hufen samt

Schäferei, den 4. Teil an Straßengerechtigkeit, Kirchenlehn, 2 Kossäthen u. a. m. an Hans v. Wagenschütz für 2846 Gulden märk. Währung erb- und eigentümlich verkauft. Der landesherrliche Konsens
zu diesem Verkaufe ist vom 2. Dezember 1601 datiert.

Mit wenigen Worten sei hier noch der in Fidicins Territorien
der Mark Brandenburg, Kreis Ober-Barnim, enthaltenen Angaben
über die Herren v. Stavenow zu Wollenberg gedacht. Diese Angaben
sind teils ungenau, teils irrtümlich. Wenn dort gesagt wird, daß
Ernst v. St. um die Mitte des 16. Jahrhunderts im Besitz fast sämt-
licher Dorfhufen war, so ergiebt sich aus obiger Darstellung, daß erst
im Jahre 1584 nach Absterben seines Vaters für ihn, da er damals
noch unmündig war, die Lehen gemutet wurden. Nicht richtig ist es
ferner, wenn dort gesagt wird, Ernst habe einen Teil seines Besitzes
an Hans v. Wagenschütz abgetreten, er verkaufte ihm vielmehr im
Jahre 1595 seinen ganzen Besitz. Friedrich, der 1596 seinen Be-
sitzanteil an Jakob v. Pfuel veräußerte, war nicht ein Nachkomme
des Ernst, sondern sein Oheim. Unrichtig ist auch die Behauptung,
daß erst zur Zeit des Hans v. Wagenschütz dort ein Rittergut „mit
einem Rittersitz" gebildet worden sein soll; es ist vielmehr schon längst
vorher von zwei „Rittersitzen" die Rede. Wenn es ferner heißt, der
Sohn des Hans Stavenow, Joachim, habe das Gut im Jahre
1644 an Dr. Fülborn verkauft, so ist statt Hans Stavenow Hans
Wagenschütz zu lesen. Auch hinsichtlich der späteren Besitzer von
Wollenberg kommen in dem Artikel Fidicins noch Unrichtigkeiten
vor, auf die indeß hier nicht einzugehen ist.

Eine Denkschrift Woellner's über die kurmärkische Landschaft (1786).

Mitgeteilt von Dr. Reißer, Geh. Staats-Archivar.

Die nachstehende „Abhandlung von der Landschaft" gehört zu denjenigen Denkschriften, die Woellner in den Jahren 1784 bis 1786 für den Prinzen von Preußen, späteren König Friedrich Wilhelm II. ausgearbeitet hat. Abneigung gegen König Friedrich den Großen und den preußischen Abel, rücksichtslose und mißverständliche Anwendung fiskalischer Interessen, diese gewöhnlichen Eigenschaften der reformatorischen Entwürfe Woellner's wird man auch in dieser Denkschrift finden. Bemerkenswert bleibt übrigens, daß Woellner, wie in so vielen andern Fällen, auch hierbei mit seinen Gedanken bei Friedrich Wilhelm II. keinen Eingang fand: statt die Landschaft aufzuheben, wie Woellner vorschlägt, hat der König dieser Institution noch eine weitere Entwicklung und größere Ausdehnung gegeben.

Abhandlung
von der Landschafft. [1]

Inhalt.

[1] Woellner's Orthographie ist beibehalten.

Abhandlung
von der Landschafft, und ihrer bessern Einrichtung zum größeren Nutzen des Staates.

§ 1.
Falscher Begrif von der Landschafft.

Der König scheinet von der eigentlichen Beschaffenheit der Chur-Märckischen Landschafft keine in der Sache selbst gegründete richtige Kenntnis zu haben. Er glaubt vielleicht und Tausende glauben es mit ihm in unserm Lande,

daß die dahin fliessende Gefälle ein Eigenthum der Stände sind und daß die Gerechtsame des Adels gekränket werden würden, wenn er darinn andere Verfügungen machen wollte.

Um dis zu wiederlegen, und das Gegentheil davon zu beweisen, oder darzuthun, daß der König vollkommen Fug und Recht hat, mit der Landschafft eine Veränderung vorzunehmen, die zum großen Nutzen des Staates gereichen kann, will ich ganz kurz folgende Umstände erörtern.

§ 2.
Entstehung der Chur-Märckischen Landschafft, und ihre knrtze Geschichte.

Im 15. Jahrhundert zur Zeit der alten Chur-Fürsten, und sonderlich unter der Regierung Joachim II. war bei weitem noch kein Tresor in Berlin, sondern die Landes-Herren hatten Schulden gemacht. Vermuthlich wurden diese guten Regenten von den Creditoribus gedränget, und vielleicht bedrohet bei dem Kaiser verklaget zu werden, welches damals bekanntermaaßen eine unangenehme und auch wohl gefährliche Sache in solchen Fällen war.

Sie wandten sich also an die Landstände, welche der Adel des platten Landes und die Städte waren. Diese brachten Geld zusammen und bezahlten sothane Schulden, wogegen die Chur-Fürsten dem Adel in der Chur-Mark zur Schadloshaltung gewisse Landes-Revenues assignirten, die entweder damals schon existirten, oder zu deren Entstehung und Einhebung durch Auflagen, die Regenten dem Adel die Erlaubnis ertheilten.

In beiden Fällen waren diese Revenues ein Landesherrliches Eigenthum, darann der Adel vorhero kein Recht hatte.

Der Adel formirte also aus diesen ihm accordirten Landesherrlichen Revenues drei verschiedene Cassen, nehmlich

1) Die Biergeld-Casse. Hiezu fliessen die Abgaben, welche vom Bierbrauen nach der Tonnenzahl entrichtet werden.

2) Die Schoß- und Giebel-Steuer-Casse, wozu die Bauern und Einwohner des platten Landes von ihren Häusern beitragen.

3) Die Städte-Caſſe, zu welcher die Abgaben gehören, die von den Bürgern in den Städten nach einem gewiſſen feſtgeſezten Fuß gegeben werden müſſen.

Dieſe drei Caſſen, welche nun eben ſo viele Fonds einer beſtändigen Einnahme für die Landſtände waren, wurden durch gewiſſe ernannte Deputirte des Adels und der Städte verwaltet, welche zuſammen ein Collegium unter dem Nahmen eines Landſchaftlichen Directorii ausmachten, ſo bis auf den heutigen Tag ſeine Exiſtenz erhalten hat.

Alſo entſtand die Landſchafft.

§ 3.

Beweis, daß die obigen drei Caſſen der Landſchafft nicht ein Eigenthum des Adels und der Stände, ſondern ein Eigenthum des Landesherrn ſind.

Alle und jede Revenues der Landſchafft zu denen daſelbſt etablirten drei Caſſen ſind, wie wir vorhin geſehen haben, nichts anders als Abgaben der Unterthanen, die dem Adel und den Ständen dafür ſind überlaſſen worden, daß dieſe Landesherrliche Schulden bezahlet haben.

Der Adel hat alſo kein ander Recht auf dieſe Einkünfte, als in ſo fern die damaligen Chur-Fürſten ihm ſolche zur Schadloshaltung für das hergegebene Geld cediret haben.

Ich alſo ſehe gar nicht ab, warum der König,
  wenn er bis Geld dem Adel und den Ständen wieder erſtattet
  und dieſe Schuld abträgt und bezahlet,
nicht jene Revenues, die eigentlich ihm gehören, weil es Auflagen der Unterthanen, und ſolche Gefälle ſind, die zur Crone gehören, allemahl wieder einziehen könnte, ſobald er ſolches für den Staat vortheilhaft findet.

Denn es iſt Weltkundig, in dem Völckerrecht von allen Zeiten her gegründet, und ich habe in meiner Abhandlung über die Finanzen dieſen Punkt erwieſen, und dargethan,
  daß keine Cron-Güter, Domainen oder auch Landesherrlicher
  Gefälle in keinem Betracht jemals von den Vorfahren in der
  Regierung veräußert werden können; ſondern der Nachfolger
  ſtets das Recht hat, ſolche wieder einzuziehen und dem Staate
  zu incorporiren.

§ 4.

Chur-Fürſt Fridrich Willhelm will die Landſchafft aufheben.

Eben aus dem Grunde, daß von Cron-Gütern und Einkünften des Staates nichts veräußert und weggegeben werden darf, hatte es der große Chur-Fürst Fridrich Wilhelm schon im Sinne, diese Landesherrlichen Gefälle wieder einzuziehen, und denen Landständen ihr vorgeschoßenes Geld wieder zu bezahlen.

Die Veranlassung dazu war, daß die Landschafft, entweder wegen übler Wirthschafft, oder wegen der Folgen des dreißig jährigen Krieges, oder vielleicht wegen Beides zugleich, banquerout gemacht hatte.

Der Chur-Fürst war sehr böse darüber, und sezte eine Commission nieder, die aus drei Churfürstl. Räthen, nehmlich den v. Rheß, v. Grumbkow und v. Raben bestand, welche im Rahmen des Chur-Fürsten und unter Landesherrlicher Authorität, diesen Banquerout untersuchen, und die Sache wieder in Ordnung bringen musten.

Die Edelleute und Stände musten denen Commissarien von allem Redé und Antwort geben, ohne sich zu moviren, welches lettere sie gewis nicht würden unterlassen haben, wenn die Landschafft ihr Eigenthum gewesen wäre. Denn was wäre auch dem Landesherrn in diesem Fall das Privat-Eigenthum der Particuliers angegangen?

Nachdem die Commission geendigt und alles wieder in Ordnung war, so erschien nachstehende merkwürdige Cabinets-Ordre des Chur-Fürsten d. d. Potsdam 26. Jan. 1687.

§ 5.
Cabinets-Ordre des Chur-Fürst Fridrich Wilhelm an die Stände wegen Aufhebung der Landschafft.

„Unsern Gruß zuvor. Würdige, Wohlgebohrne, Beste und Ehrbare, Liebe Getreue ꝛc. Demnach Wir die Gefälle im Neuen Bier-Gelde und Hufen-Schoß, wie auch folgends die Gefälle, bei Unsern Alt Märdisch- und Priegnißischen, auch Mittel-, Ucker-Märdisch- und Ruppinischen Städte-Cassen durch einige Uns zustehende Mittel einzulösen, und die Creditores zu befriedigen, sothane Gefälle aber, wenn die Creditores bezahlet, an Uns zu nehmen, gnädigst gemeinet sind; So haben Wir, wie beiliegend zu ersehen, Unserm Chur-Hause und Landen zum Besten, aus gutem Wohlbedacht und wissentlich disponiret, daß wann, wie erwähnet, die Schulden bezahlet, solche Revenuen jährlich in dem Landschafft-Hause in einer wohlverwahrten Lade zurückgeleget, und zu nirgends anders als wenn Unserm Chur-Hause und Lande einige Noth anstoßen mögte, angewendet werden sollen; Gleichwie nun Unsere Intention allein zur Wohlfarth Unsers Chur-Hauses und Lande gerichtet; Als haben Wir Euch solches hiemit in Gnaden notificiren wollen, nicht zweifelnde, daß Euch diese Unsere Resolution erfreulich und angenehem sein werde. Seynd Euch mit Gnaden gewogen. Gegeben zu Potsdam den 26. Januar 1687.

Fridrich Wilhelm."

So richtig dachte dieser warhaft große Regent, der alles so viel möglich mit eignen Augen sahe und beurtheilte, von der Landschafft, und er würde diesen weißlich gemachten Plan auch sicher ausgeführet haben, hätte ihn nicht der Todt übereilet, denn er starb bekanntermaaßen schon im folgenden Jahre 1688.

Unter der Regierung Fridrichs I. aber hatten die Ministres zu viel Gewalt, und diese waren auch von Adel und hatten ihre privat Absichten.

Der Hochseelige König Fridrich Willhelm war zwar auf alles sehr attent, zumahl auf dasjenige was seine Revenües vermehren konnte, allein seine übrige große Einrichtungen zur Aufnahme des Landes, scheinen ihm bei seiner kurzen Regierung nicht die Zeit übrig gelassen zu haben, an die Reforme der Landschafft zu denken.

Des jetzigen Königs Majestät aber haben offenbar einen unrichtigen Begrif von den Revenües der Landschafft, weil Sich Allerhöchstdieselben bei Gelegenheit der Unordnungen der Städte-Casse, welche eine Branche der Landschafft ist, wie hier oben aus § 2 erhellet, in einer Cabinets-Ordre d. d. 30. Sept. 1777 wiederholentlich also erklären: „daß die Gelder der Städte-Casse nicht Ihnen gehöreten, daß es Ihnen nichts angehe, wenn die Städte-Casse solche ausleihen wolle, und daß Sie also, weil die Gelder nicht Ihre wären, nichts dagegen hätten, wenn die Städte-Casse selbige dem Credit-System zum Fond geben wollte" 2c.

Würde der König bei seiner bekannten großen Oeconomie diese Sprache führen, wenn er wüste, daß die starken Revenües der Landschafft eigentlich Revenües der Crone sind, und daß nur vermuthlich eine sehr kleine Summe von dem im Tresor müßig liegendem baarem Gelde dazu gehöret, um diese so lange verpfändeten Landesherrlichen Einkünfte wieder einzulösen?

Es scheinet diese in allem Betracht sehr gute Sache Ew. Königl. Hoheit vorbehalten zu sein; und ich will deshalb im folgenden § die große Billigkeit der Aufhebung der Landschafft, als eine Sache die im Grunde Niemand praejudiciret, dem Staate hingegen äußerst vortheilhaft ist, beweisen.

§ 6.

Die Aufhebung der Landschafft ist billig und dem Staate sehr nützlich.

Zu den Zeiten Joachim II. als der lezten Epoque da die Landstände für den Landes-Herrn Schulden bezahlet haben, war die Chur-Marck und Priegnitz gewis um zwei Drittheile weniger bevölkert, als anjezt da ich dieses schreibe.

Die Revenües des Landes, welche der Ritterschaft damals zur

Entschädigung für dasjenige Quantum an Gelde assigniret wurden, das zur Bezahlung der Landesherrlichen Schulden nöthig gewesen, sind von der Art, daß sie mit der Bevölckerung des Landes conner sind, und mit selbiger in der genausten proportion stehen: denn, die Consumption des Bieres, ferner die Schoß- und Giebel-Steuer, desgleichen die Abgaben der Bürger in den Städten richten sich nach der Menge der Einwohner, nach der Anzahl und Vielheit des Volckes im Lande.

Man kann es dem Adel wohl zutrauen, daß ob er gleich vor dritthalb hundert Jahren in den Wissenschafften und schönen Künsten eben nicht sonderlich mag erfahren gewesen sein, er doch wenigstens im Rechnen und Schreiben so viel gewust haben wird, daß er calculiret hat:

Ob die von dem Chur-Fürsten ihm assignirten Landes-Revenües hinlänglich gewesen sind, ihn wegen des vorgeschoßenen Capitals und der Zinsen schadlos zu halten?

Ist aber dieses? wie es denn wohl gar nicht zu bezweifeln ist, — denn die Herren werden sich wohl vorgesehen haben, so sage ich es den Landständen gerade auf den Kopf zu

daß sie gegenwärtig zwei Drittheile mehr Einnahme haben, als sie nach dem vor dritthalb hundert Jahren errichteten Vertrag und Pacto haben sollten.

Wozu dienet aber dieser Unrath? — Ist es wohl erlaubt, daß die Herren von Adel, die doch immer so viel von Patriotismus und tiefer Devotion gegen den König sprechen, einen so sehr großen Profit von zwei Drittheilen mehr von ihrem Landes-Herrn nehmen sollen, als ihnen der Gerechtigkeit und Billigkeit nach zukommt? — Dies ist mehr als jüdischer Wucher.

Ist es wohl erlaubt, daß zu einer Zeit, da der König alle Nerven des Landes anspannen und anstrengen muß, um nur gegen die übergroßen und nothwendigen Ausgaben des Staates Face zu machen, die Landschafft allein solche reiche Einkünffte hat, daß sie nicht weiß, was sie damit machen soll? sondern nach dem alleinigen Willkühr ihrer Deputirten, welches etwan ein Dutzend Land-Junker und von Seiten der Städte ein Paar Burgemeister sind, solche große Revenües vertändelt, und auf eine unnütze und zum Theil unerlaubte Weise anwendet, wie noch kürzlich die Geschichte des Prozesses des Geheimden-Rath v. Arnim mit der Städte-Casse sattsam beweiset?

Wer nur ein Gefühl von Billigkeit und Recht hat, muß mir zugestehen, daß der König schon lange nach der strengsten Gerechtigkeit hierinn hätte eine Veränderung machen müssen, dazu ihn selbst das Beste des Staates aufgefordert hat. Wie? — solche schöne Revenües soll der Landes-Herr ungenutzet lassen, da sie doch die seinigen in aller Absicht sind?

§ 7.

Ohngefähre Berechnung der damals bezahlten Landesherrlichen Schulden und der jetzigen Einkünfte der Landschafft.

Ob ich gleich weder die Summe der Schulden weiß, welche die Landstände damals für die Landes-Herren zu verschiedenen Zeiten bezahlet haben, noch auch den Betrag der jetzigen jährlichen Einnahme der Landschafft, weil beides ein tiefes Staats-Geheimniß der Landstände ist, welches aus vermuthlich sehr guten Gründen Niemanden gesagt wird, so will ich es doch wagen beides zu bestimmen, und mir dazu einen eigenen Maasstab machen.

Ich will nehmlich das Verhältniß der vorigen Zeiten vor 250 Jahren mit denen jetzigen zur Richtschnur hiezu gebrauchen.

Hiernach will ich annehmen, daß Joachim II. und seine Vorfahren zusammen

500,000 Thlr. oder eine halbe Million Schulden gemacht haben sollen, welche von den Landständen bezahlet worden sind. Dis war damals vor 250 Jahren in Deutschland schon eine gewaltige Summe.

Diese halbe Million erfordert an Zinsen jährlich zu 5. Procent

25000 Thaler.

Nun will ich recht billig verfahren und festsetzen, daß die dagegen verpfändeten Landes-Revenües die ersten 50 Jahre wegen der geringern Bevölkerung nur gerade diese 25000 Thlr. als Zinsen von diesem Capital betragen haben sollen. Weniger ist es gewis nicht gewesen, weil ich sonsten annehmen müste, daß die Stände das fehlende an diesen Zinsen jährlich ex propriis hätten zugeben müssen, wofür sie sich aber wohl gehütet haben werden.

In denen zunächst folgenden 100 Jahren aber sollen sich durch die nach und nach immer steigende Bevölkerung, und durch die Aufnahme des Landes überhaupt, diese Revenües der Landschafft dergestalt gebeßert haben, daß außer denen laufenden Zinsen das Capital der 500,000 Thaler abbezahlet, und mithin die Schuld getilget worden ist. Hiezu brauche ich in Hundert Jahren jährlich nur 5000 Thlr. mehr, und also zur ganzen Einnahme der Landschafft in dieser Zeit jährlich nicht mehr als

30,000 Thlr.

Nun habe ich indessen erst 150 Jahre berechnet, und ich habe noch 100 Jahre übrig, wo weder Zinsen noch Capital mehr durffte bezahlet werden, wo also lauter Einnahme, und gar keine Ausgabe mehr war.

Das Land aber nahm in diesen leztern Hundert Jahren mit
Riesen-Schritten zu. Hier verliehre ich nun meinen obigen Maas-
ftab, und ich kann der großen Vermehrung der Revenües der Landschafft gar nicht mehr folgen.

Ich will also wieder von neuen arbitriren, und die jährliche
reine Revenüe der Landschafft gegenwärtig nur auf die mäßige Summe
von 300,000 Thaler bestimmen. Thue dich dis, so erschrecke ich
darüber, daß der Adel so unbillig sein kann, für ehemals bezahlte
500,000 Thaler
einen so ungeheuren jährlichen Profit zu nehmen.

§ 8.

**Art und Weise wie die Landschafft nach Recht und Billigkeit aufge-
hoben werden kann?**

Wenn Ew. Königl. Hoheit dereinft zu des Landes Beften den
Gedancken von der Aufhebung der Landschafft einer nähern Prüfung
würdigen, darum ich Höchftdieselben als Patriot fußfällig bitte so
würde ich meinen unterthänigen Rath dahin geben

I.

Daß Ew. Königl. Hoheit gnädigst geruheten, um alles Geschrey
der Landftände zu vermeiden, eine Cabinets-Ordre nicht an das Mi-
niferium, wo privat Abfichten herrschen, sondern an das Tribunal,
wo die alten ehrlichen Leute und erfahrne Juriften fitzen, ergehen
zu laffen, ohngefähr des Inhalts:

Daß, da die Zeitläufte und die Wohlfarth des Staates es nothwendig mache, im Lande alle mögliche Verfügungen zu treffen, die
zum soulagement der Unterthanen und der Volcksmenge gereichen
könnten, Ew. Königl. Hoheit zu wiffen verlangten

1) Was es mit denen seit so langer Zeit üblichen Abgaben der
Städte sowohl als des platten Landes an die Landschafft vor eine
Bewandniß habe?

2) Ob, da dem Verlaute nach, diese Abgaben und Auflagen der
Unterthanen denen Landftänden von denen ehemaligen Regenten verpfändet find, solche nicht gegen Erftattung des Pfand-Schillings von
der Crone wieder eingelöset werden könnten? indem

3) bekannt sei, daß bei Cron-Gütern und Landesherrlichen Ge-
fällen, keine Praefeription oder Verjährung ftatt finde, sondern solche
fpäte oder frühe dem Staate wieder erfetzet werden müften 2c.

Wenn nun das Tribunal, wie gewis gefchehen wird, seinen Bericht dahin abftattete:

Daß es einem jeden Landes-Herrn allerdings zu jeder Zeit frei

17*

stünde, alle von den Vorfahren und ehemaligen Regenten verpfändeten oder cedirten Güter oder Einkünfte des Staates ohne Bedencken
wieder einzulösen, so bald er es vor gut fände, und solche wieder an
die Crone zu bringen; und daß dieses mit der Landschaft der nehm-
liche Fall sei, indem die Revenües derselben eigentlich Königliche Revenües wären, weil solche von den Unterthanen als eine Auflage
müßten aufgebracht werden;

So müßte nun

II.

Dieses Gutachten des Tribunals denen Landständen mittelst einer
anderweitigen Cabinets-Ordre communiciret werden, des Inhalts:

Daß, weil der König anjetzt dem Lande auf alle Weise zu Hülfe
kommen müßte, so wäre anliegendes Gutachten des Tribunals, wegen
der so lange schon verpfändeten Revenües der Crone an die Chur-
Märckische Ritterschafft und Stände, erfordert worden.

Da nun nach dem Erkentniß dieser Rechts-Gelehrten nicht nur
dem Könige die Freiheit und Befugniß zuständen, sothane Revenües,
welche aus nichts anders als den Abgaben der Königlichen Unterthanen und damals gemachten Auflagen des Volckes beständen, zu aller
Zeit wieder einzulösen; auch der Hochselige ChurFürst Fridrich Willhelm laut anliegender Cabinets-Ordre d. d. Potsdam, den 26ten Januar 1687 zu thun Willens gewesen, und nur durch seinen baldigen
Todt darann verhindert worden sei; als fände der König für höchst
billig, zu des Landes Besten nunmehro solche Veränderung mit der
Landschafft vorzunehmen, weshalb die Stände hiedurch befehliget würden, vor der hiezu von Seiten des Königs niedergesezten Commission:

1) Alle ihre Documente, Brieffschafften und Papiere vorzulegen
und daraus nachzuweisen, auf wie hoch sich die Schulden-Last der
alten Brandenburgischen Regenten und sonderlich Chur-Fürst Joachim II. damals belaufen, als welche der Adel und die Stände be-
kanntermaßen bezahlet und dagegen die beträchtlichen Fonds der Landschafft zum Dedommagement versezt erhalten hätten.

2) Alle ihre Rechnungen vom Ursprung der Landschaft her, zu
produciren, weil daraus constiren müsse: wie hoch sich diese dem Adel
assignirte Landesherrliche Einkünffte bisher belaufen hätten, damit die
Commission im Stande sei, daraus ein Liquidum zu formiren: Wie
viel der Adel und das Corps der Stände noch zu dieser Stunde an
der Crone wirklich zu fordern habe?

3) Weil der König weit entfernt sei zu gestatten, daß dem Adel
bei dieser Untersuchung im geringsten Unrecht oder zu nahe geschehen
sollte; sondern die Schulden der Crone sollten unverzüglich aus dem
Tresor oder aus den Königlichen Caffen bezahlet, und die Landesherr-

lichen verpfändeten Gefälle nicht anders als mit baarem Gelde wieder
eingelöset werden ꝛc.

Gegen diese Verfügung, welche vor den Augen des ganzen unpartheyischen Publikums, nach rechtlicher und genauer Untersuchung
geschiehet, würde Niemand und selbst der billig denkende Adel das geringste einwenden können, sondern jeder Patriot müste diesen Schritt
des Königs gut heißen; weil der König dadurch nichts anders thut,
als daß er sein Eigenthum auf die gerechteste Weise vindiciret, zu einer
Zeit, da der Staat seine Einkünfte so nöthig hat.

Die Landstände fühlen es selbst, daß die Einkünffte der Landschafft nicht ihr Eigenthum sind, dahero haben sie von Zeit zu Zeit
und noch zuletzt Anno 1770 dem Könige Dongratuits gemacht, die
in die Hundert=Tausende gehen. Es ist aber lächerlich, daß sich der
König von seinem alleinigen Eigenthum durch seine Unterthanen soll
Geschenke geben lassen und sich für etwas bedanken muß, das ihm
ohnehin schon gehöret.

§ 9.
Großer Nutzen für den Staat aus dieser Veränderung.

Nachdem nun die obige Commission ihre Operationes geendiget
und dadurch herausgebracht haben wird: wie viel die Crone denen
Ständen eigentlich noch schuldig ist, so wird man gewiß über die kleine
Summe erstaunen, gegen welche so ansehnliche Landes=Revenües bisher von dem Adel und den Ständen in Beschlag genommen worden sind.

Ich weiß es zwar nicht sicher, allein ich wollte doch wohl eine
Wette eingehen, daß diese Schuld blos durch die vorräthigen Bestände
in den obgenannten drei Landschafftlichen Cassen völlig getilget werden, und man nicht nöthig haben würde, das mindeste aus dem Tresor oder aus den Königlichen Cassen zu dieser Bezahlung anzuwenden.
Vielmehr glaube ich mannigmahl, daß wenn die Commission scharf
rechnet und die Menge Geldes von so vielen Jahren her in Computum bringet, welche die Landschafft gezogen hat, die Herren Landstände, der Strenge nach, anstatt etwas zu erhalten, vielleicht noch
vieles herausgeben müsten.

Und nunmehro wäre die schöne reine Revenüe von
3 Tonnen Goldes
denn auf so hoch will ich sie nur annehmen, ob ich gleich vermuthe,
daß sie noch ansehnlicher ist, — für den Staat auf immerwährende
Zeiten gewonnen und auf einer Art gewonnen, die im Grunde Niemand präjudiciret oder zum Schaden gereichet.

Denn die Ritterschaft erhält ihr Geld wieder, was sie vor 250
Jahren ausgeliehen hat, und kann es nun zu ihrem Credit=Fond,
zum Soutien der Güter=Besitzer sehr nützlich anwenden, weil sie dafür

so viel mehr Pfand-Briefe mit eigenem Gelde creiren, und die Zinsen davon, da solche Niemanden, als dem Corps der Ritterschafft gehören, außer demjenigen was etwan die Städte erhalten würden, wieder zu neuen Pfand-Briefen gebrauchen; so daß die Adlichen in kurtzer Zeit nicht mehr nöthig haben werden, wie bisher von andern Particuliers Geld zu borgen, sondern ihr ganzes Credit-Wesen und die Pfand-briefe auf ihren Landgüthern mit eigenem Gelde dirigiren können.

Durch diesen einzigen Umstand wird der Adel en Corps be-trachtet, einen weit größeren Nutzen aus dieser Veränderung der Land-schafft haben, als bisher, da nur sehr wenige vom Adel, nehmlich die Deputirten der Landschafft, von den großen Diäten, Gehalten, Präsenten u. d. g. ihren privativen Vortheil hatten, die andern aber allesammt leer ausgingen.

Der Staat hingegen hat ohne die mindeste neue Auflage
300,000 Thaler
neue Revenües und kann dafür 3 oder 4 Regimenter mehr halten, und die Armee zur Vertheidigung des Vaterlandes mit 4 oder 5000 Mann verstärcken.

Oder aber, wenn dis nicht nöthig wäre, so erhielten Ew. Königl. Hoheit hiedurch einen immerwährenden Fond, um das nützliche und wichtige Project, die Landstraßen im ganzen Reiche zum Nutzen des Publicums zu verbessern, und zugleich dadurch zur Aufnahme des Nahrungs-Standes jährlich 300,000 Thlr. mehr baares Geld in Cir-culation zu bringen, ohne daß Höchstdieselben nöthig hätten, von denen bisherigen Landes-Einkünften einen Groschen dazu anzuwenden.

§ 10.
Beschluß.

Gnädigster Herr! verwerfen Ew. Königl. Hoheit nicht diesen pa-triotischen Gedanken von mir. Ich thue dadurch Niemanden Unrecht, und beschwere mein Gewissen mit keiner Sünde. Allenfalls um recht sicher zu gehen, geruhen Höchstdieselben es auf den Ausspruch des Tribunals ankommen zu lassen.

Diese Leute sind zur unpartheyischen Justiz vereidiget und müssen wissen, was Recht oder Unrecht ist. Ich bin gewiß, sie erkennen die Aufhebung der Landschafft vor recht und billig.

O! wie freudig würde ich sein, wenn dieser große Coup réussirte. Ich habe kein Interesse dabei. Blos die Genugthuung will ich in mein Grab mitnehmen, daß Ehrfurchtsvolle Liebe gegen meinen König meine ganze Seele belebt hat.

Die Siegel der Markgrafen von Brandenburg askanischen Stammes.

Von H. Sello.

Seit mehr als hundert Jahren ist die Sphragistik der älteren Markgrafen von Brandenburg verhältnismäßig häufig in den Kreis gelehrter
Betrachtung gezogen worden, freilich, wenn man von Riedels Plau-
derei über die diplomatische Bedeutung der Markgrafensiegel (Märk.
Forsch. II, 46 ff.) absieht, nur hinsichtlich des auf ihnen dargestellten
Bildes und der damit untrennbar verbundenen Form, ein Standpunkt, der auch heut noch manchem als der einzig mögliche erscheint.

Den Anfang([1]) macht der Minister Friedrichs des Großen,
Freiherr v. Herzberg, mit einer französisch im VIII. Bande der
Mémoires de l'Académie (1752) und in einer Separatausgabe
erschienenen Abhandlung, welcher von Fritsch gestochene Tafeln bei-
gegeben waren. Ihm folgte Gercken mit seiner Abhandlung „Diplomatische Nachricht von den sigillis pedestribus der Markgrafen
von Brandenburg aus dem askanischen und bairischen Hause" in
Fragmenta Marchica VI. (1763 S. 129 ff.), bei welcher sich, wie
bei dem 1. (1755) und dem 2. Teil (1759) der Fragmente einige
Abbildungen markgräflicher Siegel befanden. Auch zu den beiden
Bänden seiner Diplomataria veteris Marchiae Brandenburgensis
(1765. 1767), sowie zu den drei Teilen von „Vermischte Abhandlungen aus dem Lehn- und Teutschen Recht, der Historie rc." (1771
bis 1781) hat Gercken eine Anzahl für damalige Verhältnisse leiblich
gestochener Siegelabbildungen, von denen ein großer Teil markgräfliche Siegel darstellt, gegeben und hier und da im Text erläutert.
Nachdem er im Jahre 1769 begonnen, seinen Codex diplomaticus
Brandenburgensis herauszugeben, dessen erster Teil dem Minister
v. Herzberg gewidmet ist, bot dieser ihm an, seine obenerwähnte
Abhandlung in deutscher Übersetzung einem der folgenden Bände bei-

---

[1]) Nur anmerkungsweise erwähne ich die grottest-komischen Abbildungen markgräflicher Siegel, welche der Kanzler der Universität Halle, P. v. Ludewig, nach
Zeichnungen mitteilt, welche die von ihm im VIII. Bande der Reliqu. Manuscr. (1727)
abgedruckte lateinische Übersetzung der „Kurzen Beschreibung" der Bischöfe von Havelberg van Joachim Conrad Stein enthielt. So abscheulich diese Abbildungen sind, so
beruft sich doch Gercken, Anmerkungen über die Siegel, II. 161, unbedenklich auf dieselben

zufügen, was Gercken acceptierte. Die der Akademie gehörigen ursprünglichen Platten waren, weil, wie Gercken annahm, der Rektor
Küster ihm mißgünstig, nicht aufzufinden, die Haudesche Buchhandlung hatte indessen die Abbildungen bereits von J. G. Krüger jun.
in Leipzig nachstechen lassen, und mit diesen Stichen, an denen, obwol
sie ganz gut sind, Gercken mancherlei auszusetzen hatte, erschien nun
in Übersetzung von Naumann (welcher für die Vossische Buchhandlung übersetzte), mit einigen von Gercken auf v. Herzbergs Veranlassung gemachten und von letzterem genehmigten Änderungen die in
Rede stehende Abhandlung aufs Neue als Einleitung zum dritten
Teile des Codex (1771) [¹], bei dessen folgenden Bänden sich ebenfalls einige Abbildungen markgräflicher Siegel befinden. Das Resultat
weiterer Studien, welche indessen einen wesentlichen Fortschritt nicht
darstellen, veröffentlichte Gercken alsdann im zweiten Teile seiner
„Anmerkungen über die Siegel zum Nutzen der Diplomatik" (1786,
S. 151—177) und lieferte abermals einige Siegelabbildungen.

Erst über 50 Jahre später nahm v. Ledebur das alte Thema
auf und behandelte die Markgrafensiegel auf S. 7—17 seiner „Streifzüge durch die Felder des Königlich Preußischen Wappens" (1842).
v. Heinemann in seiner Festschrift zum 50jährigen Regierungs-
jubiläum des Herzogs Friedrich von Anhalt „Die älteren Siegel
des anhaltischen Fürstenhauses", 1867 (S. 5—9) besprach von den
uns hier interessierenden nur die Siegel Albrechts des Bären und
knüpfte daran einige Bemerkungen über Form und Darstellung der
Siegel der Nachfolger desselben in der Mark Brandenburg; auf S. 12
bemerkte er, daß zuerst die Söhne Ottos I. „in den auf ihren Fuß-
siegeln geführten Schild den Reichsadler" aufgenommen hätten. Es
folgte 1868 F. A. Voßberg mit der ersten Lieferung seines unprak-
tisch angelegten Werkes „Die Siegel der Mark Brandenburg nach Urkunden des Kgl. Geheimen Staatsarchivs, des Staatsarchivs zu Magdeburg, sowie städtischer und anderer Archive", worin auf Taf. A. 1
und 2 die Siegel Albrechts d. B. und Ottos I. in guten Holzschnitten abgebildet, auf S. 7—9 wenig befriedigend commentiert
sind. Die wiederholt versprochene Fortsetzung, auf die man gespannt
sein darf, ist bis zur Stunde noch nicht erschienen. Auf der ersten,
und dem Material zur zweiten Lieferung des Voßbergschen Buches
beruht ein kleiner Aufsatz „Die Siegel der Mark Brandenburg im
12. bis 15. Jahrhundert" in „Vierteljahrshefte des Kgl. Preußischen
Staatsanzeigers", 11. Jahrgang, 1869, Nr. 78. In demselben ist,
nicht ohne Irrtümer, versucht, auch über die kostümliche Seite der

---

¹) cf. die Correspondenz zwischen v. Herzberg und Gercken im IV. Jahresbericht des altmärkischen Vereins ꝛc. 1841. S. 56 ff.

älteren Askanierſiegel Aufſchluß zu geben; die Hypotheſe, daß die bei
mehreren Siegeln eines und desſelben Fürſten mit den Jahren ſtets
zu-, nie abnehmende Zahl der „Wimpel am Fahnentuche" wohl „den
Zuwachs ſeines Heerbannes" bezeichne, dürfte um ſo weniger Beifall
finden, als ſie von thatſächlich unrichtiger Vorausſetzung ausgeht.
Ferdinand Meyers, auf den aus der berühmten Ragotzkyſchen Sammlung erworbenen Fürſtenſiegeln beruhende Arbeit „Die Siegel der
Brandenburgiſch-Preußiſchen Regenten" (Berliner Siegel, hrsg. vom
Verein für Geſchichte Berlins, Taf. 5. 6. 1881) bietet ganz hübſch
ausſehende, für das Studium kaum verwendbare, wenig glücklich
ausgewählte Holzſchnitte; der Kommentar iſt wertlos.

Zur Einführung in das Studium ſind Gerdens Arbeiten auch
heut noch, trotz ihrer vielen Fehler und Mängel, am brauchbarſten;
v. Lebebur benutzt im Weſentlichen nur älteres gedrucktes Material;
Voßberg und Meyer geben eigentlich nichts als ſphragiſtiſche Bil-
derbogen.

Zur Entſchuldigung dieſer Schriftſteller dient es gewiſſermaßen,
daß eine völlig erſchöpfende Sphragiſtik unſerer älteren Markgrafen, zu welcher ſelbſtverſtändlich auch die Unterſuchung ihres Kanz-
leiweſens gehört, ſich erſt bei der Bearbeitung einer (die Kräfte des
einzelnen Privatmannes überſteigenden) neuen wiſſenſchaftlichen
Sammlung und Herausgabe ihrer Urkunden, die unmöglich ausbleiben kann, ergeben wird, nachdem Riedel ſich dazu unfähig erwieſen. Siegel ſammelnde Amateurs werden immer nur Stückwerk
liefern, mögen ſie auch mit Muße und Mitteln ſo reichlich wie möglich
ausgeſtattet ſein.

Als ein kleiner Beitrag und eine hoffentlich nicht ganz unnütze
Vorarbeit zu dieſer erhofften askaniſchen Siegelkunde möchten ſich die
folgenden Blätter einführen, auf denen ich verſucht habe, die Ergeb-
niſſe bisherigen beiläufigen Sammelns methodiſch zu verwerten. Auch
dieſe Sammlungen, welche aus Veranlaſſung und bei Gelegenheit
von verſchiedenartigen Zielen zuſtrebenden urkundlichen Studien ent-
ſtanden, indeſſen, wo ſich die Möglichkeit bot, vervollſtändigt wurden,
können natürlich nur Stückwerk bieten. Daß ich ſie trotzdem in den
Märkiſchen Forſchungen den Freunden märkiſcher Geſchichte zu nach-
ſichtiger Beurteilung vorlege, dürfte ſeine Entſchuldigung darin finden,
daß ich, ſoweit ich die einſchlägige Litteratur kenne, hier und da
einen Schritt hinaus gethan zu haben meine, nicht über das, was
märkiſche Gelehrte von märkiſcher Siegelkunde wiſſen — denn ſie
bergen gewiß köſtliche Schätze in ihren Mappen und Schränken --
ſondern über das, was bisher litterariſches Gemeingut war. Ich würde
meinen Zweck erreicht haben, wenn meine Ausführungen die Teil-

nahme, vielleicht auch den Widerspruch märkischer Fachgelehrter weckten, und dadurch dieser verborgene Hort ans Licht gezogen würde. Indem ich in jedem einzelnen Falle gewissenhaft Rechenschaft ablege über das von mir benutzte Material, möchte ich auch Anderen, denen die reichen Originalquellen märkischer Archive leichter zugänglich sind als mir am hiesigen Orte, durch die bisher vielleicht vermißte Gelegenheit des Vergleichens Veranlassung geben, das ihnen mühelos erreichbare Material zu untersuchen, und daraus meine Mitteilungen zu ergänzen und zu berichtigen. (¹)

Die in den Text gedruckten sechs Phototypien (zu Nr. 10. 19. 23. 24. 25. 27) beruhen auf Federzeichnungen, welche in der Hofkunstanstalt von Edm. Gaillard nach meinen Original-Bleistiftzeichnungen gefertigt sind. Für die Richtigkeit der Siegelbilder im Ganzen trete ich daher ein, nicht aber für kleine Zeichenfehler und zeichnerische Nüancen, und dies um so weniger, als eine Reihe von mir vor der photographischen Übertragung als notwendig bezeichneter Korrekturen teils gar nicht, teils unvollkommen berücksichtigt sind; am wenigsten befriedigend ist der interessante Siegel Nr. 27 zur Darstellung gelangt.

Da für die charakteristischen Hauptformen der gothischen Majuskelschrift, welche selbst in den Legenden der jüngeren Siegel nur verhältnismäßig spärlich auftreten, entsprechende Typen nicht zu beschaffen waren, mußte der für das Auge nicht sonderlich wohlgefällige Ausweg gewählt werden, die bekannten Formen des gothischen geschlossenen C, E, M, des runden H und N durch die entsprechenden Fraktur-Buchstaben zu markieren.

Der Züricher Kantor Konrad v. Mure sagt in seiner 1275 abgefaßten Summa de arte prosandi (²), in welcher er sich auch mit der Bedeutung der Siegel für die Lehre von den Urkunden kurz befaßt, Papst, Kaiser, Könige führten runde Siegel; die Siegel der Prälaten hätten formam rotunde oblongam (was man heutzutage

---

¹) Siegel, von denen mir Originale vorlagen, sind mit **, solche, von denen ich nur Abgüsse — in der Voßbergschen Sammlung und der ehemals im Königl. Kunstkabinet befindlichen „Großen Siegelsammlung", beide jetzt im Geheimen Staatsarchiv — benutzt habe, mit * bezeichnet. Der ausführlicheren Besprechung ist jedesmal die kurze Beschreibung nach dem vom Fürsten zu Hohenlohe-Waldenburg aufgestellten Klassifikationssystem vorausgeschickt, dessen allgemeine Annahme bringend zu wünschen ist, damit endlich der lediglich auf Ratlosigkeit und Ungeschick beruhenden lästigen und nachteiligen Verwirrung bei Siegelbeschreibungen, vornehmlich bei Urkundeneditionen, ein Ende bereitet werde.

²) Hrsg. von Rockinger in Quellen und Erörterungen zur Bair. und Deutsch. Gesch. IX. 1 S. 417 ff.

am zweckmäßigsten spitzoval nennt), die weltlichen Fürsten ließen ihre
Siegel nach Gutdünken bald rund, bald dreieckig, bald schildförmig
gestalten: tamen non consueverunt habere formam oblongam in
sigillis. Dies mag für die Schweiz und den Süden Deutschlands
richtig sein; im Norden sind spitzovale Siegel von Fürsten, Edlen
und Ministerialen, ja selbst von Städten(¹) nichts gar so seltenes.
Insbesondere ist diese Form bei den Markgrafen von Brandenburg
askanischen und bairischen Stammes so beliebt gewesen, daß v. Ledebur (Streifzüge ꝛc. S. 14) die Behauptung aufstellte, ihr „kon-
stanter Gebrauch parabolischer Fußsiegel" (²) bilde ein charakteristisches
Unterscheidungszeichen.

In Wahrheit beschränkt sich dieser Gebrauch (der, wie bereits bemerkt, und wie v. Ledebur selbst zugiebt, auch anderwärts nicht
völlig unbekannt ist), nur auf die Siegel „regierender" Markgrafen,
und zwar auf ihre, mit Conrad von Mure als sigilla authentica
zu bezeichnenden Porträtsiegel. (³)

Die allerdings auch bei diesen „sehr auffallende Übereinstimmung
in Form und Darstellung" hat v. Ledebur, der seinem Satze „die
Ellipse (!) sei die vorherrschende Form für Siegel geistlicher Personen,
sowie für Stifter des höheren wie des niederen Clerus" zuweitttra-

---

¹) Fürst zu Hohenlohe-Waldenburg, Sphragist. Aphorismen S. 94. 105
erklärt spitzovale Städtesiegel für sehr selten und kennt ihrer nur drei; von märkischen
Städtesiegeln gehören hierher: Lindow (gräflich Lindowscher Wappenschild — Adler —
dahinter Lindenbäumchen), Nauen (Fisch), Tangermünde (Adler), Werben
(Adler), Wusterhausen (halbe Lilie — Halbierung des v. Plothoschen Wappens
und halber Adler monogrammatisch zusammengerückt). Noch seltener dürfte die Schild-
form sein; von dieser sind mir bis jetzt nur ein älteres Siegel und ein jüngeres Se-
kret der Stadt Berlitz bekannt.

²) Ein schreckliches Wort, unter welchem man nach Analogie etwas erträglicherer
Composita, wie Helm-Siegel, Reiter-Siegel, ein Siegel mit der Darstellung eines
Fußes zu verstehen hätte, während doch ein Siegel mit der stehenden Porträtfigur des
Sieglers („pedester", „zu Fuß") gemeint ist.

³) Daß man markgräfliche sigilla authentica, welche öffentlichen Glauben hatten,
und markgräfliche Privatsiegel, denen solcher Glauben nicht ohne Weiteres beiwohnte,
zu der Zeit thatsächlich unterschied, wo wir Brandenburgische Markgrafen im Besitz
mehrerer Siegel finden, etwa von der Mitte des 13. Jahrhunderts ab, lehren urkund-
liche Zeugnisse. 1282 verspricht Markgraf Otto der Lange: quod sigillum nostrum
verum, cum eius copiam habere poterimus, — appendere debeamus (Riedel,
A. XIV, 27); in einem anderen Falle von demselben Jahre verspricht er, sein Siegel
anhängen zu wollen, dum copia haberi poterit eorundem, und bekräftigt die Urkunde
vorläufig impressione nostri annuli (l. c. S. 29; s. unten Nr. 27); Otto mit dem
Pfeil und Woldemar gebrauchen 1308 die Formel: nostrorum sigillorum autentico
roborata (l. c. A. XV, 55); Markgraf Johann, Hermanns des Langen Sohn,
spricht 1315 von sigillum nostrum verum et consuetum (l. c. IX, 11), 1317 sogar
von sigillum nostrum publicum (l. c. XI, 21).

gende Bedeutung beilegt, auf den Gedanken gebracht, daß auf den
markgräflich brandenburgischen Siegeln nicht die Figur des Markgrafen, sondern des hl. Mauritius, wenn auch ohne Heiligenschein, dargestellt sei (l. c. S. 16. 17), auf dessen Reliquien im Jahre 1196
der bekannte Lehnsauftrag erfolgte; denn dieselben kämen in Form
und Dargestelltem vollkommen mit denen überein, deren sich im 13.
und 14. Jahrhundert die Domherren von Magdeburg zu bedienen
pflegten. Dies trifft hinsichtlich der Form nur teilweis zu, denn sehr
viele Domherren-Siegel aus dieser Zeit sind rund; hinsichtlich der
Darstellung aber zeigen nicht jene, sondern allein die beiden ältesten
Siegel des Magdeburger Domkapitels, welche rund sind, eine gewisse
Ähnlichkeit. Gründlich widerlegt wird aber der geistreiche Einfall des
verdienten Forschers durch den Umstand, daß schon ehe irgend welche
intimere Beziehungen zum hl. Mauritius von Magdeburg bestanden,
Albrecht der Bär diesen Siegeltypus führte, und ihm folgend nicht
nur seine märkische Descendenz, sondern auch sein jüngerer Sohn Graf
Bernhard von Aschersleben, 1174 ([1]) und ein Enkel, Graf Siegfried
von Orlamünde, 1180. ([2])

Markgraf Albrecht der Bär entschied sich für diese Form, weil
sie für die von ihm gewählte Darstellung eines stehenden Kriegers
vorzüglich geeignet war; seine Nachfolger in der Mark behielten nicht
nur die Form, sondern auch das Siegelbild in der Art bei, daß sie
die Gestalt des Kriegers nicht etwa, wie sonst üblich, in der Rüstnng
ihrer jeweiligen Zeit erscheinen ließen, sondern das Kostüm des Ur-
bildes nur mäßig, vorwiegend dekorativ, modifizierten. Sie schufen
dadurch einen höchst charakteristischen, von anderen Fürstensiegeln vollkommen verschiedenen, für die Kostümgeschichte zwar nur mit Vorsicht
zu verwertenden, seiner Augenfälligkeit wegen aber für „authentische
Siegel" vorzüglich geeigneten generellen Siegeltypus ([3]), der es aus

---

[1]) Schlechte Abbildungen bei Scheidt, Vom hohen und niedern Adel, zu S. 229,
und v. Heinemann, cod. dipl. Anhalt. I.

[2]) Nicht besonders gute Abbildung bei v. Reitzenstein, Regesten der Grafen
v. Orlamünde, Taf. I., 2; Abguß in der großen Siegelsammlung des Geh. Staatsarchivs Nr. 5536.

[3]) Diese Authenticität von Form und Bild ist der Grund dafür, daß auch die
Markgrafen aus Wittelsbachschem Hause, Ludwig d. Ä., Ludwig d. R. und Otto,
obwohl bei ihnen die Familientradition fortfiel, denselben Siegeltypus sich aneigneten.
Ähnliches Forterben eines archaistischen Familientypus auf den Siegeln dürfte man,
obwohl schwerlich in so ausgeprägtem Maße und in so langer Entwickelungsreihe, auch
bei anderen Fürsten- und Dynastenfamilien beobachten können. Graf Heinrich IV.
von Orlamünde († 1357) führt ein altertümliches Reiterporträtsiegel, auf welchem
namentlich der Schild noch auf den Anfang des 13. Jahrhunderts deutet (schlecht abgebildet bei v. Reitzenstein l. c. Taf. II. 3); dieß Siegel ist etwas vergrößerte Nachbildung des Siegels, welches sein Vater Hermann III. (1252. 1254. 1270. 1272.

diesem Grunde verdient, im Allgemeinen betrachtet zu werden, ehe
wir zur Erörterung der Einzelheiten übergehen.

Was vorerst die Form anlangt, so zeigt sich hier im Laufe der
Zeit doch ein gewisses Anbequemen an die Zeitsitte. Die Queraxe
wird länger im Verhältnis zur Längsaxe, die anfänglich spitzen Winkel oben und unten werden stumpfer, so daß bei einzelnen Exemplaren
fast die Kreisform erreicht wird. Der ursprünglich steile, auf seiner
Innenfläche die Legende tragende Rand([1]) wird flacher, allmäliger
verlaufend, so daß bisweilen die Siegelfläche nur konkav gewölbt erscheint; dahingegen ist auf den spitzovalen Wappensiegeln Hermanns
des Langen (unten Nr. 31) und seiner Gemahlin Anna die Legende ebenso in besonders prononcierter Weise angebracht.

Albrechts des Bären Siegel finden sich, um auch dieß hier
zu bemerken, bald auf der Vorder-, bald auf der Rückseite der Urkunde aufgedrückt, bald angehängt; von Otto I. giebt es sowohl vorn
aufgedrückte wie angehängte Siegel; nach dem dürften wohl nur angehängte (resp. abhangende) vorkommen. Die zu besserer Befestigung
des noch weichen Wachses am Siegelbande dienenden, bald mit dem
Daumen, bald mit dem kleinen Finger ausgeführten, unzweifelhaft
nicht vom Aussteller der Urkunde selbst, sondern von dem mit der
Anfertigung des Siegels betrauten Kanzleibeamten herrührenden Eindrücke auf der Rückseite, in der Richtung der Längsaxe untereinander-
stehend (auf einem Siegel Graf Albrechts von Anhalt, 1295, bilden
9 Fingereindrücke eine regelmäßige Rosette) habe ich mir zuerst bei
Siegeln Ottos mit dem Pfeil und seines Vetters Ottos des Langen angemerkt; bis dahin habe ich nur sorgfältig geglättete Rückseiten
beobachtet. Mannigfach gestaltete Instrumente zur Herstellung dieser
Eindrücke, wie sie anderwärts vorkommen([2]) wurden ebensowenig ver-

1278) führte, und dieser hatte den Stempel wieder von seinem Vater Hermann II.
(1227. † 1248) ererbt (v. Reitzenstein, l. c. S. 282. Taf II. 1.). Die eigentümlichen Porträtsiegel (bekränzte Köpfe), welche die Grafen Friedrich und Hermann von Orlamünde 1348, Graf Hermann 1369 führen (ungenügend abgebildet
bei v. Reitzenstein l. c. Taf. III.) sind wohl nur Produkte einer Modelaune.

[1]) Diese Erscheinung, welche Lepsius, Neue Mitteilungen VII. Heft 1 S. 130,
„ganz ungewöhnlich" nennt, findet sich auch auf dem Porträtsiegel, welches der nachmalige Erzbischof von Magdeburg, Wichmann, der Zeitgenosse Albrechts d. B.,
als Bischof von Naumburg führte; desgl. auf dem merkwürdigen, spitzovalen redenden
Siegel der Pfalzgräfin Liutgard von Sommerschenburg (1220).

[2]) Rhombus: Gebhard v. Querfurt, 1356; hohle Cylinder: S. Simeonstift in
Trier, 1282, Hermann v. Kl. Sömmerda, 1331; abgestumpfter Kegel mit Dorn
am unteren Abschnitt: Kloster Drübeck, 1322; radähnliche Figur mit 4 Speichen:
König Rudolf von Habsburg, 1279; desgl. mit 8 Speichen: Bischof Hermann
von Halberstadt, 1302; Rosette: Schöffen zu Nieder-Lahnstein, 1446; konkave Ab-
drücke eines konvex geschnittenen Ringsteins: Kloster Stötterlingenburg, 1317.

wendet wie Rückſiegel, durch welche, neben der Erſchwerung etwaiger
Fälſchung, ebenfalls innigſte Verbindung des Wachſes mit dem Siegelbande erreicht wurde. (¹)

Hinſichtlich der Darſtellung ergiebt ſich bei genauerer Betrachtung,
daß an dem von dem Stammvater gegebenen Vorbilde ebenfalls nicht
ganz ſtarr feſtgehalten, der Familientypus aber auch nicht von jedem
Einzelnen individuell und willkürlich verändert wurde; der Gattungs-
typus gliedert ſich vielmehr in mehrere deutlich von einander zu unter-
ſcheidende Unterarten, die von den verſchiedenen Linien und Generationen neben- und nacheinander mit einer gewiſſen Geſetzmäßigkeit verwendet wurden. Es liegt auf der Hand, daß die Unterſuchung durch die
Möglichkeit einer ſolchen Klaſſifikation weſentlich erleichtert werden muß.

Albrecht der Bär ließ ſich darſtellen in der kriegeriſchen Rüſtung
ſeiner Zeit: bis zu den Knien reichender, vorn (und hinten) bis zum
Gürtel aufgeſchlitzter Ringpanzer — Brünne —, unter welchem ein
etwas längerer Rock hervorſieht; an der Brünne feſtſitzende, über den
Kopf gezogene Ringkapuze — Herſenier —; Beine und Füße mit
Ringharniſch aus einem Stück bekleidet; niedriger, offener, ſpitzer Helm,
Schwert (auf dem erſten Siegel über die Brünne gegürtet, auf den
beiden anderen ſo durch einen Schlitz in derſelben geſteckt, daß oberhalb nur der Griff, unterhalb der untere Teil der Scheide hervorſieht); in der Rechten mit einem Fähnchen gezierte Lanze; Schild mit
ankerkreuzähnlichem Beſchlage. Albrechts erſtes Siegel wurde nicht
nachgebildet; ſein zweites (Typus I.) ahmten nachmals Otto III. und
ein Teil ſeiner Descendenz, unter Benutzung des Typus IIa. (ſ. weiter unten) nach; ſein drittes Siegel (Typus II.) diente dem bekann-
teren Siegel Ottos I. und den beiden erſten Ottos II. als Vorlage.
Erſt auf einem dritten im Jahre 1202 vorkommenden Siegel trifft
Letzterer Änderungen, welche für die Folgezeit im Weſentlichen beibehalten wurden (Typus IIa.), doch ſo, daß von ſeinen Enkeln Otto III.
einige dieſer Veränderungen zwar acceptierte, aber doch im Ganzen
mehr den Typus des zweiten Siegel Albrechts beibehielt (Typus Ia.),
worin ihm ſein älteſter überlebender Sohn Otto der Lange und
deſſen Descendenz folgte. Schon oberflächliche Betrachtung zeigt einen
Unterſchied zwiſchen den Siegeln der Johanneiſchen und Ottoniſchen
Linie; auf Erſteren wird die Figur immer breiter, gedrungener, während
auf Letzteren dieſelbe zierlicher, ſchmächtiger iſt; dagegen ſind jene durchweg klar und exakt in der Zeichnung, dieſe aber ſtumpf und verſchwom-
men in den Konturen, oberflächlicher im Detail. Im Übrigen liegt
nun auf den Schultern der Markgrafen der auf der Bruſt mit einer

---

¹) Dem großen Stadtſiegel von Mühlhauſen iſt 1292 zweimal ein kleineres Se-
kret in der Richtung der Preſſel aufgedrückt.

Schnur (später Agraffe) zusammengehaltene, bis zu den Waden reichende Fürstenmantel, welcher demnächst bei der Johanneischen Linie
zuerst unten gezaddelt (Typus II b.), schließlich sehr weit und faltig
(Typus II c.) erscheint, bei der Ottonischen unverändert glatt herab-
fällt. Nur bei letzterer hat sich das knapp die Hüften umspannende,
vorn bis zum Gürtel geschlitzte Panzerhemd mit dem nun ebenfalls
vorn geschlitzten, unter jenem hervorragenden längeren Rock erhalten;
bei der Johanneischen Linie ist das von der Taille abwärts sich er-
weiternde Panzerhemd vorn geschlossen, und der untere Rock ist nicht
sichtbar. Den Oberkörper umschließt seit Otto II. (mit Ausnahme
von zwei Fällen) über der Brünne([1]) ein Lederwams, welches bald
mit ovalen gewölbten Blättchen, bald mit ornamentierten Schuppen,
später sogar mit Rosetten besetzt erscheint, über den Hüften in der
Regel von einem Gürtel umschlossen ist, entweder unterhalb des letzteren glatt abschneidet, oder mehr oder weniger tief herabgehend als
Panzer im eigentlichsten Sinne des Wortes (von pantex: Bauch, San-
Marte, Zur Waffenkunde S. 53) den Unterleib deckt. An den Ringhosen bemerkt man hier und da Gürtung unter dem Knie, welche
letzteres kugelförmig heraustreten läßt. Der Hals ist unbewehrt, das
Hersenier fehlt, das Haar quillt lockig unter der Eisenhaube hervor,
welche bei der Johanneischen Linie besonders niedrig ist, und bisweilen
mit Ringen, Steinen und dergleichen verziert erscheint. Das Schwert
fehlt durchweg. Der Schild ist eigentlich das einzige Stück der Rüstung,
welches etwas modernisiert wurde; er hat seine obere Rundung verloren und ist allmälig immer kleiner geworden. Dagegen zeigen nun
er und das Fahnentuch regelmäßig den Adler, welcher unbestreitbar
zuerst auf dem Siegel Ottos II. von 1202 vorkommt.

A.

Der Stammvater des askanischen Gesamthauses, Albrecht der Bär.

Von Albrecht dem Bären sind zur Zeit drei verschiedene Siegel bekannt.

Nr. 1. — (1.) Spitzovales Porträtsiegel (stehend); 7 : 5¼ cm —
1155 (v. Heinemann, cod. dipl. Anhalt. I. S. 302). — Abbild.
ibid., Voßberg Taf. A. 1 Nr. 1. — Legende nach Voßberg:

ATTELB'T' DI | GRA MARCHIO (?). ([2])

---

[1]) Dieselbe besteht anfangs aus einfach reihenweise aufgenähten Ringen, welche
später zu besserem Schutz der Näte mit querlaufenden Lederstreifen bedeckt sind.

[2]) Bei v. Heinemann ist die Legende ADELBERTVS DI GRA MARCHIO.
Durch den senkrechten Strich markiere ich im Folgenden in der Legende die untere

Nach v. Heinemann (die älteren Siegel ꝛc. S. 5) „nähert sich das Siegel zwar bereits der parabolischen Form, ist aber am untern Ende doch noch abgerundet;" nach Voßbergs Abbildung ist es dagegen entschieden als spitzoval zu bezeichnen, wenn auch die Winkel noch nicht so scharf sind, wie auf den späteren. Die vorn geschlitzte Brünne besteht aus einzelnen Ringen (nach v. Heinemann aus Schuppen), an ihr sind Hersenier und Fintale (¹) befestigt; unter der Brünne längerer Rock, welchen man sich aus farbigem Stoffe zu denken hat, wie am St. Moritz-Torso im Magdeburger Dom, wo derselbe ein dunkeles Blaugrün mit goldenen Lilien zeigt; das Schwert über der Brünne; Eisenhosen aus Ringen; der rechte im Elbogen gekrümmte Arm faßt in Schulterhöhe den Schaft der Lanze, deren Fahne drei Zipfel hat; der linke Arm lehnt sich auf den großen oben abgerundeten Schild mit ornamentalem Schildbeschlag; niedriger Eisenhut. Das sehr primitiv gestochene Siegel ist aufgedrückt.

Nr. 2. * (2.) Spitzovales Porträtsiegel (stehend); 7 : 5¼ cm; Typus I. — 1159 (Urkunde bei v. Heinemann cod. dipl. Anhalt. I. S. 331). — Abguß Voßberg Nr. 656. — Abbild. bei v. Heinemann l. c.; Voßberg Taf. A., 1 Nr. 2; Ferd. Meyer Taf. I. Nr 1. — Legende nach v. Heinemann und Voßberg:

ADALBERTVS DI GRA BRAND|ENEBVRCHGENSIS
MARCHIO;

auf dem Abguß vermag ich nur zu lesen:

..ALBERTVS........|..AND(?)BVRC.GENSI(?)S(?)......

Eine schreckliche Abbildung dieses Siegels bei Beckmann, Historie von Anhalt I. Tab. I. 2 giebt nach einem besser erhaltenen Exemplar wenigstens die Worte der Legende, den Lücken des Abgusses entsprechend, anscheinend richtiger: Adalbertus di gratia| Brandenburchgens. marchio. Brünne und Hersenier wie bei Nr. 1, doch scheint dieselbe mit Lederstreifen besetzt; auf den Abbildungen bei Voßberg und Meyer geht sie bis weit über die Kniee herab, und läßt keinen Rock darunter erblicken; auf dem Abguß ist indessen die Anordnung genau wie bei Nr. 1 (v. Heinemann, Die älteren Siegel S. 6 beschreibt die Schöße der Brünne als „zwei taschenartige Buckel auf den Oberschenkeln"); die Fintale fehlt, die ziemlich

---

Spitze des Siegels; durch Klammern über den Buchstaben der Legende werden Ligaturen angezeigt.

¹) Ventaille, ventaculum, Zipfel des Herseniers, welcher, im Streit hochgebunden, Kinn und Mund schützte; auf v. Heinemanns Abbildung ist statt dessen ein Schnurrbart zu sehen.

weiten Ärmel reichen nur bis zum Elbogen. Hoher spitzer offener
Helm. Sehr hoch gegürtetes Schwert ohne erkennbaren Schwertgurt.
Auf dem Abguß ist der Schildbeschlag, welcher bei Voßberg und
Meyer zu sehen, nicht erkennbar, bei v. Heinemann ist der Schild
mit Schuppen bedeckt. Die Haltung des rechten Armes ist wie bei
Nr. 1; der linke Arm stützt sich etwas freier auf den Schild. Das
sehr steif gezeichnete, an Pergamentstreifen hängende Siegel hat in
gewisser Weise zum Vorbild für Nr. 15, 26, 32, 34 gedient.

    Nr. 3. * (3.) Spitzovales Porträtsiegel (stehend). 9 : 6 cm;
Typus II. 1159/1162, rückwärts aufgedrückt, v. Heinemann cod.
dipl. Anhalt. I. S. 343). — Abguß Voßberg Nr. 822. — Abbild.
bei v. Heinemann l. c.; Voßberg Taf. A. 1 Nr. 3; Ferd. Meyer
Taf. I. Nr. 2. — Legende nach v. Heinemann und Voßberg

✠ ADALBERTVS (DI GRA) BRAN|DENEBVRCHGENSIS
$$\widehat{\text{MARCHIO.}}$$

    Auf dem Abguß sind die beiden eingeklammerten Worte nicht
erkennbar. Die Darstellung ist im Wesentlichen der von Nr. 2 gleich,
doch von erheblich besserer, gefälligerer Zeichnung. Der Abguß zeigt
deutlich den vorderen Schlitz der Brünne, welcher bei Voßberg und
Meyer fehlt; das Schwert ist durch die Brünne gesteckt; der Helm
ist niedrig. Der nach unten gestreckte rechte Arm faßt mit steif nach
innen gebogenem Handgelenk den Lanzenschaft in Hüfthöhe; das schmale
Fahnentuch ist mit Ringelchen verziert und hat 6 Zipfel; der linke
Arm lehnt sich nicht auf den oberen Schildrand, sondern die Hand
faßt in etwas gezwungener Haltung den Schild so, daß derselbe mit
seinem reichen, ankerkreuzähnlichen Schildbeschlag ganz von vorn gesehen wird. Bei v. Heinemann erscheint die Brünne fälschlich wie
aus übereinander genieteten Schienen bestehend, während unter ihr
ein längeres Kettenhemd sichtbar wird. Das Siegel ist getreu nachgebildet in Nr. 4, mit etwas veränderter Schildhaltung in Nr. 6.

    Daß der vielleicht in Magdeburg wohnhafte Graveur der Siegel
Albrechts bei seiner Arbeit die Figur des geharnischten St. Moritz
auf dem großen ersten Siegel des Magdeburger Domkapitels vor Augen
hatte, ist wohl möglich, die „frappanteste Ähnlichkeit", welche nach Reg.
Magdeb. I. S. XXXIX. zwischen diesem und dem Siegel Albrechts
von 1155 (Nr. 2) bestehen soll, ist aber doch nicht vorhanden, selbst
wenn man die ungenauere Abbildung v. Heinemanns (auf welcher
Albrecht, wie bemerkt, gleich dem in Rede stehenden St. Moritz
einen Schnurrbart trägt) zur Vergleichung heranzieht; es ist immer
nur die allgemeine Ähnlichkeit, welche die prunklose Rüstung jener
Zeit allen Kriegern untereinander verlieh. Das Hersenier, welches

S. Moritz unter der Eisenhaube trägt, ist übrigens in der Beschreibung Reg. Magdeb. I. S. XXXVIII. irrtümlich für einen zum Helm gehörigen Kinnriemen gehalten worden.

Über das Schildzeichen auf den Siegeln Albrechts d. B. ist viel gefabelt worden: Bald sah man einen Adler (Beckmann; es ist unrecht, daß v. Ledebur, Streifzüge S. 7, auch v. Herzberg — der einfach Beckmanns Beschreibung citiert — und Gercken — der die Richtigkeit letzterer bezweifelt — dieses Irrtums bezichtigt), bald die Anhaltischen Balken (Gercken spricht — Anmerkungen über die Siegel II, 154 — von Beckmanns Beschreibung ausgehend, eine solche Vermutung sehr vorsichtig aus; v. Ledebur l. c. trägt sie als Thatsache vor; in Wahrheit zeigt Beckmanns Abbildung eine Art von Querteilung des Schildes, unten vier kleine rautenartige Gegenstände und darunter allerlei Strichelei), ja in v. Ledeburs Allgem. Arch. VIII, 51 spricht ein Ungenannter sogar von einem lateinischen Kreuz. Daß letzteres entstanden aus dem ankerkreuzähnlichen Schildbeschlag, den besonders das dritte Siegel zeigt, und den Ferd. Meyer nicht minder irrig „den sog. Lilienhaspel oder das doppelte Lilienkreuz, wie solches aus dem strahlenförmigen Beschlage der älteren Ritterschilde hervorgegangen" nennt, liegt auf der Hand. Das zweite Siegel des Magdeburger Domkapitels hat das nämliche Ankerkreuz auf dem Schilde des hl. Moritz, und ich nehme keinen Anstand, gerade diese Form des Schildbeschlages auch für das älteste, an dieser Stelle undeutliche erste Kapitelsiegel anzunehmen, nicht aber den „der heraldischen Figur der sog. Lilienhaspel zu Grunde liegenden achtarmigen, an den Enden anscheinend mit lilienförmigen Ornamenten versehenen Schildbeschlag" (Reg. Magdeburg. I. S. XXXIX.). Letztere Figur findet sich zwar auf dem späteren Sigillum ad causas, nicht aber, wie l. c. angegeben, an der Statue Kaiser Ottos I. oder des hl. Moritz im hohen Chor des Magdeburger Domes; denn von den zwei hier in Frage kommenden Figuren ist, wie aus der Bemalung des Gesichts zweifellos sich ergiebt, die mit Schwert und Adlerschild St. Moritz, während die andere mit Fahne und Lilienhaspel auf dem Schilde als St. Innocenz bezeichnet wird.

B.

Das markgräflich-brandenburgische Haus vor der Teilung.

I. Otto I.

Von Albrechts des Bären ältestem, ihm in der Mark folgenden Sohne sind zwei Siegel bekannt, welche Voßberg in der Sitzung des

Vereins für die Geschichte der Mark Brandenburg vom 21. Mai 1862
kurz besprochen hat, dabei der Lebeburschen Hypothese, daß nicht
der Markgraf, sondern St. Moriz dargestellt sei, entgegentretend
(Märk. Forsch. VIII. 35).

Nr. 4. ** (1.) Spitzovales Porträtsiegel (stehend); 9½ : 6¼ cm;
Typus II. — Original 1164, Juni 2 (Domarchiv zu Brandenburg;
aufgedrückt; Riedel A. VIII, 106); 1166 o. T. (ibid., an Lederriemen,
l. c. 107); 1179, Nov. 2 (ibid., an rot = gelben Seidenfäden, l. c.
112). — Abguß Voßberg Nr. 1347 (v. J. 1164). — Abbildung
bei v. Heinemann, cod. dipl. Anhalt. I.; Voßberg Taf. A. 2 Nr. 1.
Die Legende lautet:

✠ OTTO DEI GRA BRANDE|BVRGENSIS (M)ARC(HIO);
bei v. Heinemann steht · Brandabubgensis. Die Darstellung ent=
spricht genau der auf Albrechts d. B. drittem Siegel (Nr. 3); nur
das Fahnentuch ist breiter und hat 5 Zipfel; der Schild zeigt außer
dem ankerkreuzartigen Beschlag eine genagelte Randeinfassung; die
Gürtung der Ringhosen an den Knien ist deutlich erkennbar. Obwohl
gerade das Exemplar von 1164 gut erhalten ist, hat de Vignoles
auf dem Schilde den „ballenstädtischen Balken" entdeckt, und aus
dessen Beschreibung hat Gercken, ohne das Original zu kennen,
letzteren in seine Fragm. March. VI, 132 aufgenommen, Anmerkungen
über die Siegel II, 156 aber dieß Sachverhältnis klar gelegt, an dem
Vorhandensein „der Balken" gezweifelt und dieselben auf Rechnung
von de Vignoles' Einbildung gesetzt. Nichtsdestoweniger erscheinen
dieselben noch in Riedels Abhandlung über die gleich zu besprechende
Urkunde von 1170 (v. Ledebur Neues Allgem. Arch. I, 43) und
in v. Ledeburs Streifzügen S. 9.

Nr. 5. ** (2.) Spitzovales Porträtsiegel (stehend) mit Wappen;
9¾ : 6 cm; Orig. 1169, Dez. 28 (1170, V: kal. Jan. Domarchiv zu
Brandenburg; aufgedrückt; Riedel A. VIII, 108); 1169 (1170 o. T.
aber wohl der ersteren Urkunde zeitlich nahe stehend; Stadtarchiv zu
Brandenburg; an Lederriemen; Riedel A. IX, 2, ungemein fehler=
haft; besser bei Riedel in v. Ledebur Neues Allgem. Arch. I, 45,
v. Heinemann, cod. dipl. Anhalt. I, 385). — Abbildung bei Voß=
berg Taf. A. 2 Nr. 2 (nach dem Exemplar des Domarchivs); Fer=
dinand Meyer Taf. I. Nr. 3 (desgl.). Die aus beiden, am Rande
beschädigten Exemplaren zusammengestellte Legende lautet:

SIGILLU MARCHIONIS OTTONI|S DI GRA
BRANDE(?)BVRGSIS.

Das Siegel, größer als alle früheren und späteren, stellt den
Markgrafen in etwas ungeschickter Haltung, doch nicht so schwachbeinig

18*

wie die Zeichnungen bei Voßberg und Meyer, dar. Die Brünne
(unter welcher der längere Rock fehlt, worüber Nr. 9 zu vergleichen
ist) besteht aus Ringen mit übergesetzten Lederstreifen; mit ihr verbunden ist das Hersenier, auf welchem der niedrige Helm sitzt; das
Schwert ist über die Brünne mittels eines Schnallengürtels gegürtet.
Der nach unten gestreckte rechte Arm hält mit nach außen gedrehter
Faust den Lanzenschaft in Hüfthöhe; die Fahne hat vier Zipfel. Die
linke Hand ruht auf dem oberen Rande des stark gewölbten, völlig
von der Seite, also zur Hälfte gesehenen Schildes; auf der Mittellinie
desselben ist ein aus zwei sich kreuzenden Bügeln mit vorspringender
Spitze gebildeter Buckel zu sehen; außerdem ist auf dem Schilde ein
Adler dargestellt, von welchem Kopf, Hals, Leib, der rechte Flügel,
Schwanz und rechtes Bein zu sehen sind, und welcher an die sitzenden
römischen Adler erinnert; auf der Fahne wiederholt sich das Wappenbild nicht. (¹)

Die Echtheit der Urkunde des Brandenburger Stadtarchivs ist
angezweifelt von einem Ungenannten in v. Lebeburs Allgem. Arch.
XIII, 156, geleugnet von v. Heinemann cod. dipl. Anhalt. I.
S. 385; verteidigt dagegen von Riedel, der sich auf das paläogra-
phische Zeugnis Höfers, v. d. Hagens und Zeunes beruft, in
v. Lebebur, Neues Allgem. Arch. I. S. 38 ff. v. Heinemann, der
letzteren Aufsatz unberücksichtigt läßt, sagt: „bei genauerer Betrachtung
erkennt man leicht die Fälschung;" ich muß bekennen, daß ich trotzdem vom graphischen Standpunkt aus die Urkunde nur für unverdächtig halten kann. Und das Auffällige und Ungewöhnliche in der
Form der Abfassung berechtigt an sich noch nicht „zu den begründet-
sten Bedenken gegen ihre Echtheit." Fälschungen ahmen Schrift,
Kanzleigebräuche und Formeln ängstlich nach und pflegen sich durch
Mißgriffe dabei zu verraten; sie verachten aber nicht jeden Kanzleige-
brauch und mengen formlos Urkundenstil und historischen Stil durch-
einander, wie es hier der markgräfliche Kapellan Wirich, von Geburt
ein Franzose (francigena) in mangelhaftem Latein, in welchem selbst
Gallicismen zu bemerken sind (sante statt sancte, cambera statt

---

¹) Im Vergleich mit den folgenden Markgrafensiegeln könnte diese Differenz zwischen
Schild und Fahne auffallen; doch es zeigt sich dieselbe Erscheinung auch anderwärts,
z. B. auf dem bereits gelegentlich erwähnten Siegel von Ottos Neffen Graf Siegfried von Orlamünde (1180), sowie öfter im 13. und 14. Jh., auf Siegeln späterer Orlamünder Grafen: Hermanns II. (1227), Hermanns III. (1252), Ottos
(1280), Hermanns (1292), Heinrichs (1331), Hermanns (1332), der Landgrafen von Thüringen Ludwig (1219), Dietrich (1261), Albrecht (1268),
des Markgrafen Dietrich von Meißen (1271), des Herzogs Albrechts von Sachsen
(1275), Hermanns v. Sömmerda (1331).

camera) that. Der Möglichkeiten giebt es genug, welche hinreichend zu erklären im Stande sind, daß zu einer Zeit, wo es ein geordnete markgräfliche Kanzlei anscheinend noch nicht gab, ein so formloses Machwerk, entweder auf ein besiegeltes Blankt gesetzt oder nachträglich unbedenklich besiegelt, weil das darin erteilte Privileg thatsächlich dem Willen des Fürsten entsprach, ausgefertigt und acceptiert wurde; doch ist hier nicht der Ort, darauf näher einzugehen.

Was Voßbergs Gründe gegen die Echtheit des Siegels anlangt, so ist der aus der Rüstung des Markgrafen entnommene hinfällig, weil Albrecht d. B. auf seinem 3., und Otto selbst auf seinem 1. unverdächtigen genau dieselbe Brünne trägt. Was aber die unheraldische Form des Adlers anlangt, so wäre dieselbe im 13. Jahrhundert allerdings unmöglich. Im Jahre 1169/70 waren aber in Norddeutschland, so weit unser Wissen reicht, Wappen auf Siegeln noch ungebräuchlich, mindestens eine ganz neue Mode; und da darf man dem, wie das ganze Siegel zeigt, nicht sehr genialen Graveur, welcher sich vor die ungewohnte Aufgabe gestellt sah, ohne Vorbild auf einen perspektivisch gezeichneten Schild einen Adler zu setzen, schon einige Konzessionen machen, und ihm Stil-Anomalien etwas zu gute halten, um so mehr als die starre heraldische Regel moderne Erfindung ist, und Adler, welche ihr nicht genau entsprechen, auf mittelalterlichen Siegeln, wenn auch nicht gerade in Hülle und Fülle, doch immerhin nachweisbar sind.

Bedenklich ist meines Erachtens nur, daß Otto nachher wiederum den schon früher benutzten Stempel gebraucht. Da ich indessen die Identität des Siegels von 1179 mit denen von 1164 und 1166 nur aus den ausführlichen Messungen und Beschreibungen, welche Herr Domsekretär Behrendts mir mitzuteilen die Freundlichkeit hatte, entnehmen kann, so bliebe immer noch die Möglichkeit, daß jenes dennoch einen dritten Stempel repräsentiere, welcher dann nur ganz geringe Unterschiede von dem ersten zeigen kann. Bis dies entschieden und bis vor allen Dingen alle vorhandenen Urkunden und Siegel Ottos mit einander verglichen und sachgemäß auf ihre äußeren und inneren Echtheitskriterien geprüft sind, vermag ich das Siegel von 1169/1170 nicht „mit Recht für unecht" oder „für gefälscht", wie v. Heinemann sagt, zu halten, insbesondere nicht aus den von Voßberg geltend gemachten Gründen.

II. Otto II.

Auch die Siegel Ottos II. — largus wird er in der Genealogia marchionum de Brandenburg des Trierer Codex genannt —, von benen zur Zeit vier bekannt sind, geben zu allerhand interessanten Beobachtungen Anlaß.

Nr. 6. ** (1.) Spitzovales Porträtsiegel (stehend); 8 : 6¼ cm; Typus II. — Original 1187 (Domarchiv zu Brandenburg; Hanfschnur; nur der obere Teil ist erhalten; v. Heinemann, cod. dipl. Anhalt. I, 479); 1196, o. T. (Staatsarchiv zu Magdeburg, Erzstift XVIII. 4b.; rote Seidenfäden; die Urkunde nach dem Original abgedruckt Magdeb. Gesch. Bl. XXI, 279 ff.), 1197, Mai 28 (Domarchiv zu Brandenburg; Pergamentstreifen; Riedel A. VII, 468). — Abguß Voßberg Nr. 803. Legende:

OTTO DI GRA BRAND . | .. RGENSIS MARCHIO.

Die Rüstung besteht aus nicht geschlitzter Ringbrünne mit längerem Rock darunter, Herfenier, niedrigem spitzem Eisenhut. Das Schwert mit anscheinend kleeblattförmig gestaltetem Knauf ist durch die Brünne gesteckt. Haltung des rechten Arms wie bei Nr. 4; die Fahne hat vier Lappen. Der leicht gestreckte linke Arm hält in natürlicherer Stellung als auf den Siegeln Nr. 3 und 4 den perspektivisch gezeichneten, nur halb sichtbaren Schild mit Ankerkreuz und genageltem Schildrand.

Nr. 7. ** (2.) Spitzovales Porträtsiegel (stehend); 8 : 6¼ cm; angebliches Original (Schrift des 14. Jahrhunderts, v. Heinemann, cod. dipl. Anhalt. I, 531, Riedel A. VIII, 123) 1197 o. T. (Domarchiv zu Brandenburg; Pergamentstreifen.) — Legende:

✠ OTTO BRANDEB .. | .. NSIS MARCH ..

Die Ringbrünne ist vorn geschlitzt; darunter längerer Rock; Herfenier; niedriger kesselförmiger Helm; Schwert über die Brünne gegürtet. Die Haltung des rechten Armes ist wie bei Nr. 5; die Fahne hat drei Zipfel. Der linke Arm hält den nur halb sichtbaren Schild mit Ankerkreuzbeschlag dicht am Körper in Schulterhöhe. v. Heinemann l. c. sagt: „über die etwaige Echtheit des an einem Pergamentstreifen hangenden Siegels wage ich nicht zu entscheiden." Das Siegel, oder wenigstens der Stempel, ist echt, trotz der Abweichungen von den übrigen Siegeln Ottos II. Denn an einer undatierten Urkunde des Brandenburger Domprobsts H., welche die Herausgeber nach Gerdens Vorgange in das Jahr 1190 zu setzen pflegen, und welche abgedruckt ist in des Letzteren Fragm. March. IV, 5 und VI, 6 angeblich nach dem Original im Domarchiv, bei Riedel A. VIII, 121 nach dem Kopialbuch des Domarchivs, ibid. XXIV, 325 aber nach einer Abschrift, die Heffter von dem im Besitz der Gutsherrschaft von Golzow befindlichen Original genommen (diese Angabe über den Aufbewahrungsort der Urkunde dürfte die richtige sein) hängt ein Siegel, welches nach Ger-

dens Angabe (Fragm. March. IV, 6 – seine sonstige Beschreibung ist
zu allgemein, um brauchbar zu sein) das Legendenfragment hat Otto
Bran.....sis marchio. Diese Anordnung der Worte paßt auf kein
anderes Siegel Ottos, als auf das hier in Rede stehende. Außerdem
befindet sich in der Voßbergschen Sammlung (Nr. 791) ein Abguß,
welcher zwar durchaus mit dem oben beschriebenen Original des Domarchivs von 1197 übereinstimmt, aber nicht von demselben entnommen sein kann, da auf ihm ein Teil des Kopfes und ein noch größerer
der Legende fehlt, das Siegel nach Voßbergs Angabe auch mit gelb-
seidenen Fäden an der Urkunde befestigt sein soll. Von der Legende
ist auf dem Abguß zu lesen: ....Bran......nsis march.. Es
scheint mir danach nicht zweifelhaft, daß das von Gercken beschriebene
mit dem von Voßberg abgeformten Siegel identisch ist, wenn auch
letzteres im Laufe der Zeit den im vorigen Jahrhundert noch vorhandenen Namen des Sieglers verloren hat, und wenn auch der Voßbergsche Abguß nach meinen Notizen die Jahreszahl 1197 trägt.(¹)

Die fragliche Urkunde wurde 1385 nach dem angeblich tadellosen
Original transsumiert (Gercken, Stiftshistorie S. 630; Riedel A.
VIII, 347); in der beigefügten Siegelbeschreibung wird als Legende mitgeteilt: Otto dei gratia Brandeburg. secundus marchio,
was, wenn man von der auf Brandenburgischen Siegeln sonst nicht
gebräuchlichen, vielleicht aus Brandenburgensis verlesenen Ordnungszahl absieht, nur der Legende von Ottos erstem Siegel (Nr. 6)
entsprechen würde. Ist die Beschreibung richtig, so müßte daraus
geschlossen werden, daß an der transsumierten Urkunde ein anderes
Siegel hing als das heut vorhandene, angebliche Original trägt.
Die Urkunde selbst erscheint wegen der Allgemeinheit und Dehnbarkeit
der in ihr erteilten Privilegien nicht unverdächtig; man möchte sie für
eine Ausbildung der kurzen Konfirmationsklausel in der Urkunde vom
28. Mai 1197 (Riedel A. VII, 468 ff.) halten, nach deren Vorbilde ihr Eingang gearbeitet sein könnte, während die Zeugenreihe ab-
weicht. Ich bemerke hier noch, daß auch eine andere Urkunde Ottos II.
für das Domkapitel vom 6. Januar 1204 (Riedel A. VIII, 125),
welche nur in einem Kopialbuch des Domkapitels aus dem 17. Jahrhundert erhalten ist, zum mindesten interpoliert erscheint.

Nr. 8. * (3.) Spitzovales Porträtsiegel (stehend) mit Wappen;
7½ : 6 cm; Typus IIa. Nach Voßbergs Angabe hängt das Siegel
an einer 1202 in Osterhusen ausgestellten Urkunde (wohl der von

---

¹) Es scheint, als habe Voßberg beide Urkunden und Siegel konfundiert, denn
wenn er auf dem Abguß noch bemerkt Otto marchio in Brandenburg, so paßt dies
nur auf die Urkunde von 1197.

1202, XII. kal. Aug., Osterhusen, Riedel B. I, 1, deren Original
die Universität zu Breslau besitzt). — Abguß Voßberg Nr. 658,
797; Große Siegelsammlung des Geheimen Staatsarchivs Nr. 2711.—
Abbildung in „Vierteljahrshefte des Kgl. Preuß. Staatsanzeigers",
II. Jahrgang, 1869 Nr. 78 und bei Ferd. Meyer, Taf. I, 4. Der
Minister v. Herzberg soll den „messingenen" Originalstempel dazu,
welchen er dem ehemaligen kurkölnischen Geheimrat v. Wagner für
6 Louisd'or abgekauft, besessen haben. Olrichs nahm davon einen
Abdruck und schenkte ihn an Gercken, mit dessen Sammlung dieser
Abdruck in die Sammlung des altmärkischen Vereins zu Salzwedel
gelangte; (¹) merkwürdig ist, daß Gercken in dem erst 1786 erschienenen II. Teile seiner „Anmerkungen" davon gar nichts erwähnt, sondern nur ein einziges Siegel Ottos II., dasjenige an der falschen
Urkunde von 1197, kennt (l. c. S. 158; Fragm. March. VI, 137
erwähnt er auch das Siegel von 1190, offenbar aber nur nach de
Vignoles' Beschreibung).

Es ist von vornherein auffallend, daß die Legende

+ SIGILL' MARCHIONIS OTTO|NIS IN BRANDEBVRHC

nicht auf der Innenseite des steilen Randes, sondern mit dem Sie-
gelbilde in einer Ebene, nach altertümlicher Manier ohne irgendwelche
Einfassung, steht; die Stilisierung der ersten Hälfte entspricht der auf
dem zweitem Siegel Ottos I. (Nr. 5), welche v. Ledebur (Streifzüge S. 9) nach Vorgang des Anonymus in v. Ledeburs allgem.
Arch. XIII, 156 für ein Kriterium der Unechtheit erklärte. Was die
Rüstung anlangt, so sind Arme und Beine mit einfachem Ringpanzer
bedeckt; der vorn nicht geschlitzte bis zum Knie reichende Schoß der
Brünne ist aber durch Borten in 5 Querstreifen geteilt, von denen
die beiden obersten und der unterste mit schrägen Leistchen, die beiden
mittleren dagegen mit kleinen Ringen besetzt sind. Diese merkwürdige
Darstellung könnte auf die Vermutung führen, daß die beiden oberen
Streifen den häufig über dem Brustharnisch getragenen Gürtel —
der dann freilich etwas tief sitzen würde, — der unterste den bisher
üblichen unter der Brünne hervorragenden Rock andeute, und nur
die beiden mit Ringen besetzten die Brünne darstellen. Der hier zum
ersten Male über der Brünne erscheinende Brustharnisch besteht aus
ornamentierten Schuppen. Auf den Schultern liegt, ebenfalls zum
ersten Male, ein Mantel, den eine Borte auf der Brust zusammen-
hält. Fußkämpfer älterer Zeit sieht man wohl mit dem Mantel aus-

---

¹) Auszug aus einem Briefe von Olrichs an Gercken vom 21. August 1779 im
II. Jahresbericht des altmärk. Vereins ꝛc. S. 74 ff.; darauf reduziert sich die Angabe
Ferd. Meyers, daß der Stempel „noch vorhanden" sei.

gestattet (Miniaturen des 9. Jh.; Stickerei von Bayeux, Mitte des
11. Jh., v. Falke, Kostümgeschichte Fig. 177—179), der ritterlichen
Tracht des eigentlichen Mittelalters ist derselbe durchaus fremd. Zu
bemerken ist indessen, daß auf dem zweiten Magdeburger Domkapitels-
siegel St. Moritz als dux gloriosus einen pelzgefütterten Fürstenmantel trägt; dasselbe findet sich an der schon erwähnten Moritzstatue
im Chorumgang des Magdeburger Domes, so wie an einigen von
den als Rolandsstatuen bekannten kolossalen Fürstenbildern. Ein
Fürstenmantel wird auch auf diesem Siegel Ottos und auf allen
folgenden markgräflichen Porträtsiegeln dargestellt sein, wobei es da-
hingestellt bleiben muß, ob die Anbringung desselben auf Nachahmung
des Magdeburger Moritzvorbildes oder auf anderen Gründen beruht.
Der Hals ist völlig frei. Als Ergänzung der Bewaffnung im Kampf
hat man sich daher hier und auf den späteren Siegeln einen die
Schultern bedeckenden Kragen aus Panzerringen, mit welchem nun
das Hersenier verbunden war, zu denken. Schulz (Höfisch. Leben
II, 46) weist denselben nur aus französischen Quellen nach, und kennt
keinen deutschen Namen dafür. Deutlich erkennbar ist dies Rüstungs-
stück an dem St. Moritz-Torso im Magdeburger Dom, und an dem
zwar ungeschickt gestochenen aber sehr lehrreichen kleinen runden Siegel des Magdeburger Domherrn Walther v. Barby von 1344, auf
welchem der hl. Moritz über dem sehr altertümlichen, gerade wie auf
unserm Siegel über den Hüften gegürteten, geschuppten Brustharnisch
Kragen und Hersenier aus Ketten trägt.

Den nach dem Gesagten auch nicht vom Hersenier umgebenen
Kopf des Markgrafen auf unserm Siegel bedeckt ein spitziger Helm,
dessen unterer Rand mit Nägelköpfen (Steinen?) besetzt, und der selbst
so niedrig ist, daß man ihn für die im Kampfe über dem Hersenier,
aber unter dem eigentlichen Helm getragene Beckenhaube, Bassinet,
halten möchte, wenn nicht die in diesem Falle unmöglichen Verzie-
rungen, welche sich insbesondere auch auf späteren Siegeln finden,
dagegen sprächen. Das Schwert fehlt; der rechte, im Elbogengelenk
nach oben gekrümmte Arm faßt in natürlicher Pose den Lanzenschaft
etwa in Schulterhöhe; der linke Arm stützt sich auf den gegen früher
erheblich kleineren, oben abgerundeten Schild, auf welchem, wie auf
der fünfzipfligen Fahne, der Adler angebracht ist. Die Zeichnung ist
zierlich, insbesondere die Haltung des Markgrafen gefälliger als auf
sämtlichen anderen, früheren oder späteren Siegeln. Das Siegel gehört durchaus dem Typus II a. an, da es alle diesem eigentümlichen
Merkmale, insbesondere auch die von nun an unveränderte Haltung
der Arme zeigt; nichtsdestoweniger ist für die späteren Siegel dieser
Gattung erst das folgende Siegel Nr. 9 als Vorlage verwendet wor-

ben, welches dem askanisch-brandenburgischen Grundtypus im allgemeinen mehr entspricht.

Nr. 9. ** (4.) Spitzovales Porträtsiegel (stehend) mit Wappen; 8 : 6¼ cm; Typus II a. — Dies, wie es scheint, nur in einem Exemplar bekannte letzte Siegel Ottos II., den märkischen Geschichtsfreunden deswegen von besonderer Wichtigkeit, weil man auf ihm, vor Bekanntwerden des oben beschriebenen, zum ersten Mal unbestreitbar den heraldisch stilisierten brandenburgischen Adler auf Schild und Fahne sah (v. Ledebur, Streifzüge S. 9), hat dadurch viel Kopfzerbrechen bereitet, daß das Datum des im Geheimen Staatsarchiv befindlichen, von „Otto dei gratia Brandeburgensis marchio" für das Kloster Lehnin ausgestellten Originals durch Versehen des Schreibers falsch lautet: actum anno dominice incarnacionis M°C°VI°. Gercken, welcher mit Unrecht die Urkunde aus paläographischen Gründen für verdächtig hielt, will das Datum in 1206 ändern. Riedel (A. X, 186), welcher richtig bemerkt, daß 1206 kein Otto regierte — Otto II. starb 1205, Juli 4 (IV. non. Jul., Necrolog. Havelberg. bei Garcaeus S. 72) — setzt dafür 1196, wie auf der Rückseite der Urkunde in fast gleichzeitiger Schrift bemerkt sei. Doch auch dies ist nicht richtig. Außer der von annähernd gleichzeitiger Hand geschriebenen zweimaligen kurzen Inhaltsangabe und der Ordnungszahl VIII. steht auf der Rückseite noch von einer Hand des späteren 13. Jahrhunderts XCVI. (mutmaßlich auch eine archivalische Ordnungszahl) und sodann von verschiedenen modernen Händen zweimal 1106, zweimal 1206. Ich meinerseits glaube, daß die Urkunde annähernd gleichzeitig ist mit der andern Lehniner Urkunde bei Riedel A. X, S. 188 Nr. 14, datiert: M°C°C°IIII° indictione VIa., welche der Indiktion wegen in die Zeit vom 25—31. Dezember 1203 fällt. Es sprechen dafür die Ähnlichkeit des Formulars und die teilweise Übereinstimmung der Zeugen. (¹) Ich vermute daher, daß das Datum unserer Urkunde habe lauten sollen M°C° (C°IIII° indict.) VI., wobei die eingeklammerten Zeichen durch Nachlässigkeit des Kanzlisten ausgefallen wären. Die Urkunde gehörte darnach ebenfalls in die Zeit zwischen Weihnacht 1203 und Neujahr 1204.

Die Legende ist abgebrochen bis auf die wenigen Buchstaben ....LL..OT.... Der Schoß der Brünne, welcher deutlich die aufgesetzten Lederstreifen zeigt, ist vorn nicht aufgeschlitzt. Das Fehlen

---

¹) Die drei ersten sind genau dieselben: der Bischof Norbert, der Dompropst Heinrich, der markgräfliche Kapellan und Pfarrer zu Netzen, Burchard; dann folgt in Riedels Nr. 14 der Donator aus unserer Urkunde, der Burggraf von Brandenburg, nebst seinem Bruder, und den Schluß machen in jeder Urkunde je 3 Burgmannen aus Brandenburg resp. 3 markgräfliche Hofbediente.

des längeren Rockes unter der Brünne ist hier zuerst ganz zweifellos, sobald wir von dem als Beweisstück nicht völlig einwandsfreien zweiten Siegel Ottos I. (Nr. 5) absehen. Wenn Schultz (Höfisch. Leben II, 34) aus Abbildungen bei Demay sowie aus einigen österreichischen und schlesischen Siegeln schließt, daß dieser Rock gegen 1210 zuerst in Frankreich, dann in den anderen civilisierten Ländern aufgegeben wurde, so würde durch unser Siegel dieser Zeitpunkt etwas höher hinaufgerückt werden. Völlig beseitigt wurde indessen diese Mode nie, wenn auch die auf älteren Reiterporträtsiegeln sich zeigende Extravaganz der bis auf die Füße herabwallenden Schöße verschwand. Der ca. 1318 verstorbene Graf Otto VI. von Orlamünde (v. Reitzenstein l. c. Taf. X.) trägt auf seinem Grabstein über der Brünne ein mit Schienen benageltes, unten gezaddeltes Panzerwams, unter derselben den längeren faltigen Rock; der während des größten Teils des 13. und noch im 14. Jh. gewöhnlich über der Brünne getragene wâpenroc verdeckt auf bildlichen Darstellungen in der Regel gerade diesen Teil der Rüstung; auf einem prächtigen Reiterporträtsiegel König Johanns von Böhmen (1333) läßt aber der hinten geschlitzte und nach vorn genommene wâpenroc den Schoß des Kettenhemdes und darunter den in zierliche Falten gelegten, etwa bis zum Knie reichenden altgewohnten Rock deutlich erkennen. Ebenso präsentiert sich derselbe auf dem Grabstein Albrechts II. von Hohenlohe-Mötmül († 1338, Fürst zu Hohenlohe-Waldenburg, das Hohenloh. Stammwappen 1881), wo statt des wâpenroc bereits der kurze sog. Lendener sich zeigt.

Der Brustharnisch auf unserm Siegel ist geschuppt; auf den Schultern liegt der Mantel; das Herfenier fehlt, der Helm ist niedrig und spitz; der linke Arm stützt sich voll auf den Schild, welcher, wie die fünfzipflige Fahne, mit dem Adler geschmückt ist. Dieses Siegel, mit welchem in Ausrüstung und gesamter Anordnung die Miniatur des Judas Makkabäus in einer Bibel des XII. Jh. merkwürdige Ähnlichkeit zeigt, nur daß auf ihr noch Herfenier und Rock unter der Brünne vorhanden sind (Universitätsbibliothek zu Erlangen, Abbildung bei v. Eye und Falke, Kunst und Leben der Vorzeit, I. Taf 13), hat dem Albrechts II. und dem ersten Johanns I. strikt zum Vorbild gedient.

III. Heinrich Graf von Gardelegen.

Nr. 10. * Rundes Reiterporträtsiegel; 7 cm.

Heinrich, Ottos II. rechter Bruder, seinem Stiefneffen Otto III. ähnlich in werktätiger Frömmigkeit, ist unter allen brandenburgischen Markgrafen askanischen Stammes der einzige, welcher ein

Reiterſiegel führt.(¹) Dasſelbe hängt an einer Urkunde von 1192 (Riedel A. V, 27. Abguß Boßberg Nr. 801). Von der Legende ſind nur die beiden erſten und letzten Buchſtaben erhalten:

✠ HE . . . . GE.

Graf Heinrich trägt Brünne, Herſenier und Eiſenhoſen von Ringen mit aufgeſetztem Lederſtreifen, und das lange, nach unſeren Begriffen höchſt unpraktiſche, bis auf die Füße herabreichende, weit weg flatternde Unterkleid, welches ich in dieſer Länge nur bei Reiterbildern, nie bei ſtehenden Figuren beobachtet habe. Der Helm iſt niedrig und oben noch ſtärker abgeplattet als auf dem zweiten Siegel Ottos II. (Nr. 7); der ſtarkgewölbte Schild iſt mit Querſchienen verſtärkt, welche bei einiger Phantaſie an die ballenſtedtſchen Balken erinnern können. Die rechte Hand trägt eine dreizipflige Fahne, von welcher der untere Teil des Schaftes nicht zu erkennen iſt; an den Füßen ſind Stachelſporen befeſtigt. Das kleine, ſtarke, kräftig ausſchreitende Pferd iſt mit ſchwerer Kandare, Sattel mit ziemlich niedriger Hinterpauſche, kleiner Unterlegdecke und Bruſtriemen gezäumt. Eigentümlich iſt der Sitz des Reiters; der Sattel liegt ſehr weit vorn, und die Schenkel hängen nicht an den Seiten des Pferdes herab, ſondern liegen an den Bug desſelben an; das Siegel bringt ſomit zur Darſtellung, was Gottfried von Straßburg von ſeinem Helden Triſtan, dem Spiegel aller ritterlichen Vollkommenheit, berichtet (169, 30):

> hin neben des orses büegen
> dä swebeten siniu schoenen bein.

Nach M. Jähns (Roß und Reiter II. S. 71) hat dieſe auf

---

¹) Von der Orlamündiſchen Linie gebrauchte Albrechts d. B. Enkel Siegfried nach ſeinem ſpitzovalen Porträtſiegel (ganze Figur ſtehend) ein Reiterporträtſiegel mit Schwert und ſtrahlenartigem Schildbeſchlage, v. Reitzenſtein l. c. Taf. I, 3. Albrechts d. B. jüngſter Sohn Bernhard führte bis 1180 ebenfalls ein ihn ſtehend in ganzer Figur darſtellendes Porträtſiegel, ſeitdem ein Reiterporträtſiegel, v. Heinemann, die älteren Siegel ꝛc. S. 11.

Reiterporträtfiegeln des 13. und 14. Jh. noch prägnanter zum Ausdruck kommende Reitmethode — auf einem Siegel Gottfrieds v. Lei-
ningen, 1333, liegt das fichtbare rechte Bein nahezu wagerecht —
ihren Grund in dem Beftreben, durch Einftemmen in die Bügel und
Gegenftemmen gegen die hintere Sattelpaufche den eigenen Lanzenftoß
zu verftärken, und den des Gegners ohne bügellos zu werden zu empfangen. Dazu gehörte, wie Jähns richtig bemerkt, und wie die
Siegel faft ausnahmslos zeigen, ein feftes Hineintreten in den Bügel
mit ganzem Fuß; auf unferm Siegel hat dagegen der Reiter, wie
heutzutage üblich, nur die Fußfpitze im Bügel. Das „Fliegen der
Schenkel“, wie es die zeitgenöffifchen Dichter nennen, war übrigens
in der höfifchen Zeit des Mittelalters überhaupt fchneidiger Reiter-
brauch; darum zeigen es auch Ritter, die fich nicht mit der Lanze, fondern mit gefchwungenem Schwerte auf ihren Siegeln darftellen ließen.

IV. Albrecht II.

Nr. 11. ** (1.) Spitzovales Porträtfiegel (ftehend) mit Wappen;
8 : 6¾ cm; Typus IIa. Original an der Urkunde vom 18. Okt. 1209
(Domarchiv zu Brandenburg; hellrotes Wachs an rotgelben Seidenfäden; Riedel A. VIII, 126). — Abguß Voßberg Nr. 741 (v. J.
1209, Juni 16, Riedel A. V, 30, auf dem Abguß irrtümlich mit
1269 bezeichnet und auf Albrecht III. bezogen); Nr. 1167.

Legende:

✠ SIGILL' ALBERTI BRANDC|BVRGENSIS MARCHIONIS.

Das Siegel ift auch in den Größenverhältniffen dem vierten
Ottos II. (Nr. 9) fehr ähnlich. Der Unterfchied, daß der Helmrand
mit Perlen befetzt und der auch den Leib bedeckende Schuppen-Bruft-
harnifch über den Hüften gegürtet ift, mag nur ein zufälliger fein,
da das fragliche Siegel Ottos fehr abgerieben ift. Identifch hiermit
fcheint das bei Scheid (Hiftor. diplom. Nachr. von dem hoh. u. niedern Abel, 1754, ad pag. 229) abgebildete Siegel von 1207 zu fein,
obwohl die fonft übereinftimmende Legende hier mit dem ausgefchrie-
benen Wort Sigillum beginnt, und der Adler auf der Fahne fehlt.

Nr. 12. Gercken, cod. dipl. Brandenb. V, S. 74 befchreibt
und bildet ziemlich unvollkommen dafelbft ab ein Siegel Albrechts
an einer Urkunde von 1215 (im Stendaler Archive) mit der Legende

✠ SIGILL' ALBERTI II. BR.........SIS MARCHIONIS.

Ob die Ordnungszahl hinter dem Namen, welche im Text der
Urkunde allerdings angewandt ift, in Wahrheit auf dem Siegel fich
findet, ob dasfelbe überhaupt von dem unter Nr. 11 befchriebenen
verfchieden ift, muß zukünftiger Unterfuchung vorbehalten bleiben. In
feinen fpäter erfchienenen „Anmerkungen“ (II. 158. 159) erwähnt
Gercken felbft dies Siegel nicht.

V. Johann I.

Nr. 13. * (1.) Spitzovales Porträtſiegel (ſtehend) mit Wappen; ca. 8 : 6 cm; Typus II a. — Abguß Voßberg Nr. 807 (v. J. 1226). Das Siegel gleicht bis ins Detail hinein dem erſten Albrechts II. (Nr. 11), nur daß die Figur etwas ſchlanker gebildet erſcheint. Von der Legende ſind nur die Buchſtaben SIGILL . . . . . erhalten.

Nr. 14. ** (2.) Spitzovales Porträtſiegel (ſtehend) mit Wappen; 8½ : 6½ cm; Typus II b. — Orig. Fragment, 1263, VI. id. Nov. (Staatsarchiv zu Magdeburg, Hochſtift Halberſtadt X. 7 b.; Perga- mentſtreifen.) — Abguß Voßberg Nr. 802. 1344 (v. J. 1258). Dieſes Siegel iſt Vorbild für die ſpäteren Siegel der Johanneiſchen und einige der Ottoniſchen Linie geworden.

✠ SIGILL' IOHANNIS DEI GRACIA M . . |CHIONIS
BRANDEBVRGENSIS.

Die Bildfläche habe ich hier zum erſten Mal von dem nur ſchwach anſteigenden Schriftrande durch eine doppelte Perlenlinie getrennt gefunden. Der über den Hüften gegürtete Bruſtharniſch, über wel- chem am Halſe noch etwas von der Ringbrünne ſichtbar iſt, ſcheint auf dem Abguß aus länglich-runden Plättchen zu beſtehen, auf dem leider nur ſehr fragmentariſchen Original von 1263 dagegen aus Schuppen. Der untere Mantelrand iſt gezaddelt. Unten herum mit Franzen beſetzte Mäntel germaniſcher Krieger kommen ſchon auf der Antoniusſäule vor (2. Jh., v. Falke, Coſtümgeſch., Fig. 99); im Hortus Deliciarum der Herrad v. Landsberg finden ſich unten ausgezackte („zerhauene") Mäntel, z. B. bei dem „Fornicator" (En- gelhard, Taf. I. und S. 109); es würde ſich aber fragen, ob man die Mäntel auf den Markgrafenſiegeln nicht, wie auf dem zweiten Magdeburger Domkapitelsſiegel, mit koſtbarem Pelz gefüttert zu denken habe, während die Zaddeln aus Pelzſtreifen oder Tierſchwänzen be- ſtanden; der Mantel des „Miles" auf einem Bilde der Herrad v. Landsberg (Taf. IX.) läßt wenigſtens eine ſolche Herſtellungs- art vollkommen deutlich erkennen; der, wie jener „Miles" im Haus- kleide dargeſtellte „her Nithart" trägt auf einem Gemälde der Pariſer Minneſingerhandſchrift genau denſelben Mantel (v. d. Hagen, Bilder- ſaal altdeutſcher Dichter Taf. XXXVI.)

Beckmann (Beſchreibung der Churmark, II. Bd. Abt. Salzwedel, Sp. 88) erwähnt ein an der Urkunde vom 19. September 1241 (Riedel, A. XIV, 2) für das Leproſenhaus zu Salzwedel befind- liches Siegel Johanns, auf welchem in der Umſchrift ganz deutlich das Wort Saltwedele ſtehe, „und läßt ſich daher ſchließen, daß er, auch wohl andere, in ihrer Titulatur ſich Markgrafen von Salz-

webel genennet haben, und wird man sich dessen gehörigen Ortes
bedienen." In Danneils mir im Manuskript vorliegenden Reper-
torium des Salzwedeler Stadtarchivs heißt es, zwei Siegel fehlten
an der Urkunde; das dritte beschädigte wird folgendermaßen beschrieben: „es ist klein, oval, und enthält eine stehende Figur ohne besonderes Abzeichen in einen langen Mantel gehüllt, beide Arme vor
der Brust haltend, mit denen ein Gefäß getragen wird, doch ist letzteres schon sehr undeutlich; unten steht auf jeder Seite eine Lilie;
Umschrift nicht mehr gut zu lesen (bis auf die Buchstaben WED)."
Es springt in die Augen, daß dies das Siegel eines Geistlichen; und
obwohl in der Urkunde die Besiegelung durch einen Dritten nicht
bemerkt, dürfte es wohl zweifellos sein, daß das Siegel des an der
Spitze der Zeugen genannten Propstes Dietrich von Salzwedel vorliege.

VI. Otto III.

Nr. 15. ** Spitzovales Porträtsiegel (stehend) mit Wappen;
8 : 6½ cm; Typus 1 a. — Original, Fragment, 1245 (Staatsarchiv
zu Magdeburg, Stift Halberstadt X. 3; Pergamentstreifen; Rückseite
glatt); 1259 (beschädigt; die Legende fehlt bis auf wenige Buchstaben;
Pergamentstreifen; Rückseite glatt; l. c. Mansfeld IX., Rameneburg
Nr. 1). — Abguß Voßberg Nr. 660. 661. 662, aus den Jahren
1226, 1266 und 1271 (! Otto III. starb am 9. Oktober 1267). —
Abbildung bei v. Erath, cod. dipl. Quedlinburg. Taf. XXV. 5.

Legende:

✠ SIGILL' OTTON .. BRAND| .... GENSIS MARCHIONIS.

Die Figur des Markgrafen weicht in ihrer altertümlichen Rüstung
von den vorhergehenden erheblich ab, und zeigt eine gewisse Verwandtschaft mit dem zweiten Siegel Albrechts des Bären (Nr. 2),
nur daß Hersenier und Schwert fehlen, daß nach dem Vorgange der
jüngeren Siegel vom Typus II a. Brustharnisch und Mantel hinzugefügt sind, und der linke Arm sich frei auf den verkleinerten Schild
stützt. Der auch den Unterleib weit hinab bedeckende Brustharnisch
besteht aus ovalen gewölbten Plättchen, der Schoß der Brünne und
das lange Unterkleid sind vorn geschlitzt, die Fahne hat nur drei Zipfel.

C.
Das markgräflich-brandenburgische Haus nach seiner Teilung.

a. Die Johanneische Linie.

VII. Johann II.

Nr. 16. ** Spitzovales Porträtsiegel (stehend) mit Wappen;
Maße wie bei Nr. 14; Typus II b. — Original, Fragment, 1275,

Sept. 1 im Stadtarchiv zu Brandenburg (A. a. 4) an roten Seidenfäden. In Voßbergs Sammlung (Nr. 663) befindet sich der Siegel-
abguß eines Markgrafen Johann, welcher die beiden Jahreszahlen
1258 (Spandau) und 1270 (in merica Torglowe) trägt; mit letzterem Datum kann, da Johann I. 1266 starb, nur Johann II.
gemeint sein; da einerseits dieser Abguß mit dem Originalfragment
Johanns I. von 1263 vollkommen übereinstimmt, andererseits das
Originalfragment Johanns II. (dessen Kopf sehr zierlich gearbeitet
ist) jenem auch durchaus gleicht (¹), so muß man annehmen, daß
der gleichnamige Sohn nach des Vaters Tode dessen Siegel in Gebrauch nahm. (²)

VIII. Otto mit dem Pfeil.

Nr. 17. ** Spitzovales Porträtsiegel (stehend) mit Wappen;
8 : 6¼ cm; Typus IIb. — Original 1286 (Staatsarchiv zu Magdeburg, Kloster S. Agnes-Magdeburg Nr. 28, oben und unten beschädigt; auf der Rückseite mehrere Daumeneindrücke); 1300 (ibid., Erzstift XIII. 2; die Legende beschädigt, auf der Rückseite mehrere Eindrücke eines kleinen Fingers); o. J. (Voßbergsche Sammlung Nr. 802).
— Abguß Voßberg Nr. 812. 814 (v. J. 1281). 1345 (v. J. 1270).
— Abbildung in v. Herzbergs Abhandlung, Gercken cod. dipl.
Brandenb. III. Taf. I., 1. Legende:

+ SIGILL' OTTONIS DEI GRACIA MA | RCHIONIS
BRANDEBVRGENSIS.

Das Siegel gleicht durchaus dem zweiten Johanns I. (Nr. 14);
je nach der Erhaltung der einzelnen Exemplare scheint der Brustharnisch aus rundlichen Buckeln, oder rosettenartigen Plättchen zu

---

¹) Auf Johanns II. Siegel sind die Schuppen des Brustharnischs ornamentiert,
der Gürtel erscheint mit Nägelköpfen besetzt und von Borten eingefaßt, unter dem
Gürtel erblickt man eine Reihe großer runder Buckeln, welche vielleicht die vielfach
übliche Zaddelung des Brustharnischs an seinem untern Rande andeuten sollen — schein-
bare Abweichungen, welche offenbar nur daher rühren, daß die benutzten Siegel Johanns I. stärker abgerieben, und daher im Detail undeutlicher sind.

²) Nach des Fürsten zu Hohenlohe-Waldenburg Erläuterungen zu seinem
sphragistischen System in „Mein sphragistisches System zur Classification aller Siegel
nach ihren IV verschiedenen Haupttypen." (Als Mscr. gedr. 1877. S. 9) soll das auf
den Sohn vererbte väterliche Porträtsiegel mit Wappen als Wappensiegel klassifiziert
werden, weil es nicht das Porträt des nunmehrigen Sieglers enthalte; diese Unter-
scheidung ist keineswegs logische Konsequenz des die Siegel nach ihrer äußeren Erscheinung klassifizierenden Systems und ist praktisch durchaus unbrauchbar. Die interessante Frage von der Vererbung von Siegelstempeln überhaupt verdient eingehender
untersucht zu werden; es kam sogar vor, daß die Witwe das Siegel ihres verstorbenen
Gatten anstandslos weiter gebrauchte.

beſtehen; der auffallend ſchmale Schild iſt oben nicht mehr gerundet, ſondern hat zwei ſcharfe Ecken. Als Kurioſum möge hier noch bemerkt werden, daß nach Schwebel (Kulturhiſtoriſche Bilder aus der alten Mark Brandenburg S. 26) Otto mit dem Pfeil Urkunden ſo zu beſiegeln pflegte, daß er „den Schwertesknauf mit ſeinem Reiterſiegel auf das grüne Wachs drückte." Abgeſehen davon, daß einzig Graf Heinrich v. Garbelegen ein Reiterporträtſiegel führte, hat Schwebel offenbar keine Vorſtellung von mittelalterlichen Siegelſtempeln, und der Methode der Anfertigung von Wachsſiegeln in jener Zeit.

Ich bemerke noch, daß das ſchöne Siegel des Landfriedens, deſſen oberſter Richter Otto mit dem Pfeil war, und welches, mit der Legende (Sigi)illum iudicum pacis Saxonie gener(alis) den thronenden Heiland als Weltenrichter zeigt, nach einem Original von 1291 abgebildet iſt bei Scheibt, vom hohen und niedern Adel (zu S. 206) und bei Falke, cod. trad. Corbej. Taf. IX, 12.

IX. Conrad.

Nr. 18. ** Spitzovales Porträtſiegel (ſtehend) mit Wappen; 8½ : 6¼ cm; Typus II b. — Original 1286 (Staatsarchiv zu Magdeburg, Kloſter S. Agnes-Magdeburg, Nr. 28; auf der Rückſeite mehrere Daumeneindrücke); 1295 (Stadtarchiv zu Brandenburg A. a. 8). — Abguß Voßberg Nr. 739. 747.

Legende:

.SIGILL CONRADI DEI GRACIA MA|RCHIONIS

BRANDEB . . GENSIS.

Das Siegel entſpricht genau dem Ottos mit dem Pfeil; nur der Schild iſt etwas breiter.

X. Heinrich ohne Land. (¹)

Nr. 19. ** Spitzovales Porträtſiegel (ſtehend) mit Wappen; 8½ : 6 cm; Typus II c. — Original, Fragment, 1311, Dec. 19 (Staatsarchiv zu Magdeburg, Erzſtift, XIII. 17, an ſchmalen Pergamentſtreifen). — Abguß Voßberg Nr. 669 (nach dem Fragment von 1311; ſtumpf); große Siegelſammlung des Geheimen Staatsarchivs Nr. 7439 (o. J., vollſtändig bis auf Teile der Legende). Wie die Abbildung (nach dem Fragment von 1311) zeigt, iſt der Bruſtharniſch aus Roſetten zuſammengeſetzt, und der niedrige Helm, unter welchem, wie bei allen Siegeln dieſes Typus, die langlocki-

¹) Dieſer Zuname iſt jetzt zweifellos feſtgeſtellt durch den Czartoryſkiſchen Codex des Pullawa, wo ſtatt: marchionis Henrici qui Avelant regionem habebat (Riedel, cod. dipl. Brandenb. Chronikenband S. 21) zu leſen iſt: qui ane-lant cognomen habebat.

19

gen Haare tief herabhängen, reich verziert. Der Schild ist kleiner als bisher. Unterscheidungszeichen für die Siegel dieses Typus (II c.) ist, daß der Mantel nicht mehr glatt über den Rücken fällt und unten gezaddelt ist, sondern daß er in reicheren Falten herabwallt, deren eine besonders tiefe zwischen den etwas gespreizten Beinen sichtbar wird. (Auf der Abbildung nicht sichtbar.)

XI. Johann, Konrads Sohn.

Nr. 20. Abbildung bei Gercken, Anmerkungen über die Siegel II., Abbildung Nr. 2, nach einem Originale des Stendaler Stadtarchivs von 1304.

Legende:

✠ S IOHANNIS DEI GRACIA MARC | SIONIS BRANDEBVRGENSIS.

Das Siegel scheint, der Abbildung zufolge, durchaus dem Heinrichs ohne Land zu gleichen.

XII. Woldemar.

Nr. 21. ** Spitzovales Porträtsiegel (stehend) mit Wappen; 8½ : 6 cm; Typus II c. Original 1316 (Staatsarchiv zu Magdeburg, Grafschaft Mansfeld IX. g., Friedeburg Nr. 2; Pergamentstreifen; auf der Rückseite vier Daumeneindrücke); 1319 (Geheimes Staatsarchiv, Depositum der Stadt Eberswalde). — Abguß Boßberg Nr. 665. — Abbildung bei Gercken, Diplomat. veter. Maroh. I.

Legende:

✠ S WOLDEMARI DEI GRACIA MARC | SIONIS BRANDEBVRGENSIS.

Die Darstellung gleicht durchaus den unter Nr. 19 und 20 beschriebenen, nur macht die untersetztere Figur mit dünnen Armen und Beinen, dickem Kopf und besonders langem lockigem Haar einen wenig anmutenden Eindruck. Heineccius, de sigillis (Tab. XVII. 6) giebt nach Wecks Beschreibung der Stadt Dresden eine arg karrikierte Abbildung von Woldemars Siegel, und sagt auf Grund derselben, der Markgraf sei bekleidet mit einer tunica stellis picta. — Ein anderes Siegel Woldemars ist mir zur Zeit unbekannt, doch ist es wahrscheinlich, daß er der Zeitsitte gemäß auch ein Secret geführt habe. Brotuff (Anhalt. Genealogie 1556. col. 56) erzählt über das Erscheinen des falschen Woldemar am Hofe des Erzbischofs von Magdeburg, er „ließ aus seinem Munde einen gülden Ring mit dem merckischen und churfürstlichen Wapen in Becher fallen, nach aller Form und Art, wie etwan Marggraffen Woldemari Secret und Petschafft gewesen".

XIII. Der falsche Woldemar.

Nr. 22. * (1.) Spitzovales Porträtsiegel (stehend) mit Wappen; ca. 8¼ : 6 cm; Typus II c. Ferd. Meyer sagt, der falsche Woldemar habe jedenfalls den Porträtsiegelstempel seines ruhmreichen Vorgängers benutzt, da Beider Siegel sich in nichts unterschieden, und bildet denn auch Taf. II, 11 ein Siegel ab, welches dem soeben unter Nr. 21 besprochenen bis auf gewisse Ungenauigkeiten im Detail vollkommen gleicht. Indessen liegt hier eine Verwechselung vor; nach dem mit der Abbildung bei Gercken (Vermischte Abhandlungen I. Titelblatt, nach einem Exemplar von 1348, cf. ibid. S. 107) völlig übereinstimmenden Boßbergschen Abguß (Nr. 667, v. J. 1348) ist das Siegel des echten Woldemar nur als Vorlage benutzt. Die manierierte Modellierung der Extremitäten auf jenem ist noch übertrieben, der Kopf ist etwas nach links geneigt, der niedrige, nicht spitze, sondern kesselförmige Helm ist von einem kronenartigen Ornament umgeben, der Adler auf der Fahne ist, im Gegensatz zu allen anderen Siegeln, nach Innen (statt wie sonst nach Außen) gekehrt, die fünf Zipfel des Fahnentuches scheinen in Franzen auszulaufen. Von der Legende ist auf dem Abguß nur Anfang und Schluß erhalten:

✠ S WOLDEMA . . . . VRGENSIS.

Nr. 23. ** (2.) Rundes Wappensiegel (Wappenbild im Schilde); 3¼ cm. — Original, 1350 (Staatsarchiv zu Magdeburg, Erzstift, IV. 1a.) — Abguß Boßberg Nr. 668 (v. J. 1350).

Legende:

✠ S'ECT WOLDEM MARCS BRANDEBORG.

Das Siegel ist ziemlich getreue Nachbildung des von Markgraf Ludwig d. Ä. 1325 gebrauchten Secretsiegels, welches

bei Gercken, cod. dipl. Brandenb. III. Taf. I. 3 und bei Ferdinand Meyer Taf. I, 8 abgebildet ist. Letzteres, und das beschriebene Siegel sind meines Wissens die ersten, auf welchen Brandenburgische Markgrafen allein den einfachen Brandenburgischen Wappenschild führen.

b. Die Ottonische Linie.
XIV. Johann der Prager.

Nr. 24. * Rundes Wappensiegel (Wappenbild im Schilde); ca. 7 cm. -- Abguß Voßberg Nr. 659 nach einem Original des Geheimen Staatsarchivs von 1266 (Riedel B. I, 89). -- Abbildung bei v. Erath, cod. dipl. Quedlinb. Taf. XXVI, 11. Johann hat das Siegel wohl schon am 17. November 1264 geführt (Riedel A. VIII, 166).

Die Legende lautet bei v. Erath noch:

.ˑ. OHANNIS FILII MARCHIONIS OT....,

auf dem Original ist, wie mir Herr Archivrat Dr. Friedlaender freundlichst bestätigte, gleichwie auf dem Abguß nurmehr zu lesen ...OHA... Fürst zu Hohenlohe-Waldenburg (Sphragist. Aphorism. S. 51 Nr. 149) bemerkt zu einem Siegel des Grafen Heinrich v. Fürstenberg, 1303, mit der Legende: ✠ S. comitis de Fürstenberg filii comitis Egenonis, die Angabe des Vaters in der Legende sei ungewöhnlich. Bei Markgraf Albrechts III Sohn Otto werden wir denselben Fall beobachten; auf Siegeln von Frauen und Wittwen ist die Angabe des Vaters oder verstorbenen Ehemannes gar nicht so selten.

Unser Siegel macht vielmehr den Eindruck eines Stadt- als eines Personensiegels; eine große Anzahl brandenburgischer Städte führen in ihrem Siegel über einer Burg den landesherrlichen Adler, in der Regel freilich frei im Siegelfelde; das Städtchen Lychen aber stellt denselben, grade wie auf unserm Siegel, über einer Burg mit zwei (stumpfen) Türmen im Schilde dar; was speziell die Architektur mit ihrem in Kleeblattbögen überwölbtem Doppelthor und den beiden spitzbedachten Türmen anlangt, so erinnert dieselbe merkwürdig an das älteste Siegel von Neu - Brandenburg (Mecklenburg. Urk. Buch III. S. 283).

Warum der jugendliche Markgraf ein so ungewöhnliches Siegelbild gewählt, ob er mit der Burg auf die Brandenburg weisen wollte, von der sein Haus den Namen führte, wer vermöchte das zu sagen. Ganz vereinzelt steht diese Erscheinung indessen doch nicht in der Sphragistik. Ähnliche, ebenfalls viel eher Städtesiegeln gleichende Siegel führten Graf Otto v. Tecklenburg, 1226/1261, Gräfin Ingardis v. Regenstein 1245 (¹), die Burggrafen v. Giebichenstein (v. Mülverstedt, Mittelalterl. Siegel aus dem Erzstift Magdeburg, Taf. IX.), sowie die Eingangs erwähnte Pfalzgräfin Liutgard v. Sommerschenburg, deren spitzovales Siegel, wenn auch nicht im Detail der Zeichnung, so doch in der Grundidee überraschend dem Siegel des Priegnitzschen Städtchens Meyenburg (Burg mit „Maien" darüber) gleicht. Vor allen Dingen gehören aber hierher ältere Siegel der Wolbeck v. Arneburg, entweder als redende, oder dem Siegelbild der Stadt Arneburg, wo sie Burgmannen waren, nachgebildete: ein Adler über einer zweitürmigen Burg (v. Mülverstedt, l. c. 3. Lieferung S. 53, Anm. 1; das Stadtsiegel abgeb. bei Beckmann, Churmark, II. Bd. Taf. III, 14).

XV. Otto der Lange.

Nr. 25. * (1.) Spitzovales Porträtsiegel (stehend) mit Wappen; Fragment, Länge der Figur von der Helmspitze bis zum Knie 5½ cm. — Abguß Voßberg Nr. 738. — Abbild. bei v. Erath l. c. Taf. XXVI. 2.

An derselben Urkunde von 1266, welcher wir das eben beschriebene Siegel Johanns des Pragers verdanken, hängt außer dem gewöhnlichen Siegel Markgraf Ottos III. noch das Fragment eines überaus merkwürdigen Siegels Ottos des Langen, welches im Großen und Ganzen den Typus des dritten Siegels Albrechts d. B. (Nr. 3) wieder aufnimmt, nur daß über der Ringbrünne der damals moderne wâpenroc getragen wird, wel

---

¹) Fürst zu Hohenlohe, Sphragist. Aphorism. Taf. VIII. Nr. 74. 75, letztere Abbildung ungureichend, wahrscheinlich nach einem stumpfen Abguß des Originals im Staatsarchiv zu Magdeburg (Halberstadt X. 3), welches noch hochinteressantes Detail erkennen läßt.

cher auf der Brust in sonderbar krausen Falten liegt (¹), und gegen
die gewöhnliche Regel mit bis zum Ellbogen reichenden Ärmeln versehen ist; über den Hüften ist der wâpenroc von einem Gürtel umspannt, welcher ober- und unterhalb mit verschieden gestalteten ornamentierten Zacken besetzt ist, während unter ihm noch eine Reihe
rundlich abgeschnittener Schuppen hervorsieht; der Schoß des wâpenroc ist vorn, wo er nicht bis zum Knie reicht, und hier deutlich die
Gürtung der Ringhosen zeigt, kürzer als hinten. Die gesamte Anordnung zeigt eine bemerkenswerte Ähnlichkeit mit der Ausstattung
der schon beiläufig erwähnten St. Innocenzstatue im Chorumgang des
Magdeburger Domes, deren kurze Beschreibung aus diesem Grunde,
und weil sie für eine genauere Kenntnis ritterlichen Kostüms des
13. Jh. bedeutsam ist, hier Platz finden mag. Mit welchem Recht
die Statue dem St. Innocenz, dem Nebenpatron des Magdeburger
Domes, zugeschrieben wird, mag dahin gestellt bleiben; daß er und
sein Nachbar, der hl. Mauritius mit schwarz bemaltem Gesicht, wirklich Heilige repräsentieren sollen, zeigt bei Beiden der Heiligenschein.
Leider ist die Aufstellung des St. Innocenz so, daß eine Untersuchung
des Details in der Nähe nicht von vorn, sondern nur ganz von der
Seite möglich ist; die Abbildung in dem großen Werke von Mellin
und Rosenthal ist völlig von der Schildseite genommen; die bei
Brandt (Der Dom zu Magdeburg S. 65) zwar von vorn, da sie
aber von der gegenüberliegenden Seite des Chorumganges aus gesehen, im Detail unklar. Der Heilige trägt einen offenen Helm mit
etwas nach vorn überhängender Spitze und einer seinen Rand um-
schließenden Lilienkrone; von letzterer schwingen sich als Schutz für
Schläfen und Ohren zwei schön gezeichnete Lilien rechts und links abwärts (bei Mellin-Rosenthal sind daraus die aus Schlitzen des
Herseniers hervorlugenden Ohren geworden!). Die rechte Hand hält
eine Lanze, an welcher mit drei Ösen ein schmales Fahnentuch befestigt ist, das in drei Zipfel ausläuft, und ein mit Steinen reich
geschmücktes Kreuz zeigt; die linke trägt den mit der Schildfessel über
die rechte Schulter gehängten, vom Fuß bis fast zur Schulter reichenden, mit schöner „Lilienhaspel" gezierten, mit gesteintem Rand
eingefaßten Schild; der einfache Mantel ist weit zurückgeschlagen. Hersenier und Beinbekleidung sind aus reihenweise aufgesetzten Ketten mit
Lederstreifen auf den Fugen gefertigt, von der Brünne ist nur der
rechte Ärmel sichtbar, welcher aus Ringgeflecht besteht (in je einen

---

¹) Dieselben sehen wie ein lose über den wâpenroc geschlungenes Tuch aus; so
gut, nach dem Abguß zu schließen, das Siegel erhalten ist, so wenig vermag ich mir
über das Arrangement dieses Kleidungsstückes und des gleich zu erwähnenden Gürtels
klare Rechenschaft zu geben.

Ring greifen vier andere ein), auch die Hand bedeckt und am Handgelenk mit einem zusammengeknoteten Riemen festgeschnürt ist.; Über
die Brünne ist erst ein bis zu den Waden reichender, vorn kürzerer
wâpenroc, darüber ein den Unterleib bedeckendes, in breite, scharf-
rückig gebrochene Falten gelegtes, am unteren Rande gerablinig aus-
gezacktes Kleidungsstück (aus Leder?) gezogen; darauf folgt ein anderes kürzeres in weicheren regelmäßigen Falten anliegendes, unten
in schuppenförmige, mit Blattrippen ornamentierte Zacken auslaufen-
des Kleidungsstück, welches gerade oberhalb der Zacken ein abwechselnd
mit Metallspangen und Ringen besetzter Gürtel umspannt. Die Brust
bis handbreit oberhalb dieses Gürtels bedeckt merkwürdiges Lappen-
werk in Gestalt stilisierter Blätter, ähnlich denen des sog. Akanthus
der klassischen Kunst. Rädersporen vervollständigen die Ausrüstung.

Unser Siegel scheint erst zwischen 1264 und 1266 angefertigt zu
sein, denn am 17. November ersteren Jahres läßt Markgraf Otto III.
eine Urkunde besiegeln: sigillo nostro et sigillo Johannis filii nostri
senioris, similiter et Ottonis filii nostri, qui propter nominis
similitudinem nostro sigillo utitur.

Nr. 26. ** (2.) Spitzovales Porträtsiegel (stehend) mit Wap-
pen (¹); 8:6¼ cm; Typus Ia. — Original 1273 (Staatsarchiv zu
Magdeburg, Stift Halberstadt IX. 32, abhangend, auf dem Rücken
drei Dammeneinbrüche; die Legende ist abgebrochen); s. d. (ibid.
Halberstadt X. 5, Fragment an Pergamentstreifen; auf dem Rücken
Eindrücke eines kleinen Fingers).

Legende wie bei Nr. 15.

Das Siegel gleicht so durchaus demjenigen Ottos III., daß anzunehmen ist, Otto der Lange habe, gleich seinem Vetter Johann II.
von der Johanneischen Linie, den Siegelstempel seines Vaters nach
dessen Tode fortgeführt; in Voßbergs Sammlung wird der eine
Abguß beiden Ottonen zugeschrieben.

Nr. 27. * (3.) Ovales Porträtsiegel (Kopf); 2½:2 cm. —
Abguß Voßberg Nr. 664. — Schlechte Ab-
bildung bei Gercken, Fragm. March. VI. (cf.
ibid. S. 155), und danach bei Wiggert, Wie
man antike Gemmen im Mittelalter zu Siegelstempeln benutzte (in Neue Mitteilungen aus
dem Gebiete histor. antiquar. Forschung. VII.
1846, 4. Heft S. 13 Nr. 20).

Neben seinem sigillum authenticum (Nr.
26) führte Otto der Lange einen Siegelring

¹) cf. die Anmerkung 2, S. 288.

mit einem Kopf, den Wiggert l. c. für antik zu halten scheint, obwohl meines Erachtens die Ausführung nicht dafür spricht, mit der
Legende:

✤ OTTO MARCHIO BRAND.BVRGENSS.

Daß er statt seines (authentischen) Siegels mit diesem Ringe
siegele, bemerkt Otto in der Urkunde vom 9. März 1282 (Riebel,
A. XIV. 29).

Ein besiegeltes Blanket Ottos des Langen (?) befindet sich im
Staatsarchiv zu Hannover (Riebel, B. I, 212).

XVI. Albrecht III.

Nr. 28. ** (1.) Rundes Wappensiegel (Wappenbild im Schilde);
6½ cm. — Original, Fragment 1273 (Staatsarchiv zu Magdeburg,
Stift Halberstadt IX. 32; abhangend; auf der Rückseite drei Daumeneindrücke); s. d. (l. c. Halberstadt X. 5; Pergamentstreifen; auf
der Rückseite vier Eindrücke eines kleinen Fingers); s. d. (l. c. Halberstadt X. 6; abhangend; auf der Rückseite Daumeneindrücke). —
Abguß Voßberg Nr. 793 (1271, Juli 9); Nr. 1348. — Abbildung
bei Gercken cod. dipl. Brandenb. III. (v. Herzbergs Abhandlung),
Tab. I. 2 (ganz gut); bei demselben Fragm. March. VI. (schlecht);
bei Ferd. Meyer Taf. I, 5 (unbrauchbar). Die nach einer Zeichnung
gegebene Beschreibung Riebels (B. I, 489) teile ich ihrer Absonder-
lichkeit wegen mit: „ein dreieckiger geteilter Schild mit Kleeblättern
umher verziert, über demselben altes Mauerwerk mit drei spitzen Giebeln, und in den Feldern des geteilten Schildes rechts der brandenburgische Adler, links ein emporsteigender Löwe."

Albrecht gebraucht das Siegel noch am 18. Mai 1275,
Mecklenb. Urk. Buch II. Nr. 1359. Legende:

SIGILL ALBERTI DI GRA MARCHIONIS BRADEBVRGEN

Das Siegel zeigt unter einem kleinen Baldachin innerhalb einer
aus acht Halbkreisen zusammengesetzten, an der Innenseite von hübsch
stilisierten Blättern, außerhalb von kleinen Dreipässen begleiteten Einfassung einen senkrecht geteilten Schild, in welchem vorn ein nach
links gewandter Adler, hinten ein doppeltgeschwänzter Löwe dargestellt
ist. Gercken (Anmerkungen II. 162, Anm. 9) hält letzteren für den
böhmischen, weil Albrechts Mutter eine böhmische Prinzessin gewesen, und ich weiß keine andere Erklärung, obwohl eine solche Verwendung des mütterlichen Familienwappens jedenfalls bemerkenswert ist.
Bei Weidhas (Brandenburg. Denare Taf. VI, 1. 2) sind zwei Denare abgebildet, welche genau dasselbe Wappen zeigen (daß auf dem
einen nur ein halber Adler erscheint, ist heraldische Breviloquenz),

unb beren brandenburgifcher Urfprung baburch erwiefen wirb, baß ber
eine Denar auf ber Rückfeite einen einfachen Abler mit ber Umfchrift
✠ Brandebor trägt. Weibhas fchreibt biefe Münzen Otto bem
Langen als Regenten Böhmens zu.

Nr. 29. * (2.) Spitzovales Porträtfiegel (ftehenb) mit Wappen;
8 : 6¼ cm; Typ. II b. Abguß Boßberg Nr. 745 (v. J. 1292. 1300);
bas Siegel kommt fchon am 23. April 1276 vor, Mecklenb. Urk.
Buch II. Nr. 1390.

Legenbe mit verzierten Buchftaben:

✠ S ALBERTI DEI GRACIA MA . | . . . ONIS

BRANDEBVRGENSIS.

Die Porträtfigur zeigt burchaus ben Typus bes zweiten Siegels
Johanns I. mit bem gezabbelten Mantel (Nr. 14), nur trägt ber
Marfgraf über ber einfachen Ringbrünne keinen Bruftharnifch.

XVII. **Ottoka.**

Nr. 30. ** Spitzovales Porträtfiegel (ftehenb) mit Wappen;
8½ : 5¼ cm; Typus II b. — Original vom 27. Oktober 1286 (Geheimes Staatsarchiv, Templerurkunden). — Abguß Boßberg Nr. 740
(v. J. 1286). — Abbildung bei Gercken, Fragm. March. VI. (nicht
zuverläffig).

Legenbe:

✠ S DEI GRACIA OTTONIS IVNIRIS | (¹) MARCHIONIS

BRANDEBVRGENS.

Das Siegel gehört, wie bas vorhergehenbe, bem Typus bes zweiten Siegels Johanns I. (Nr. 14) an; ber über ben Hüften gegürtete Bruftharnifch befteht aus rumblichen Buckeln, zwifchen benen
Nägelköpfe fichtbar finb.

Der hübfche Grabftein bes als Mönch in Lehnin verftorbenen
Ottoko ift jetzt erträglich abgebilbet bei Bergau, Bau- unb Kunft-
benkmäler S. 485.

XVIII. **Hermann ber Lange.**

Nr. 31. ** (1.) Spitzovales Wappenfiegel (Wappenbild frei im
Siegelfelb); 9½ : 6¼ cm. — Original v. 29. Juli 1298 (Staatsarchiv
zu Coblenz). — Abguß Boßberg Nr. 1161 (v. J. 1298). — Das
bei Ferb. Meyer Taf. I, 11 als basjenige Hermanns abgebilbete,

---

¹) sic; Gercken lieft iunioris; fo auch bie in ber Reihenfolge ber Worte ungenaue
Siegelbefchreibung in einem Transfumt von 1377, cf. mein „Lehnin" S. 129.

demselben hinsichtlich des Siegelbildes auch vollkommen gleichende Siegel gehört dessen Gemahlin **Anna**.

Die an der Innenseite des sehr steilen Randes stehende Legende beginnt unten:

✠ S S......... MA .... IS BRAM|DEB......... MEB'

Das merkwürdige Siegel zeigt oben den brandenburgischen Adler, unten das Hennebergische Wappenbild, die Henne auf dem Berge, beide Bilder frei im Siegelfelde. Hermann hatte die zum Nachlaß des Grafen Poppo v. Henneberg gehörige Pflege Coburg von seiner Mutter Jutta, der Schwester Poppos, ererbt, und führte darum das Hennebergsche Wappen. Spitzovale Wappensiegel gehören zu den sphragistischen Seltenheiten (vgl. v. Mülverstedt, mittelalterl. Siegel aus dem Erzstift Magdeburg. 3. Lief. S. 52, Anm. 3); Analogien finden sich wiederum bei Städtesiegeln, besonders auch in der Mark, wie zu Eingang (S. 267, Anm. 1) bemerkt ist.

Nr. 32. ** (2.) Spitzovales Porträtsiegel (stehend) mit Wappen; 8¼ : 6¼ cm; Typus I a. — Original, 1301 (Staatsarchiv zu Magdeburg, Quedlinburg, Kloster Münzenberg, 48; sehr stumpf); 1306, 1307 (Geheimes Staatsarchiv, Eberswalder Depositum). — Schlechte Abbildung bei v. Erath, cod. dipl. Quedlinb. Taf. XXXI. 14.

Legende:

. . IGILL HERMANNI BR . . . . CHIONIS.

Das Siegel gleicht durchaus dem Ottos III. (Nr. 16). Wenn Gerken (Fragm. March. VI, 139) sagt, ein Siegel Hermanns von 1301 sei von dem Conrads (Nr. 18) „in keinem Stücke unterschieden", so beruht das auf einem Irrtume, der um so auffälliger ist, als Gerken die Abbildung bei v. Erath kannte (Anmerkungen, II. 165).

XIX. Otto, Albrechts III. Sohn.

Nr. 33. Spitzovales Porträtsiegel (stehend) mit Wappen. Typus II b. — Das an einer Urkunde vom 25. August 1295 im Großherzoglichen Geheimen und Hauptarchiv zu Schwerin an Pergamentstreif hängende Siegel von grünem Wachs mit fünf Daumeneindrücken auf der Rückseite ist kurz beschrieben Mecklenb. Urk. B. III. Nr. 2362 B.

Dem Großherzoglichen Hauptarchive verdanke ich eine sehr detaillierte Beschreibung, aus welcher hervorgeht, daß das ziemlich stumpf ausgeprägte Siegel dem zweiten Albrechts III. (Nr. 29) gleicht, also ebenfalls den Typus des zweiten Siegels Johanns I. trägt.

Die Legende lautet:

✠ S OTTONIS FILII ALB'TI ...|....... MDEBVRGE ....'

XX. Johann, Hermanns des Langen Sohn.

Nr. 34. ** Spitzovales Porträtsigel (stehend) mit Wappen; 8 : 6¼ cm; Typus I a. — Original, 1316, März 21 (Geheimes Staatsarchiv, Eberswalder Depositum). — Abguß Voßberg Nr. 671.

Von der Legende ist nur zu lesen:

..... IOHAN .....

Das sehr stumpf ausgeprägte Siegel gleicht durchweg dem zweiten Hermanns des Langen (Nr. 32).

Am 15. August 1314 besaß Johann noch kein Siegel (Riedel, B. I, 357).

Alphabetisches Verzeichnis der Siegelinhaber.

Übersicht der Siegelbilder.

Zusammenstellung der spitzovalen Porträtsiegel
— ganze Figur, stehend, teils mit, teils ohne Wappen —
nach ihren Typen.

Typus I., ohne Wappen: Brünne mit engem, vorn geschlitztem Schoß, darunter längerer Rock; hoher spitzer Helm; Herfenier; dreizipflige Fahne — Nr. 2.

Typus Ia., mit Wappen: wie Typus I.; das Herfenier fehlt; Mantel; Brustharnisch — Nr. 15. 26. 32. 34.

Typus II., ohne Wappen: unter der Brünne mit anfänglich vorn geschlitztem, später geschlossenem Schoß längerer Rock; Herfenier; niedriger spitzer Helm — Nr. 3. 4. 6.

Typus IIa., mit Wappen: wie Typus II., doch ohne Herfenier und längeren Rock unter der Brünne, deren Schoß vorn nicht geschlitzt, dagegen mit Brustharnisch und Mantel mit schlichtem Rande — Nr. 8. 9. 11. 12. 13.

Typus IIb., mit Wappen: wie Typus IIa., aber der untere Mantelrand gezackelt — Nr. 14. 16. 17. 18. 29. 30. 33.

Typus IIc., mit Wappen: wie Typus IIb., aber der Mantel nicht gezackelt, sondern mit charakteristischem Faltenwurf — Nr. 19. 20. 21. 22.

Magdeburg, im Mai 1887.

Zwei ungedruckte Lieder auf die Einnahme Berlins

1) durch die Österreicher 1757,
2) durch die Russen 1760.

1. 1757.

Gedanken bei der am 16. Oktober in Berlin vorgefallenen Begebenheit von H**

O falle doch, Vorhang der schrecklichen Scene!
Verschwinde entsezliche Todes-Gestalt!
Ich sehe die Schatten erwürgeter Söne;
Die Menschen, nie neulich lebendig gewallt.
Da sind sie noch iene begrasete Auen;
Die blutigen Triften; das bebende Thor.
Dort werden noch Zäune und Häuser zerhauen.
Hier steigen noch rasende Flammen empor.
Ein furchtbares Haufen Blut-gieriger Haufen
Erfüllt die Gefilde mit Grausen und Noth,
Da kommen die sprossenden Brennen gelaufen,
Zum Retten, zum Kämpfen, zum Siegen, zum Tod.
Wir wollen uns wehren, wie redliche Preußen.
Entblößt nur, ihr Feinde, das mördrische Stal!
Ihr mögt uns zersezen, zerstechen, zerreißen:
War unserer Brüder einmüthige Wal.
Erstaunender Anblikk östreichischer Scharen,
Zum Wüthen und Rauben und Morden verdammt!
Ein Rest von Europens verscheuchten Barbaren,
Nach preußischem Blute und Leben entflammt!
Beschaut nur der scheußlichen Feinde Gesichter,
Zweischneidige Schwerdter und Mörder-Gewehr;
Der Augen von Rachbegier funkelnde Lichter;
Ein Herz, von erbarmender Gütigkeit ler!
Wie einstmals die römischen Einwoner bebten,

Als Telesins schnaubender Krieger erschien *);
Samniter auf Feldern und Ring-Mauern schwebten:
So zagen die Bürger, so zittert Berlin.
Ein gräßlich Geheule durchtönet die Lüfte.
Der ist schon verzweifelt; der andre erbleicht.
Die Mütter bereiten den Kindern die Grüfte:
Weil sich nun der schleunige Untergang zeigt.
O Himmel, umpanzre doch unsere Freunde.
Sie fechten vor Glauben und Tempel und Statt.
Zerschmettre die gottloserbitterten Feinde,
Die Unrecht zum Schäufal des Erdkreises hat.
Man schwärmt schon und töset und streicht in die Glieder,
Durchboret die Köpfe mit töblichem Blei.
Wir spießen Husaren; sie säbeln uns nieder.
Man feuert und lärmt mit erbostem Geschrei.
Den Kampfplaz verhüllen entseelte Leichen.
Dort liegen Östreicher, hier Brennen gestrekkt.
Der muß mit zerspaltzeten Scheitel entweichen.
Da kriechen noch Menschen von Äsern bedekkt.
Den feln die Hände. Den foltert im Sterben
Das annoch nicht völlig zerschmetterte Herz.
Der muß sich mit sprudelndem Blute befärben,
Der ringt mit dem Tode und kämpft mit dem Schmerz,
Erbärmliches Schiksal der prächtigen Mauern!
Ihr solltet im Frieden Jahrhunderte stehn.
Euch wird noch der späteste Enkel bedauern:
Wenn Himmel und Erde wird brennend vergehn.
Heißt das nicht unsterbliche Selen verspielen.
Die Statt-Thore sind schon von Feinden umringt.
Nun soll eine Handvoll nach tausenden zielen.
Hört, wie ist das gräuliche: Wehret euch, klingt!
Wo sind die Kanonen und mörderischen Waffen,
Die ieglicher muthiger Krieger erheischt,
Womit man sonst pflegt die Panduren zu raffen;
Wodurch man die wüthenden Räuber zerfleischt?
So muß man nicht tapfre Soldaten erwürgen.
Ihr Blut ist zu theuer; ihr Leben zu rar.
Sie kennen ia alle den göttlichen Bürgen.
Der Richter nimmt Füter und Herde gewar.

---

*) Adeundi fusius hos persequentes Vellejus Paterculus L. II. C. **XXVII.** ed.
Lips. et L. Florus L. III. C. XXI.

Ja, rächender Himmel, du siehest die Fluren,
Die izt noch der Jammer und Schauder verstellt.
Worauf sich vor deine Altäre verschwuren,
Die nunmehr die Schärfe der Schwerdter gefällt.
Denkwürdiges Ende der wakkersten Jugend;
In äußerster Zwietracht erlöset von Noth!
Die Muster der Streiter; die Krone der Tugend!
Geboren, gewachsen, geopfert und todt.

Erlaubt es mir, Geister erschlagener Brüder;
In höhre und prächtigre Sphären versezt.
Ich weihe euch izt diese trauernden Lieder:
Indem noch das Wasser mein Auge benezt.

Ihr fielet auf ienen berlinischen Triften;
Von allen erbarmenden Menschen bekränt.
So mußte der Zufall euch Denkmäler stiften,
Die auch noch die späteste Nachwelt erwänt.

Ihr fochtet mit ienem verwegenen Here;
Mit Lorbeer und Palmen des Helden bekrönt.
Der preußische Name war Panzer und Wehre,
Die zitternd der tobende Räuber verhönt.

Kommt, Freunde, und streuet mit Jauchsen Cypressen,
Sie sind schon verscharret, in Salem erhöht.
Nun kann sie kein rasender Würger mehr fressen,
Der kriegrisch und grausam Europa durchgeht.

Eilt, Sieger, zum Rächen; eilt, preußische Scharen!
Entreißet den Feinden die Beute mit Wuth!
Kommt fliegende Reuter und haut sie zu Paren!
So ist schon gewonnen; so sind wir euch gut.

2. 1760.

Kind! stelle dir das Unglück für,
so ich, schon nahe bey der Grabe,
durch schnellen Schreck empfunden habe;
da unser Feind voll Mordbegier
und Unversönlichkeit bezwungen,
im Blutdurst Seine Waffen glüht,
schnel in die mittel Marck gedrungen
und unsre Mauern überzieht.
und ach! wie schnell kahm unser Fall!
wie plötzlich wurden wir bekrieget!
den 1ten sind wir noch vergnüget;
den 2ten sieht man überall
die Bauern von den Dörffern eilen
und mit erbärmlichen Geschrey
die Schreckens volle Post ertheilen,
das uns Tottleben nahe sey.
den 3ten rücken Sie heran
mit grausend fröligen geberden,
Beherrscher von Berlin zu werden.
„Wie viel?" frägst du. — 12000 Mann.
Wir Sahen Sie. Die Reichen liessen
und schlepten ihre Schätze fort.
ich griff, — nach was? nach deinen Brieffen;
nur die bracht' ich an sichern Ort.
es war Nachmittags um halb 3,
als ich, von Schrecken eingenommen
mit meinen Briff Chatoul zum Spittel Marck gekommen,
rückt eine bombe schnel herbey,
Sanck und umnebelt meine Stirne;
der aber, der die Unschuld richt,
der schleudert sie von mein Gehirne;
Sie täubt es, doch zertheilt es nicht.
kaum prest der Schreck den Schauer nach,
kaum bin ich ihr zehn Schritt entzogen,
so kommt noch eine her geflogen
und fält schreg Splitgerbs in ein Dach.
die Menschen, blaß als wie die Wände
Von Schrecken, liefen dieses Hauß
und streckten die erstarten Hände
mit ringen zu den Himmel aus.

halb war ich furchtſam, halb geſetzt,
mein Blut empfand ein banges wallen,
da Kuglen über Kuglen fallen;
jedoch ich bliebe unverletzt.
der Pöbel kam im ſturtz gelauffen
und fiel und wehrte mir den Gang;
die bomben fielen recht mit Hauffen,
und dieſes währt 4 Stunden lang.
um 6 hielt das Feuern ein,
und da die bomben nicht mehr krachten,
ſo hofften wir, mein Kind, und dachten,
es wird die Nacht wohl ruhig ſein;
doch kaum ward Zapfenſtreich geſchlagen,
kaum öffnet Fünſterniß die Schoß,
ſo will der Feind von neuem wagen,
ſo geth das Feuern wieder loß.
Ach! waß hab' ich hir gefühlt!
welch unempfundenes Bewegen!
die bomben wurden wie ein Regen
im Halliſchen Tohr herein geſpielt.
jedoch die Allmacht macht Sie ſchwächer,
die Lufft ward meiſtentheils ihr Grab
und ſchiebe Sie von unſre Dächer
kaum einer queren Hand breit ab.
Ach, wie viel Angſt hab' ich befahrt!
Waß, dacht' ich, ſolſt du dir erſehen,
Coſſacſcher inbrunſt zu entgehen?
doch Gott hat mich dein theil bewahrt.
ja, ja, mein leben war zu theuer,
deß hat mich Gottes Hand belehrt.
hir Schlug es ein, dort brante Feuer:
doch unſer Haus blieb unverſehrt.
doch, bey der übermacht zu Matt,
mir nicht den Mordſtahl auszuſetzen
ſtürtzt' ich, in den mir thränen Netzen,
zu meiner Schweſter in der Statt.
mir ward, als wan die Steine branten,
Zehn Meilen lang ein jeder Schritt;
die bomben wahren mir Trabanten
und eilten mir zur Seiten mit;
halb Tod, halb lebend kam ich an
und Sach das Feuer von Geſchützen

an Nicolai Turme blißen,
so offt die Mündung auffgetahn.
doch, wehrend das die bomben gehen
und uns Tottleben bombardirt,
läst Lehwald keinen Schuß geschehen.
drauff weiß der Feind nicht, waß Passirt;
Er sendet leuchte Kuglen rein,
bey deren Feuer zu ersehen,
wie unsre Ordres vor sich gehen,
und ob wir jar entflohen sein.
drauff theilt Sein Volck des Feindes Wille
en Ordres de Battaille ab,
und Sie Marchiren in der stille
vom Tempelow'schen berg herab;
dan rücken Sie ganß schnel hervor,
Cossacken schwärmen mit den Lanzen
um unsre schnell errichten Schanzen
kaum 100 Schritt von unser Tohr;
doch da der Waffen Klang erschollen,
Rufft man Wer da! von unsern Werck;
doch, statt daß Sie Antworten sollen,
Antwort Canons und Feuerwerck.
jeßt schlägt es 10; man wagt den Sturm,
noch größern Ruhm davon zu tragen;
jedoch der Feind ward abgeschlagen
von unsrer kleinen Schanze Turm.
die wenige Jünglinge, die wir hatten,
die es mit Friedrich treu gemeint,
bewiesen rechte Helden tahten
vor diesen überlegnen Feind.
doch dieses war noch nicht genug;
Sie rückten zwar für unsren Blicke
auff eine kurße Zeit zurücke;
doch drey mahl thun Sie den Versuch,
die Stadt im Sturme aufzuheben,
wo nicht drey Millionen Geld.
doch Lehwald will sich nicht ergeben,
der unsre Ordres von sich stellt.
man schickt Freywillige heran
und droht, wan diese eingedrungen,
Mord, Rothzucht, Feuer, Plünderungen,
Versucht, ob man uns zwingen kan.

der Feind fängt an zu Attaquiren,
er rückt nunmehr noch stärcker her.
Was meinst Du, Engel? Sie agiren
nun mehro schon mit klein Gewehr;
doch ohn erfolg. die Nacht vorrückt. —
den 4ten hat man nichts Vernommen,
als das der Feind Succurs bekommen
und Zernicheff heran gerückt;
doch da Sie nicht zu sehen waren
und unsre Felder schienen rein,
so konte man auch nicht erfahren,
wie starck sein Corps wohl möchte sein. —
den 5ten Früh glaubt jedermann,
daß wir nun mehro sicher waren.
die Menschen eileten zu Paaren
und sahen dort den Schauplatz an,
auff den die Jünglinge Verblichen,
die wir zu unsern Schutz gebraucht,
die, ehe Sie den Mordstahl wichen,
die Edle Seele ausgehaucht.
Gleich wenn man vor die Schanzen kam,
erblickte man bey unsern Graben,
die ihren Geist im Sturm aufgaben,
die unser bley das leben nahm.
die Zunge schien, als wan Sie Stammelt;
ihr blut, das neben sie geronn,
hab' ich mit gröstem Fleiß gesammelt;
hir schick' ich dir ein theil davon.
Von uns, mein Engel, ein Husar
lag da; Sein Auge war gebrochen,
Sein leib mit Piquen durchgestochen;
ein Cossac, der Sein Mörder war,
lag bey ihn im Morast verschlagen;
der Pferde Trab schliff ihn heraus,
und die Gedärm', die vor ihn lagen,
die presten mir den Schauer aus.
nicht weit da von lag ein Ulahn,
der zu recognosciren eilte;
die Kugel, die Sein Hertz zertheilte,
traff man zu Seiner Seiten an.
der neben ihn lag ohne Stirne,
Canonen sprengten sie heraus;

noch andre drange das Gehirne
mit blut vermengt zum Schedel raus.
doch, Kind, ich wagte mir zu viel,
wan ich dir alle Schildern wölte,
die hir mein Auge thränen zolte;
Unmächtigkeit setzt mir ein Ziel.
was soll mein kiel noch weiter setzen,
das dir mein Schaudern recht beschreibt?
es war ein Schauplatz voll entsetzen,
der Ewig unvergeßlich bleibt. —
den 6ten, als der Tag anbrach,
kommt Kleist uns zum Succurs Marchiret;
der Feind wird plötzlich attaquiret;
wir setzen ihn bis Teltow nach.
Blessirte, so zurücke kommen,
und die man zum Verbande schickt,
Erzählen, daß sie wahrgenommen,
daß noch ein Feindlich Corps anrückt;
man glaubt es sey die Reichs Armee;
doch hielten Sie Sich in respecte;
und da die Nacht die Erde deckte,
Erfuhr man heut kein neues Weh. —
Doch kan man kaum den Tag erblicken,
kaum naht der 7te heran,
so hört man wieder ihre Stücken,
so geth das Feuern wieder an.
Ach, Engel, hir erbebt' ich schon.
heut sah man Sie vor unsern Thüren
beym Tempelow'schen Berg Agiren.
Sie stehn in völliger Action;
man siehet Rauch und Dampf ersteigen,
der grausend durch die Wolcken geth;
die Feuer an den Himmel zeigen,
daß Schöneberg in Brande steht.
der Tag rückt ohn' Entscheid vorbey;
doch eh er sich noch völlig Neiget,
rückt ein Trompeter an und zeiget,
daß ein Officier vom Feind da sey.
uns rührt ein hefftiges bewegen,
man sieht ihn auf die Mauern ziehn;
jedoch man eilet ihn entgegen
und glaubt, Tottleben sendet ihn.

ſchnel aber drohte uns Gefahr;
ben, da Sie in die Straße rücken
und wir die Unniform erblicken,
ſehn wir, daß Er kein Ruſſe war.
ihn folgten tauſende zur Seite;
man Furchte Stündlich neues Weh,
und jeder glaubt' und Prophezeite,
Er kähme von der Reichs Armee.
hir nahm uns ſchnelles Schrecken ein.
von uns ein Leitnant, der ihn brachte,
der lauſchte uns ins Ohr und ſagte,
es ſey der Prinz von Lichtenſtein;
die Augen waren ihn verbunden,
da er durch unſre Straße prangt;
man führt Ihn noch zur ſelben Stunden
zum Prinz Eugen, wie Er verlangt
hir ward der Pöbel auffgebracht;
man hörte Pro und Contra Schließen,
und jeder wolt es beßer wißen,
waß dieſer Prinz vor Poſt gebracht;
doch ſo erhitzt die Menſchen waren
bey ſo ein wandendes Geſchrey,
ſo konte man doch nicht erfahren,
waß Seiner Ankunfft Urſach ſey.
um Neun Uhr ward er fort gebracht;
jedoch man kriegte nichts zu wißen;
man hört den Feind auch nicht mehr Schießen,
und es blieb ruhig in der Nacht. —
doch war der Tag noch nicht erblicket,
kaum brach daß licht des Achten an,
ſo heiſt's, daß Lasci angerücket
mit zwey und zwanzig tauſend Mann.
Kind, wäre dir der Fall bekandt,
ben wir uns jenen Tag vermuthen,
ich weiß, dein Hertze würde bluten.
man furchte Stündlich Mord und Brand.
ein ungeheurer Sturm und Regen
brach über unſre Fluhren an;
jedoch der Feind ſtand ohn' bewegen
und kränkte weiter keinen Mann.
der Tag verſchwunde unvermuth,
und da die Feinde ruhig waren,

so weiß man nicht, woran wir waren,
und jeder glaubt es stünde guth.
wir hofften einen stillen Morgen
und legten uns getrost zur Ruh,
der Schlaff schloß ohne fernre Sorgen
die Matt gewachten Augen zu.
doch ehe die Nacht noch recht verfloß,
hört' ich in meinen ruhe Zimmer
bey einer dunclen Lampen Schimmer
von vielen Pferden einen Troß;
doch ließ ich Sie geduldig traben
und schloß in einer sanfften Ruh,
da Sie uns gestern Hoffnung gaben,
die Augen wieder sicher zu. —
doch Reist! wie schnel war ich erschreckt!
ich lag am Morgen, fern von Kummer,
in einen angenehmen Schlummer,
als mich die Mutter plötzlich weckt.
„steh auff!" Rufft Sie mich in die Ohren,
ich, halb im Traum, ich Seh', Sie weint;
„steh auff!" Rufft Sie, „wir sind verlohren,
„die Statt ist über an den Feind!"
von diesen schnellen Schrecken Matt,
will mich die Ruh nicht länger taugen; .
ich reibe mir voll Schlaffs die Augen
und Springe aus der Lagerstatt;
ich blicke Furchtsam durch die Fenster,
wie es auff unsren Straßen steht,
und ach! ich sehe die Gespenster
der Feindlichen Gentahlitet.
ich flieh' und seh' Sie Schaudernd an
und höre mit ein bang Gefühle
den Tohn von ihren Freuden Spiele
von Rache angespornet an.
doch kaum, daß ich recht munter werde,
da noch der Schlaff mein Auge zwang,
so macht mit lächlender Geberde
Prinz Lichtenstein sein Compliment.
Ich neigte mir, mein Herze brach;
man sah den Prinz zu beyden Seiten
den Lasci, den Brentano reiten;
der Pöbel folgt Sie stürmend nach.

dan aber eilet man, die Tohre zu besetzen;
doch Lasci kommt hirein den Ruffen noch zuvor,
belegt, um Sein honneur auch hier nicht zu verletzen,
mit Oftereichs Infantrie sogleich daß Hallische Tohr;
dan aber ward Ihm noch vom Graffen v. Tottleben
daß Brandenburgische und Leipziger Tohr gegeben;
die übrigen, so noch in Friedrichs Mauern sein,
die nahmen insgesammt alsdan die Ruffen ein.
drauff wurde dieser Graff biß vor daß Schloß geführet,
wo er bei Monganbert gantz nah dabey Logiret;
der Bachmann Brigadier nahm Heilens Gafthoff ein.
die Ruffen zogen drauff mit vieler Pracht herein;
jedoch der gröfte Theil der Feindlichen Armeen
blieb auferhalb der Stadt und vor die Tohre stehen.
ein Theil von Oftereich Logirte sich allein
zur Neu- und Friedrichstatt in denen Häusern ein;
es soll der Arme Wirth Wein, Coffee, Gelder schaffen,
wo nicht, so drohet man, ihn mit den Todt zu straffen.
die Ruffen haben sich weit menschlicher bezeigt
und dadurch unser Hertz sich ihnen zugeneigt;
die Sauvegardes kan, wer Sie verlanget, haben;
Cofacken siehet man in grofer menge traben
mit fürchterlichen Spies, wie Sie zum Morden gehn,
so lafen Sie sich uns in finftern Minen sehn.
4000 Ruffen sind rundt um daß Schloß gelegen;
ein Popee war dabey, den Gottesdienst zu pflegen;
man sieht sie allemahl, ehr sie zur Ruhe gehn,
mit murmelnden Geschrey starr nach den Himmel sehn;
dann werffen sie sich hin, wie Thiere an den Ketten,
und schlaffen so vergnügt auff ftein, als wie auf Betten.
doch wo gerath' ich hin? ich Schildre schon den Schlaff,
da uns doch diesen Tag noch viel bedrängniß traff.
Capitulation ward Heut noch unterschrieben,
zwei hundert tausend baar zur Zahlung auffgetrieben;
obgleich die forderung, o schreckliche Gefahr!
an bahre Zahlungen Acht hundert tausend war,
so ist es doch so weit mit diesen Graff gekommen,
das er daß übrige in Wechsell angenommen. —
dan schließt sich dieser Tag . der 10te naht heran,
drauff fängt die Plünderung des Arfenales an;
Ponton Hauß ward beraubt; nichts sucht man zu verschonen;
die Oftereicher sehn nebft Sachsen auff Canonen,

die ehedem der Sieg in unsern Handen gab;
jedoch es war umsonst, man schlug es ihnen ab.
man plünderte den Stall, manch sichrer Räuber rante,
und da auch Östreichs Volck der raubbegirde brante,
so wurde ihrer Wuth der Vorrath zugespielt,
davon das wigtigste der Dohm verschloßen hielt.
Gewehre gab man preiß, Mondierung ward zerrißen,
ein großes Theil davon im waßer hingeschmißen;
der flüchtige Soldat verkaufft um wenig Geld,
und, so zu sagen, ward ein jahrmarckt angestellt.
alsdan so wolte man das Gieß Hauß sprengen laßen;
doch, weil der Commandeur zu viel Verstandt besaßen,
so schien ihn der Pallast erhaltenswerth zu sein;
er nimmt die Gießer mit, schlägt nur die Öffen ein.
doch ließ uns dieser Tag noch mehr Verhängniß sehen:
die Rußen wolten auch zur Pulver Mühle gehen;
kaum aber stürzen Sie mit ungestümen Lauff
den Pulverboden zu, so flieht der Turm schon auff,
nimmt achtzehn Rußen mit und führt sie durch die Lüffte
auf wie viel tausend Schritt, so daß man in die Klüffte
bald hir, bald da ein stück von den Gebeinen findt.
da siehet man, wie Frech wir armen Menschen sindt.
doch ehe noch der Knall von diesen Turm geschehen,
wolt ich, ich weiß nicht waß, aus unsern Fenster sehen;
der Flügel zitterte und flog mir aus der Handt;
es schitterte das Hauß und eine jede Wandt;
wir bebeten, biß wir die Nachricht eingezogen,
es sey der Pulver Turm mit Rußen aufgeflogen;
dan danckten wir die Macht, die über uns Verhängt,
daß sie den schweren Fall so gnädiglich gelenckt.
man suchte diesen Tag verschiedene Personen,
besonders Justi, pflag sonst neben uns zu wohnen;
er aber hatte sich noch in derselben Nacht,
da uns Tottleben naht, schnell aus den staub gemacht.
jed Scandaleses Buch, so man wird haben können,
soll durch des Henckers Hand heut untern Galgen brennen,
daß bäurische Gespräch, das Leben des Graff Brühls;
kurz jeder wartete daß Ende dieses Spiels. —
den elfften fordert man die beyden Zeitungs Schreiber,
ja, Krause und Kretschmer stehen schon mit entblößte Leiber,
die Spisgurt zu durchgehn, dan brandtgemarckt zu sein:
doch Vieler Vorspruch reist ihr strenges Urtheil ein,

Sie werden Pardonirt; doch Schrifften müßen lodern.
doch, kan von einen Feindt man waß gelindres fodern?
nein, dieß bezeugen ist gerechtes Lobes wehrt.
heut wird daß Magazin von stroh und Heu gelehrt;
daß reimen dauert fort biß bey der Sternen schimmer
im Arsenal und Stall; auch die Schwerinschen Zimmer
sind nicht einmahl Verschont; man reimt daß ganze Haus
an Möbeln, Tapesery und allen Vorrath aus.
daß Salz, so Tonnenweiß vom Arsenal genommen,
ist theils um Spott verkaufft, theils schändlich umgekommen.
man gab ein theil des Raubs den Östereichern hin,
biß hither war es nur den Ruſſen ihr Gewinn;
alsdan so läſet sich der Genrahl Graff Tottleben
Verschiedene Portraits von unſern Friedrich geben,
bewundert dieſen Heldt, legt ihn viel Tugend bey,
bedauernd, daß er ihm so ungenädig sey.
die Geistlichkeit, erstaunt der kriegrischen Anstallten,
frägt an, ob man erlaubt, den Gottes Dienst zu halten;
man spricht den Geistlichen mit vieler Höfflichkeit,
Tottleben giebt ihm selbst den billigen Bescheid:
auch hirin wird man nicht den Wohlstandt übertreten;
euch soll erlaubet sein, vor euren Heldt zu beten.
schnell aber muste wohl, — so bilden wir uns ein, —
des Feindes Nachricht nicht nach deßen Wunsche sein;
den Lasci eilt so gleich, die Corps zu Commandiren;
um 5 Uhr sieht man schon, waß Östereichs ist, Marchiren.
Sie zogen aus Berlin so ziemlich Ruhig fort;
die Vorstadt plünderten sie aber hir und dort;
drauff sind Sie durch Treblin nach Sachsen aufgebrochen. —
den zwölfften ward nicht viel von Gottes Dienst gesprochen;
es tuht der Geistliche von den geweihten orth
ein einziges Gebet, dan geth er wieder fort.
und da heut ihr Gewehr die Bürger lieffern müßen,
so wird es theils zersprengt, theils in die Spree geschmißen.
elffhundert Pfferde raubt uns endlich dieſer Fall,
wobei zehn Englische aus Marckgraff Carels Stall.
die Sauvegardes gehn nunmehro auch zurücke.
Ach, end'ge dich einmahl, erschreckliches Geschicke!
um 3 Uhr sieht man sie schon aus die Tohre gehn;
doch eine starcke Wacht blieb bey den Tohre stehn;
doch da viel Marodeurs von sie zurückgeblieben,
so haben sie die Nacht noch vielen Spott betrieben. —

doch, da der dreyzehnte zu unfern Troſt erſchien,
ſahn wir den letzten Reſt von ihrer Suite ziehn;
und dieſen Augenblick hatt man die Poſt bekommen,
Sie haben ihren weg auf Francfort zu genommen;
und ſo beendigte ſich unſers Schickſals Lauff.
auch brach das freche Volck hir die Schatzkammer auff;
Sie fanden zwar kein Geldt, jedoch Tapeſerien;
mit dieſe ſahn wir ſie auff alle Gaſſen ziehen.
die Caſſen wurden all und ſämmtlich ausgelehrt,
nur nicht waß dem Servis und Landtſchafft zugehört.
waß übrigens Berlin und deßen Train empfunden,
erwege ſelbſt, mein Schatz! mir ſchneid es friſche Wunden.
köntſt du Charlottenburg, köntſt du Schönhauſen ſehn,
ſo würde ihr Ruin auch dich zu Herzen gehn;
erſt eilte man dahin, die Augen zu vergnügen,
jetzt ſehn wir ſie zerſtöhrt und ausgeplündert liegen,
das Feld des Viehs beraubt, die Scheuern ausgelehrt
und alles übrige Verwüſtet und Verheert.
daß arme Potsdamm hat, — ach Gott! ach Kümmerniße!
auch 60000 baar Contribuiren müßen,
400 zum Douceur der ſamtlichen Officier.
nun ſtelle, werthſter Schatz, dich unſre Schrecken für!

Protokolle

der

vom September 1886 bis zum Juni 1887 gehaltenen Vorträge.

Mittwoch den 8. September 1886.

Herr Gerichts-Assessor Holtze legte drei von ihm farbig ausgeführte Darstellungen Berliner Baulichkeiten vor, entnommen den Holzschnitten des im Jahre 1511 erschienenen »Summarius«, also 81 Jahre älter als die früheste der bisher bekannten Ansichten von Berliner Gebäuden. Das eine zeigt die Marienkirche vor dem Brande von 1518, das zweite das mit einem Erker gezierte Haus des Bischofs von Havelberg in der Papenstraße, das letzte das Hochgericht an der Frankfurter Straße. — Herr Dr. Landwehr sprach über die Haltung des Großen Kurfürsten in den Streitigkeiten zwischen seinen lutherischen und reformierten Unterthanen. Er ging von dem Nachweise aus, wie die ungleichmäßige Verteilung der beiden Konfessionen in den verschiedenen Landesteilen auch ein verschiedenes System der kirchlichen Politik zur Folge hatte, und verweilte dann namentlich bei den Verhandlungen des Landesherrn mit den märkischen Ständen im Jahre 1652 und bei den Schwierigkeiten, welche die Besetzung der Professuren an der Frankfurter Universität jedesmal bereitete. Es ergab sich, daß das Recht und die Duldsamkeit nicht immer auf Seiten der Reformierten war, daß diese aber von der Regierung entschieden begünstigt wurden, vornehmlich von Otto von Schwerin, der bei der häufigen Abwesenheit des Kurfürsten mitunter längere Zeit hindurch die Verhandlungen mit den lutherischen Ständen ziemlich selbständig zu führen hatte. Die Aufnahme der französischen Flüchtlinge in die Mark stärkte das reformierte Element ungemein und hatte die rasche Zunahme der Zahl der deutschen Reformierten zur Folge. — Herr Schulvorsteher Budczies las den Schluß seiner Arbeit über den Propst von Berlin, Erasmus Brandenburg. Während dieser im Jahre 1479 als eine Art Geisel von den Sachsen in Gewahrsam gehalten wurde, überfielen und fingen märkische Edelleute eine durch die Priegnitz ziehende sächsische Gesandtschaft, und erst nachdem diese im Jahre 1480 aus der Haft entlassen war, erhielt auch der Propst seine Frei-

heit. Wir finden ihn nun seit 1481 wieder in seiner geistlichen Thätigkeit, meist aber als Kurfürstlichen Rat auf Gesandtschaftsreisen und
in Geschäften der Landesverwaltung, selbst dann noch, als er 1488
oder 1489 seine Berliner Propstei mit einer Pfarrstelle in Kottbus
vertauscht hatte. Er starb zu Kottbus im Jahre 1499.

Mittwoch den 13. Oktober 1886.

Herr Gerichts-Assessor Holtze legte vier von ihm nach den Holzschnitten des Summarius farbig rekonstruierte Bilder des jetzt nicht
mehr vorhandenen Spindes vor, welches Bischof Hieronymus von
Brandenburg im Jahre 1510 zur Erinnerung an die seiner Zeit ge-
glaubten Wundererscheinungen gemarterter Hostien im Dome zu Brandenburg hatte aufstellen lassen. — Herr Professor Fischer sprach über
die handschriftliche Chronik des Pfarrers G. C. Guttknecht aus Hermersdorf, welche sich im Besitze der Königlichen Bibliothek zu Berlin
befindet. Der Verfasser studierte 1701 bis 1705 zu Leipzig, wurde
1709 Feldprediger im Dragoner-Regiment des Freiherrn Friedrich
v. Derfflinger, begleitete dasselbe im Feldzuge nach Brabant und
wurde 1711 von seinem Regimentschef als Prediger in Hermersdorf
und Wulkow angestellt. Hier schrieb er seine Chronik, welche die
Jahre 1400—1750 umfaßt. Dieselbe ist wichtig wegen der fleißigen
Benutzung älterer Kirchenbücher, sowie vieler Leichenpredigten, Zeitungen und fliegender Blätter, die jetzt zum großen Teile zu Grunde
gegangen oder sehr selten geworden sind. Er berücksichtigt bei seinen
Aufzeichnungen außer den eigenen Pfarrdörfern und den Nachbarorten
Quilitz, Gusow und Platikow besonders Berlin, Frankfurt a. O. und
Stettin und bietet ein reiches Material für die märkische Kirchen- und
Gelehrtengeschichte, sowie insbesondere für die der Familien Pfuel,
Schapelow und Derfflinger.

Über Hennigs v. Treffenfeld, den Reiterführer des Großen
Kurfürsten, enthalten die in dem altmärkischen Dorfe Könnigde auf-
bewahrten Kirchenbücher und Prozeßakten, sowie die handschriftlichen
Aufzeichnungen des Predigers Voigt daselbst reichhaltige Nachrichten.
Aus allen diesen Schriftstücken, die Kessel in seiner Biographie Hennigs nur mangelhaft benutzt hat, berichtete Herr Gymnasiallehrer
Kamieth. Könnigde war bis 1637 Lehngut der Familie gleichen
Namens. Nachdem sie mit ihrer Gemeinde während des großen Krieges vollständig verarmt war, besaß dasselbe, anscheinend ohne jeden
Rechtstitel, der bekannte Konrad v. Burgsdorf, 1637—43, von
1643—48 die Universität Frankfurt, seit 1648 Hennigs, dem der
30jährige Krieg guten Ertrag gebracht haben muß, da er im Stande
war, binnen Jahresfrist die jetzt noch stehenden Wohn- und Wirt-

schaftsgebäude des Gutes aufzurichten. In der Kirche des Ortes wird der 2,10 m lange Leichnam Hennigs und seine Rüstung gezeigt; ebenso 6 grüne und eine gelbe Standarte, die vermutlich von seinem Reiterregiment geführt worden sind.

Herr Schulvorsteher Budczies berichtigte die Fehler älterer Druckschriften, indem er nachwies, daß der Vater der „schönen Gießerin" nicht Nikolaus, sondern Andreas Sydow, und ihr Gatte nicht Michael, sondern Nikolaus Dieterich hieß; daß Andreas, geadelt 1565 mit einem dem Köderitzschen ähnlichen Wappen, außer der Amtshauptmannschaft zu Bötzow nicht die zu Zossen, sondern die zu Liebenwalde inne hatte.

Herr Dr. Brode sprach über den schwedischen Obersten Wangelin, der bis 1675 als diplomatischer Agent am Berliner Hofe thätig war, dann unter den beim Überfall von Rathenow gefangenen schwedischen Offizieren sich befand und an demselben Tage des folgenden Jahres auf der Höhe von Jasmund durch die brandenburgische Fregatte „Berlin" gefangen wurde. Als „Konspirant" ward er zuerst zu Kolberg, dann auf der Festung Peitz in Gewahrsam gehalten, verstand es aber auf einer ihm bewilligten Urlaubsreise nach Hamburg 1677 sich der Kurfürstlichen Gewalt zu entziehen.

Mittwoch den 10. November 1886.

Herr Gerichts-Assessor Holtze legte das als Geschenk eingegangene Buch „P. Cassel, Friedrich Wilhelm II." vor; er rühmte das Bestreben des Verfassers, dem Andenken des viel verkannten Monarchen gerecht zu werden, und die seltene Belesenheit, mit welcher die Literatur des behandelten Zeitabschnittes aus Büchern, Zeit- und Flugschriften zusammengetragen ist. — Herr Graf zur Lippe-Weißenfeld las das Schreiben Friedrichs des Großen, welches dieser verbindlich ablehnend an die St. Peterburger Akademie der Wissenschaften richtete, die ihn im Jahre 1776 zu ihrem Mitgliede erwählt hatte. — Herr Major Schnackenburg beschrieb das Fest, mit welchem die als Feinde einander gegenüberstehenden preußischen und schwedischen Offiziere den 24. Januar 1762, der zugleich der Geburtstag des großen Königs und des Kronprinzen von Schweden war, gemeinschaftlich in Demmin feierten. — Herr Oberstlieutenant Jähns knüpfte daran fernere Beweise von der Kriegsmüdigkeit, die gegen das Ende des siebenjährigen Krieges auf allen Seiten herrschte. — Herr Gymnasiallehrer Kamieth ergänzte seine früheren Mitteilungen über Hennigs v. Treffenfeld aus den Kirchenbüchern des Dorfes Königbe und aus den daselbst aufbewahrten Klageschriften; er fügte damit dem Bilde des kühnen Reiterführers die Züge des nach Märker-

art sparsamen, seine Gerechtigkeiten hartnäckig festhaltenden Edelman-
nes hinzu.

Herr Gymnasiallehrer Bolte besprach ein Schauspiel des durch
seine Reformbestrebungen auf dem Gebiete der Unterrichtsmethode
und als Bibliothekar des Großen Kurfürsten bekannten Berliners
Johann Raue (1610—1679). Als Lehrer am akademischen Gymnasium zu Danzig führte derselbe 1648 ein noch handschriftlich erhal-
tenes lateinisches Drama „Aeneas und Lavinia" auf. Wichtig für
die Geschichte des studentischen Lebens im 17. Jahrhundert ist das
deutsche Zwischenspiel, welches die Erlebnisse eines jungen Studenten
bei seiner Ankunft auf der Wittenberger Hochschule in lebendiger Weise
darstellt. Der mannigfache an den Pennälen oder Feuern (Fexen,
heute Füchsen) verübte Mutwille erinnert an die ältere Ceremonie
der Deposition, wie andererseits auch an die bei der Gesellenweihe üblichen Handwerkergebräuche.

Mittwoch den 8. Dezember 1886.

Unsere Kenntniß von der Finanzwirtschaft des Großen Kurfürsten ist trotz der diesen Gegenstand behandelnden Veröffentlichungen
der letzten Jahrzehnte auch heute noch höchst mangelhaft. Herr Professor Schmoller führte des näheren aus, wie der Grund hiervon
teils darin zu suchen ist, daß die betreffenden Gelehrten der national-
ökonomischen Vorbildung entbehrten, teils darin, daß sie zwar die
ständischen Verhandlungen, nicht aber das gesamte Rechnungswesen
für ihre Arbeiten benutzten. Sie lassen daher, abgesehen von Feh-
lern im Einzelnen, die Steuerreformen des Großen Kurfürsten wie
neue Erfindungen ins Leben treten, während in Wirklichkeit die spätere Accise u. s. w., längst vorgebildet in den älteren ständischen Einrichtungen, aus diesen sich entwickelt hat. Bei der Wichtigkeit, welche
ein klares Bild des gesamten ständischen Kredit- und Steuerwesens
in der Mark und seiner Umgestaltung seit 1641 nicht nur für die
Geschichte des brandenburgischen Staats und der vor 1640 herrschenden märkischen Adelsgeschlechter, sondern auch für die ganze deutsche
Verfassungs- und Verwaltungsgeschichte haben würde, erscheint es als
eine lohnende Aufgabe, die Kredit- und Steuerverhältnisse des Landes nach umfassender Erforschung des in den Akten und namentlich
in den Rechnungen der Staats- und der städtischen Archive reichlich
vorhandenen Materials zu abschließender Darstellung zu bringen. —
Herr Schulvorsteher Budczies legte eine Anzahl ungedruckter landesherrlicher, bischöflicher und anderer Urkunden des 14. bis 17. Jahrhunderts vor. — Herr Professor Koser berichtete über Laviss,
Etudes sur l'histoire de Prusse. Der französische Gelehrte, mit

einigen Gleichstrebenden eifrig bemüht, die deutsche Methode der Ge-
schichtsforschung in Frankreich einzubürgern, hat es vermocht, dem
brandenburgisch-preußischen Staate gegenüber den objektiven Standpunkt zu gewinnen und fast überall festzuhalten. Wenngleich einzelne
Irrtümer und kleine Stiche nicht ausbleiben, auch das Schlußergeb-
nis seiner Betrachtung, daß Preußen die Expansiv-Tendenz in das
neue Deutsche Reich gebracht habe, verkehrt ist, so gebührt dem Buche
doch das Lob einer ernsthaften wissenschaftlichen Leistung. — Herr
Gymnasial-Direktor Schwartz machte auf einen in Binzelbergs
Geschichte von Fehrbellin enthaltenen Beitrag zur Biographie Hennigs
v. Treffenfeld aufmerksam und verlas die Aufzeichnungen des Dech-
tower Kirchenbuches über Vorgänge in der Mark zur Zeit des 30jäh-
rigen Krieges. — Herr Dr. Brode knüpfte an seinen in der Okto-
ber-Sitzung gehaltenen Vortrag über die zweimalige Gefangennehmung des schwedischen Obersten Wangelin (1675 und 1676) ein
scherzhaftes Schlußstück. Der Frankfurter Student Majol wurde nämlich als „Konspirant" zur Untersuchung gezogen, weil er mit der Gemahlin und dem Sekretär des Obersten einen Briefwechsel unterhalten
hatte. Das Verfahren gegen ihn wurde indessen bald eingestellt, da
die Briefe schwedischerseits nichts weiter enthielten als gröbliche Vorwürfe über den Unfleiß des von seiner Tante Wangelin unterstützten Studiosus, der seinerseits nur mit Entschuldigungen und Besse-
rungsvorsätzen antwortete.

Mittwoch den 12. Januar 1887.

Herr Gerichts-Assessor Holtze legte ein in seinem Besitz befind-
liches sehr seltenes Bildnis des brandenburgischen Vicekanzlers und
Konsistorial-Präsidenten Matthias Kemnitz vor und erinnerte an die
Verdienste, welche dieser hohe Justizbeamte sich namentlich um die
Entwickelung der kirchlichen Verhältnisse unter dem Kurfürsten Jo-
hann Georg erworben hat.

Herr Gymnasiallehrer Bolte sprach über die Grüwelsche Chronik
von Kremmen, die um das Jahr 1680 verfaßt und bis in den Anfang des folgenden Jahrhunderts nachgetragen ist. Die Darstellung
des auch anderweitig als Schriftsteller bekannten Chronisten ist durch
Gruppierung des Stoffes minder formlos als ähnliche Aufzeichnungen
jener Zeit und umfaßt nicht nur die Ereignisse des Ortes und des
Landes, sondern mit einer gewissen Vorliebe auch die Sagen der
Mittelmark.

Herr Gymnasiallehrer Kamieth ergänzte seine Mitteilungen über
Hennigs v. Treffenfeld durch den Nachweis, daß der tapfere Rei-

terführer zwar unmittelbar nach der Schlacht von Fehrbellin zum Obersten befördert, jedoch erst ein Jahr später geadelt worden ist. obwohl das Adelsdiplom durch Zurückdatierung das Datum „Fehrbellin, den 18. Juni 1675" trägt. Hennigs ist der zehnte brandenburgische Unterthan, welchen der Große Kurfürst, nachdem er 1660 das Recht der Nobilitierung gewonnen, in den Adelstand erhoben hat.

Herr Professor Schmoller las und erläuterte eine im Jahre 1658 dem Großen Kurfürsten von unbekannter Hand eingereichte Denkschrift, in welcher derselbe aufgefordert wird, die augenblicklich günstige Lage der politischen Verhältnisse zu benutzen, um das von den Dänen zur Beherrschung des Elbhandels gegründete Glückstadt einzunehmen und sich zum Großadmiral des Deutschen Reiches zu machen. Man verstand damals unter Admiralität eine Genossenschaft von Kauffahrern, die sich zum gegenseitigen Schutze, zu gemeinsamer Wahrnehmung ihrer handelspolitischen Interessen und zu einheitlicher Behandlung des Strafrechtes auf ihren Schiffen zusammengethan hatten. Die Machtstellung der Oranier beruhte darauf, daß sie es verstanden hatten, die Leitung der verschiedenen Admiralitäts-Kollegien der Niederlande zu gewinnen, dieselben gleichsam zu verstaatlichen und nun an dem Einflusse und an den großen Einnahmen teilzunehmen, welche diesen Kollegien aus den für ihre Zwecke erhobenen Seezöllen, aus den Prisengeldern, aus der Befugnis, kaufmännische Schulden zu machen, Truppen zur Bedeckung der Schiffe zu halten, u. s. w. von Rechts wegen erwuchsen. Der Verfasser der Denkschrift hatte im Sinne, für Deutschland etwas Ähnliches zu schaffen; er nahm mit derselben einen Plan wieder auf, der im Jahre 1627 von Wallenstein aufgestellt war, nur mit dem gewaltigen Unterschiede, daß damals die protestantischen deutschen Seestädte durch Gewalt und Verführung mittels der zu gründenden Admiralität in das österreichisch-spanische Bündnis herüber gezogen werden sollten, während jetzt, nach dem Wegfalle der religiösen Rücksichten, derselbe Gedanke den deutschen Seestädten, deren Selbständigkeit in ihren inneren Angelegenheiten er gar nicht berührte, unabsehbare Vorteile in Aussicht stellte. Wir wissen nicht, welche Aufnahme die Denkschrift bei dem Kurfürsten gefunden; jedenfalls waren die binnen kurzer Zeit eintretenden politischen Wandlungen stark genug, um den in erster Linie gegen das holländische Übergewicht gerichteten Plan unausführbar zu machen. Merkwürdig erscheint die Denkschrift trotzdem als der Ausdruck des lebendigen Gefühls eines patriotischen Mannes, der ein Unglück für Deutschland darin erkannte, daß es nicht gleich anderen Staaten in den überseeischen „Conquesten und Commercien", d. h. im Welthandel, seine berechtigte Stelle einnehmen durfte.

L. Hänselmanns „Schichtbuch. Geschichten von Ungehorsam
und Aufruhr in Braunschweig 1292 bis 1514", das dem Verein als
Geschenk des Verfassers zugegangen war, wurde vorgelegt als ein
Muster, wie der Inhalt mittelalterlicher Urkunden und Akten auch
nichtgelehrten Gebildeten in ansprechender Form vorgetragen werden
kann. — Herr Major Schnackenburg gab einen Auszug aus der
handschriftlich erhaltenen Korrespondenz des Grafen Adam v. Schwarzenberg vom Jahre 1639, soweit dieselbe sich auf die beiden Obersten Konrad und Ehrenreich v. Burgsdorf bezieht. Am 25. Mai
1639 äußerte der Kurfürst in einem Schreiben an Schwarzenberg
aus Königsberg i. Pr., in Beantwortung einer Beschwerdeschrift über
Oberst Konrad v. Burgsdorf, betreffend Einmischung desselben in
die Streitigkeiten der Obersten v. Rochow und v. Kracht (Günstlinge
Schwarzenbergs), sein höchstes Mißfallen über B.'s „abermaliges
unbesonnenst Beginnen", bedroht ihn mit Enthebung von seiner Charge.
Zu diesem Äußersten kam es nicht, da der Einfluß Burgsdorfs zu
mächtig war, und man nicht wußte, wie ihn aus der Festung bringen.
Der jüngere Bruder, Ehrenreich v. Burgsdorf, hatte im Mai 1639
das Mißgeschick, in Bernau mit seinem Reiterregiment von den Schweden überfallen und gefangen genommen zu werden, eine für Schwarzenberg willkommene Gelegenheit, ihn völlig unschädlich zu machen.
Er maß ihm allein die Schuld an dem Unfall bei und verweigerte
seine Auswechselung, die erst nach ½ Jahren erfolgte. Schwarzenberg beantragte, Kriegsgericht über ihn zu halten, und drängte auf
eine „harte und schwere Sentenz gegen ihn". Der erzürnte Kurfürst
erklärte, „er wolle ihn nicht länger im Dienst behalten, noch für seinen Obrist erkennen". In dieser mißlichen Lage wendete sich Burgsdorfs Frau in einem Bittschreiben an Schwarzenberg. In dem
Antwortschreiben erinnert Schwarzenberg an alle seitens der Gebrüder Burgsdorf genossenen Wohlthaten und sagt, er wolle Alles
vergessen, wenn sie in Zukunft „contente und dankbare Kavaliere"
sein wollten, gleichzeitig aber fertigte er eine neue Beschwerdeschrift
über Konrad v. B. an den Kurfürsten ab. In seiner Antwort giebt
Letzterer anheim, ihn „bonis modis" von seiner Stellung zu entfernen, ist aber zweifelhaft, „ob er sich dazu werde verstehen wollen."
Der weitere Inhalt dieses Briefes schildert die wahrhaft kläglichen
finanziellen Zustände jener Zeit; der Kurfürst beschwört Schwarzenberg, „doch wenigstens zu ein paar Löhnungen Rat zu schaffen, damit die Garnison des wichtigen Platzes Küstrin „contentirt" würde."
Burgsdorf beschwert sich in einem Schreiben vom 14. Oktober 1639,
„daß er unschuldig verfolgt und despectirt werde", schildert den

Mangel am Notwendigsten in der Festung. Schwarzenberg erwidert in einem höchst sarkastischen Schreiben auf diese Klagen und beschuldigt ihn ziemlich unverblümt der Unterschlagung kurfürstlicher Gelder; um einem ferneren unliebsamen Schriftwechsel vorzubeugen, schreibt er ihm, „er wolle ihm das letzte Wort lassen;" es sei wie bei der Messe, wo der Priester auch dem Küster dasselbe lasse, sage dieser: Ite, missa est, so antworte jener: Deo gratias, damit sei es gethan." Damit schließt dieser Briefwechsel. Die von Schwarzenberg gegen Burgsdorf im weiteren Verlauf eingeleitete Untersuchung wurde vom Kurfürsten Friedrich Wilhelm nach dem am 1. Dezember 1640 erfolgten Tode Georg Wilhelms niedergeschlagen. — Als Haddick im Jahre 1757 seinen Streifzug nach Berlin machte, flüchteten die Königin und die Königlichen Prinzessinnen mit ihren Hofstaaten auf des Königs Befehl nach Spandau. Sie verweilten daselbst, bis die Gefahr vorüber war, d. h. vom 16. bis zum 18. Oktober. Da aber die Landgräfin Karoline von Hessen in Berlin zurückgeblieben war, so ergab sich ein überaus lebhafter Briefwechsel zwischen Berlin und Spandau, in welchem die geflüchteten Herrschaften anfangs ziemlich trostlos, dann heiter scherzend die unglaublichen Zustände schildern, in welche sie durch ihre nicht vorbereitete Unterbringung in der Citadelle versetzt wurden. Aus diesen Briefen las und erläuterte Herr Dr. Naudé die bezeichnendsten Stellen. — Anknüpfend an einen früheren Vortrag und gestützt auf die von Herrn Schulvorsteher Budczies beigebrachten Nachrichten, führte Herr Professor Schmoller aus, daß der Verfasser der Denkschrift, durch welche der Große Kurfürst im Jahre 1658 aufgefordert wurde, sich zum deutschen Admiral zu machen, kaum ein anderer sein könne, als der im Jahre 1580 geborene Gyssel v. Liers, holländischer Admiral bis 1647, der, nachdem er sich mit der holländischen ostindischen Kompagnie überworfen, als brandenburgischer Geheimer Rat von 1651 bis 1676 in Lenzen lebte und es zu seiner Lebensaufgabe gemacht hatte, jener Kompagnie ein Konkurrenzunternehmen ins Leben zu rufen. — Herr Gymnasiallehrer Bolte ergänzte seinen in der Januarsitzung gehaltenen Vortrag über den Kremmer Chronisten Johannes Grüwel, und Herr Schulvorsteher Budczies legte das Diplom, durch welches dieser Grüwel zum kaiserlichen gekrönten Poeten ernannt wird, im Originale vor.

Mittwoch den 9. März 1887.

Als einen Beitrag zur inneren Geschichte des preußischen Heeres von 1806 gab Herr Graf zur Lippe-Weißenfeld Nachrichten über ein in seinem Besitze befindliches Studienbuch, welches in den Jahren 1802—1804 der als General-Inspekteur des Militär-Bildungswe-

fens 1834 verstorbene Valentini, ein geborner Kurmärker, damals
Kapitän, zuerst der Jäger in Beliß, dann im Generalstabe zu Potsdam, geführt hat. Vornehmlich durch Berenhorst angeregt, mit dem
er in regem persönlichen Verkehr stand, sammelte Valentini den
Ertrag seiner Studien in schriftlichen Auszügen aus den von ihm ge-
lesenen Werken und in eigenen Bemerkungen, die aus Lektüre und
Beobachtung sich ihm ergaben. Und diese Studien umfaßten nicht
nur Kriegskunst und Kriegsgeschichte, sondern erstreckten sich auf alles
für den gebildeten Mann Wissenswürdige; sie liefern nicht nur einen
neuen Beweis für das in der alten Armee vorhandene geistige Streben, sondern auch für die Einsicht, mit welcher demselben die rechte
Stelle der Wirksamkeit angewiesen wurde. — Herr Schulvorsteher
Budczies sprach über eine Reihe von Urkunden zur Geschichte des
Berlinischen Buchhandels. 1594 erhielt Hans Werner ein Kurfürst-
liches Buchdrucker-Privilegium, welches ihn zwar unter die Censur
der Universität Frankfurt stellte, dagegen aber nicht nur gegen Nachdruck, sondern auch gegen Belastung mit städtischen Diensten und Abgaben, auch nach Möglichkeit gegen die Saumseligkeit der Buchbinder
schützte. Da Werner und Werners Sohn, auf den 1610 dieser
Schutzbrief ausgedehnt wurde, sich weigerten, theologische Bücher zu
drucken (es war mitten in den Wirren, welche der Übertritt des Kurfürstlichen Hofes zum reformierten Bekenntnis hervorrief), so wurden
1614 die Gebrüder Hans und Samuel Kalle privilegiert, religiöse
Schriften zu verlegen und in einem Laden an der Stechbahn zu ver-
kaufen. Als dann die Wernersche Buchhandlung in andere Hände
übergehen sollte, versagte der Kurfürst 1615 zu Gunsten des Kalleschen
Geschäftes die Übertragung des Wernerschen Privilegiums auf eine
dritte Person. Inzwischen (1610) war auch dem „Kurfürstlichen Hof-
Weinrevisor und Rechenmeister" Christian Müller ein Privilegium
für den Druck und Vertrieb der von ihm verfaßten Lehr- und Handbücher erteilt worden; derselbe Müller empfing im Jahre 1612 vom
Kurfürsten sowohl als auch von den städtischen Behörden die Berechtigung, mit Ausschluß eines jeden Konkurrenz-Unternehmens in Berlin-
Kölln, „eine offene freie deutsche Schreib- und Rechenschule" zu halten.

Mittwoch den 13. April 1887.

Herr Dr. Naudé gab aus den im Königlichen Hausarchiv aufbewahrten Akten einen Lebensabriß des preußischen Diplomaten Freiherrn v. Plotho, den Goethe in seiner Beschreibung der Vorgänge
bei der Königswahl Josephs II. unsterblich gemacht hat. Plotho
war als der Sohn des Justizministers 1707 geboren; als Student in
Frankfurt a. d. O. zog er die Aufmerksamkeit König Friedrich Wil-

helms I. auf sich, der ihm den Rat gab, er solle „sich auf die Reichs-
sachen applizieren", und ihn schon 1734 als Legationsrat bei dem
Reichstage zu Regensburg anstellte, von wo aus er mit dem Erzbischof
von Salzburg die schwierigen Verhandlungen über die Vermögens-
verhältnisse der nach Preußen ausgewanderten Salzburger zu glück-
lichem Ende führte. 1737 verabschiedet, trat er 1739 als Geheimer
Justizrat in das Tribunal zu Berlin und, nachdem er vorübergehend
bevollmächtigter Minister in Hannover gewesen, 1742 als Präsident
an die Spitze der Regierung zu Magdeburg. 1748 zog er sich aus
dem Staatsdienste zurück, um in Hessen die Verwaltung der Güter
seiner reichen Frau zu leiten. 1754 begann er, zum Mitgliede des
Staatsrats ernannt, als preußischer Komitialgesandter in Regensburg, die Thätigkeit, durch welche er sich in ganz Deutschland einen
Namen gemacht hat. An der Spitze des Corpus Evangelicorum
übte er maßgebenden Einfluß, daneben führte er selbständig die Verhandlungen mit denjenigen deutschen Staaten, bei denen kein preußischer Gesandter beglaubigt war; besonders aber diente er seinem
Könige durch geschickte Ausnutzung der Verbindungen, welche er in
Deutschland, Österreich und Ungarn angeknüpft hatte; von einem Ab-
kommen mit den ungarischen Protestanten, dessen Abschluß durch die
Schlacht bei Kollin vereitelt wurde, wußten selbst die Minister nicht,
sondern mit dem Könige und Plotho nur der Kabinets-Sekretär
Eichel. Trotzdem fiel er nach dem Kriege in Ungnade, erhielt 1766
den Abschied und, nachdem er sein und seiner Frau Vermögen im
Staatsdienste zugesetzt hatte, geriet er wegen einer verhältnißmäßig
geringen Summe, über die er eigenmächtig verfügt hatte, in gericht-
liche Verfolgung, deren Wirkungen sich noch seinen Erben fühlbar
machten. — Herr Major Schnackenburg entwarf nach ungedruckten
Aufzeichnungen ein Bild von der Wehrverfassung der Stadt Ruppin
um das Jahr 1583. — Der Mittelpunkt des deutschen Buchhandels war
bis zum Jahre 1680, wo Leipzig die leitende Stelle einnahm, die
Stadt Frankfurt am Main. Hier erschienen seit 1485 regelmäßige
Meßkataloge. Die aus diesen Verzeichnissen für den märkischen Buchhandel sich ergebenden Nachrichten hatte Herr Professor Fischer zu-
sammengestellt und teilte das Wichtigste davon mit, u. a. daß auf
der Frankfurter Buchhändlermesse Frankfurt a. O. zum ersten Male
im Jahre 1567, Berlin 1574, Salzwedel 1590 vertreten ist. — Herr
Schulvorsteher Budczies zeigte, an einen früheren Vortrag anknüpfend, daß die im Jahre 1614 in Berlin privilegierte Buchhandlung der Gebrüder Kalle heute noch besteht; sie ging von den Kalle
im Laufe der Jahrhunderte an die Firmen Völcker, Papen, Haude,
Spener, Josephi, F. Schneider und F. Weitling über, und

diese ist somit eine der ältesten in Deutschland. — Derselbe erläuterte die Methode des „Rechnens auf der Linie", das auch in der Mark in Handel und Wandel geübt, in den Schulen gelehrt und erst im 17. Jahrhundert allmählich durch das Zifferrechnen verdrängt wurde.

Mittwoch den 11. Mai 1887.

Herr Dr. Brode lieferte aus den Akten einige Beispiele für die Gründlichkeit und den bitteren Ernst, mit welchem das 17. Jahrhundert Etikette- und Rangordnungsfragen zu behandeln pflegte; insbesondere trug er zwei Streitfälle vor, von denen der eine 1674 in Wien, der andere 1672 in Stockholm die Gemüter aufregte und den Anlaß zu weitläufigem diplomatischen Schriftwechsel gab. Dort konnte der brandenburgische Gesandte v. Krokow sich mit dem schwedischen nicht darüber einigen, wer bei einem Besuche dem andern zuerst die Hand zu reichen habe; hier unternahm es der holländische Resident während des Gottesdienstes in der Schloßkapelle der Königin von Schweden den brandenburgischen Gesandten v. Brandt von seinem Sitzplatze zu verdrängen und forderte, als ihm dies nicht gelang, 1000 Thaler Schadenersatz für den Ehrverlust, in den er durch die Behandlung geraten sei, die ihm bei dieser Gelegenheit durch den Brandenburger widerfahren.

Herr Dr. Landwehr sprach über die Versuche des Bischofs Spinola, eine Union zwischen den verschiedenen christlichen Bekenntnissen in Deutschland anzubahnen. Spinola erschien 1676 in Berlin mit Kaiserlichen Aufträgen, angeblich wegen der Verheiratung des Kurprinzen mit einer polnischen Prinzessin, in der That aber, um dem Kurfürsten Vorschläge zur Herbeiführung eines Einvernehmens zwischen Katholiken, Lutheranern und Reformierten zu unterbreiten. Es stellte sich bald heraus, daß mit diesen Vorschlägen, die jede wichtigere Entscheidung in die Hand des Kaisers legten, nur politische Zwecke erreicht, namentlich die Kräfte des protestantischen Deutschland dem Kaiser für seine Türkenkriege zur Verfügung gestellt werden sollten. Der Kurfürst vermied in Folge dessen jedes nähere Eingehen auf die Sache. Ein zweiter Anlauf, den Spinola im Jahre 1682 machte, führte zwar zu einigen Konferenzen des Bischofs mit Staatsbeamten und Hofgeistlichen, hatte jedoch nicht besseren Erfolg, da sowohl die geistlichen als auch die weltlichen Räte sich durchaus ablehnend äußerten. Spinola setzte noch in demselben Jahre seine Rundreise, zunächst nach Hannover, fort, ohne, wie es scheint, auch nur einen schriftlichen Bescheid vom Kurfürsten empfangen zu haben.

Herr Dr. Seidel las eine von Hans Hoffmann verfaßte Übersetzung der Ode vor, welche Friedrich der Große an den Hofmaler

Pesne richtete, als dieser ihn im November 1737 mit einem Bildnisse der Königin Sophie Dorothea überrascht hatte (Oeuvres.
herausgegeben von Preuß, Band XIV. S. 30). Der Vortragende
gab eine Übersicht über das Leben und die Hauptwerke Pesnes und
erörterte dann auf Grund des Gedichtes die Stellung Friedrichs zu
seiner Mutter, zur Religion und zu den schönen Künsten.

Mittwoch den 8. Juni 1887

feierte der Verein sein 50jähriges Bestehen durch eine außerordentliche
Sitzung und ein gemeinschaftliches Abendessen im Norddeutschen Hofe.
Obwohl nach außen hin keinerlei Mitteilung von dem Feste gemacht
worden war, erfreuten die Direktion des Märkischen Provinzial-Mu-
seums und der Vorstand des Vereins „Herold" die Versammelten
durch schriftliche Glückwünsche. Seitens des Vereins für die Geschichte
Berlins erschien Herr Assessor Dr. Béringuier und überreichte mit
freundlichen Worten der Teilnahme das als Festschrift gedruckte Verzeichnis der „Handschriften geschichtlichen Inhalts, welche aus der Uni-
versitäts-Bibliothek zu Frankfurt an die zu Breslau gelangt sind." —
Den Toast auf Se. Majestät den Kaiser und König brachte der Vor-
sitzende, Herr Landesdirektor v. Levetzow, aus, den auf den Verein
der als Gast anwesende Präsident der Justiz-Prüfungs-Kommission
Herr Dr. Stölzel, den auf den Vorstand Herr Oberst-Lieutenant
Dr. Jähns. Vor Tische gab der Professor Holtze folgende

Übersicht über die Geschichte des Vereins.

Es war unter dem Einflusse, den die romantische Schule auf die
Entwickelung der Geschichtswissenschaft übte, daß seit dem Anfange des
Jahrhunderts allenthalben Gelehrte und Ungelehrte sich zu Gesellschaften zusammenthaten, um durch gemeinsame Arbeit sich in der
eigenen engeren und engsten Heimat heimisch zu machen. Erst spät,
nachdem namentlich die beiden heut noch blühenden Geschichtsvereine
zu Schwerin (für Mecklenburg) und zu Hannover (für Niedersachsen)
mit dem Beispiel vorangegangen waren, gesellte die Mark sich zu den
übrigen Landschaften; obwohl es gerade hier an bewährten, zum Teil
hervorragenden Arbeitskräften nicht fehlte, da Männer wie Fidicin,
Gottlieb Friedlaender, v. d. Hagen, Klöden, Kugler, Ledebur, Odebrecht, Pischon, G. W. v. Raumer, Riedel, Ferdinand
Voigt, Voßberg, Zimmermann und mancher andere zur Mitwirkung bereit standen

Im Kreise der Genannten wurden 1836 die Statuten eines Vereins für Geschichte der Mark Brandenburg entworfen. Königliche Kabinetsordres vom 7. März und vom 20. Juli 1837 bestätigten die-

selben und verliehen der Gesellschaft die Rechte einer moralischen Per=
son und die Befugnis, den markgräflichen Adler als Siegel zu führen.
Portofreiheit, anfangs in der Mark, dann auf den ganzen preußischen
Staat ausgedehnt, war eine wichtige Ausstattung, die uns leider durch
den deutsch=österreichischen Postvertrag verloren gegangen ist. Die
Minister v. Kampz, v. Rochow, Graf Alvensleben und der Wirk=
liche Geheime Ober=Regierungsrat v. Tzschoppe übernahmen das
Kuratorium und „ernannten“ eine hinreichende Anzahl von Mitglie=
dern, so daß die erste Arbeitssitzung am 19. Dezember 1838 gehalten
werden konnte. Außer den vier Kuratoren bestand der Vorstand aus
einem Ordner, einem General=Sekretär, einem Bibliothekar, einem
Rentmeister, drei Sektions=Direktoren und drei Sektions=Sekretären.
Der Verein zerlegte sich nämlich in die drei Abteilungen: 1) für
Sammlung und Aufbewahrung geschichtlicher Quellen, 2) für Bear=
beitung der äußern und innern Landesgeschichte, 3) für Sprache, Kunst
und Altertümer. Man überzeugte sich bald, daß diese Gliederung in
drei Untervereine nicht durchzuführen war, und machte die Großartig=
keit des Entwurfes dadurch unschädlich, daß alle Mitglieder erklärten,
sich jeder der drei Sektionen anzuschließen.

So gedieh denn der Verein in vormärzlicher Ruhe. Ende 1839
waren schon 152 Mitglieder ernannt; 1840 zählte man 221 teils
ordentliche, teils korrespondierende Vereinsgenossen.

Die Wirren des Jahres 1848 lösten den Verein thatsächlich auf,
der Sitzung vom 8. März folgte nur noch eine am 13. September.
Als im Dezember 1851 der Mitgliederbestand von 1848 mit beson=
ders ergangener Einladung zur Versammlung berufen wurde, fanden
sich — 9 Personen ein. „Aber dies von den Zeitstürmen nicht ver=
scheuchte Häuflein ging getrosten Mutes an den Wiederaufbau.“

Es liegt auf der Hand, welche Schwierigkeiten der äußeren Ent=
faltung eines wissenschaftlichen Vereins in dem bunten Treiben einer
Großstadt im Wege stehen, wenn derselbe nicht zugleich mehr oder we=
niger praktischen Zwecken dient. Es hat indessen noch einen andern
Grund, wenn wir durch Mitgliederzahl nicht glänzen: Wir haben je=
derzeit darauf gehalten, uns nur durch solche Männer zu ergänzen,
von welchen wir überzeugt waren, daß ihr Beitritt für die Förderung
der Vereinszwecke, auch außer durch die Zahlung des Jahresbeitrages,
dienlich sein werde. Trotzdem ist der Verein in stillem Wachstum ge=
blieben, und wenn auch die Protokolle von 1852 bis 1860 nur
13 Versammlungen nachweisen, so ist doch seit 1861 keine einzige der
9 Sitzungen des Jahres ganz ausgefallen.

Gegenwärtig bilden den Verein 48 ordentliche und folgende 6
korrespondierende Mitglieder: Archivar und Bibliothekar der Stadt

Braunschweig Hänselmann, Oberbibliothekar Dr. v. Heinemann in Wolfenbüttel, Professor Dr. Knothe in Dresden, Geh. Archivrat Dr. v. Mülverstedt in Magdeburg, Professor Dr. Schmidt in Schweidnitz, Staatsarchivar Dr. Sello in Magdeburg. Die Ernennung von Ehrenmitgliedern ist in den Statuten nicht vorgesehen. Zu den ordentlichen Mitgliedern gehört seit 1867 der Herr Reichskanzler. Als der Verein im Dezember 1866 ihm eine von Riedel verfaßte, 16 Bogen starke „Geschichte des schloßgesessenen abligen Geschlechts v. Bismarck bis zur Erwerbung von Crevese und Schönhausen" gewidmet hatte, fügte der Fürst seinem Dankschreiben vom 7. Januar 1867 hinzu: „Es knüpfe sich" an den Ausdruck seines Dankes „unwillkürlich der Wunsch, auch fernerhin mit einem Kreise von Männern in Verbindung zu bleiben, welche der Geschichte seiner Vorfahren eine so ausdauernde Hingebung zugewendet hätten." In Folge dieser „Verbindung" hielt der Verein sich für berechtigt, dem Fürsten zu seinem 70. Geburtstage ein Glückwunschschreiben zu übersenden, dazu als Geburtstagsgeschenk ein unicum ältesten märkischen Chronistendruckes: einen Band des Nikolaus Leutinger, den dieser seinem Mäcenas, dem Grafen Heinrich Rantzau, dem berühmten Ahnen der Enkel des Reichskanzlers, im Jahre 1594 dediziert hat.

Die Leitung des Vereins übernahmen nach seinem Wiederaufleben die drei Sektionsdirektoren Klöden († 1856), Lebebur und Odebrecht; ihnen folgten durch die Vorstandswahl vom Januar 1862 Riedel, Traugott Märcker und Odebrecht; sie präsidierten abwechselnd, wie gerade einer von ihnen anwesend war. Nachdem Odebrecht 1866 verstorben, Märcker Krankheits halber sich von dem Vereine zurückgezogen hatte (er siedelte 1873 nach Franken über, wo er 1874 starb), und als 1872 auch Riedel entschlafen war, beschloß die Generalversammlung vom 13. November 1872, nur einen Vorsitzenden an Stelle der drei Direktoren zu wählen. — Lebebur bekleidete dies Amt bis zu seinem Tode 1877; sein Nachfolger war der Major a. D. von dem Knesebeck auf Karwe und Tilsen; ihm folgte, als er 1879 das Präsidium niederlegte (er starb 1883), der Geh. Archivrat Hassel und diesem, der 1882 als Direktor der Königl. Sächsischen Staatsarchive seinen Wohnsitz nach Dresden verlegte, unser gegenwärtiges Haupt, Herr Landesdirektor der Provinz Brandenburg v. Levetzow.

Die Verwaltung der Bibliothek wurde bis 1870 von dem Professor Voigt, seit 1872 von Herrn Schulvorsteher Budczies wahrgenommen.

Als Rentmeister führten die Kasse bis 1870 Voßberg, bis 1878 Buchhändler Bath, seitdem Herr Geh. Archivrat Reuter.

General-Sekretäre waren von der Stiftung bis 1862 Riedel, seit 1862 Professor Holtze.

Als Versammlungsort diente dem Verein zu Anfang das damalige Kreisgerichtsgebäude, Zimmerstraße Nr. 25, seit den funfziger Jahren einer der Jagorschen Säle in der Goldenen Sonne unter den Linden, die dann der Kaisergallerie Platz gemacht hat. Hier feierte der Verein am 7. März 1862 sein silbernes Stiftungsfest. Seit 1863 hält der Verein seine Sitzungen im Rähmelschen Lokale, Markgrafenstraße Nr. 45.

Ein Teil der Arbeiten des Vereins ist, abgesehen von Einzelschriften und einigen besonderen kleineren Veranstaltungen, in den 20 Bänden seiner „Märkischen Forschungen" abgedruckt. Aus eignen Mitteln hat der Verein keinen einzigen derselben herzustellen vermocht. Anfangs flossen aus den verschiedensten Quellen Beisteuern im Betrage von 25 Thalern aufwärts; in neuerer Zeit hat das Königl. Direktorium der Staatsarchive uns kräftiger unterstützt; seit 10 Jahren aber erfreuen wir uns dankbar einer so freigiebigen und nachhaltigen Beihülfe seitens des Provinzial-Landtages der Mark Brandenburg, daß seitdem gar nicht mehr gefragt zu werden brauchte: Wann können wir drucken?, sondern nur: Was haben wir Gutes zu drucken?

Dagegen kann der Verein das Verdienst, an der Herausgabe des Riedelschen Codex diplomaticus Brandenburgensis arbeitend mitgewirkt zu haben, nicht in Anspruch nehmen, obwohl auf dem Titel der seit 1856 erschienenen 27 Bände zu lesen ist: „Fortgesetzt auf Veranstaltung des Vereins für Geschichte der Mark Brandenburg." Im Jahre 1849 wurde nämlich die Staatsunterstützung, welche Riedel zur Drucklegung seines codex bis dahin empfangen hatte, gestrichen. Damit nun das Werk nicht unvollendet bliebe, unternahm es im Jahre 1853 der Verein, bei der Staatsregierung ein angemessenes Bittgesuch einzureichen, und der letzte damals noch lebende Kurator, Minister Graf Alvensleben, befürwortete dasselbe an Allerhöchster Stelle so eindringlich, daß durch Kabinets-Ordre vom 23. August 1854 der Fortgang des Werkes dadurch gesichert wurde, daß, wie bisher, der Staat auf 200 Exemplare, mit je 900 Thalern für jeden Band, subskribierte.

Der Verein ist nach und nach mit 104 gelehrten Gesellschaften Deutschlands, Österreich-Ungarns, der Schweiz, Belgiens, der Niederlande, Dänemarks, Schwedens und Rußlands in Verbindung getreten. Seine Bibliothek, deren Hauptwert in den langen Reihen der durch den 50jährigen Schriftentausch mit jenen Gesellschaften erworbenen Publikationen beruht, ist etwa 4000 Bände stark. An Handschriften besitzt sie u. a. die von Ledebur nur zum Teil ausgenutzten Lokal-

berichte, welche auf Veranlaffung des Vereins im Anfang der 40er
Jahre von den Pfarrern des Regierungsbezirkes Potsdam erstattet
worden sind, — die von Hackewitz gesammelten Nachrichten über
Freienwalde a. d. O. und die Uchtenhagen, — die kurfürstlichen
und königlichen Schreiben des Kommandantur-Archivs der Festung
Peitz aus den Jahren 1666 bis 1749, — das Tagebuch des Bistum
von Eckstädt über den sächsischen Feldzug von 1635, — Abschriften
der Repertorien der früher im kurmärkischen Lehnsarchiv, jetzt im Geheimen Staatsarchiv aufbewahrten Kopiarien, die Zeit bis zum Aus-
gange des 16. Jahrhunderts umfassend u. s. w. — Die Zahl der
Original-Urkunden ist nicht groß; unter diesen befinden sich jedoch
Stücke von hoher Bedeutung, z. B. die den Tempelherrenorden und
seine Besitzungen in der Mark betreffenden wohlerhaltenen Bullen des
Papstes Alexander IV. vom 26. September 1258 und des Papstes
Nikolaus IV. vom 13. Januar 1289. — Diese Bibliothek wurde
bis 1853 in dem Gebäude des Kreisgerichts, dessen Direktor Odebrecht
war, aufbewahrt, alsdann in den Bibliotheksräumen der Berliner Gesellschaft für Erdkunde (Taubenstraße) untergebracht; seit 1868 ist ihr
durch die Güte der hohen Provinzialstände im Ständehause derselben
eine bleibende Stätte bereitet worden. — Den kleinen Bestand ihm
zugehöriger Altertümer hat der Verein mit Vorbehalt seines Eigen-
tumsrechtes dem Märkischen Provinzialmuseum einverleibt; ständige
Mitglieder des wissenschaftlichen Beirates dieser Anstalt sind jedesmal zwei von unseren Vereinsgenossen.

Der Rückblick auf das erste halbe Jahrhundert unseres Vereins-
lebens hat nichts Berauschendes; das hat unsere Mark auch nicht.
Aber wenn von den Märkern gesagt wird, sie seien ein arbeitsfreu-
diges Völklein, wenig eingerichtet auf bestechende Schaustellung, durch
zähe Ausdauer manche Ungunst der gegebenen Lage überwindend, so
wird man vielleicht auch uns zugestehen, daß der Apfel nicht weit vom
Stamm gefallen ist.

Red. *F. Holtze.*